高等职业教育数学课程改革创新系列教材

工科应用数学

王新华　编著

電子工業出版社
Publishing House of Electronics Industry
北京・BEIJING

内 容 简 介

本书定位于高职高专工科专业，整合了一元和多元微积分基础知识，以及高职高专工科专业需要的应用性数学基础知识，继承和发扬了前期改革教材蓝本《应用数学基础》（王新华编著，清华大学出版社，2010）中的鲜明特色，在深圳职业技术学院“应用数学基础”课程7年的教学实践中编写并不断修改、完善而成。

本书编写的指导思想除案例基础、建模导向外，更注重数学文化的普及、数学思想的建立以及创新意识的培养，不仅保持了蓝本中知识的简明实用、MATLAB 实训融入教学等特色，更加强了知识结构的优化、与专业紧密结合和数学教学的“返璞归真”。

全书分12章，内容有微积分文化思想概述、函数与极限、微分学运算法则、导数的应用、积分、积分方法、微元法的应用、微分方程、多元微积分基础、概率论基础、Fourier 级数和积分变换。

本书可作为高职高专工科专业的数学教材，也可作为应用型人才培养的教学参考书。

图书在版编目（CIP）数据

工科应用数学 / 王新华编著. —北京：电子工业出版社，2017.8

ISBN 978-7-121-31672-2

Ⅰ. ①工…　Ⅱ. ①王…　Ⅲ. ①应用数学—高等学校—教材　Ⅳ. ①O29

中国版本图书馆 CIP 数据核字（2017）第120587号

策划编辑：朱怀永

责任编辑：底　波

印　　刷：涿州市般润文化传播有限公司

装　　订：涿州市般润文化传播有限公司

出版发行：电子工业出版社

北京市海淀区万寿路173信箱　邮编 100036

开　　本：787×1 092　1/16　　印张：21　　字数：537.6千字

版　　次：2017年8月第1版

印　　次：2024年8月第12次印刷

定　　价：48.80元

凡所购买电子工业出版社图书有缺损问题，请向购买书店调换。若书店售缺，请与本社发行部联系，联系及邮购电话：（010）88254888，88258888。

质量投诉请发邮件至 zlts@phei.com.cn，盗版侵权举报请发邮件至 dbqq@phei.com.cn。

本书咨询联系方式：zhy@phei.com.cn。

前　　言

很久以前就曾有过利用工科专业案例引领工科微积分教学的愿景。

众所周知，微积分来源于工程实践，也广泛应用于工程计算之中。然而，在微积分的教材编写或教学过程中，想对不同的工科专业分别用相应的专业背景，诱导出所有微积分概念、定理和公式，的确有些困难。

此前编写的改革教材《应用数学基础》（王新华编著，清华大学出版社，2010）参考了国外优秀教材 *Applied Calculus*（[美]S. T. Tan 著，机械工业出版社，2004），分别用经典的几何、物理案例和众多的社会生活案例基本诱导出了所有的微积分概念、定理和公式，但涉及的工科专业案例不多。

本次编写，以数学文化为主线，继承和发扬了前期改革教材中的鲜明特色，编写的指导思想除仍然以案例为基础、以建模为导向、以建立数学思想和培养创新意识为目的，突显数学知识的简便性、应用性和实用性外，也优化了原有的知识结构和内容，强化了电子技术和信号处理等方面的专业案例诱导，并企图使微积分教学“返璞归真”。

本教材分 12 章，内容有微积分文化思想概述、函数与极限、微分学运算法则、导数的应用、积分、积分方法、微元法的应用、微分方程、多元微积分基础、概率论基础、Fourier 级数和积分变换。第 1 章是文化学习内容，侧重于对微积分概貌地了解和学习方法的引导；第 2～5 章为数学基础教学内容，适用于工科各专业；第 6 章、第 7 章为进阶学习内容，侧重于知识的提升；第 8～12 章为专业要求的教学内容，可随专业不同而恰当取舍。

本教材中的“*”号标记内容在教学中应因学习对象的学习状况而适当取舍，非教学内容也可选择性地规划为学生课外自主学习内容，并作为评价学习的加分项。那种试图利用本书教会学生学习的想法是“美妙的”，但不是本书编写的初衷。

本次编写，以工科类专业需求和数学文化普及为背景，试图引导学生自主学习，启发学生改变看待事物的角度和方法——也就是培养创新意识，并在教学中引领学生渐入“悟”境。

针对本书中每章的核心知识点，编者增加了相对应的“数学名人”介绍知识，为节省篇幅，“数学名人”以二维码链接方式呈现，请读者扫码阅读。

感谢教研室同仁王文智教授（博士）、齐松茹教授、雷田礼副教授（博士）、郑红副教授、康晓红副教授、梁兵副教授、刘志勇副教授（博士）、魏东平副教授（博士）、罗葵副教授（博士）和王珏博士的审校！感谢教研室主任雷田礼和副主任梁兵的支持！感谢上述各位及教研室同仁赵洪雅教授（博士后）和外聘教师彭红生、吴超、刘钦伟等参与及支持！

由于精力所限，书中不当之处，恳请读者批评指正，E-mail 地址：szwxh108@szpt.edu.cn。

2017 年 5 月　于深圳

目　　录

第1章　微积分文化思想概述

【名人名言】文化开启了对美的感知。——爱默生

思想是推动自己和全人类的生活的力量。——托尔斯泰

【学习目标】了解微积分思想，更新学习理念，认识微积分基本运算符号。

【教学提示】微积分文化形成的历史，也是人类突破传统观念，在思想、理念、方式、方法上不断开拓、进取、完善的创新史。在学习微积分之前，对微积分思想的直观了解不仅有利于对微积分整体概貌的初步认知，以及专业课学习在微积分知识还没有到位的前提下对微积分运算符号的认识，也有利于学习理念的变更和创新意识的培养。本章属学生自主学习内容。

【数学词汇】数学（Mathematics），微积分（Calculus）。

【内容提要】

1.1　微积分哲学

1.2　微积分文化

1.3　微积分思想

数学源于社会生活和生产实践，是人们生活、生产过程的经验总结和抽象概括。目前，数学不仅是自然科学和工程技术的基础，而且还广泛地渗透到经济、管理、人文等社会科学的各个领域。

许多人都曾有过这样的感受：学习数学太难了！的确，实际问题提炼出的数学符号有些抽象，这些符号的演绎也有些枯燥，演绎的过程通常也都比较难懂。于是，数学教学中多种教和学的方式方法应运而生，并大多会以提高了成绩、培养了能力、获得了大奖作为其改革或创新成果。

其实，在我国几千年的文化发展历史进程中，早就有过许多关于教和学方面的实践经验总结。例如，佛教有八万四千法门却有大、中、小三乘之分论，道教修炼中也会因观念的不同而决定修炼所属之精、气、神的方法和层次。这些经验总结都清楚地展现一个事实，那就是“世界观决定方法论”。

在哲学中，世界观是人们对整个世界及人与世界关系的总的看法和根本观点，而方法论则是人们认识世界和改造世界的根本原则和根本方法。世界观是生活实践的结果，往往自发形成，但需要思想家进行概括和总结，并给予理论上的论证才成为哲学。世界观决定方法论，方法论体现世界观。真正了解了这一点，数学教学才不至于“本末倒置”。因此，作为大学基础教育的微积分课程，其教、学、研讨有必要上升至哲学的高度。

1.1 微积分哲学

数学是研究现实世界的空间形式与数量关系的科学，揭示的是自然、社会、思维在众多具体领域的规律和奥秘。哲学是系统化、理论化的世界观和方法论，对具体科学提供世界观和方法论的指导，所研究的是超经验的对象。

历史上数学和哲学相互影响、相互促进、共同发展。数学是一种公理化的演绎体系，它的一系列原理都可以从“最基本”的几个不证自明的“公理”推断出来。用数学的演绎体系构建哲学体系是许多西方哲学家的一个梦想，数学在自然和社会科学中的作用，就像哲学在整个科学体系中的作用一样——研究整个世界，得出普遍规律，指导自然和社会科学的发展。

在数学发展的历史上，微积分出现之前的数学有代数、几何和三角，分别以数、形和角为研究对象，所考虑的量一般都是不变的，因此通常又称为常量数学。

微积分所考虑的量是变化的，它以函数为研究对象、用“无限逼近”的思想并通过“无限细分”和“无限求和”的方式展开，充分展现了数学从静止走向运动和变化的哲学思想。

微积分的创建及其在逻辑上的严密性和在形式上的严谨性，不仅为数学乃至整个科学的发展增加了新的动力，也使哲学找到了更多新的用以描述和论证世界的工具，同时又推动哲学产生更多新的问题。微积分学的产生和发展对一门新的哲学学科——数学哲学的产生具有极大的推动作用。因此，学习微积分绝不能只满足于会解题，也不能只满足于应用，而应该从了解它产生和发展的历史及它对数学和哲学的发展所做出的巨大贡献开始，只有这样才能真正领悟人类智慧的这一最伟大的结晶，感悟它所阐释的伟大思想，展现它作为解决现实问题的方法论的意义。

1.2 微积分文化

文化是群体在一定时期内所形成的思想、理念、行为、风俗、习惯、代表人物，以及由这个群体整体意识所辐射出来的一切活动。微积分文化形成的历史，也是人类突破传统观念，在思想、理念、方式、方法上不断开拓、进取、完善的创新史。

1. 文化的形成

17 世纪初，由代数、几何、三角所构成的初等数学已基本形成，这种由古希腊几何演变而来的数学基本都是静态的。17 世纪中叶，坐标几何的建立开辟了变量数学的时代。随着函数概念的采用，也就出现了微积分。

对微积分的探讨，主要是围绕速度、切线、最值和求积这 4 类问题展开的。许多的数学家、物理学家、天文学家都进行过探讨，也积累了大量的知识，但大多局限于特殊的例子或具体问题的“细节”之中，其普遍适用的方法由两位天才的思想家牛顿和莱布尼兹独立提出。

物理学家牛顿(Newton，英国，1643—1727)以物理问题为背景，用“流数术”对微积分进行研究；受牛顿的导师巴罗(Barrow，英国，1630—1677)的“微分三角形”的影响，作为外交官的莱布尼兹(Leibniz，德国，1646—1716)则是从几何的角度探讨微积分。虽然他们都只是做了“现在看来很初步”的工作。

牛顿、莱布尼兹的主要贡献在于，他们将速度问题、切线问题、最值问题和求积问题全部归结为微分和反微分(积分)，并通过“微积分学基本定理”揭示了微分与反微分之间的关系，从而使前人的所有微积分“细节”成为一个知识体系，不再是古希腊几何的附庸与延展。

微积分的创立，使科学研究有了强有力的数学工具，整个 18 世纪，科学家们都忙于应用微积分去解决众多的实际问题，并在其理论完全没有逻辑支持的情况下极端地相信结论，创造出了更多的新的分支。

然而，自从引进求速度、切线、最值等新方法开始，微积分的证明就被攻击为是不可靠的。19 世纪，新数学中直观的、不严密的论证所导致的局限性和矛盾则越发显著。

1821 年，柯西(Cauchy，法国，1789—1857)在他的《分析教程》中从定义变量开始，对函数概念引进了变量之间的对应关系，用他所建立的极限理论给出了无穷大、无穷小、极限、连续、定积分的确切定义，并第一次证明了微积分学基本定理。

随着康托(Cantor，德国，1829—1920)的严格的实数理论的建立，极限理论有了牢固的基础，微积分才有了自己严密的科学理论体系。

具有严密科学理论体系的微积分称为数学分析。拓扑学、实变函数论和泛函分析则是这种微积分的延伸。

2. 文化的体现与学习

学习微积分究竟要学什么？是计算技能？还是思维技巧？

老实说，将来如果不搞科学研究或做工程计算之类的工作，学那么多的微积分知识还真的没有什么大用。难不成去商场购物还要仔细计算出它的微分或积分吗？

哈佛经理人培训大全有着这样的解读：在时间管理上，一个优秀的经理人绝对是能够合理、有效地支配自己的时间安排，看似杂乱繁多的事务，都可以安排处理得井井有条且件件出色。这里所运用的就是时间的微积分！

一段时间，哪怕再短，都可以将其细分(微分)。将每一段细分后的时间里所做的事情累加(积分)，一件事情的效果也就显现出来。

有的人平时不怎么学习，但其成绩总能名列前茅，除了天分，明显就是利用了微积分，也就是高效地微分了某一小段时间，并积分（归纳、总结）所学的相关知识点。

上面例子所阐释的是学习微积分的方法论指导的意义，也呈现学习微积分提升的是人的文化素质，但不是学习微积分的核心。学习微积分，首先要学习的是看待事物的角度和方法的改变，也就是创新。

在微积分出现之前，人们能计算与直边的规则图形相关的一些量，对曲线基本是束手无策的。但当有人拓宽视野，试图“以直代曲”时，微积分的思想也就初露端倪了。

茫茫宇宙，时空无极，一个星系，乃至地球，只是沧海一粟。可当把视角微化到它的内部时，却又是一番妙不可言的景象，以此类推深入到了分子、原子，进到电子、质子、夸克……真是别有洞天！学习微积分就是要感悟其思想的建立，体验那奇妙的“洞天”。

1.3 微积分思想

思想，又称为“观念”，是思维活动的结果，属于理性认识范畴。符合客观事实的思想对客观事物的发展起促进作用。思想决定文化，文化影响思想。

现实世界的空间形式和数量关系反映到人的意识中，经过思维活动而产生的结果即为数学思想。数学思想是数学知识的精髓，是知识转化为能力的桥梁。

微积分学是微分学和积分学的总称。微积分思想主要包括：极限思想、无限微分和积分思想，其中极限思想对应的知识点主要有极限、导数和微分，无限微分和积分思想对应的知识点主要有积分和级数。

下面用经典案例来直观阐述微积分的主要思想。

1. 极限思想

极限思想可以追溯古代，庄子(前369—前286)的《天下篇》中便有“一尺之棰，日取其半，万世不竭”，刘徽(公元 225—295)的“割圆术”也记载着“割之弥细，所失弥少，割之又割以至于不可割，则与圆合体而无所失矣”。

下面先描述“割圆术”。

案例 1.3.1(割圆术) 设圆的半径为R，n为大于1的整数，用下面方式作圆的内接正2^n边形。

(1)过圆心用直尺作一直径，用圆规和直尺作该直径的垂直平分线，该直径及其垂直平分线与圆的4个交点构成圆内接正4边形。

(2)对$n=3$，4，…，用圆规和直尺依次作圆的内接正2^{n-1}边形每一条边的垂直平分线，将其与圆周的交点和圆的内接正2^{n-1}边形的两相邻顶点相连，便构成了圆的内接正2^n边形。

假设圆的内接正2^n边形的面积为S_n，于是圆的内接正

$$4, 8, \cdots, 2^n, \cdots$$

边形的面积便构成数列

$$S_2, S_3, \cdots, S_n, \cdots$$

易见，当n无限增大(记为$n\to\infty$)时，S_n也就无限地逼近圆的面积S。

案例 1.3.1 中的“无限逼近”就是极限。

“极限”的英文为“limit”，音标为[limit]。如果将“a无限逼近b”记为“$a\to b$”，那么由案例 1.3.1，当$n\to\infty$时，有$S_n\to S$，简记为

$$\lim_{n\to\infty} S_n = S$$

案例 1.3.1 描述的是离散变量的“无限逼近”，再来看一个连续变量的“无限逼近”例子。

案例 1.3.2(瞬时速度)　已知公路上行驶的汽车的路程(单位：km)与时间(单位：h)的关系为 $s=s(t)$，求汽车在 t 时刻的瞬时速度 $v(t)$。

先在 t 时刻附加改变量 h(单位：h)，当 h 充分小时，从 t 时刻到 $t+h$ 时刻的运动因其速度变化很小可近似地视为匀速运动。在 t 到 $t+h$ 时段内，汽车行驶的时间为 h(小时)，路程为 $s(t+h)-s(t)$ (km)。速度分析图见图 1.3.1。

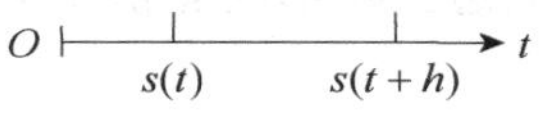

图 1.3.1　速度分析图

根据匀速运动的速度=路程/时间，可得汽车在 t 到 $t+h$ 时段内的平均速度

$$\overline{v}=\frac{s(t+h)-s(t)}{h}\ (\text{km/h})$$

当 $h\to 0$ 时，这个平均速度应无限地接近于瞬时速度，于是汽车在 t 时刻的瞬时速度

$$v(t)=\lim_{h\to 0}\frac{s(t+h)-s(t)}{h}\ (\text{km/h})$$

数学上，称 $v(t)$ 为 $s=s(t)$ 的导数，记为 $v=s'(t)=\dfrac{\mathrm{d}s}{\mathrm{d}t}$。

案例 1.3.1 所采用的是用“直边图形”无限逼近“曲边图形”的极限思想，而案例 1.2 则是将“变速运动”归结为“匀速运动”的极限过程，即“路程的改变量与时间的改变量比的极限”，若将其与方程的思想相结合，便可得到莱布尼兹所建立的微分：

$$\mathrm{d}s=s'(t)\mathrm{d}t$$

2. 无限微分和积分思想

在中学数学里，许多规则的直边图形的面积的计算公式已被给出。然而，对于曲边图形如何计算它的面积呢？看一个例子。

案例 1.3.3(曲边三角形的面积)　众所周知，三角形的面积=底×高÷2．而对于斜边为抛物线 $y=x^2$、两直角边分别为 $x=1$ 和 x 轴的“曲边三角形”(见图 1.3.2)，简单地应用三角形的面积公式计算其面积显然已不可行。

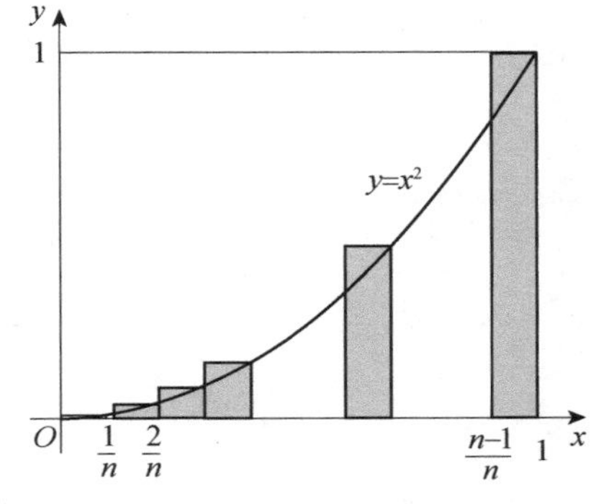

图 1.3.2　面积分割图

下面采用“以直代曲”的思想。

(1) 分割：用直线 $x=\dfrac{k}{n}$ ($k=1$，…，$n-1$) 将曲边三角形分成 n 块。

(2) 求和：用 $x_k=\dfrac{k}{n}$ ($k=1$，…，n) 的函数值 $(\dfrac{k}{n})^2$ 作为矩形的高，分别计算出 x_k 左边的每个小矩形的面积值后再求和，得曲边三角形面积的近似值

$$\frac{1}{n}\cdot\left[(\frac{1}{n})^2+(\frac{2}{n})^2+\cdots+(\frac{n}{n})^2\right]$$

(3)取极限：令$n\to\infty$即得曲边三角形的面积

$$S=\lim_{n\to\infty}\frac{1}{n^3}(1^2+2^2+\cdots+n^2)$$

案例 1.3.3 中的分割所采用的是无限微分思想，其求和、取极限的积分思想所描述的实际上是无穷多个项的求和，引出的是定积分和级数的概念。在积分理论中，案例 1.3.3 中的曲边三角形的面积还可用定积分表示

$$S=\int_0^1 x^2\mathrm{d}x$$

式中，1 为积分上限；0 为积分下限；x^2为被积函数；x为积分变量。

简化案例 1.3.3 中的无限微分和积分思想，可得到一种广泛应用于自然科学和工程技术的微积分计算方法：微元法。

课后阅读建议资料：

1.《古今数学思想》(Morris Kline，上海科学技术出版社)。

2.《微积分的创立者及其先驱》(李心灿，高等教育出版社)。

3.《应用数学基础》第 1 章(王新华，清华大学出版社)。

【数学名人】——牛顿 & 莱布尼茨

第 2 章　函数与极限

【名人名言】数学是无穷的科学。——赫尔曼外尔

【学习目标】熟悉 MATLAB 软件基础知识，知道函数的计算、作图和建模程序。

了解极限思想，知道无穷大、无穷小概念和两个重要的极限。

理解重要极限产生的背景，会计算简单 0/0 型和∞/∞型极限。

【教学提示】微积分研究的对象是函数，本章介绍的函数知识旨在为学习微积分作准备，其教学主要围绕两个重要的极限展开，函数知识可选讲或不讲。

【数学词汇】

①常量（Constant），　变量（Variable），　区间（Interval）。

②函数（Function），　极限（Limit），　连续的（Continuous）。

③初等（Elementary），　复合（Compound），　建模（Modeling）。

④定义（Definition），　计算（Calculate），　性质（Property）。

⑤无穷大（Infinite），　无穷小（Infinitesimal）。

【内容提要】

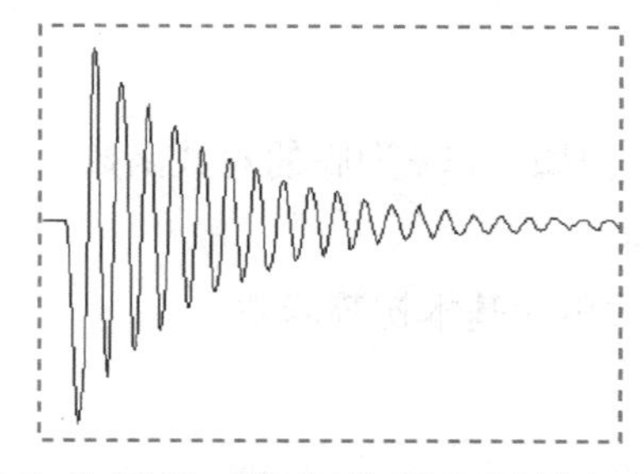

本章将先介绍学习微积分所必须具备的函数基本知识，包括变量的区间表示、基本初等函数、复合函数、初等函数和分段函数。然后再介绍 MATLAB 软件的基础知识，包括运算符的输入、函数值的数值计算和符号计算、函数的作图、函数建模等。

在 2.3 节中，先用专业案例引出极限的描述性定义，再根据几何图形诱导出极限的代值计算，进而介绍有理分式和根式的 0/0 型以及 $x \to \infty$ 时有理分式的∞/∞型极限的计算。

在 2.4 节中，主要介绍后面学习需用到的极限与连续的相关知识，包括单侧极限与区间上的连续、极限的运算性质和保号性、连续的运算性质及复合函数和反函数的连续性。

最后，再介绍两个重要的极限、无穷大和无穷小及其等价求极限，以及极限的 MATLAB 软件计算程序。其中第一个重要的极限由“割圆术”诱导并做出数学论证；第二个重要的极限由复利公式诱导并给出重要推论。

本章的主要目的：一是介绍 MATLAB 软件的基础知识；二是给出能导引 $\sin x$ 和 e^x 导数公式的两个重要的极限。

2.1 函数基础

1. 变量

在生产和生活过程中，通常会出现很多的量。有些量在其相应的过程中不发生改变，例如，公路上匀速行驶的汽车的速度，干电池供电电路中的恒定电流，这类量称为常量；另一类是会发生改变的量，例如，产品生产过程中的原材料耗量和成品数量，下落物体的高度和速度，这类量称为变量。

在中学数学里，变量的变化范围一般是用不等式进行表示的，如

$$0 \leqslant x < 2, \quad 1 < x \leqslant 3, \quad x < -1, \quad x \geqslant 4$$

在此后一些定理的叙述中，常需将这样的数学描述替换为文本，即以区间等价表述。例如，

$$a < x < b \Leftrightarrow x \in (a, b), \quad a \leqslant x \leqslant b \Leftrightarrow x \in [a, b]$$

其中形如(a, b)的区间叫作开区间，形如$[a, b]$的区间叫作闭区间。

课堂讨论 2.1.1 考察下面等价描述，试总结出不等式用区间表示的规律：

(1) $0 \leqslant x < 2 \Leftrightarrow x \in [0, 2)$；　　(2) $1 < x \leqslant 3 \Leftrightarrow x \in (1, 3]$；

(3) $x < -1 \Leftrightarrow x \in (-\infty, -1)$；　　(4) $x \geqslant 4 \Leftrightarrow x \in [4, +\infty)$。

2. 基本初等函数

在中学数学里，曾讨论过很多具体的函数。例如，以e为底的对数函数

$$y = \ln x$$

其定义域为$x > 0$。在大学数学里，下面五类函数称为基本初等函数。

①幂函数：$y = x^{\alpha}$（α为实常数）；

②指数函数：$y = a^x$（a为正常数，$a \neq 1$）；

③对数函数：$y = \log_a x$（a为正常数，$a \neq 1$）；

④三角函数：$y = \sin x$，$\cos x$，$\tan x$，$\cot x$，$\sec x$，$\csc x$；

⑤反三角函数：$y = \arcsin x$，$\arccos x$，$\arctan x$，$\operatorname{arccot} x$。

其中三角函数中的正切$\tan x$、余切$\cot x$、正割$\sec x$、余割$\csc x$由下面关系式确定：

$$\tan x = \frac{\sin x}{\cos x}, \quad \cot x = \frac{\cos x}{\sin x}, \quad \sec x = \frac{1}{\cos x}, \quad \csc x = \frac{1}{\sin x}$$

而反三角函数与三角函数之间的关系见表 2.1.1。

表 2.1.1 反三角函数常用关系式

函数名	表达式	主值区间	等价关系
反正弦	$y = \arcsin x$	$y \in [-\frac{\pi}{2}, \frac{\pi}{2}]$	$\sin y = x$
反余弦	$y = \arccos x$	$y \in [0, \pi]$	$\cos y = x$

续表

函数名	表达式	主值区间	等价关系
反正切	$y = \arctan x$	$y \in (-\frac{\pi}{2}, \frac{\pi}{2})$	$\tan y = x$
反余切	$y = \text{arc}\cot x$	$y \in (0, \pi)$	$\cot y = x$

注意，三角函数的周期性会使等价关系中的一个 x 对应多个 y，为使 x 与 y 一一对应，需限定 y 取主值区间内的值。此外，根据表 2.1.1 中的等价关系，不难推得：

$$y = \arcsin f(x) \Leftrightarrow \sin y = f(x), \quad y = \arccos g(x) \Leftrightarrow \cos y = g(x)$$

$$\text{即} \quad |f(x)| = |\sin y| \leqslant 1, \quad |g(x)| = |\cos y| \leqslant 1$$

从而有下面结论：

$$\boxed{y = \arcsin f(x) \text{ 和 } y = \arccos f(x) \text{ 的定义域为 } |f(x)| \leqslant 1}$$

3. 复合函数

依据函数的定义域，在实数范围内：

(1) $y = \sin u$ 和 $u = 2x$，对所有实数 x，可复合出函数 $y = \sin 2x$；

(2) $y = \sqrt{u}$ 和 $u = 4 - x^2$，需限定 $x \in [-2, 2]$，才可复合出函数 $y = \sqrt{4 - x^2}$；

(3) $y = \ln u$ 和 $u = -|x|$，对所有的实数 x，不能复合出函数 $y = \ln(-|x|)$。

自然会问：$y = f(u)$ 和 $u = g(x)$ 在什么情况下能复合出函数 $y = f[g(x)]$ 呢？

由上述条件(2)不难看出，$y = \sqrt{u}$ 的定义域为 $u \geqslant 0$，因此，要使 $y = \sqrt{u}$ 和 $u = 4 - x^2$ 能复合，就必须有 $u = 4 - x^2 \geqslant 0$，解得 $|x| \leqslant 2$。换言之，限定 $x \in [-2, 2]$ 后有 $u = 4 - x^2 \geqslant 0$，此时 $u = 4 - x^2$ 在 $[-2, 2]$ 上的值域 $[0, 4] \subseteq y = \sqrt{u}$ 的定义域 $[0, +\infty)$。

一般有下面结论：

设 D 为 $u = g(x)$ 的定义域，若限定 $x \in I \subseteq D$，使得 $u = g(x)$ 在 I 上的值域 $\subseteq y = f(u)$ 的定义域，则 $y = f(u)$ 和 $u = g(x)$ 能复合出函数 $y = f[g(x)]$（$x \in I$）。

中学数学里学习过的函数大多只由一个式子表示，函数

$$y = \begin{cases} -x & x < 0 \\ x & x \geqslant 0 \end{cases}$$

表面上看是由两个式子所构成的，实际上可以恒等变形为 $y = |x| = \sqrt{x^2}$，它是由

$$y = \sqrt{u} \text{、} u = x^2$$

复合而成的函数，这类函数通常按表 2.1.2 的分类规则归为初等函数的范畴。

表 2.1.2　初等函数分类规则

函数类	分 类 规 则
初 等 函 数	①由基本初等函数经过有限次的加、减、乘、除、复合运算所构成 ②用或可用一个式子表示

4. 分段函数

图 2.1.1 是一个三角波发生器，其第一级波形为矩形，最终输出波为三角波。

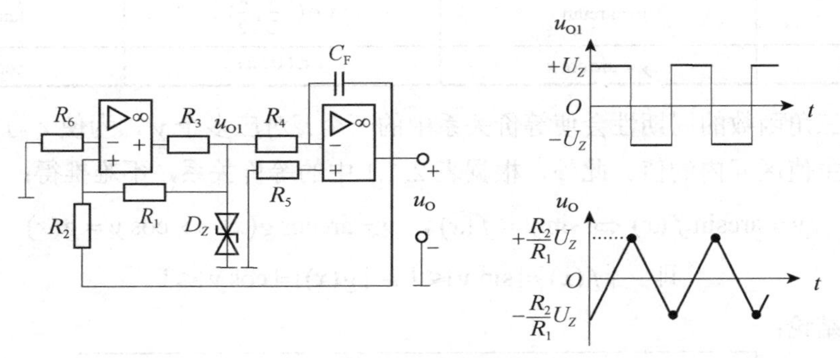

图 2.1.1 三角波发生器

不难看出，不论是矩形波还是三角波，它们都由不同时间分段上的函数连接而成，这类函数叫作分段函数。

分段函数一般由若干个不同的分支所构成，每个分支的定义区间的端点($\pm\infty$除外)称为节点。电子技术与信号、图像处理的学习过程中会遇到很多的分段函数，如单边指数信号

$$f(t)=\begin{cases} 0 & t<0, \\ E\mathrm{e}^{-at} & t\geqslant 0. \end{cases}$$

其中E、$a>0$，节点为$t=0$。

2.2 MATLAB 软件基础

MATLAB 取自英文 Matrix Laboratory，意即矩阵实验室。

MATLAB 软件产生于 20 世纪 70 年代后期，由美国 MathWorks 公司在 1984 年正式推向市场，它将数值分析、矩阵计算、科学数据可视化及非线性动态系统的建模与仿真等诸多强大功能集成在一个易于使用的视窗环境之中，为科学研究、工程设计及必须进行有效数值计算的众多科学领域提供了一种全面的解决方案，并在很大程度上摆脱了传统非交互式程序设计语言(如 C、Fortran)的编辑模式，代表着当今国际科学计算软件的先进水平。其具体特点如下。

(1) 高效的数值和符号计算功能将用户从繁杂的数学计算中解脱出来。

(2) 完备的图形处理功能实现了编程和计算结果的可视化。

(3) 亲和的工作界面及接近数学表达式的自然化语言，使初学者易于学习和掌握。

(4) 丰富的应用工具箱为用户提供了大量、方便实用的处理工具。

2.2.1 启动

安装完成后，双击桌面上的 MATLAB 图标，先显示软件启动画面(见图 2.2.1)，然后

进入工作界面(见图 2.2.2)。

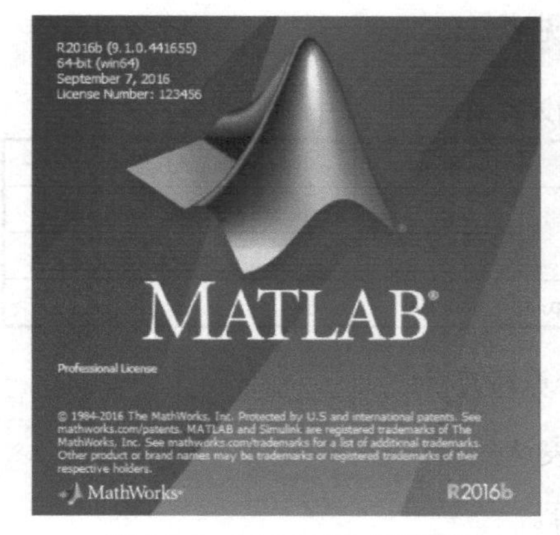

图 2.2.1　MATLAB 启动图

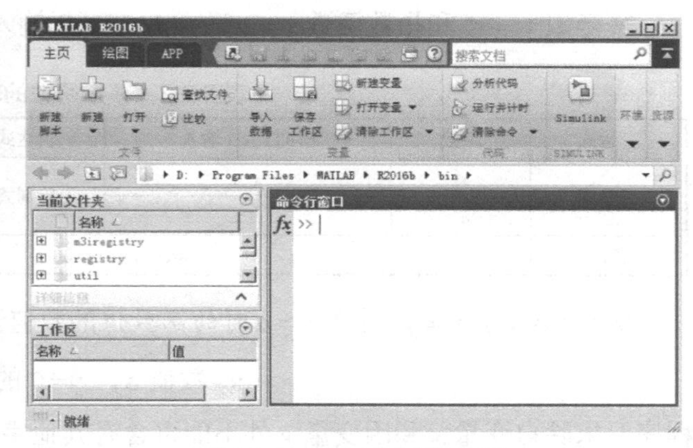

图 2.2.2　R2016b 工作界面

其中“命令行窗口”为程序输入与运行区域，“工作区”记录运行结果。

2.2.2　基本操作

MATLAB 的基本操作见表 2.2.1。

表 2.2.1　MATLAB 的基本操作

项　　目	操　　作
清除命令窗的内容	在命令行窗口输入 clc 后回车
调用运行过的语句	按键盘上的“↑”或“↓”
固定常量输入	π 输 pi，∞ 输 inf；i 为虚单位 $\sqrt{-1}$
变量的命名规则	字母(区分大小写)开头；字母、数字、下画线构成
算术运算符	加输 + ，减输 - ，乘输 * ，除输 / 乘方输 ^ ，开 n 次方输 ^(1/n)
备　注	开方必须用括号把分数指数括起来

例 2.2.1　用 MATLAB 计算下列各题：

(1) $2\times3^7-\dfrac{3}{2^5}+4\sqrt{5}$　　　　(2) $\dfrac{1-\sqrt{\pi}}{1+\sqrt[3]{\pi}}+2\times\pi^2$

解　(1) >>2*(3^7)-3/(2^5)+4*(5^(1/2))

ans=4.3829e+003　　　　% 结果为 4.3829×10^3

(2) >> (1-pi^(1/2))/(1+pi^(1/3))+2*(pi^2)

ans=19.4258

2.2.3　函数的输入

常见的函数一般由基本初等函数所构成，下面的讨论将按幂指函数、对数函数、三角和反三角函数三大类展开。

1. 幂指函数的输入

幂函数 $y=x^a$ 和指数函数 $y=a^x$ 的 MATLAB 输入见表 2.2.2。

表 2.2.2 幂指函数的输入

表达式	函数	MATLAB 输入	表达式	函数	MATLAB 输入
一般式	x^a	x^a	特别式	$\sqrt{x}$	x^(1/2) 或 sqrt (x)
	a^x	a^x		e^x	exp(x)
备注	sqrt：square root； exp：exponential				

MATLAB 求 $y=f(x)$ 在 $x=a$ 时的函数值的数值计算程序为

>> x=数值 a， y=f 的表达式

程序要求除自变量 x 和因变量 y 外不能再含有其他字母。

例 2.2.2 设 $y=3x^2-\frac{2}{x^2}+4\sqrt{x}-5\sqrt{x+1}-2\sqrt[3]{x}$，求 $y(2)$。

解
```
>> x=2, y=3*(x^2)-2/(x^2)+4*x^(1/2)-5*sqrt(x+1)-2*x^(1/3)
y=5.9768
```

例 2.2.3 设 $y=2x^3-\frac{3}{2^x}+4\times5^x-\frac{1}{2}e^{2x}$，求 $y(-1)$。

解
```
>> x=-1, y=2*(x^3)-3/(2^x)+4*5^x-exp(2*x)/2
y=-7.2677
```

2. 对数函数的输入

MATLAB 的函数库中建立有以 e、2、10 为底的对数函数 $y=\log_a x$，输入方式见表 2.2.3。

表 2.2.3 对数函数的输入

表达式	对 数 函 数	MATLAB 输入
特别式	e 为底：$\ln x$	log(x)
	2 为底：$\log_2 x$	log2(x)
	10 为底：$\log_{10} x$	log10(x)
一般式	$\log_a x$ 用换底公式：$\log_a x=\frac{\ln x}{\ln a}$	log(x)/log(a)
备注	x 和 a 需用“( )”括起来，2 和 10 不括	

例 2.2.4 设 $y=2\ln x-\frac{1}{2}\log_2 x+3\log_{10}(x+1)+4\log_5(x^2+1)$，求 $y(8)$。

解
```
>> x=8, y=2*log(x)-(log2(x))/2+3*log10(x+1)+4*log(x^2+1)/log(5)
y=15.8964
```

3. 三角和反三角函数的输入

MATLAB 的三角函数和反三角函数输入方式见表 2.2.4。

表 2.2.4　三角和反三角函数的输入

函数	表达式	MATLAB 输入	表达式	MATLAB 输入
三角函数	正弦 $\sin x$	sin (x)	余弦 $\cos x$	cos (x)
	正切 $\tan x$	tan (x)	余切 $\cot x$	cot (x)
	正割 $\sec x$	sec (x)	余割 $\csc x$	csc (x)
反三角函数	反正弦 $\arcsin x$	asin (x)	反余弦 $\arccos x$	acos (x)
	反正切 $\arctan x$	atan (x)	反余切 $\text{arccot}\, x$	acot (x)
备注	x 需用“()”括起来			

求 $y=f(x)$ 在 $x=a$ 时的函数值的 MATLAB 计算方式除数值计算方式外还有符号计算方式，程序如下：

```
>> syms  除 y 外的所有字母            % 定义字母为符号(多字母间用逗号分隔)
>> y=f 的表达式                       % 输入f的表达式
>> subs(y,x,a)                        % 求y在x取a时的值
```

例 2.2.5　设 $y=\cos 2x-2\sin 3x+2\tan\frac{x}{4}\cot\frac{x}{5}$，求 $y(\pi)$。

解

```
>> syms  x
>> y=cos(2*x)-2*sin(3*x)+2*tan(x/4)*cot(x/5)
>> A=subs(y,x,pi),double(A)
ans=3.7528
```

例 2.2.6　设 $y=\frac{\arcsin 2x}{\arccos 3x}-2\arctan 4x$，求 $y(\frac{1}{4})$。

解

```
>> syms  x
>> y=asin(2*x)/acos(3*x)-2*atan(4*x)
>> B=subs(y,x,1/4),double(B)
ans=-0.8463
```

注意，对数函数在 MATLAB 7.0 以下版本的符号计算程序中只识别 e 为底的对数，其他底的对数需用换底公式恒等变形，R2016b 则不存在这样的问题。

例 2.2.7　设 $y=x\log_2 x+\frac{\ln x}{x}$，求 $y(4)$。

解

```
>> syms  x
>> y=x*log2(x)+log(x)/x
>> C=subs(y,x,4),double(C)
ans=8.3466
```

2.2.4　多个点函数值的数组计算

MATLAB 意为矩阵实验室，其基本数据单位是矩阵。m 行 n 列元素所排成的矩形阵

$$\begin{pmatrix} a_{11} & \cdots & a_{1n} \\ \vdots & \vdots & \vdots \\ a_{m1} & \cdots & a_{mn} \end{pmatrix}$$

叫作矩阵，只有 1 行或 1 列的矩阵叫作数组。MATLAB 中不加点的运算是矩阵运算，而加点的运算则为数组运算。

多个点的函数值的计算可采用自变量赋数组值的形式，即

自变量= [数值 1，…，数值 n]

其数值计算程序的函数输入要求所有的乘、除、乘方运算前必须加点，而符号计算可不加。

例 2.2.8 设 $y = x\ln x + \dfrac{e^x}{1+x^2}$，求 $y(2)$、$y(4)$、$y(6)$、$y(8)$。

解

```
>> x=[2,4,6,8],y=x.*log(x)+exp(x)./(1+x.^2)
y=2.8641    8.7568   21.6540   62.4964
```

上述计算是数组方式的数值计算程序，其符号计算程序为

```
>> syms  x
>> y=x*log(x)+exp(x)/(1+x^2)
>> D=subs(y,x,[2,4,6,8]),double(D)
ans=2.8641    8.7568   21.6540   62.4964
```

2.2.5 函数图的制作

1. $y = f(x)$ 的图形制作

曲线 $y = f(x)$ 最简单的作图命令是 fplot，其 R2016 b 程序如下。

```
>> fplot(@(x) f的表达式,[a,b])
```

其中[a, b]是自定义的图形显示范围，f 的表达式中的运算符前需加点。

例 2.2.9 作出函数 $y = e^{-0.1x}\sin 2x$ 的图形。

解 R2016b 程序：

```
>> h=fplot(@(x)exp(-0.1.*x).*sin(2.*x),[-10,10])
>> set(h,'Color','k')          % 设置曲线为黑色
>> set(h,'LineWidth',2)        % 设置曲线h的宽为2
```

图形见图 2.2.3。

2. $\begin{cases} x = x(t) \\ y = y(t) \end{cases}$ 的图形制作

参数方程确定的曲线的作图常用 plot 命令，其 R2016b 程序如下。

```
>> t=a:c:b            % t从a以步长c取值至b
>> x=…,y=…            % 表达式中的运算符需加点
```

```
>> plot(x,y)
```

其中[a, b]是自定义的图形显示范围。

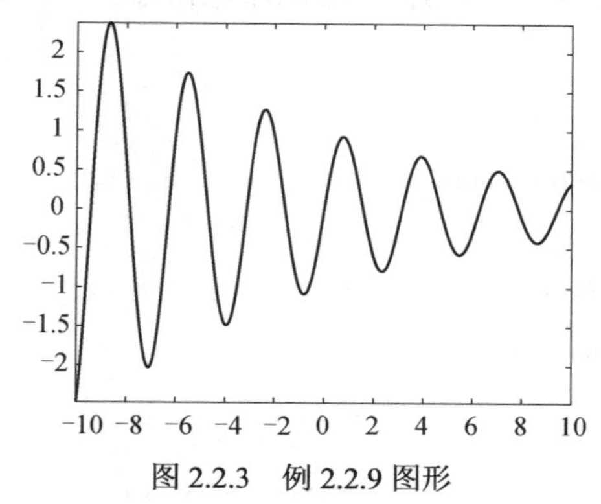

图 2.2.3　例 2.2.9 图形

例 2.2.10　作出函数$\begin{cases} x=\cos^3 t \\ y=\sin^3 t \end{cases}$的图形。

解　MATLAB 程序：

```
>> t=-2*pi:0.1:2*pi
>> x=(cos(t)).^3,y=(sin(t)).^3
>> h=plot(x,y)
>> set(h,'Color','k')
>> set(h,'LineWidth',2)
```

$y=f(x)$ 可看作参数方程$\begin{cases} x=t \\ y=f(t) \end{cases}$，因此 $y=f(x)$ 也可用 plot 命令作图，见图 2.2.4。

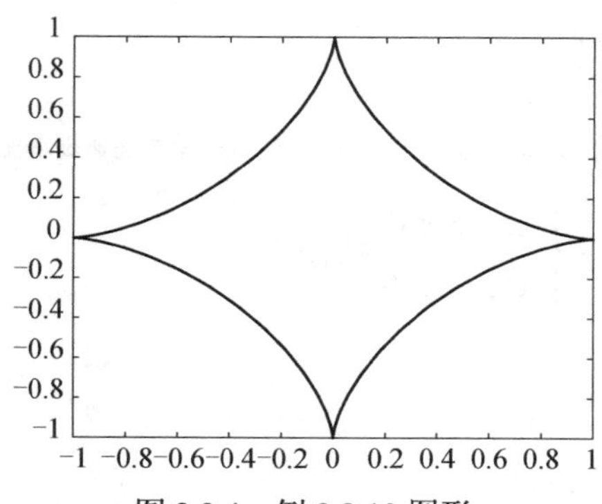

图 2.2.4　例 2.2.10 图形

3. $F(x,y)=0$ 的图形制作

方程所确定的函数的作图常用 ezplot 命令，其 R2016b 程序如下。

```
>> syms x y                % 定义 x,y 为符号
>> F=…                     % 输入 F 的表达式
```

```
>> ezplot(F,[a,b])   % [a,b]为自定义的图形显示区间，可省略
```

例 2.2.11　作出 $x^4+y^4-8x^2-10y^2+16=0$ 的图形。

解　MATLAB 程序：

```
>> syms x y
>> F=x^4+y^4-8*x^2-10*y^2+16
>> h=ezplot(F)
>> set(h,'Color','k')
>> set(h,'LineWidth',2)
```

该图形见图 2.2.5。

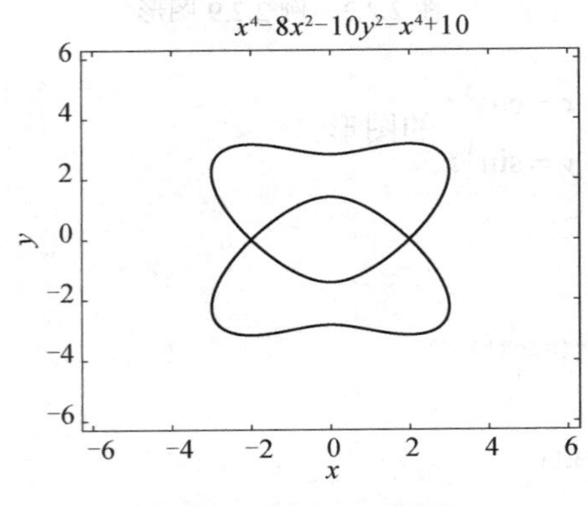

图 2.2.5　例 2.2.11 图形

4. 分段函数的图形制作

分段函数可拆分成不同分段上的不同变量函数处理，其 R2016b 程序如下。

```
>> x1=a1:c1:b1,x2=a2:c2:b2
>> y1=…,y2=…
>> plot(x1,y1,'s1',x2,y2,'s2')     %“s1”和“s2”为曲线属性
```

例 2.2.12　作出函数 $y=\begin{cases}-x, & x<0\\ x^2, & x>0\end{cases}$ 的图形。

解　将分段函数拆分为

$y_1=-x_1(x_1<0)$，$y_2=x_2^2(x_2>0)$。

```
>> x1=-2:0.1:0,x2=0:0.1:2
>> y1=-x1,y2=x2.^2
>> h=plot(x1,y1,x2,y2)
>> set(h,'Color','k')
>> set(h,'LineWidth',2)
```

图形见图 2.2.6。

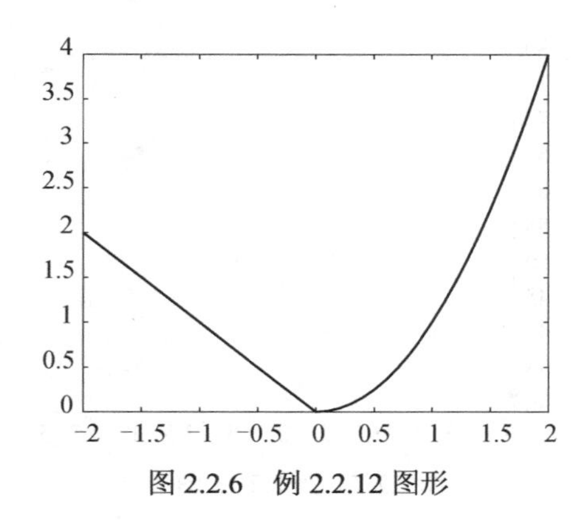

图 2.2.6　例 2.2.12 图形

例 2.2.9 至例 2.2.12 中的程序 `set(h,'Color','k')`和 `set(h,'LineWidth',2)` 是因为图形在 Word 文档中的打印效果要求而设置。MATLAB 绘图常见的曲线属性有线形(LineStyle)、线宽(LineWidth)和颜色(Color)，具体设置见表 2.2.5。

表 2.2.5　MATLAB 曲线属性标记

类 型	名 称 与 标 记
线 形	实线 - ；虚线 --
点 形	加号+；圆圈 O；星号*；叉叉：x；方块：s；五角星：p
颜 色	红 r；绿 g；黑 k；红紫 m

2.2.6　函数建模

在生活中，常常能见到的是一组数据，由数据拟合出函数在统计学里称为回归，这里仅介绍最简单的多项式回归。

例 2.2.13　某公司 2016 年前 6 个月的销售收入 R (百万元) 见表 2.2.6。

表 2.2.6　销售收入

月份	1	2	3	4	5	6
销售收入（百万元）	32.7	36.5	41.4	51.1	66.5	78

其中 $t=0$ 对应 1 月。按照这个趋势，预计 2016 年 12 月该公司的销售收入是多少？

解　(1) 先做出数据的散点图。

```
>> t=[0,1,2,3,4,5]
>> R=[32.7,36.5,41.4,51.1,66.5,78]
>> h=plot(t,R,'*')
>> set(h,'Color','k'),set(h,'LineWidth',10)
```

根据散点图(见图 2.2.7)判断，其散点在三次抛物线上。

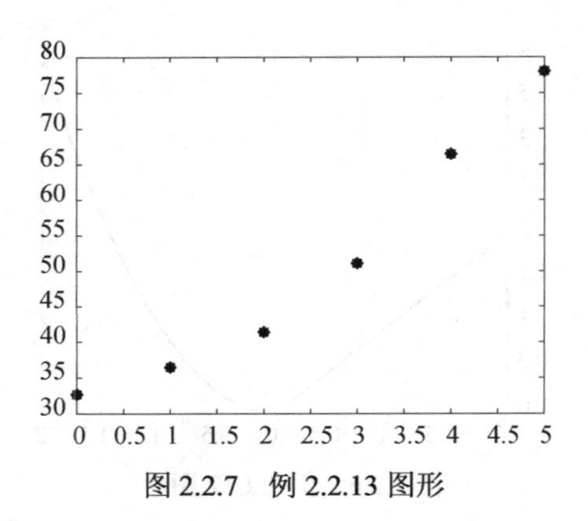

图 2.2.7　例 2.2.13 图形

(2) 作三次多项式回归，继续上面程序：

```
>> polyfit(t,R,3)
ans=-0.2065   2.9861   -0.6963   33.1444
```

(3) 求 2016 年 12 月该公司的销售收入。

注意，2016 年 12 月对应 t=11，继续上面程序：

```
>> polyval(ans,11)
R=111.9778
```

即预计 2016 年 12 月该公司的销售收入约为 1.1(亿元)。

2.3　极限及其简单计算

极限，英文为“limit”，是微积分的基本概念。微积分的主要概念——连续、导数、微分、定积分等都建立在极限的基础之上。

极限思想萌芽在遥远的古代——刘徽的“割圆术”和古希腊人的“穷竭法”都蕴含极限思想。极限概念因微积分的严密性、系统性要求而产生，其严格的数学定义是在 19 世纪 20 年代以后，由柯西(Cauchy，法国数学家，1789—1857)、魏尔斯特拉斯(Weierstrass，德国数学家，1815—1897)等建立。

2.3.1　极限的定义

为了引出极限的描述性定义，先看两个例子。

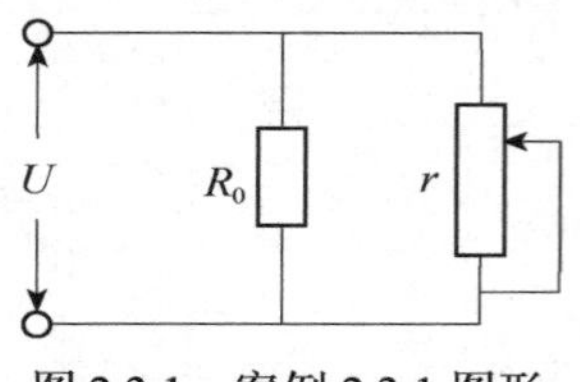

图 2.3.1　案例 2.3.1 图形

案例 2.3.1　设有一个电阻值为 R_0 (Ω)的固定电阻与一个电阻值为 r (Ω)的可变电阻并联于某一电路中(见图 2.3.1)，则电路中总电阻 R 满足关系：

$$\frac{1}{R}=\frac{1}{R_0}+\frac{1}{r},\quad 即\ R=\frac{R_0 r}{R_0+r}$$

当可变电阻值 r 无限增大时，其所在的支路会形成短路，电路中只有电阻值为 R_0 的电阻，因此，总电阻 R 会无限接近 R_0。

为了方便，记

(1) α 无限增大为 $\alpha \to \infty$；

(2) α 在正的方向无限增大为 $\alpha \to +\infty$，在负的方向无限增大为 $\alpha \to -\infty$；

(3) α 无限接近于 β 为 $\alpha \to \beta$。

于是案例 2.3.1 可简记为 $R = \dfrac{R_0 r}{R_0 + r} \to R_0$（$r \to +\infty$）。

引例 2.3.1　考察二次抛物线 $y = x^2$，由图 2.3.2 不难看出：

(1) $x \to 0$ 时，$y \to 0$；　(2) $x \to 1$ 时，$y \to 1$；

(3) $x \to -\infty$ 时，$y \to +\infty$；　(4) $x \to +\infty$ 时，$y \to +\infty$。

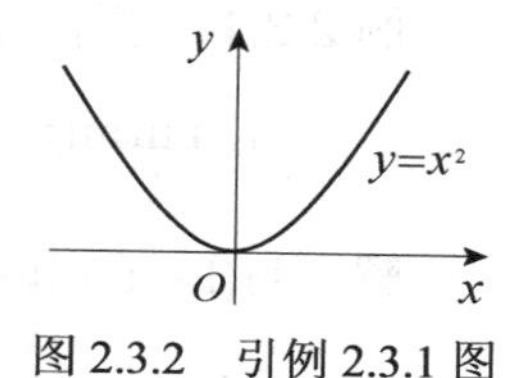

图 2.3.2　引例 2.3.1 图

案例 2.3.1 和引例 2.3.1 描述的都是“自变量无限接近于一个有限数或无穷时函数的变化趋势”。一般可引出下面极限的定义。

定义 2.3.1　设 $f(x)$ 在 $x = a$ 附近有定义，若 $x \to a$ 时，有

$$f(x) \to A$$

则称 A 为 $f(x)$ 当 $x \to a$ 时的极限，记为

$$\lim_{x \to a} f(x) = A$$

其中 A 为有限值时称 $\lim\limits_{x \to a} f(x)$ 存在，否则称 $\lim\limits_{x \to a} f(x)$ 不存在。

综合定义 2.3.1 和案例 2.3.1 及引例 2.3.1 可知：

(1) $\lim\limits_{r \to +\infty} R = R_0$；　(2) $\lim\limits_{x \to 0} x^2 = 0$，$\lim\limits_{x \to 1} x^2 = 1$，$\lim\limits_{x \to -\infty} x^2 = +\infty$，$\lim\limits_{x \to +\infty} x^2 = +\infty$

2.3.2　极限的代值计算

引例 2.3.1 中借助几何图形看出极限的做法并不总是可行的，因为不是所有的函数都能方便地作出其图形，下面来探讨极限的代数计算方式。

注意，引例 2.3.1 的极限也可通过如下的代值计算得到：

$$\lim_{x \to 0} x^2 = 0 = x^2\Big|_{x=0}，\quad \lim_{x \to 1} x^2 = 1 = x^2\Big|_{x=1}$$

自然会问：这样的代值是否对所有的函数都成立呢？为此，引入连续的定义。

定义 2.3.2　设 $f(x)$ 在有限点 x_0 及其附近有定义，若

$$\lim_{x \to x_0} f(x) = f(x_0)$$

则称 $f(x)$ 在点 x_0 连续，否则称 $f(x)$ 在点 x_0 间断。

由定义 2.3.2 不难看到，如果 $f(x)$ 在有限点 x_0 连续，那么极限 $\lim\limits_{x \to x_0} f(x)$ 就可以用“x 代 x_0 值”的方式进行代值计算。那如何确定函数的连续呢？一般有下面的结论。

定理 2.3.1 初等函数在其定义区间内的任意一点处都是连续的。

根据上述结论，中学数学里所学过的函数基本上都是初等函数。对于初等函数 $f(x)$ 及其定义区间内的有限点 x_0，欲求 $\lim\limits_{x\to x_0} f(x)$，可用"$x$ 代 x_0 值"的方式计算——简称为"代值计算"，即

$$\lim_{x\to x_0} f(x)=f(x)\big|_{x=x_0}=f(x_0)$$

例 2.3.1 求下列极限：

(1) $\lim\limits_{x\to 0}\ln(1+\mathrm{e}^x)$； (2) $\lim\limits_{x\to \pi}\dfrac{\sin x}{1+\cos^2 x}$。

解 $\ln(1+\mathrm{e}^x)$ 和 $\dfrac{\sin x}{1+\cos^2 x}$ 都是初等函数，定义域均为 $(-\infty,+\infty)$，因此可用代值计算。

(1) $\lim\limits_{x\to 0}\ln(1+\mathrm{e}^x)=\ln(1+\mathrm{e}^0)=\ln 2$；

(2) $\lim\limits_{x\to \pi}\dfrac{\sin x}{1+\cos^2 x}=\dfrac{\sin \pi}{1+\cos^2 \pi}=0$。

下面考察代值计算拓广至分母为 0 或 ∞ 的问题。

引例 2.3.2 函数 $y=\dfrac{1}{x^2}$ 在 $x=0$ 和 $x=\pm\infty$ 处都没有定义，其图形见图 2.3.3。

从图中不难看出，

$$\lim_{x\to \pm\infty}\frac{1}{x^2}=0，\quad \lim_{x\to 0}\frac{1}{x^2}=+\infty$$

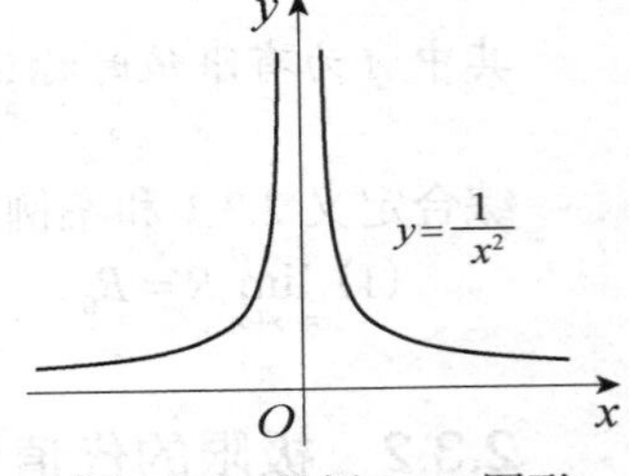

图 2.3.3 引例 2.3.2 图形

另一方面，如果规定：

(1) ∞ 为 $+\infty$ 或 $-\infty$，$\dfrac{1}{\infty}=0$；

(2) $\tilde{0}$ 为极限 0，$\dfrac{1}{\tilde{0}}=\infty$。

那么就有

(1) $\lim\limits_{x\to -\infty}\dfrac{1}{x^2}=\dfrac{1}{(-\infty)^2}=\dfrac{1}{+\infty}=0$，$\lim\limits_{x\to +\infty}\dfrac{1}{x^2}=\dfrac{1}{(+\infty)^2}=\dfrac{1}{+\infty}=0$；

(2) $\lim\limits_{x\to 0}\dfrac{1}{x^2}=\dfrac{1}{\tilde{0}}=\infty$，且因 $\dfrac{1}{x^2}>0$，因此其极限只能是 $+\infty$。

由引例 2.3.2 不难看出，极限的代值计算可拓广至 $\dfrac{1}{\infty}=0$ 和 $\dfrac{1}{\tilde{0}}=\infty$，于是有

(1) 对任意常数 C 有 $\dfrac{C}{\infty}=0$； (2) 对任意非 0 常数 $\tilde{C}$ 有 $\dfrac{\tilde{C}}{\tilde{0}}=\infty$。

例 2.3.2　求下列极限：

(1) $\lim\limits_{x\to 0}\dfrac{1+\cos x}{x}$；　　(2) $\lim\limits_{x\to 0}\dfrac{e^x}{1+\ln x^2}$。

解　直接应用代值计算，得

(1) $\lim\limits_{x\to 0}\dfrac{1+\cos x}{x}=\dfrac{2}{\tilde{0}}=\infty$；　(2) $\lim\limits_{x\to 0}\dfrac{e^x}{1+\ln x^2}=\dfrac{1}{-\infty}=0$。

由前面的讨论不难看出，极限的代值计算是一种非常简便、直接的求极限方式，此后求极限可优先考虑用“代值”。为了计算便利，“代值”时通常不必顾及函数的连续性而直接“代值”，若代值的结果为无穷却不能确定函数是恒正还是恒负，则其极限直接写∞。

注意，$\dfrac{C}{\infty}$和$\dfrac{\tilde{C}}{\tilde{0}}$中的$\infty$和$\tilde{0}$都是极限值，只是无限地接近却并没有达到，是为了直观而采用的一种标记。

2.3.3　有理分式和根式的$\frac{0}{0}$型极限

前面已经看到，极限的代值计算可以拓广至$\dfrac{C}{\infty}$和$\dfrac{\tilde{C}}{\tilde{0}}$情形，但对于代值为$\dfrac{0}{0}$型的极限，有一个分子、分母谁趋向于 0 更“快”的问题，因此，不能简单地认定$\dfrac{0}{0}$型极限是 0、1 或∞，看下面例子。

引例 2.3.3　考察极限$\lim\limits_{x\to 1}\dfrac{x^2-1}{x-1}$和$\lim\limits_{x\to 0}\dfrac{\sqrt{1+x}-1}{x}$。

(1) 先分别用x代 1 和 0 值知其对应的极限均为$\dfrac{0}{0}$型。

(2) 注意，$x\to 1$只表示x无限接近 1 并没有达到 1 值，因此，$x\to 1$时$\dfrac{x^2-1}{x-1}$的分母$x-1$并没有达到 0 值；$x\to 0$只表示x无限接近 0 也并没有达到 0 值，因此，$x\to 0$时$\dfrac{\sqrt{1+x}-1}{x}$的分母x也没有达到 0 值。在求极限前先做恒等变形：

$$\frac{x^2-1}{x-1}=\frac{(x-1)(x+1)}{x-1}=x+1\text{，}\quad \frac{\sqrt{1+x}-1}{x}=\frac{(\sqrt{1+x}-1)}{x}\cdot\frac{\sqrt{1+x}+1}{\sqrt{1+x}+1}=\frac{1}{\sqrt{1+x}+1}$$

再应用代值法，得

$$\lim_{x\to 1}\frac{x^2-1}{x-1}=\lim_{x\to 1}(x+1)=2\text{，}\quad \lim_{x\to 0}\frac{\sqrt{1+x}-1}{x}=\lim_{x\to 0}\frac{1}{\sqrt{1+x}+1}=\frac{1}{2}$$

总结引例 2.3.3，求有理分式和根式的极限，可优先应用代值法。当代值为$\dfrac{0}{0}$时，可用因式分解和根式有理化约去“零因子”后再代值。

例 2.3.3 求下列极限：

(1) $\lim\limits_{x\to 2}\dfrac{x^2-5x+6}{x^2-3x+2}$； (2) $\lim\limits_{x\to 0}\dfrac{\sqrt{x+4}-2}{\sqrt{1-x}-1}$。

解 分别在(1)中将 x 代 2 值和(2)中 x 代 0 值，知两极限均为 $\dfrac{0}{0}$ 型。

(1) 分子、分母分解因式，得

$$\lim_{x\to 2}\frac{x^2-5x+6}{x^2-3x+2}=\lim_{x\to 2}\frac{(x-2)(x-3)}{(x-1)(x-2)}=\lim_{x\to 2}\frac{x-3}{x-1}=-1$$

(2) 分子、分母中的根式同时有理化，得

$$\lim_{x\to 0}\frac{\sqrt{x+4}-2}{\sqrt{1-x}-1}=\lim_{x\to 0}\frac{(\sqrt{x+4}-2)(\sqrt{x+4}+2)}{(\sqrt{1-x}-1)(\sqrt{1-x}+1)}\cdot\frac{\sqrt{1-x}+1}{\sqrt{x+4}+2}$$

$$=-\lim_{x\to 0}\frac{\sqrt{1-x}+1}{\sqrt{x+4}+2}=-\frac{1}{2}$$

课堂练习 2.3.1 求下列极限：

(1) $\lim\limits_{x\to 0}\dfrac{\cos x}{x+1}$； (2) $\lim\limits_{x\to \pi}\dfrac{\ln(2+\cos x)}{1+\sin x}$；

(3) $\lim\limits_{x\to 0}\dfrac{1+\sin x}{\ln x^2}$； (4) $\lim\limits_{x\to 0}\dfrac{x^2+6x+5}{x^2-1}$；

(5) $\lim\limits_{x\to 1}\dfrac{x^2+6x+5}{x^2-1}$； (6) $\lim\limits_{x\to -1}\dfrac{x^2+6x+5}{x^2-1}$；

(7) $\lim\limits_{x\to 3}\dfrac{x^2-4x+3}{x^2+x-12}$； (8) $\lim\limits_{x\to 1}\dfrac{\sqrt{x}-1}{x(x-1)}$；

(9) $\lim\limits_{x\to 0}\dfrac{\sqrt{x+9}-3}{x(x+1)}$； (10) $\lim\limits_{x\to -1}\dfrac{\sqrt{x+5}-2}{\sqrt{3+2x}-1}$。

2.3.4 $x\to\infty$ 时有理分式的 $\dfrac{\infty}{\infty}$ 型极限

和 $\dfrac{0}{0}$ 型极限相类似，$\dfrac{\infty}{\infty}$ 型极限也有一个分子、分母谁趋向于 ∞ 更“快”的问题，因此，也不能简单地说 $\dfrac{\infty}{\infty}$ 型极限就是 1 或 ∞，看下面例子。

引例 2.3.4 考察极限 $\lim\limits_{x\to\infty}\dfrac{2x^2-x+1}{x^2-2}$。

由代值法知 $\lim\limits_{x\to\infty}\dfrac{1}{x}=0$。因此，如果能将要求极限的函数恒等变形为 $\dfrac{1}{x}$ 的复合函数，那么就可以采用 x 代 ∞ 值进行计算。注意：

$$\text{分子 } 2x^2-x+1=x^2(2-\frac{1}{x}+\frac{1}{x^2}) \text{，分母 } x^2-2=x^2(2-\frac{1}{x^2})$$

因此有 $\lim\limits_{x\to\infty}\dfrac{2x^2-x+1}{x^2-2}=\lim\limits_{x\to\infty}\dfrac{x^2(2-\frac{1}{x}+\frac{1}{x^2})}{x^2(1-\frac{2}{x})}=\lim\limits_{x\to\infty}\dfrac{2-\frac{1}{x}+\frac{1}{x^2}}{1-\frac{2}{x}}=2$。

总结引例 2.3.4，求 $x\to\infty$ 时有理分式的 $\dfrac{\infty}{\infty}$ 型极限，需先将分子和分母中 x 的最高次幂都分别提出来，其他部分则化为 $\dfrac{1}{x}$ 的函数，然后再用代值法进行计算。

引例 2.3.4 中，分子、分母里 x 的最高次幂相同，所以就被约掉了。如果不同，那该如何处理呢？看下面例子。

例 2.3.4 求下列极限：

(1) $\lim\limits_{x\to\infty}\dfrac{x^5-x+2}{x^2+1}$； (2) $\lim\limits_{x\to\infty}\dfrac{x^2+1}{x^4-x-2}$。

解 分子、分母同提取 x 的最高次幂，得

(1) $\lim\limits_{x\to\infty}\dfrac{x^5-x+2}{x^2+1}=\lim\limits_{x\to\infty}\dfrac{x^5(1-\frac{1}{x^4}+\frac{2}{x^5})}{x^2(1+\frac{1}{x^2})}=\lim\limits_{x\to\infty}\left(x^3\cdot\dfrac{1-\frac{1}{x^4}+\frac{2}{x^5}}{1+\frac{1}{x^2}}\right)$。

注意，由代值法知 $\lim\limits_{x\to\infty}x^3=\infty$， $\lim\limits_{x\to\infty}\dfrac{1-\frac{1}{x^4}+\frac{2}{x^5}}{1+\frac{1}{x^2}}=1$， $\infty\cdot 1=\infty$，因此，有

$$\lim_{x\to\infty}\frac{x^5-x+2}{x^2+1}=\infty$$

(2) 同理， $\lim\limits_{x\to\infty}\dfrac{x^2+1}{x^4-x-2}=\lim\limits_{x\to\infty}\dfrac{x^2(1+\frac{1}{x^2})}{x^4(1-\frac{1}{x^3}-\frac{2}{x^4})}=\lim\limits_{x\to\infty}\left(\dfrac{1}{x^2}\cdot\dfrac{1+\frac{1}{x^2}}{1-\frac{1}{x^3}-\frac{2}{x^4}}\right)=0$。

课堂练习 2.3.2 求下列极限：

(1) $\lim\limits_{x\to-\infty}\dfrac{x^2+2}{x^2}$； (2) $\lim\limits_{x\to+\infty}\dfrac{x^2+6x}{2x^2-1}$；

(3) $\lim\limits_{x\to\infty}\dfrac{3x^4+2x+5}{x^4+2x+1}$； (4) $\lim\limits_{x\to-\infty}\dfrac{x^5+x^3+5}{x^4-x+1}$；

(5) $\lim\limits_{x\to\infty}\dfrac{x^2+x+3}{x^4-x+2}$； (6) $\lim\limits_{x\to+\infty}\dfrac{4x^3+2x+3}{x^4-x+5}$。

$x\to\infty$ 时有理分式的 $\dfrac{\infty}{\infty}$ 型极限一般有下面结论：

$$\lim_{x\to\infty}\frac{a_n x^n+\cdots+a_0}{b_m x^m+\cdots+a_0}=\begin{cases}0, & n<m\\ \dfrac{a_n}{b_m}, & n=m\\ \infty, & n>m\end{cases}$$

2.4 极限与连续的性质

本节将对极限和连续进行进一步阐述。但仅限于诱导后续学习过程中需要用到的相关知识，并且只注重陈述，不进行严密的数学探讨。

2.4.1 单侧极限与区间上的连续

注意下面的事实。

(1) 对于有限点 x_0，$x\to x_0$ 只有两种可能，一种是“x 从 x_0 的左边无限接近 x_0”（记为 $x\to x_0-$），另一种是“x 从 x_0 的右边无限接近 x_0”（记为 $x\to x_0+$）。

(2) 对于 ∞，$x\to\infty$ 也只有两种可能，一种是 $x\to+\infty$，另一种是 $x\to-\infty$。

相应于 $f(x)$ 在有限点 x_0 的极限 $\lim\limits_{x\to x_0}f(x)$，引入下面概念。

定义 2.4.1 （1）$\lim\limits_{x\to x_0-}f(x)$ 和 $\lim\limits_{x\to x_0+}f(x)$ 分别称为 $f(x)$ 在 x_0 的左极限和右极限。

（2）$\lim\limits_{x\to-\infty}f(x)$ 和 $\lim\limits_{x\to+\infty}f(x)$ 分别称为 $f(x)$ 在 $x=\infty$ 的左极限和右极限。

$f(x)$ 在 $x=a$ 的左、右极限合称为 $f(x)$ 在 $x=a$ 的单侧极限。因为

$$x\to x_0 \Leftrightarrow x\to x_0- \text{ 和 } x\to x_0+,\quad x\to\infty \Leftrightarrow x\to+\infty \text{ 和 } x\to-\infty$$

因此下面结论成立。

定理 2.4.1 （1）$\lim\limits_{x\to x_0}f(x)=A \Leftrightarrow \lim\limits_{x\to x_0+}f(x)=\lim\limits_{x\to x_0-}f(x)=A$。

（2）$\lim\limits_{x\to\infty}f(x)=A \Leftrightarrow \lim\limits_{x\to+\infty}f(x)=\lim\limits_{x\to-\infty}f(x)=A$。

利用定理 2.4.1，可判断一些函数极限是否存在，看下面例子。

例 2.4.1 判断 $\lim\limits_{x\to0}f(x)$ 是否存在，其中

（1）$f(x)=\begin{cases}x & x<0\\ x+1 & x>0\end{cases}$　　（2）$f(x)=\begin{cases}\sin x & x<0\\ \mathrm{e}^x-1 & x>0\end{cases}$

解 （1）$\lim\limits_{x\to0-}f(x)=\lim\limits_{x\to0-}x=0$，$\lim\limits_{x\to0+}f(x)=\lim\limits_{x\to0+}(x+1)=1$。

$\because \lim\limits_{x\to0-}f(x)\neq\lim\limits_{x\to0+}f(x)$，　$\therefore$ $\lim\limits_{x\to0}f(x)$ 不存在

（2）$\lim\limits_{x\to0-}f(x)=\lim\limits_{x\to0-}\sin x=0$，$\lim\limits_{x\to0+}f(x)=\lim\limits_{x\to0+}(\mathrm{e}^x-1)=0$。

$\because \lim\limits_{x\to0-}f(x)=\lim\limits_{x\to0+}f(x)=0$，　$\therefore$ $\lim\limits_{x\to0}f(x)=0$

例 2.4.1 中的单侧极限的计算可采用通俗的语言表述，即左极限为左代值(左边的分支代值)，右极限为右代值(右边的分支代值)。

课堂练习 2.4.1　判断下列极限是否存在：

(1) $f(x)=\begin{cases} e^x & x<0 \\ x+1 & x>0 \end{cases}$，$\lim\limits_{x\to 0}f(x)$；　(2) $f(x)=\begin{cases} \cos\pi x & x<1 \\ x^2-1 & x>1 \end{cases}$，$\lim\limits_{x\to 1}f(x)$。

应用单侧极限，可给出区间上的连续的定义。

定义 2.4.2　(1) $f(x)$ 在 (a,b) 内连续 $\Leftrightarrow$ $f(x)$ 在 (a,b) 内的每一点都连续。

(2) $f(x)$ 在 $[a,b]$ 上连续 $\Leftrightarrow$ $f(x)$ 在 (a,b) 内连续，且

$$\lim_{x\to a+}f(x)=f(a)，\quad \lim_{x\to b-}f(x)=f(b)。$$

2.4.2　极限不存在的情形

先做一个诱导。

引例 2.4.1　考察极限 $\lim\limits_{x\to 0}\dfrac{1}{x}$，$\lim\limits_{x\to 0}\sin\dfrac{1}{x}$ 和 $\lim\limits_{x\to 0}f(x)$（$f(x)=\begin{cases} x & x<0 \\ 1 & x>0 \end{cases}$）。

(1) $\lim\limits_{x\to 0}\dfrac{1}{x}=\infty$，$\infty$ 只是一个记号，它是不存在的。

(2) $x\to 0$ 时，$\dfrac{1}{x}\to\infty$，$\sin\dfrac{1}{x}$ 代值为 $\sin\infty$，它始终在 -1 和 1 之间振动，不无限地接近于任何一个固定常数，因此，$\lim\limits_{x\to 0}\sin\dfrac{1}{x}$ 不存在。这类不存在又叫作振动发散。

(3) $\lim\limits_{x\to 0-}f(x)=0$，$\lim\limits_{x\to 0+}f(x)=1$，左右极限存在不相等，所以 $\lim\limits_{x\to 0}f(x)$ 不存在。

引例 2.4.1 揭示了极限的 3 种不存在情形。常见的极限不存在情形有如下 3 类。

(1) ∞ 极限。 (2) 振动发散：如 $\sin\infty$、$\cos\infty$、$(-1)^n$。 (3) 左右极限之一不存在或存在却不相等。

2.4.3　极限的性质

通过具体例子，不难验证极限的下列性质。

极限的运算性质　若 $\lim\limits_{x\to a}f(x)$ 和 $\lim\limits_{x\to a}g(x)$ 都存在，则

(1) 和(差)的极限等于极限的和(差)：$\lim\limits_{x\to a}\big(f(x)\pm g(x)\big)=\lim\limits_{x\to a}f(x)\pm\lim\limits_{x\to a}g(x)$。

(2) 乘积的极限等于极限的乘积：$\lim\limits_{x\to a}\big(f(x)\cdot g(x)\big)=\lim\limits_{x\to a}f(x)\cdot\lim\limits_{x\to a}g(x)$。

(3) 商的极限等于极限的商(分母不为 0)： $\lim\limits_{x\to a}\dfrac{f(x)}{g(x)}=\dfrac{\lim\limits_{x\to a}f(x)}{\lim\limits_{x\to a}g(x)}$ $(\lim\limits_{x\to a}g(x)\neq 0)$。

利用上述性质可推得下面的结论。

推论 2.4.1 若 $\lim\limits_{x\to a}f(x)$ 存在，k 为常数，n 为正整数，则

(1) $\lim\limits_{x\to a}(kf(x))=k\lim\limits_{x\to a}f(x)$； (2) $\lim\limits_{x\to a}f^n(x)=(\lim\limits_{x\to a}f(x))^n$。

事实上，在极限的运算性质中让 $g(x)=k$ 立即可得到论断(1)；让

$$g(x)=f^{n-1}(x)$$

得到 $\lim\limits_{x\to a}f^n(x)=\lim\limits_{x\to a}f(x)\cdot\lim\limits_{x\to a}f^{n-1}(x)$ 后递推，立即可得到论断(2)。

极限的保号性 设 $\lim\limits_{x\to a}f(x)=A$。

(1) 若 $A>0$，则在点 a 附近有 $f(x)>0$； (2) 若在点 a 附近有 $f(x)>0$，则 $A\geqslant 0$。

2.4.4 连续的性质

下面性质相应于单个有限点 x_0 或区间 I 都是成立的，其证明需要用到严格的《数学分析》理论，此处从略。

定理 2.4.2 (运算性质)连续函数的和、差、积、商(分母不为 0)都是连续的。

定理 2.4.3 (复合性质)若 $\lim\limits_{x\to a}u(x)=b$ 存在，$f(u)$ 在 $u=b$ 连续，则

$$\lim_{x\to a}f[u(x)]=f[\lim_{x\to a}u(x)]$$

定理 2.4.4 (反函数性质)严格单调的连续函数的反函数也是连续的。

2.5 两个重要的极限

两个重要的极限指的是下面两个极限。

$$\boxed{\lim_{x\to 0}\frac{\sin x}{x}=1,\quad \lim_{x\to\infty}(1+\frac{1}{x})^x=\mathrm{e}}$$

它们因建立 $\sin x$ 和 e^x 的导数公式而产生。

在微积分严密化的过程中，人们发现，微积分的所有公式都建立在下面导数公式之上：

$$(\sin x)'=\cos x,\quad (\mathrm{e}^x)'=\mathrm{e}^x$$

这两个导数公式分别与 $\lim\limits_{x\to 0}\dfrac{\sin x}{x}=1$ 和 $\lim\limits_{x\to 0}\dfrac{\mathrm{e}^x-1}{x}=1$ 相关联。

下面先用“割圆术”诱导出 $\lim\limits_{x\to 0}\dfrac{\sin x}{x}=1$，然后再借助几何图形进行证明。对于第二个重要极限，则先以案例引出 $\lim\limits_{x\to\infty}(1+\dfrac{1}{x})^x=\mathrm{e}$，然后再用换元的方式推出 $\lim\limits_{x\to 0}\dfrac{\mathrm{e}^x-1}{x}=1$。

2.5.1　$\lim\limits_{x\to 0}\dfrac{\sin x}{x}=1$

先用案例 1.1 中的“割圆术”诱导这个极限。

【诱导】 如图 2.5.1 所示，设 AB 为圆内接正 2^n 边形的一边，则其对应的中心角

$$\alpha=\frac{2\pi}{2^n}$$

三角形 AOB 的面积 $S_{\Delta AOB}=\dfrac{1}{2}R^2\sin\alpha$，圆内接正 2^n 边形的面积

$$S_n=2^n S_{\Delta AOB}=2^{n-1}R^2\sin\alpha$$

注意 $\lim\limits_{n\to\infty}\dfrac{S_n}{\pi R^2}=1$，于是有 $\lim\limits_{n\to\infty}\dfrac{\sin\dfrac{2\pi}{2^n}}{\dfrac{2\pi}{2^n}}=1$。令 $x=\dfrac{2\pi}{2^n}$，即得 $\lim\limits_{x\to 0}\dfrac{\sin x}{x}=1$。

下面进行数学论证。

【证明】 如图 2.5.2 所示，设 AB 对应的中心角为 x（$0<x<\dfrac{\pi}{2}$），则下面面积不等式成立：

$$S_{\Delta AOB}<S_{扇形AOB}<S_{\Delta BOC}$$

即　$\dfrac{1}{2}R^2\sin x<\dfrac{1}{2}R\cdot Rx<\dfrac{1}{2}R\cdot R\tan x$，$1<\dfrac{x}{\sin x}<\dfrac{1}{\cos x}$。

由极限的保号性，得

$$1=\lim_{x\to 0+}1\leqslant\lim_{x\to 0+}\frac{x}{\sin x}\leqslant\lim_{x\to 0+}\frac{1}{\cos x}=1$$

从而

$$\lim_{x\to 0+}\frac{x}{\sin x}=1,\quad \lim_{x\to 0+}\frac{\sin x}{x}=\lim_{x\to 0+}\frac{1}{\dfrac{x}{\sin x}}=\frac{1}{1}=1$$

$$\lim_{x\to 0-}\frac{\sin x}{x}=\lim_{t\to 0+}\frac{\sin(-t)}{-t}\ (t=-x)=\lim_{t\to 0+}\frac{\sin t}{t}=1$$

因此有 $\lim\limits_{x\to 0}\dfrac{\sin x}{x}=1$。

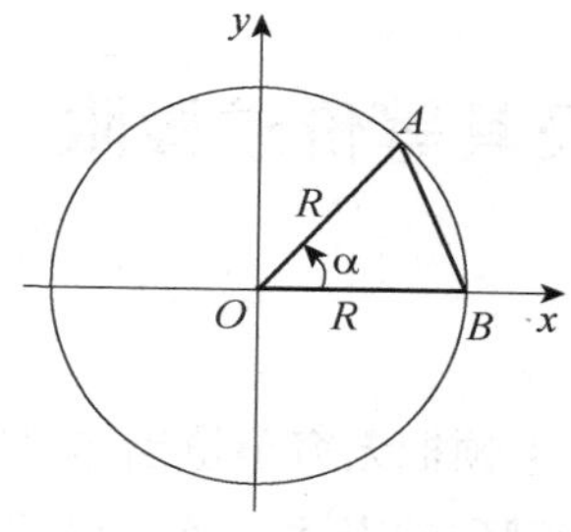

图 2.5.1　割圆示意图

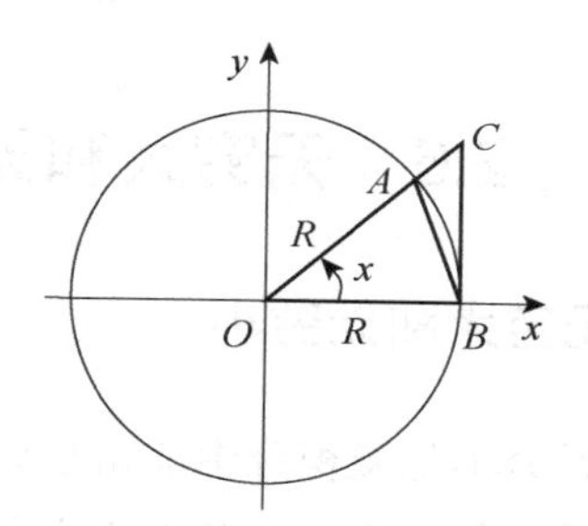

图 2.5.2　证明辅助图

2.5.2 $\lim\limits_{x\to+\infty}(1+\frac{1}{x})^x=\mathrm{e}$

注意下面事实：年利率为 r，一年计息 m 次的 P 元存款，t 年末的累积金额(本利和)：

$$A=P(1+\frac{r}{m})^{mt}$$

这个公式叫作复利公式。下面推导连续复利公式。

案例 2.5.1 (连续复利公式)假设一年内无数次计息(即 $m\to+\infty$)，那么年利率为 r 的 P 元存款，t 年末的累积金额是否会增加?

表面上看起来，计息次数增加，累积金额也会增加。注意到

$$A=P[(1+\frac{r}{m})^{\frac{m}{r}}]^{rt}$$

令 $x=\frac{m}{r}$，则 $m\to+\infty\Leftrightarrow x\to+\infty$，从而 $\lim\limits_{m\to+\infty}(1+\frac{r}{m})^{\frac{m}{r}}=\lim\limits_{x\to\infty}(1+\frac{1}{x})^x$。

利用分析中的单调有界原理可以证明：$\lim\limits_{x\to\infty}(1+\frac{1}{x})^x$ 存在，设其极限为 e. 由程序：

```
>> x=10000:10000:100000,y=(1+1./x).^x
```

的运行结果可以看出 $\mathrm{e}\approx 2.718\cdots$，于是有连续复利公式：$A=P\mathrm{e}^{rt}$。

下面由 $\lim\limits_{x\to\infty}(1+\frac{1}{x})^x=\mathrm{e}$ 给出一个重要的推论。

推论 2.5.1 $\lim\limits_{x\to 0}\frac{\mathrm{e}^x-1}{x}=1$。

【证明】 令 $t=\frac{1}{\mathrm{e}^x-1}$，则 $x\to 0\Leftrightarrow t\to\infty$，从而

$$\lim_{x\to 0}\frac{\mathrm{e}^x-1}{x}=\lim_{t\to\infty}\frac{1}{t\ln(1+\frac{1}{t})}=\lim_{t\to\infty}\frac{1}{\ln(1+\frac{1}{t})^t}$$

再根据定理 2.4.3 即得 $\lim\limits_{x\to 0}\frac{\mathrm{e}^x-1}{x}=\frac{1}{\ln\mathrm{e}}=1$。

2.6 无穷大和无穷小及其等价求极限

2.6.1 无穷大和无穷小

无穷大和无穷小是微积分中非常重要的概念。牛顿把无穷小量当作“很小很小的量”，因此在他的推导过程中不可避免地出现了很多“含糊”的表述；莱布尼兹对无穷大和无穷小也没有给出精确的描述。严格的数学定义由柯西在《分析教程》中首先给出。

定义 2.6.1 (1) 若 $\lim\limits_{x\to a}f(x)=\infty$，则称 $x\to a$ 时 $f(x)$ 为无穷大(量)。

(2) 若 $\lim\limits_{x\to a} f(x)=0$，则称 $x\to a$ 时 $f(x)$ 为无穷小(量)。

注意，$-\infty$ 是负的无穷大，而不是无穷小。在代值计算中，曾用到

$$\frac{1}{\infty}=0\text{，}\quad \frac{1}{\tilde{0}}=\infty$$

这实际上已提示了无穷大和无穷小的关系。

定理 2.6.1　在同一极限过程中：

(1) 无穷大的倒数为无穷小；(2) 无穷小(除 0 外)的倒数为无穷大。

2.6.2　利用等价关系求极限

下面先给出等价的定义。

定义 2.6.2　若 $\lim\limits_{x\to a}\dfrac{f(x)}{g(x)}=1$，则称 $x\to a$ 时 $f(x)$ 与 $g(x)$ 等价，记为

$$f(x)\sim g(x)\ (x\to a)$$

利用定义 2.6.2，可建立利用等价求极限的数学原理。

定理 2.6.2　设 $x\to a$ 时有 $f(x)\sim f_1(x)$，$g(x)\sim g_1(x)$．若 $f_1(x)$ 和 $g_1(x)$ 不恒为 0，且 $\lim\limits_{x\to a}\dfrac{f_1(x)}{g_1(x)}$ 为有限值或 ∞，则 $\lim\limits_{x\to a}\dfrac{f(x)}{g(x)}=\lim\limits_{x\to a}\dfrac{f_1(x)}{g_1(x)}$。

【证明】　注意 $f_1(x)$ 和 $g_1(x)$ 不恒为 0 时，成立

$$\frac{f(x)}{g(x)}=\frac{f(x)}{f_1(x)}\cdot\frac{f_1(x)}{g_1(x)}\cdot\frac{g_1(x)}{g(x)}$$

因为 $f(x)\sim f_1(x)$、$g(x)\sim g_1(x)$ $(x\to a)$，因此

$$\lim_{x\to a}\frac{f(x)}{f_1(x)}=\lim_{x\to a}\frac{g_1(x)}{g(x)}=1$$

从而

$$\lim_{x\to a}\frac{f(x)}{g(x)}=\lim_{x\to a}\frac{f(x)}{f_1(x)}\cdot\lim_{x\to a}\frac{f_1(x)}{g_1(x)}\cdot\lim_{x\to a}\frac{g_1(x)}{g(x)}=\lim_{x\to a}\frac{f_1(x)}{g_1(x)}$$

注意，定理 2.6.2 中的“$f_1(x)$ 和 $g_1(x)$ 不恒为 0”的条件是必须的，因为

$$\lim_{x\to a}\frac{f(x)}{0}=1\quad\text{或}\quad\lim_{x\to a}\frac{g(x)}{0}=1$$

不可能成立，于是有：

任何函数都不可能与 0 等价

为了能方便地应用等价求极限，下面先建立一些常用的等价关系式。

定理 2.6.3　$x\to\infty$ 时，n 次多项式 $a_nx^n+a_{n-1}x^{n-1}+\cdots+a_0\sim a_nx^n$。

【证明】　注意 $a_nx^n+a_{n-1}x^{n-1}+\cdots+a_0$ 为 n 次多项式，所以 $a_n\neq 0$，从而

$$\lim_{x\to\infty}\frac{a_nx^n+a_{n-1}x^{n-1}+\cdots+a_0}{a_nx^n}=\lim_{x\to\infty}(1+\frac{a_{n-1}}{a_n}\cdot\frac{1}{x}+\cdots+\frac{a_0}{a_n}\cdot\frac{1}{x^n})=1$$

由定义 2.6.2 即得结论。

定理 2.6.3 揭示：

$$x\to\infty\text{ 时，多项式}\sim\text{它的最高次项}$$

将其与定理 2.6.2 综合运用即可简便地应用等价求出有理分式当 $x\to\infty$ 时的极限。

例 2.6.1 求下列极限：

(1) $\lim\limits_{x\to\infty}\dfrac{8x^{10}+x^7+2x-1}{2x^{10}-3x^9+2}$， (2) $\lim\limits_{x\to+\infty}\dfrac{4x^5+x^2+3}{3x^4-2x+1}$。

解 注意 $x\to\infty$ 时多项式~它的最高次项，由定理 2.6.2，得

(1) $\lim\limits_{x\to\infty}\dfrac{8x^{10}+x^7+2x-1}{2x^{10}-3x^9+2}=\lim\limits_{x\to\infty}\dfrac{8x^{10}}{2x^{10}}=4$。

(2) $\lim\limits_{x\to+\infty}\dfrac{4x^5+x^2+3}{3x^4-2x+1}=\lim\limits_{x\to+\infty}\dfrac{4x^5}{3x^4}=\infty$。

例 2.6.1 是一种无穷大的等价，下面再来考察无穷小的等价。

定理 2.6.4 若 $\lim\limits_{x\to a}f(x)=0$，则 $x\to a$ 时，有

$$\sin f\sim f\text{，}\tan f\sim f\text{，}\mathrm{e}^f-1\sim f$$

【证明】 只证第 2 个等价关系，其他类推。令 $t=f(x)$，则当 $x\to a$ 时有 $t\to 0$，从而

$$\lim_{x\to a}\frac{\tan f}{f}=\lim_{t\to 0}\frac{\tan t}{t}=\lim_{t\to 0}\frac{\sin t}{t}\cdot\frac{1}{\cos t}=1$$

即 $\tan f\sim f$。

综合定理 2.6.2 和 2.6.4，便可以应用无穷小的等价关系求极限。

例 2.6.2 求下列极限：

(1) $\lim\limits_{x\to 0}\dfrac{\tan 3x}{\sin 5x}$； (2) $\lim\limits_{x\to 0}\dfrac{\tan x^2}{(\mathrm{e}^{-2x}-1)\sin 2x}$。

解 由定理 2.6.4 知：$x\to 0$时，有

(1) $\tan 3x\sim 3x$、$\sin 5x\sim 5x$．从而由定理 2.6.2，得

$$\lim_{x\to 0}\frac{\tan 3x}{\sin 5x}=\lim_{x\to 0}\frac{3x}{5x}=\frac{3}{5}$$

(2) $\tan x^2\sim x^2$、$\mathrm{e}^{-2x}-1\sim -2x$、$\sin 2x\sim 2x$．从而由定理 2.6.2，得

$$\lim_{x\to 0}\frac{\tan x^2}{(\mathrm{e}^{-2x}-1)\sin 2x}=\lim_{x\to 0}\frac{x^2}{(-2x)\cdot 2x}=-\frac{1}{4}$$

极限的计算更深入的探讨将在 5.5 节给出。

2.7　极限的 MATLAB 计算

极限 $\lim\limits_{x \to a} y$ 的 MATLAB 计算程序如下：

```
>> syms  除 y 外的所有字母        % 定义字母为符号(多字母间用逗号分隔)
>> y=表达式                      % 输入 y 的表达式
>> limit(y,x,a)                  % 求 y 当 x→a 时的极限
```

上述 MATLAB 程序采用的是符号计算方式，和求函数值的符号计算方式一样，程序结构固定、简明。不同极限的表达式一般不同，a 的取值也会不同，$x \to 1$ 时 a 取 1，$x \to \infty$、$\pm\infty$ 时 a 取 inf、±inf。$x \to 0$ 时系统默认 limit(y)替换 limit($y, x, 0$)。

例 2.7.1　计算 $\lim\limits_{x \to \pi} \dfrac{1+\cos x}{(x-\pi)\sin 2x}$。

解

```
>> syms x
>> y=(1+cos(x))/((x-pi)*sin(2*x))
>> limit(y,x,pi)
ans=1/4
```

注意，整个分母需用一对括号括起来，因为(1+cos(x))/(x-pi)*sin(2*x)对应的数学式是

$$\frac{1+\cos x}{x-\pi} \cdot \sin 2x$$

例 2.7.2　计算 $\lim\limits_{x \to \infty} \left(1-\dfrac{x}{x^2+1}\right)^{2x}$。

解

```
>> syms x
>> y=(1-x/(x^2+1))^(2*x)
>> limit(y,x,inf)
ans=exp(-2)
>>double(ans)
ans=0.1353
```

例 2.7.3　计算 $\lim\limits_{x \to 0} \dfrac{\sin x \tan 2x}{x\mathrm{e}^{-2x} \ln(1-2x)}$。

解

```
>> syms x
>> y=sin(x)*tan(2*x)/(x*exp(-2*x)*log(1-2*x))
>> limit(y)
ans=-1
```

习 题 2

1. 求下列极限：

(1) $\lim\limits_{x\to\pi}\dfrac{\ln(1+\sin x)}{1-\cos x}$；

(2) $\lim\limits_{x\to0}\dfrac{1+x}{\ln x^2}$；

(3) $\lim\limits_{x\to-1}\dfrac{x^2-3x+2}{x^2-1}$；

(4) $\lim\limits_{x\to1}\dfrac{x^2-3x+2}{x^2-1}$；

(5) $\lim\limits_{x\to3}\dfrac{x^2-5x+6}{x^2+x-12}$；

(6) $\lim\limits_{x\to1}\dfrac{\sqrt{x+3}-2}{\sqrt{2x-1}-1}$；

(7) $\lim\limits_{x\to\infty}\dfrac{2x^5+2x+5}{x^5-3x^2+1}$；

(8) $\lim\limits_{x\to-\infty}\dfrac{x^3+2x^2+3}{x^4-2x+2}$。

2. 用等价求下面极限：

(1) $\lim\limits_{x\to\infty}\dfrac{x^4+x^2+1}{2x^4-3x+2}$；

(2) $\lim\limits_{x\to+\infty}\dfrac{2x^5+2x+3}{3x^4-x+1}$；

(3) $\lim\limits_{x\to0}\dfrac{\sin 3x}{2x}$；

(4) $\lim\limits_{x\to0}\dfrac{\tan 2x}{\sin 2x}$；

(5) $\lim\limits_{x\to0}\dfrac{e^{2x}-1}{\sin 5x}$；

(6) $\lim\limits_{x\to0}\dfrac{\sin 5x\cos 3x}{\sin 2x}$。

【数学名人】——柯西

第3章　微分学运算法则

【名人名言】 自然这一巨著是用数学符号写成的。——伽利略

数学发明创造的动力不是推理，而是想象力的发挥。——德摩根

【学习目标】 了解导数和微分概念产生的背景，熟记导数基本公式。

理解导数运算法则，会应用法则和基本公式计算二阶导数。

【教学提示】 导数与微分是微分学的基本概念，了解其产生的背景有利于创新意识的培养，求导计算的熟练掌握有利于专业课的学习，因此，本章教学的难点是对定义和法则的理解与运用，可因材采用案例诱导、证明、讨论等方式，重点是引导学生的求导和微分计算，以培养迅速、准确的计算能力，可采用渐次练习、解答、讨论等方式。

【数学词汇】

①导数（Derivative），	微分（Differential）。
②公式（Formula），	定理（Theorem）。
③乘法（Multiplication），	除法（Division）。
④线性规则（Linear Rule），	高阶导数（Higher-order Derivative）。
⑤参数方程（Parametric equation），	隐函数（Implicit Function）。

【内容提要】

3.1　导数与微分

3.2　导数的MATLAB计算与不可导探讨

3.3　导数的四则运算法则

3.4　复合函数的求导法则

3.5　高阶导数与微分的计算

3.6　方程确定的函数的求导

导数和微分是微分学的基本概念。本章将先通过专业案例诱导建立导数和微分的思想，然后根据实际问题对微分运算法则的需求，以数学计算的推理方式构建一元函数微分学的运算法则，主要内容包括：导数的四则运算法则，复合函数的链式求导规则，高阶导数和微分的计算，隐函数和参数方程求导法等。

3.1 导数和微分

3.1.1 导数

1. 导数的定义

在第 1 章的案例 1.2 中，曾给出过公路上行驶的汽车在时刻t的瞬时速度

$$v(t)=\lim_{h\to 0}\frac{s(t+h)-s(t)}{h} \tag{3.1.1}$$

再看一个电学方面的例子。

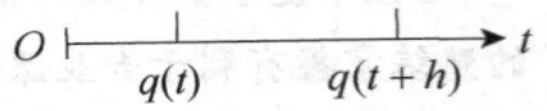

案例 3.1.1 已知流过导体的电流i等于单位时间内通过该导体横截面的电量。若通过导体横截面的电量(单位：C)与时间t(单位：s)的关系为$q=q(t)$，则导体在t时刻的瞬时电流有着怎样的数学表示呢？

图 3.1.1 电流分析图

如图 3.1.1 所示，考虑t秒至$t+h$秒的时段，通过导体横截面的电量为$q(t+h)-q(t)$ (C)，所用时间为h(s)，其平均电流

$$\bar{i}=\frac{q(t+h)-q(t)}{(t+h)-t}\ (\mathrm{A})$$

其中 1C/1s=1A。当$h\to 0$时，这个平均电流应无限地接近于瞬时电流，故

$$i(t)=\lim_{h\to 0}\frac{q(t+h)-q(t)}{h}\ (\mathrm{A}) \tag{3.1.2}$$

不难看出，s和q虽然具有不同的实际意义，但式(3.1.1)和式(3.1.2)却有着相同的数学表示——隶属同一类型的极限。将$s=s(t)$和$q=q(t)$用一般的数学函数$y=f(x)$代替，便引出了导数的概念。

定义 3.1.1 称$f'(x)=\lim\limits_{h\to 0}\dfrac{f(x+h)-f(x)}{h}$为函数$y=f(x)$在点$x$处的导数。当极限为有限时也称$f'(x)$存在或$y=f(x)$在点$x$可导，否则称$f'(x)$不存在或$y=f(x)$在点$x$不可导。

根据导数的定义及式(3. 1.1)和式(3. 1.2)，有

$$v=s'(t),\quad i=q'(t)$$

课堂练习 3.1.1

(1) 求$y=\mathrm{C}$(C 为常数)和$y=x$在点x处的导数。

(2) 若一小球从高度为h_0的高空自由下落，其高度与时间的关系为$h=h(t)$，问如何用数学式子描述小球在下落过程中任一时刻t的瞬时速度？

(3) 已知直线运动物体在任一时刻t的速度$v=v(t)$，问如何用数学式子描述物体在任意一时刻t的加速度a？

(4) 当物体的温度高于它周围的介质时，物体会不断冷却。若物体在t时刻的温度为$T=T(t)$，问如何用数学式子描述物体在任意一时刻t的冷却速度？

(5) 已知非均匀细棒的线密度ρ等于单位长度细棒的质量。若细棒的质量m与长度x的关系为$m=m(x)$，问如何用数学式子描述物体在长度x处的线密度？

2. 导数的意义

物理学家牛顿从物理的角度研究微积分，他的“流数”延展出来的就是“导数”，他所考虑的函数主要都是物理量，为了方便，我们将与导数概念相关的物理背景都统一归类至导数的物理意义之中。

由导数的定义的讨论，可得到下面常见的导数的物理意义。

(1) 速度等于路程的导数（$v=s'(t)$），加速度等于速度的导数（$a=v'(t)$）。

(2) 电流等于电量的导数（$i=q'(t)$）。

此外还有，自由落体运动的速度等于高度的导数（$v=h'(t)$），物体的冷却速度为其温度的导数（$v=T'(t)$），物体的线密度为其质量的导数（$\rho=m'(x)$）等。

下面再来考察导数的几何及社会生活背景。

1) 导数的几何意义

如图 3.1.2 所示，设有连续曲线$C: y=f(x)$，点

$$P(x, f(x))$$

是C上的一点，$Q(x+h, f(x+h))$为C上位于P点附近的点，则割线PQ的斜率

$$k_{PQ}=\frac{f(x+h)-f(x)}{h}$$

当$h\to 0$时，$Q\to P$，割线PQ的极限位置称为曲线C在P点的切线，从而割线PQ的斜率k_{PQ}也就无限地接近P点的切线L的斜率$k_{切}$，即

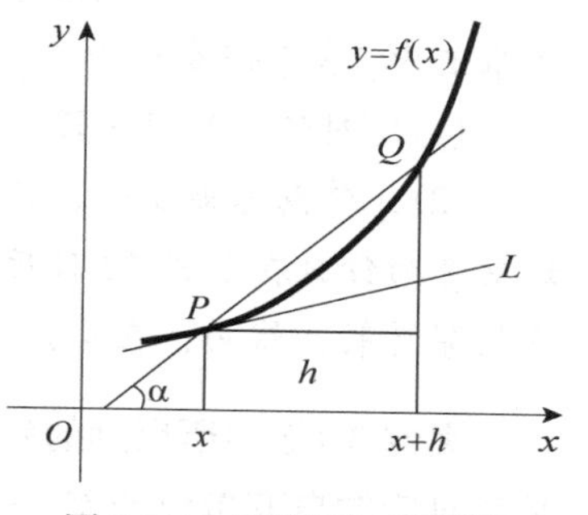

图 3.1.2　导数的几何解释

$$k_{切}=\lim_{Q\to P}k_{PQ}=\lim_{h\to 0}\frac{f(x+h)-f(x)}{h}=f'(x)$$

总结上面讨论可得到

导数的几何意义：$y=f(x)$在点x的切线斜率$k_{切}=f'(x)$。

2) 导数在社会生活中的意义

先看一个实例。

案例 3.1.2　如图 3.1.3 所示是深圳市 2015 年 2 月 5 日至 4 月 9 日的最高气温折线图。其中$t=0$对应 2 月 5 日，2 月 5 日和 16 日的最高气温分别是 15℃和 25℃，3 月 12 日和 16 日的最高气温分别是 17℃和 27℃，4 月 7 日和 9 日的最高气温分别是 29℃和 19℃（数据来源：15 天气查询网 www.15tianqi.cn）。

三者的温度差都为 10℃，但人们感觉天气变化快的却是后面两种：一种是快速升温，另一种是气温骤降。如何用数学式子来解释这一现象呢？

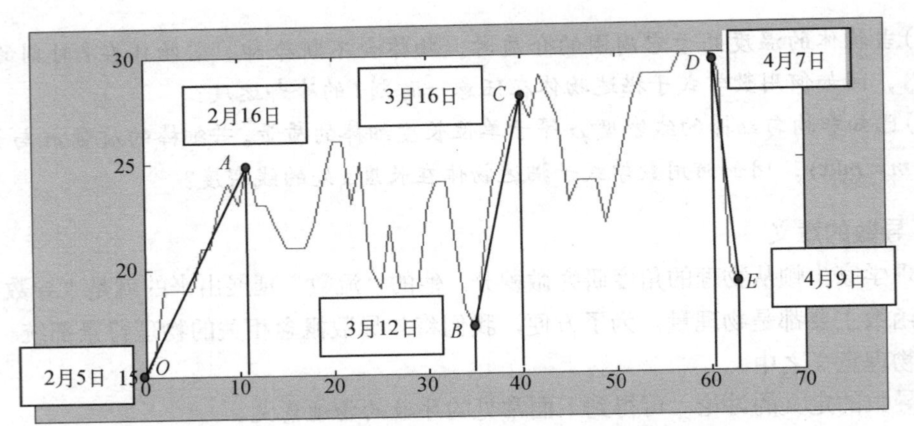

图 3.1.3 深圳 2015 年 2 月 5 日至 4 月 9 日最高气温图

从图 3.1.3 不难看出，天气变化快的线段 BC 和 DE 要“陡峭”一些，这个现象启发我们，可以用直线的斜率进行描述。

根据已知两点 $P(x_1, y_1)$、$Q(x_2, y_2)$ 求直线 $\overline{PQ}$ 的斜率的公式：$k_{\overline{PQ}} = \dfrac{y_2 - y_1}{x_2 - x_1}$，有

$$k_{\overline{OA}} = \frac{25-15}{16-5} \approx 0.9091, \quad k_{\overline{BC}} = \frac{27-17}{16-12} = 2.5, \quad k_{\overline{DE}} = \frac{19-29}{9-7} = -5$$

不难看出，3 个斜率值中：

(1) 绝对值小的变化慢，绝对值最大的变化最快；

(2) 正值意味着上升，负值意味着下降。

这就是为什么在 3 月 12 日后，人们明显感到了气温的上升，特别是在 3 月底 4 月初有人已开始穿夏装，然而，在 4 月 7 日至 9 日的三天里，气温骤降，人们又开始穿毛衣了。

案例 3.1.2 中所用到的斜率计算公式，分子是两个函数值的差——函数的改变量，分母是其对应的自变量值的差——自变量的改变量，一般有下面的定义。

定义 3.1.2 称 $\overline{U} = \dfrac{f(b) - f(a)}{b - a}$ 为 $f(x)$ 在 $[a, b]$ 上的平均变化率。

平均变化率 $\overline{U}$ 的意义在于 x 改变 1 个单位，$f(x)$ 平均改变 $\overline{U}$ 个单位。

如果记 $\Delta x = x - x_0 = h$ 为自变量 x 在 x_0 的改变量，那么

$$\Delta y = f(x) - f(x_0) = f(x_0 + h) - f(x_0)$$

就是函数 $y = f(x)$ 在 x_0 的相应改变量，$\dfrac{\Delta y}{\Delta x}$ 是函数 $y = f(x)$ 在区间 $[x_0, x_0 + h]$ 上的平均变化率，其极限便是函数 $y = f(x)$ 在点 x_0 处的瞬时变化率，简称变化率。从而得到

导数在社会生活中的意义：$f(x)$ 在点 x_0 处的变化率为 $f'(x_0)$。

即当 x 从 x_0 改变 1 个单位时，$f(x)$ 从 $f(x_0)$ 改变 $f'(x_0)$ 个单位。

对于具体的实际问题，其瞬时变化率有时也称增长率或改变率，经济学中则叫作边际。例如，某地区 2016 年的 CPI 指标 $I(t)$ 的增长率(即通货膨胀率)为 $I'(t)$；若某商品的收益为 $R(x)$，则其边际收益为 $R'(x)$。

课堂讨论 3.1.1　表 3.1.1 是我国儿童成长身高和体重的参考值。另由国家体育总局、教育部、卫生部、国家计委等 11 个部委联合进行的国民体质监测报告显示，中国男性在 25 岁时的平均身高大约为 1.7m，中国女性在 20 岁时的平均身高大约为 1.6m。

表 3.1.1　我国儿童成长参考值

年龄	男孩		女孩	
	身长(cm)	体重(kg)	身长(cm)	体重(kg)
初生	50.6	3.27	50	3.17
1 月	56.5	4.97	55.5	4.64
2 月	59.6	5.95	58.4	5.49
3 月	62.3	6.73	60.9	6.23
4 月	64.6	7.32	62.9	6.69
5 月	65.9	7.7	64.5	7.19
6 月	68.1	8.22	66.7	7.62
8 月	70.6	8.71	69.1	8.14
10 月	72.9	9.14	71.4	8.57
12 月	75.6	9.66	74.1	9.04
18 月	80.7	10.67	79.4	10.08
25 月	90.4	12.84	89.3	12.28
3 岁	93.8	13.63	92.8	13.1

在现实生活中，一般男性到 25 岁、女性到 20 岁其身高不会有大的变化，这样便可将 1.7m 作为中国男性的平均身高上限建立阻滞增长模型——Logistic 模型：

$$H(t)=\frac{a}{1+b\mathrm{e}^{-rt}}$$

问题 1　为什么要采用“阻滞增长”而不是指数增长：$H(t)=a+b\mathrm{e}^{rt}$？

问题 2　如何确定 a 的值？

在 a 值确定以后，Logistic 模型可恒等变形为

$$b\mathrm{e}^{-rt}=\frac{a}{H}-1，\quad \ln b-rt=\ln(\frac{a}{H}-1)$$

令 $y=\ln(\frac{a}{H}-1)$，则由 $y=-rt+\ln b$ 进行一次多项式回归(参见例 2. 2.13)。

```
>> t= [1,2,3,4,5,6,8,10,12,18,25,3*12]

>> H=[56.5,59.6,62.3,64.6,65.9,68.1,70.6,72.9,75.6,80.7,90.4,93.8]

>> y=log(170./H-1),polyfit(t,y,1)

ans=

   -0.0257    0.5979
```

即得 $r=0.0257$，$\ln b=0.5979$，$b=1.8183$，$H(t)=\dfrac{170}{1+1.8183\mathrm{e}^{-0.0257t}}$。

问题 3 解释下面程序和结果。

```
>> syms t
>> H=170/(1+1.8183*exp(-0.0257*t))
>>(subs(H,t,9*12)-subs(H,t,4*12))/(9*12-4*12)*12
ans =

    8.3112
```

第三句为4～9岁小孩的年平均增长率。

3. 导数基本公式

由导数的定义知：$y=f(x)$ 在点 x 处的导数

$$f'(x)=\lim_{h\to 0}\frac{f(x+h)-f(x)}{h}$$

根据这个式子，便可以求得一些简单函数的导数。

课堂练习 3.1.2 用定义求下面函数的导数，并猜测一般幂函数 $y=x^{\alpha}$ 的导数：

(1) $f(x)=x^2$； (2) $f(x)=x^4$。

课堂练习 3.1.3 利用公式 $(x^{\alpha})'=\alpha x^{\alpha-1}$ 求下面函数的导数：

(1) $y=x^7$； (2) $y=\sqrt{x}$； (3) $y=\dfrac{1}{x}$； (4) $y=\dfrac{1}{x^3}$。

注意，幂函数的导数中，除 $(x^{\alpha})'=\alpha x^{\alpha-1}$ 外，常数 C、x、$\sqrt{x}$、$\dfrac{1}{x}$ 的导数关系式因为在此后的学习中出现的较为频繁，最好也能当作公式记忆。

下面考察指数函数的导数。

例 3.1.1 $f(x)=\mathrm{e}^x$，求 $f'(x)$。

解 由导数的定义，得

$$f'(x)=\lim_{h\to 0}\frac{\mathrm{e}^{x+h}-\mathrm{e}^x}{h}=\lim_{h\to 0}\frac{\mathrm{e}^x\cdot\mathrm{e}^h-\mathrm{e}^x}{h}$$

$$=\lim_{h\to 0}\frac{\mathrm{e}^x(\mathrm{e}^h-1)}{h}=\mathrm{e}^x\lim_{h\to 0}\frac{\mathrm{e}^h-1}{h}=\mathrm{e}^x \text{（第二个重要极限的推论）}$$

指数函数更一般的导数公式是

$$(a^x)'=a^x\ln a\ (a\text{为正常数，}a\neq 1)$$

课堂练习 3.1.4 利用公式 $(a^x)'=a^x\ln a$ 求下面函数的导数：

(1) $y=2^x$； (2) $y=\dfrac{1}{3^x}$；

(3) $y=2^x\mathrm{e}^x$； (4) $y=\dfrac{2^x}{3^x}$。

下面再考察 $\sin x$ 的导数。

例 3.1.2　$f(x)=\sin x$，求 $f'(x)$。

解　由导数的定义知

$$f'(x)=\lim_{h\to 0}\frac{\sin(x+h)-\sin x}{h}$$

令 $h=2t$，则

$$\begin{aligned}\sin(x+h)-\sin x&=\sin(x+2t)-\sin x=\sin x\cos 2t+\cos x\sin 2t-\sin x\\&=\cos x\cdot\sin 2t-\sin x\cdot(1-\cos 2t)\\&=2\sin t\cdot(\cos x\cos t-\sin x\sin t)=2\sin t\cdot\cos(x+t)\end{aligned}$$

注意 $h\to 0\Leftrightarrow t\to 0$，从而由极限的运算性质及第一个重要极限，得

$$f'(x)=\lim_{t\to 0}\frac{2\sin t\cdot\cos(x+t)}{2t}=\lim_{t\to 0}\frac{\sin t}{t}\cdot\lim_{t\to 0}\cos(x+t)=\cos x$$

利用例 3. 1.1 和 3. 1.2 的计算结果，再结合导数的运算法则，可推出如表 3.1.2 所示的导数基本公式。在没有完整地给出这些公式严格的数学推导之前，为了方便，可先运用这些公式计算导数。

表 3.1.2　导数基本公式

1　幂函数	$(C)'=0$，$(x)'=1$；$(\sqrt{x})'=\frac{1}{2\sqrt{x}}$，$(\frac{1}{x})'=-\frac{1}{x^2}$．	$(x^{\alpha})'=\alpha x^{\alpha-1}$
2　指数函数	$(e^x)'=e^x$	$(a^x)'=a^x\ln a$
3　对数函数	$(\ln x)'=\frac{1}{x}$	$(\log_a x)'=\frac{1}{x}\log_a e$
4　三角函数	$(\sin x)'=\cos x$	$(\cos x)'=-\sin x$
	$(\tan x)'=\sec^2 x$	$(\cot x)'=-\csc^2 x$
	$(\sec x)'=\sec x\cdot\tan x$	$(\csc x)'=-\csc x\cdot\cot x$
5　反三角函数	$(\arcsin x)'=\frac{1}{\sqrt{1-x^2}}$	$(\arccos x)'=-\frac{1}{\sqrt{1-x^2}}$
	$(\arctan x)'=\frac{1}{1+x^2}$	$(\text{arc}\cot x)'=-\frac{1}{1+x^2}$

3.1.2　微分

微分是莱布尼兹在巴罗的“微分三角形”思想影响下创立，由后人不断完善建立起来的概念。

由导数的定义不难看出，$y=f(x)$ 在点 x 的导数

$$f'(x)=\lim_{h\to 0}\frac{f(x+h)-f(x)}{h}$$

它考虑的是比值$\frac{\Delta y}{\Delta x}$的极限，其中

$$\Delta x=(x+h)-x、\Delta y=f(x+h)-f(x)=f(x+\Delta x)-f(x)$$

分别为自变量x和函数y的改变量。

在现实生活中，也有一类这样的问题，它们要考虑的不是$\frac{\Delta y}{\Delta x}$，而是$\Delta y$对$\Delta x$的依赖关系。看下面例子。

案例 3.1.3 已知正方形金属薄片的边长为x，试考察该金属薄片受热后面积的改变量ΔS对边长的改变量Δx的依赖关系。

易见，金属薄片未受热前的面积$S=x^2$；受热后的边长为$x+\Delta x$，面积的改变量

$$\Delta S=(x+\Delta x)^2-x^2=2x\Delta x+(\Delta x)^2$$

若$\Delta x=0.01$，则$(\Delta x)^2=0.0001$. 不难看出，ΔS主要依赖于$2x\Delta x$，因为它是Δx的一次线性函数，常称为ΔS的线性主部，也叫作$S=x^2$的微分，记为$\mathrm{d}S$，即得$\mathrm{d}S=2x\Delta x$。

(1) 若记$\mathrm{d}x=\Delta x$，注意到$S'=2x$，于是有$\mathrm{d}S=S'\mathrm{d}x$。

(2) 若边长x取有限值x_0，重复上述过程即得$\mathrm{d}S\big|_{x=x_0}=2x_0\mathrm{d}x=S'(x_0)\mathrm{d}x$。

将案例 3.1.3 中的函数$S=x^2$替换为一般的数学函数$y=f(x)$，可引出下面定义。

定义 3.1.3 (1) 称$\mathrm{d}y=f'(x)\mathrm{d}x$为$y=f(x)$的微分。

(2) 称$\mathrm{d}y\big|_{x=x_0}=f'(x_0)\mathrm{d}x$为$y=f(x)$在点$x_0$的微分。

如果将x的微分$\mathrm{d}x$和y的微分$\mathrm{d}y$看作两个量，那么由

$$\mathrm{d}y=f'(x)\mathrm{d}x=y'\mathrm{d}x$$

两边同时除以$\mathrm{d}x$后得

$$y'=f'(x)=\frac{\mathrm{d}y}{\mathrm{d}x}$$

即$y'=f'(x)$是两个微分的商，因此，导数又叫作微商。

习 题 3.1

填空题：

(1) $y=x^5$，$y'=($　　　　$)$；

(2) $y=\sqrt[3]{x}$，$y'=($　　　　$)$；

(3) $y=x\sqrt{x}$，$y'=($　　　　$)$；

(4) $y=\frac{1}{x^2}$，$y'=($　　　　$)$；

(5) $y=3^x$，$y'=($　　　　$)$；

(6) $y=\frac{1}{e^x}$，$y'=($　　　　$)$；

(7) $y=\sin x$，$y'(\pi)=($　　　　$)$；

(8) $y=\cos x$，$y'(0)=($　　　　$)$；

(9) $y=x^3$， $dy=($　　　　　　$)$；　　(10) $y=\frac{1}{x}$， $dy=($　　　　　　$)$；

(11) $y=e^x$， $dy=($　　　　　　$)$；　　(12) $y=\cos x$， $dy=($　　　　　　$)$；

(13) $y=2^x$， $dy|_{x=0}=($　　　　　　$)$；　　(14) $y=\sin x$， $dy|_{x=\frac{\pi}{2}}=($　　　　　　$)$。

3.2　导数的 MATLAB 计算与不可导探讨

3.2.1　高阶导数

易见，函数的导数仍然是一个函数，于是便可在其基础上继续求导。

例如， $y=e^x$ 的导数 $y'=e^x$ 仍然是一个函数，在其基础上继续求导：

$$y''=(y')'=(e^x)'=e^x, \quad y'''=(y'')'=(e^x)'=e^x, \quad \cdots$$

称 y'' 为 y 的 2 阶导数， y''' 为 y 的 3 阶导数。一般 y 的 $n\,(n>3)$ 阶导数记为

$$y^{(n)} \quad 或 \quad \frac{d^n y}{dx^n}$$

满足 $y^{(n)}=(y^{(n-1)})'$（其中 $y^{(0)}=y$）。易见： $(e^x)^{(n)}=e^x$。

课堂练习 3.2.1　若 $(k\cdot u)'=k\cdot u'$（k 为常数、函数 u 可导），计算下面各题：

(1) $y=x^3$， 求 y''；　　(2) $y=2^x$， 求 y'''；

(3) $y=\sin x$， 求 $y^{(4)}$；　　(4) $y=\cos x$， 求 $y^{(5)}(\pi)$。

3.2.2　导数的 MATLAB 计算

导数的 MATLAB 计算程序如下。

```
>> syms x，所有其他字母                      %字母间用逗号分隔
>> y=…                                      %输入 y 的表达式
>> diff(y)                                  %求 y 的一阶导数
>> diff(y,x,n)                              %求 y 的 n 阶导数 y^(n)
>> A=diff(y,x,n) ,subs(A,x,b)               %求 y^(n)(b)
```

其中 diff(y)=diff(y，x，1)是系统的默认值；n 必须是确定的整数值；A 自定义，可用其他字母代替，但在 subs 中调用时必须一致。

例 3.2.1　$y=x^2\ln x-\frac{\sin \pi x}{x}$，写出计算 y'、y''、$y^{(5)}$ 的 MATLAB 程序。

解

```
>> syms x
>> y=(x^2)*log(x)-sin(pi*x)/x
>> diff(y),diff(y,x,2), diff(y,x,5)
```

例 3.2.2 $y=e^x\cos 2x$，写出求$y''(0)$，$y^{(4)}(\pi)$的 MATLAB 程序和最终计算结果。

解
```
>> syms x
>> y=exp(x)*cos(2*x)
>> A=diff(y,x,2),subs(A,x,0)
ans=-3
>> B=diff(y,x,4),subs(B,x,pi)
ans=-7*exp(pi)
```

例 3.2.3 $y=x\arctan bx$，求$y''(a)$。

解
```
>> syms x a b
>> y=x*atan(b*x)
>> C=diff(y,x,2),subs(C,x,a)
ans=(2*b)/(a^2*b^2+1)-(2*a^2*b^3)/(a^2*b^2+1)^2
```

例 3.2.3 中的函数式含参变量b、求导式中含参变量a，像这种函数式与求导式中含参变量的情形，编程时必须先将自变量和所有参变量都定义为符号方可进行 MATLAB 计算。

3.2.3 不可导探讨

1. 尖角顶点情形

先看一个引例。

引例 3.2.1 如图 3.2.1 和图 3.2.2 所示。

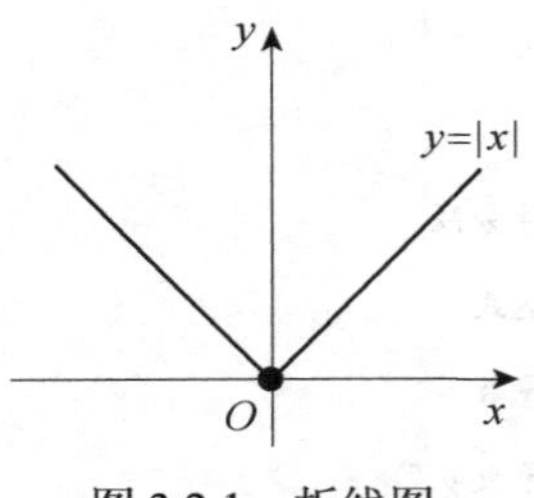

图 3.2.1 折线图

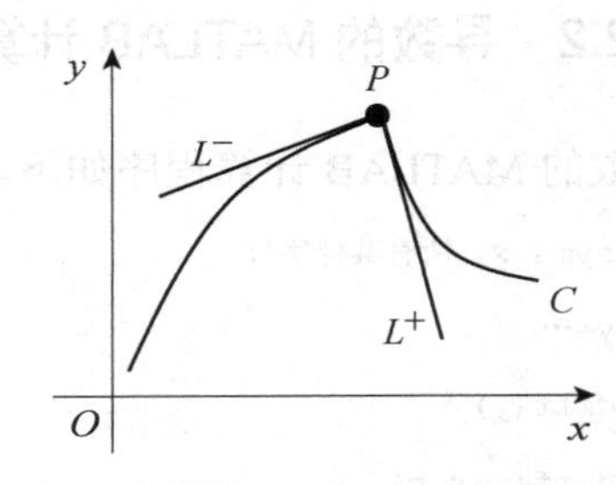

图 3.2.2 尖角顶点

(1) 折线$y=|x|$在$x=0$左边的直线$y=-x$和右边的直线$y=x$在原点形成了一个夹角为$\dfrac{\pi}{2}$的尖角，原点为曲线$y=|x|$的“尖角顶点”。

(2) 曲线C在P点也形成了一个尖角，其角度可用P点的左、右切线L^-和L^+的夹角来度量。易见，这样的度量正好是折线夹角的推广，因为直线在任意一点的切线正好是它本身，折线的夹角也就等于它在尖角顶点的左、右切线的夹角。

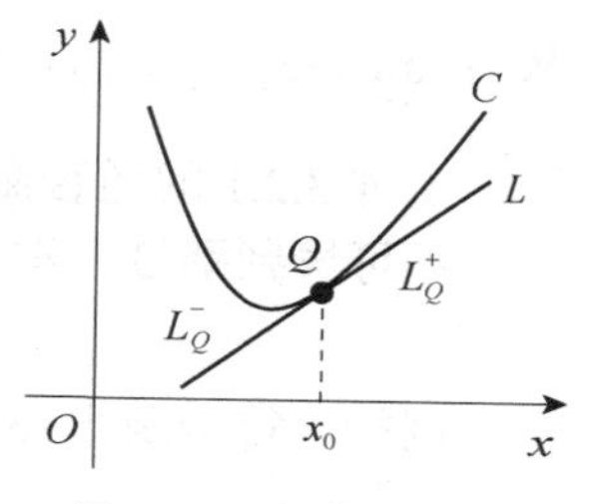

图 3.2.3　切线示意图

不难看出，当 C 在 P 点的左、右切线的夹角不为 0 或 π 时，C 在 P 点便构成“尖角”，此时称 P 点为曲线 C 的“尖角顶点”。

(3) 如图 3.2.3 所示，设曲线 C 的方程为 $y=f(x)$，Q 点对应 x_0. 若 $f(x)$ 在 x_0 可导，则 C 在 Q 点的切线斜率 $k_{切}=f'(x_0)$ 为有限值，从而其切线 L 也就存在，且其左切线 L_Q^- 和右切线 L_Q^+ 的夹角为 0 或 π，即 L_Q^- 和 L_Q^+ 能并成切线 L。这一结论的逆否命题便构成了 $f(x)$ 在 x_0 不可导的一个几何判别。

综合引例 3.2.1 的 (1)、(2) 和 (3) 的内容，注意函数在其曲线的“尖角顶点”处的左、右切线不能并成一条直线，于是便建立了不可导情形的一个几何判别：

不可导判别 1　连续函数 $y=f(x)$ 在其曲线上的“尖角顶点”，对应的 $x=x_0$ 处不可导。特别地讲，$y=|x|$ 在 $x=0$ 处不可导。

2. 竖直切线情形

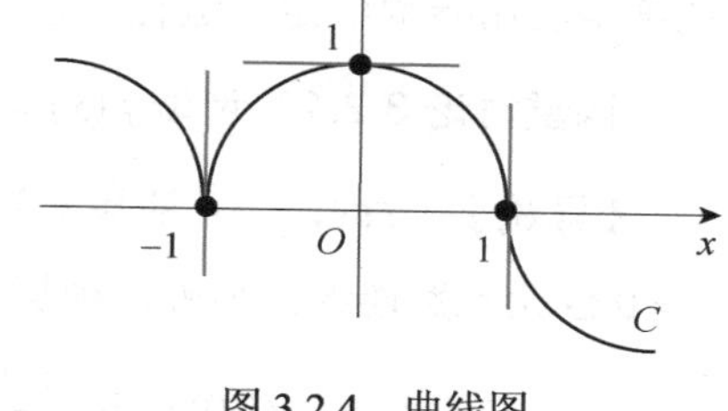

图 3.2.4　曲线图

引例 3.2.2　如图 3.2.4 所示，设曲线 C 由 4 个半径为 1 的四分之一圆周所构成，其函数方程为 $y=f(x)$. C 在 $x=\pm1$ 处的左、右切线的夹角虽然都为 0 和 π，但其倾角 α 却为 $\frac{\pi}{2}$ 或 $-\frac{\pi}{2}$，即 C 在 $x=\pm1$ 处有竖直的左、右切线，且根据导数的几何意义知：切线斜率

$$k_{切}=f'(\pm1)=\tan\alpha=\infty$$

即 C 在其竖直的左、右切线对应点 $x=\pm1$ 处不可导。

引例 3.2.2 诱导的是函数不可导情形的另一个几何判别：

不可导判别 2　连续函数 $y=f(x)$ 在其有竖直的左或右切线的点处不可导。

3. 函数不连续情形

图 3.2.1 和图 3.2.4 显示，函数在连续的点处不一定可导。那自然会问：可导的点处是否就一定连续呢？从图 3.2.1 和 3.2.4 可以看出，这个论断成立，一般有下面的结论。

定理 3.2.1　若 $f(x)$ 在 x_0 可导，则 $f(x)$ 在 x_0 连续。

【证明】　因为 $f(x)$ 在 x_0 可导，所以

$$\lim_{h\to0}\frac{f(x_0+h)-f(x_0)}{h}=f'(x_0)$$

为有限值。注意

$$\lim_{x\to x_0}(f(x)-f(x_0))=\lim_{x\to x_0}\frac{f(x)-f(x_0)}{x-x_0}(x-x_0)$$

令 $h=x-x_0$，则当 $x\to x_0$ 时有 $h\to0$，于是

$$\lim_{x\to x_0}(f(x)-f(x_0))=\lim_{h\to0}\frac{f(x_0+h)-f(x_0)}{h}\cdot h=f'(x_0)\cdot0=0$$

从而 $\lim\limits_{x\to x_0} f(x)=f(x_0)$，即 $f(x)$ 在 x_0 连续。

定理 3.2.1 的逆否命题构成函数不可导情形的另一个简单判别。

不可导判别 3 *若 $f(x)$ 在 x_0 不连续，则 $f(x)$ 在 x_0 不可导。*

例如，符号函数 $\operatorname{sgn}(t)=\begin{cases}1 & t>0\\ 0 & t=0\\ -1 & t<0\end{cases}$ 在 $t=0$ 不连续，因此，$\operatorname{sgn}(t)$ 在 $t=0$ 不可导。

课堂练习 3.2.2 利用图形判断下面函数在 $x=0$ 的可导性：

(1) $y=x^2$； (2) $y^2=x$；

(3) $y=\begin{cases}x^2 & x\leqslant 0\\ x & x>0\end{cases}$； (4) $y=\begin{cases}x+1 & x\leqslant 0\\ 2x & x>0\end{cases}$。

定理 3.2.1 显示：可导必定连续。而判别 1 和判别 2 则揭示：连续不一定可导。

“连续不一定可导”除几何方式的“尖角顶点”和“竖直切线”判别外，其非几何方式通常是利用导数的定义进行判别。

课堂讨论 3.2.1 讨论 $f(x)=\sqrt[3]{x}$ 在 $x=0$ 的连续性和可导性。

【导论】 $f(x)=\sqrt[3]{x}$ 是基本初等函数，它在其定义区间 $(-\infty,+\infty)$ 内都是连续的，在 $x=0$ 也就当然连续。另外，根据导数的定义

$$f'(0)=\lim_{h\to 0}\frac{f(0+h)-f(0)}{h}=\lim_{h\to 0}\frac{\sqrt[3]{h}-0}{h}=\lim_{h\to 0}\frac{1}{h^{2/3}}=\infty$$

因此，$f(x)=\sqrt[3]{x}$ 在 $x=0$ 不可导。

习 题 3.2

1. 若 k 为常数、函数 u 可导，利用公式 $(k\cdot u)'=k\cdot u'$ 计算：

   (1) $y=x^4$，求 y''； (2) $y=\dfrac{1}{x}$，求 y'''；

   (3) $y=3^x$，求 $y^{(4)}$； (4) $y=\sin x$，求 $y^{(5)}(0)$。

2. 写出下列计算的 MATLAB 程序：

   (1) $y=x^2\sin 2x+\mathrm{e}^{-x}\cos 2x$，求 y'、y'''、$y^{(6)}$；

   (2) $y=x\ln x-\dfrac{\sqrt{x}}{1+2x}$，求 $y'(1)$、$y''(2)$、$y^{(4)}(5)$。

3.3 导数的四则运算法则

四则运算即加、减、乘、除。导数的四则运算指的是多个函数的和、差、积、商的求

导计算。此后如无特别声明，所讨论的函数的求导都默认是在函数可导的点处进行。

3.3.1　线性法则

若a、b为常数，则$y=ax+b$称为一次线性函数，而线性求导法则指的是$f(x)$和$g(x)$的线性运算函数

$$af(x)+bg(x)$$

的求导法则。先看两个案例。

案例 3.3.1　为保护某些濒临灭绝的鲸类，一群海洋生物学家推荐了一系列的测量方法。一个保护性测量显示，在未来 10 年，某类鲸的预期数量为

$$N(t)=4t^3+3t^2-20t+560\ (0\leqslant t\leqslant 10),$$

如何确定这种鲸在 10 年后的增长率呢？

案例 3.3.2　据资料估计，全世界通过母婴方式而感染 HIV 的小孩数可由下列函数给出：

$$N(t)=-0.2083t^3+3.0357t^2+44.0476t+200.2857\ (0\leqslant t\leqslant 12)$$

其中N按千人计，t按年计，$t=0$对应 1990 年年初。问 2002 年年初通过母婴方式而感染 HIV 的小孩的增长速度有多快？

【案例分析】　由导数在社会生活中的意义知，求增长率和增长速度都是求导数。而案例 3.3.1 和案例 3.3.2 中的$N(t)$是幂函数的线性运算函数，因此，问题可转化为幂函数的线性运算函数的导数的计算。

案例 3.3.1 和案例 3.3.2 呈现的是多个幂函数的线性运算函数求导的实际需求，一般有下面求导法则。

定理 3.3.1　若$f(x)$和$g(x)$在点x可导，k为常数，则

$$(f(x)+g(x))'=f'(x)+g'(x),\quad (kf(x))'=kf'(x)$$

【证明】　因为$f(x)$和$g(x)$在点x可导，由导数的定义知下面等式成立：

$$\lim_{h\to 0}\frac{f(x+h)-f(x)}{h}=f'(x),\quad \lim_{h\to 0}\frac{g(x+h)-g(x)}{h}=g'(x)$$

令$F(x)=f(x)+g(x)$，$G(x)=kf(x)$，则

(1) $$F'(x)=\lim_{h\to 0}\frac{F(x+h)-F(x)}{h}=\lim_{h\to 0}\frac{(f(x+h)+g(x+h))-(f(x)+g(x))}{h}$$

$$=\lim_{h\to 0}\left[\frac{f(x+h)-f(x)}{h}+\frac{g(x+h)-g(x)}{h}\right]=f'(x)+g'(x)$$

(2) $$G'(x)=\lim_{h\to 0}\frac{G(x+h)-G(x)}{h}=\lim_{h\to 0}\frac{kf(x+h)-kf(x)}{h}=kf'(x)$$

由定理 3.3.1，对常数a、b，有

$$(af(x)+bg(x))'=(af(x))'+(bg(x))'$$

从而得到一般的线性求导法则：

推论 3.3.1 若 $f(x)$ 和 $g(x)$ 在点 x 可导，a、b 为常数，则

$$(af(x)+bg(x))'=af'(x)+bg'(x)。$$

例 3.3.1 (1) $y=4x^2-\frac{2}{x}+2\sqrt{x}-1$，求 y'；

(2) $y=2\sin x-\frac{1}{2}\cos x+\ln 2$，求 $y'(0)$。

解 根据线性求导法则，得

(1) $y'=4(x^2)'-2(\frac{1}{x})'+2(\sqrt{x})'-(1)'$（提出常系数）

$=4\times 2x-2\cdot(-\frac{1}{x^2})+2\cdot\frac{1}{2\sqrt{x}}-0$（利用导数基本公式）

$=8x+\frac{2}{x^2}+\frac{1}{\sqrt{x}}$

(2) $y'=2(\sin x)'-\frac{1}{2}(\cos x)'+(\ln 2)'$（提出常系数）

$=2\cos x-\frac{1}{2}(-\sin x)+0$（利用导数基本公式）

从而 $y'(0)=2\cos 0+\frac{1}{2}\sin 0=2$。

课堂练习 3.3.1

1. 求下列函数的导数：

(1) $y=2x-\frac{1}{x}+4\sqrt{x}-1$； (2) $y=4\cdot 3^x+3\mathrm{e}^x+2x^3+2$；

(3) $y=2\ln x+3\log_2 x-\ln 3$； (4) $y=3\sin x-2\cos x+4\tan x$。

2. 求下列函数在给定点的导数：

(1) $y=2\mathrm{e}^x-2^x+1$，$x=0$； (2) $y=3\sin x-2\cos x+4$，$x=\pi$。

【案例 3.3.1 的解答】 对 $N(t)$ 求导，得

$$N'(t)=4(t^3)'+3(t^2)'-20(t)'+(560)'=12t^2+6t-20，N'(10)=1240$$

即在未来的第 10 个年头，这种鲸的年增长率为 1240 条/年。

【案例 3.3.2 的解答】 对 $N(t)$ 求导，得

$$N'(t)=-0.6249t^2+6.0714t+44.0476$$

再注意 2002 年年初对应 $t=12$，用 MATLAB 软件计算：

```
>> t=12，N=-0.6249*t^2+6.0714*t+44.0476

N = 26.9188
```

即 $N'(12)=26.9188$，因此，2002 年年初通过母婴方式而感染 HIV 的小孩数的增长速度约

为 2.7(万/年)。

案例 3.3.3 电流是单位时间内流过的电荷量，其基本计算公式为 $i=q'(t)$.电容上的电荷是一个积累过程，其电荷量

$$q=Cu$$

式中 u 是电容两端的电压，C 为电容的容值大小。将电容的这个计算公式代入到电流的基本计算公式可得到

$$i=q'=Cu'(t)$$

此即为单位时间内流过电容的电流随电压变化的关系。

3.3.2 乘法法则

乘法求导法则指的是多个函数乘积的求导法则。

根据导数基本公式，有

$$(x)'=1\text{，}\ (x^2)'=2x\text{，}\ (x\cdot x^2)'=(x^3)'=3x^2$$

易见 $(x)'\cdot(x^2)'=1\times 2x=2x\neq 3x^2$，因此

$$(x\cdot x^2)'\neq(x)'(x^2)'$$

换句话说，两个函数乘积的导数不一定等于它们导数的乘积，即通常情况下

$$(f(x)g(x))'\neq f'(x)g'(x)$$

再注意到，

$$(x)'\cdot x^2+x\cdot(x^2)'=1\cdot x^2+x\cdot 2x=3x^2$$

即

$$(x\cdot x^2)'=(x)'\cdot x^2+x\cdot(x^2)'$$

一般有如下的乘法求导法则：

定理 3.3.2 若 $f(x)$ 和 $g(x)$ 在点 x 可导，则

$$(f(x)g(x))'=f'(x)g(x)+f(x)g'(x)$$

【证明】 因为 $f(x)$ 和 $g(x)$ 在点 x 可导，由导数的定义知

$$\lim_{h\to 0}\frac{f(x+h)-f(x)}{h}=f'(x)\quad\text{和}\quad\lim_{h\to 0}\frac{g(x+h)-g(x)}{h}=g'(x)$$

都存在。令 $F(x)=f(x)g(x)$，则

$$\begin{aligned}F'(x)&=\lim_{h\to 0}\frac{F(x+h)-F(x)}{h}=\lim_{h\to 0}\frac{f(x+h)g(x+h)-f(x)g(x)}{h}\\&=\lim_{h\to 0}\frac{[f(x+h)-f(x)]g(x+h)+f(x)[g(x+h)-g(x)]}{h}\\&=\lim_{h\to 0}\left[\frac{f(x+h)-f(x)}{h}g(x+h)+f(x)\frac{g(x+h)-g(x)}{h}\right]\\&=f'(x)\cdot\lim_{h\to 0}g(x+h)+f(x)g'(x)\end{aligned}$$

不难看出，要完成证明只需说明

$$\lim_{h\to 0} g(x+h)=g(x)$$

由 $g(x)$ 在点 x 可导从而连续立即可得这个结论，故定理 3.3.2 的结论成立。

定理 3.3.2 可推广至更多个函数乘积的情形，例如

$$\begin{aligned}(uvw)' &= ((uv)\cdot w)' = (uv)'w + uvw' \\ &= (u'v+uv')w + uvw' = u'vw + uv'w + uvw'\end{aligned}$$

不难推断出乘法求导规则：

(1) 每项只对 1 个因子求导；　　(2) 将所有项相加。

例如，$y = x\sin x\ln x$ 是 3 个函数的乘积，它的求导方式如下：

(1) 第 1 项只对第 1 个因子 x 求导：$(x)'\sin x\ln x$。

第 2 项只对第 2 个因子 $\sin x$ 求导：$x(\sin x)'\ln x$。

第 3 项只对第 3 个因子 $\ln x$ 求导：$x\sin x(\ln x)'$。

(2) 将所有项相加即为乘法求导法则：

$$(x\sin x\ln x)' = (x)'\sin x\ln x + x(\sin x)'\ln x + x\sin x(\ln x)'$$

然后再根据导数基本公式：$(x)'=1$、$(\sin x)'=\cos x$、$(\ln x)'=\dfrac{1}{x}$，即可求得

$$\begin{aligned}(x\sin x\ln x)' &= 1\cdot\sin x\ln x + x\cos x\ln x + x\sin x\cdot\frac{1}{x} \\ &= \sin x\ln x + x\cos x\ln x + \sin x\end{aligned}$$

例 3.3.2　求下列函数的导数：

(1) $y = x^2\ln x$；　　(2) $y = e^x\sin x$。

解　(1) $y' = (x^2)'\ln x + x^2(\ln x)' = 2x\ln x + x^2\cdot\dfrac{1}{x} = 2x\ln x + x$

(2) $y' = (e^x)'\sin x + e^x(\sin x)' = e^x(\sin x + \cos x)$

例 3.3.3　求 $y = x\cdot 2^x\cdot\cos x\cdot\arctan x$ 在 $x=0$ 处的导数。

解

$$\begin{aligned}y' &= (x)'\cdot 2^x\cdot\cos x\cdot\arctan x + x\cdot(2^x)'\cdot\cos x\cdot\arctan x \\ &\quad + x\cdot 2^x\cdot(\cos x)'\cdot\arctan x + x\cdot 2^x\cdot\cos x\cdot(\arctan x)' \\ &= 1\cdot 2^x\cdot\cos x\cdot\arctan x + x\cdot 2^x\ln 2\cdot\cos x\cdot\arctan x \\ &\quad + x\cdot 2^x\cdot(-\sin x)\cdot\arctan x + x\cdot 2^x\cdot\cos x\cdot\frac{1}{1+x^2}\end{aligned}$$

注意 $\tan 0 = 0$，于是 $0 = \arctan 0$，从而 $y'(0) = 0$。

课堂练习 3.3.2

1. 求下列函数的导数：

(1) $y = x^2\cos x$；　　(2) $y = x\sin x\cdot e^x\ln x$。

2. 求下列函数在给定点的导数：

(1) $y = e^x\cos x$，$x=0$；　　(2) $y = x\sin x\cos x$，$x=\pi$。

3.3.3 除法法则

除法求导法则指的是两个相除函数的求导法则。

根据导数基本公式，有

$$(x)'=1，(x^2)'=2x，(\frac{x}{x^2})'=(\frac{1}{x})'=-\frac{1}{x^2}$$

易见 $\frac{(x)'}{(x^2)'}=\frac{1}{2x}\neq-\frac{1}{x^2}$，因此 $(\frac{x}{x^2})'\neq\frac{(x)'}{(x^2)'}$。换句话说，两个相除函数的导数不一定等于它们的导数相除，即通常情况下，

$$(\frac{f(x)}{g(x)})'\neq\frac{f'(x)}{g'(x)}$$

下面先看一个社会生活中对除法求导需求的例子。

案例 3.3.4 一个开发商正在计划建造一个包括住宅、办公大楼、商店、学校的新城区，预计从现在开始 t 年后新城区的人口为

$$p(t)=\frac{25t^2+125t+200}{t^2+5t+40}（万）$$

如何确定 5 年后新城区人口的增长速度呢？

前面已知道，求增长速度也就是求导数。注意到

$$p(t)=\frac{25(t^2+5t+40)-800}{t^2+5t+40}=25-\frac{800}{t^2+5t+40}$$

根据线性求导法则，得 $p'(t)=-800(\frac{1}{t^2+5t+40})'$，于是求增长速度的问题就转化为求

$$(\frac{1}{g(x)})'$$

的问题。

根据案例 3. 3.4 的需求，下面先考虑 $(\frac{1}{g(x)})'$ 的计算法则。

定理 3.3.3 若 $g(x)$ 在点 x 可导，且 $g(x)\neq0$，则 $(\frac{1}{g(x)})'=-\frac{g'(x)}{g^2(x)}$。

【证明】 因为 $g(x)$ 在点 x 可导，由导数的定义知

$$\lim_{h\to0}\frac{g(x+h)-g(x)}{h}=g'(x)$$

存在。令 $F(x)=\frac{1}{g(x)}$，则

$$F'(x)=\lim_{h\to 0}\frac{F(x+h)-F(x)}{h}=\lim_{h\to 0}\frac{\dfrac{1}{g(x+h)}-\dfrac{1}{g(x)}}{h}$$

$$=\lim_{h\to 0}\frac{-\dfrac{g(x+h)-g(x)}{h}}{g(x)g(x+h)}=-\frac{g'(x)}{g^2(x)}$$

注意，除法也可以转化为乘法，即

$$\frac{f(x)}{g(x)}=f(x)\cdot\frac{1}{g(x)}$$

于是有

$$\left(\frac{f(x)}{g(x)}\right)'=f'(x)\frac{1}{g(x)}+f(x)\left(\frac{1}{g(x)}\right)'=f'(x)\frac{1}{g(x)}+f(x)\left(-\frac{g'(x)}{g^2(x)}\right)$$

整理即得一般的除法求导法则。

推论 3.3.2 若 $f(x)$ 和 $g(x)$ 在点 x 可导，且 $g(x)\neq 0$，则

$$\left(\frac{f(x)}{g(x)}\right)'=\frac{f'(x)g(x)-f(x)g'(x)}{g^2(x)}$$

实际应用过程中，将除法公式中的函数替换为文字更为方便，即除法求导法则为

$$\left(\frac{1}{\text{分母}}\right)'=-\frac{(\text{分母})'}{\text{分母}^2}\text{；}\quad\left(\frac{\text{分子}}{\text{分母}}\right)'=\frac{(\text{分子})'\cdot\text{分母}-(\text{分母})'\cdot\text{分子}}{(\text{分母})^2}$$

例 3.3.4 求下列函数的导数：

(1) $y=\dfrac{\mathrm{e}^x+1}{x}$；　　(2) $y=\dfrac{\ln x}{x+1}$。

解 (1) $y'=\dfrac{(\mathrm{e}^x+1)'x-(x)'(\mathrm{e}^x+1)}{x^2}=\dfrac{\mathrm{e}^x x-(\mathrm{e}^x+1)}{x^2}=\dfrac{\mathrm{e}^x(x-1)-1}{x^2}$

(2) $y'=\dfrac{(\ln x)'(x+1)-(x+1)'\ln x}{(x+1)^2}=\dfrac{\dfrac{1}{x}(x+1)-\ln x}{(x+1)^2}=\dfrac{1+x-x\ln x}{x(x+1)^2}$

例 3.3.5 求下列函数在 $x=0$ 处的导数：

(1) $y=\dfrac{\cos x}{x^2+1}$；　　(2) $y=\dfrac{1}{1+\mathrm{e}^x-2\sin x}$。

解 (1) $y'=\dfrac{(\cos x)'(x^2+1)-(x^2+1)'\cos x}{(x^2+1)^2}=\dfrac{-\sin x(x^2+1)-2x\cos x}{(x^2+1)^2}$，$y'(0)=0$

(2) $y'=-\dfrac{(1+\mathrm{e}^x-2\sin x)'}{(1+\mathrm{e}^x-2\sin x)^2}=-\dfrac{\mathrm{e}^x-2\cos x}{(1+\mathrm{e}^x-2\sin x)^2}$，$y'(0)=\dfrac{1}{4}$

课堂练习 3.3.3

1. 求下列函数的导数：

(1) $y=\dfrac{\sin x}{x}$；　　(2) $y=\dfrac{\cos x}{1+x^2}$。

2. 求下列函数在给定点的导数：

(1) $y=\dfrac{\ln x}{1+x^2}$，$x=1$；　　(2) $y=\dfrac{1}{1+\cos x+\sqrt{x}}$，$x=0$。

由 $\tan x=\dfrac{\sin x}{\cos x}$，$\cot x=\dfrac{\cos x}{\sin x}$，$\sec x=\dfrac{1}{\cos x}$，$\csc x=\dfrac{1}{\sin x}$ 和除法求导法则，不难推出 $\tan x$，$\cot x$，$\sec x$，$\csc x$ 的导数公式。如

$$(\tan x)'=\left(\frac{\sin x}{\cos x}\right)'=\frac{(\sin x)'\cos x-\sin x(\cos x)'}{\cos^2 x}=\frac{1}{\cos^2 x}=\sec^2 x$$

$$(\csc x)'=\left(\frac{1}{\sin x}\right)'=-\frac{(\sin x)'}{\sin^2 x}=-\frac{1}{\sin x}\cdot\frac{\cos x}{\sin x}=-\csc x\cdot\cot x$$

【案例 3.3.4 的解答】

$$p(t)=\frac{25(t^2+5t+40)-800}{t^2+5t+40}=25-\frac{800}{t^2+5t+40}$$

$$p'(t)=-800\left(\frac{1}{t^2+5t+40}\right)'=-800\left(-\frac{(t^2+5t+40)'}{(t^2+5t+40)^2}\right)=\frac{800(2t+5)}{(t^2+5t+40)^2}$$

故　$p'(5)=\dfrac{800\times 15}{90^2}\approx 1.48$。即 5 年后新城区的人口大约以 1.48 万/年的速度增长。

3.3.4 四则运算的综合求导

四则运算函数的综合求导一般遵循规则：先线性，后乘除。

实际求导时，通常先用线性法则将加减式中各项的常系数提出来，然后再看每一项的结构，结构为乘的用乘法法则求导，结构为除的用除法法则求导，能直接用公式求导的则直接用基本公式计算。看下面例子。

例 3.3.6 求 $y=3x\sin x+\dfrac{2\cos x}{x}-2\ln x+1$ 的导数。

解 先根据线性法则提出加减式中各项的常系数，得

$$y'=3(x\sin x)'+2\left(\frac{\cos x}{x}\right)'-2(\ln x)'+(1)'$$

然后再看各项的结构：

(1) 第 1 项的结构为乘，用乘法法则求导，得

$$(x\sin x)'=1\cdot\sin x+x\cos x$$

(2) 第 2 项的结构为除，用除法法则求导，得

$$\left(\frac{\cos x}{x}\right)' = \frac{-\sin x \cdot x - 1 \cdot \cos x}{x^2}$$

其他两项可直接应用基本公式 $(\ln x)' = \frac{1}{x}$ 和 $(C)' = 0$，因此，有

$$y' = 3(\sin x + x\cos x) - \frac{2(x\sin x + \cos x)}{x^2} - \frac{2}{x}$$

例 3.3.7 求 $y = 2x\ln x - \frac{3}{1-2x} - \sqrt{2}$ 在 $x = 1$ 处的导数。

解 提出加减式中各项的常系数，得

$$y' = 2(x\ln x)' - 3\left(\frac{1}{1-2x}\right)' - 0$$

其中第 1 项的结构为乘、第 2 项的结构为除。

(1) 由乘法法则，得 $(x\ln x)' = (x)'\ln x + x(\ln x)' = 1 \cdot \ln x + x \cdot \frac{1}{x} = \ln x + 1$。

(2) 由除法法则，得 $\left(\frac{1}{1-2x}\right)' = -\frac{(1-2x)'}{(1-2x)^2} = \frac{2}{(1-2x)^2}$。

从而

$$y' = 2(\ln x + 1) - \frac{6}{(1-2x)^2}, \quad y'|_{x=1} = -4$$

课堂练习 3.3.4

1. 求下列函数的导数：

(1) $y = 3x\ln x - \frac{2\cos x}{x} + 4$； (2) $y = e^x \sin x + \frac{\sin x}{1+x^2} - 1$；

(3) $y = x^2 e^x - \frac{3\sin x}{1+\cos x}$； (4) $y = \frac{2\sqrt{x}}{1+x^2} - \frac{1}{2}x\arctan x$。

2. 求下列函数在给定点的导数：

(1) $y = 2^x - \frac{3\ln x}{x}$，$x = 1$； (2) $y = 3x\sin x + \frac{2}{1-x+x^2}$，$x = 0$；

(3) $y = \frac{3}{1+2x} - 2e^x\cos x$，$x = 0$； (4) $y = \frac{1-x^2}{1+x^2}\sin x$，$x = 0$。

习 题 3.3

1. 求下列函数的导数：

(1) $y = x^2\sin x - \frac{1}{3}x^3$； (2) $y = 2x^2 e^x - \frac{x^2+1}{x} + 1$；

(3) $y=\frac{\sin x}{x}-\frac{3}{1+2\mathrm{e}^x}$；　　(4) $y=\frac{1-x}{1+x}-\frac{2}{1+x^2}$；

(5) $y=\frac{1}{2}x^2\cos x-\frac{2}{1+\sqrt{x}}-1$；　　(6) $y=\frac{x^2}{2}\tan x-\frac{2x}{1+x^2}$；

(7) $y=x\cos x-\frac{2}{1+x\mathrm{e}^x}-1$；　　(8) $y=\frac{\cos x}{1+\sin x}-2x\sin x\ln x$。

2. 求下列函数在给定点的导数：

(1) $y=t\sin t+\frac{1-t^2}{1+t^2}$，$t=0$；　　(2) $y=(x^2-x)\ln x+\frac{2}{1-x+x^2}$，$x=1$。

3.4　复合函数的求导法则

在第2章中曾介绍过复合函数，$y=f(u)$和$u=u(x)$能复合成函数$y=f[u(x)]$当且仅当限定$x\in I$后，$u=u(x)$在I上的值域$\subseteq y=f(u)$的定义域。

根据这个结论可知，对实数$x\in(-\infty,+\infty)$：

(1) $y=\sin(-x)$)可由$y=\sin u$，$u=-x$复合而成；

(2) $y=\mathrm{e}^{2x}$可由$y=\mathrm{e}^u$，$u=2x$复合而成。

更进一步讲，根据导数基本公式，有

$$(\sin x)'=\cos x，(\mathrm{e}^x)'=\mathrm{e}^x$$

自然会问：是否能直接运用基本公式得到$(\sin(-x))'=\cos(-x)$？$(\mathrm{e}^{2x})'=\mathrm{e}^{2x}$？

根据线性求导法则知：

$$(\sin(-x))'=(-\sin x)'=-\cos x\neq\cos(-x)$$

根据乘法求导法则知：

$$(\mathrm{e}^{2x})'=(\mathrm{e}^x\cdot\mathrm{e}^x)'=(\mathrm{e}^x)'\mathrm{e}^x+\mathrm{e}^x(\mathrm{e}^x)'=2\mathrm{e}^{2x}\neq\mathrm{e}^{2x}$$

因此，复合函数的求导不能简单、直接地运用基本公式得出。

此后若无特别声明，所有复合函数的求导计算都默认复合存在且函数可导。

3.4.1　案例诱导

案例3.4.1（女性预期寿命）　据统计资料显示，某地女性的预期寿命：

$$L(t)=50.06(1+1.02t)^{0.1}\ (0\leqslant t\leqslant 150)$$

其中$t=0$对应1900年年初。问该地2015年年初出生的女性的预期寿命的增长率是多少？

案例3.4.2（汽车销量）　据统计资料显示，某品牌汽车在2000—2010年的销售量(单位：万辆)由下面函数给出：

$$Q(t)=30.96\sqrt{1+2.139t}\ (0\leqslant t\leqslant 10)$$

其中$t=0$对应2000年年底。如果按照这样的趋势，问该品牌汽车在2015年的销量的增长速度是多少？

【案例分析】 前面已经知道，求增长率和增长速度都是求导数。不难看出：

(1) 案例 3.4.1 中的 $L(t)$ 可由 $L=50.06u^{0.1}$，$u=1+1.02t$ 复合得出；

(2) 案例 3.4.2 中的 $Q(t)$ 可由 $Q(t)=30.96\sqrt{u}$，$u=1+2.139t$ 复合得出。

因此，欲讨论的问题可转化为复合函数的求导计算。

3.4.2　链式求导规则

前面已经看到，$y=\sin(-x)$）可由 $y=\sin u$，$u=-x$ 复合得出，而

$$(\sin(-x))'=(-\sin x)'=-\cos x=\cos(-x)(-x)'=(\sin u)'(-x)'$$

一般有下面结论：

链式规则　*若 $y=f(u)$ 在点 u 可导，$u=u(x)$ 在点 x 可导，则*

$$(f[u(x)])'=f'(u)\cdot u'(x)$$

【证明】 令 $F(x)=f[u(x)]$，则根据导数的定义，得

$$F'(x)=\lim_{h\to 0}\frac{F(x+h)-F(x)}{h}=\lim_{h\to 0}\frac{f[u(x+h)]-f[u(x)]}{h}$$

(1) 若 $u(x)$ 恒为常数，设 $u(x)\equiv C$，则

$$F'(x)=\lim_{h\to 0}\frac{f(C)-f(C)}{h}=0\text{，}\quad u'(x)=(C)'=0$$

从而 $(f[u(x)])'=F'(x)=0=f'(u)\cdot u'(x)$，论断成立。

(2) 若 $u(x)$ 不恒为常数，则 $H=u(x+h)-u(x)$ 不恒为零，且由可导必定连续知

$$\lim_{h\to 0}H=\lim_{h\to 0}[u(x+h)-u(x)]=u(x)-u(x)=0$$

即 $h\to 0$ 时有 $H\to 0$.再根据 $f(u)$ 在点 u 可导、$u(x)$ 在点 x 可导和导数的定义即得

$$\begin{aligned}F'(x)&=\lim_{h\to 0}\frac{f[u(x+h)]-f[u(x)]}{u(x+h)-u(x)}\cdot\frac{u(x+h)-u(x)}{h}\\&=\lim_{h\to 0}\frac{f(u+H)-f(u)}{H}\cdot\lim_{h\to 0}\frac{u(x+h)-u(x)}{h}\\&=\lim_{H\to 0}\frac{f(u+H)-f(u)}{H}\cdot u'(x)=f'(u)\cdot u'(x)\end{aligned}$$

从上述证明过程不难看出，$(f[u(x)])'$ 是在对自变量 x 求导，$f'(u)$ 是将 u 看作自变量对 u 求导，因此，链式求导规则可以更明确地书写为

$$(f[u(x)])'_x=f'_u(u)\cdot u'_x(x)$$

总结上述求导规则，可得到复合函数如下的链式求导方法。

分解求导法： 将 $y=f[u(x)]$ 分解为

$$y=f(u)\text{、}u=u(x)$$

则由链式规则即得 $y'_x=f'_u(u)\cdot u'(x)$。其中

(1) $f_u'(u)$ 是视 u 为自变量对 u 求导；

(2) $u=u(x)$ 通常选择使“$f(u)$ 能用基本公式求导”的函数。

例如，$y=\mathrm{e}^{-2x}$ 可分别由 $y=\mathrm{e}^u$、$u=-2x$ 和 $y=\mathrm{e}^{-u}$、$u=2x$ 复合而成，但 e^{-u} 却不能直接用公式求导，因此，求导计算通常选择 $u=-2x$，从而由链式规则，得

$$y_x'=(\mathrm{e}^u)'\cdot(-2x)'=\mathrm{e}^u\cdot(-2)=-2\mathrm{e}^{-2x}$$

3.4.3　复合函数的求导

例 3.4.1　求下列复合函数的导数：

(1) $y=(2x+1)^5$；　(2) $y=\sqrt{3-2x^2}$；

(3) $y=\dfrac{1}{\sqrt{2x+3}}$；　(4) $y=\cos^5 x$。

解　(1) $y=(2x+1)^5$ 由 $y=u^5$，$u=2x+1$ 复合而成，所以

$$y'=(u^5)'(2x+1)'=5u^4\cdot 2=10(2x+1)^4$$

(2) $y=\sqrt{3-2x^2}$ 由 $y=u^{\frac{1}{2}}$，$u=3-2x^2$ 复合而成，所以

$$y'=(u^{\frac{1}{2}})'(3-2x^2)'=\frac{1}{2\sqrt{u}}\cdot(-4x)=-\frac{2x}{\sqrt{3-2x^2}}$$

(3) $y=\dfrac{1}{\sqrt{2x+3}}$ 由 $y=u^{-\frac{1}{2}}$，$u=2x+3$ 复合而成，所以

$$y'=(u^{-\frac{1}{2}})'(2x+3)'=-\frac{1}{2}u^{-\frac{3}{2}}\cdot 2=-\frac{1}{\sqrt{(2x+3)^3}}$$

(4) $y=\cos^5 x$ 由 $y=u^5$，$u=\cos x$ 复合而成，所以

$$y'=(u^5)'(\cos x)'=5u^4\cdot(-\sin x)=-5\cos^4 x\sin x$$

例 3.4.2　求 $y=\arctan\dfrac{1}{x}$ 在 $x=1$ 处的导数。

解　$y=\arctan\dfrac{1}{x}$ 由 $y=\arctan u$，$u=\dfrac{1}{x}$ 复合而成，所以

$$y'=(\arctan u)'\left(\frac{1}{x}\right)'=\frac{1}{1+u^2}\cdot\left(-\frac{1}{x^2}\right)=-\frac{1}{x^2+1}，\quad y'(1)=-\frac{1}{2}$$

课堂练习 3.4.1

1. 求下列函数的导数：

(1) $y=(4+5x^2)^{11}$；　(2) $y=\sqrt{4-9x}$；

(3) $y=\dfrac{1}{\sqrt{2x-x^2}}$，$x=1$；　(4) $y=(1-2\sin x)^7$，$x=0$。

2. 求下列函数在给定点的导数：

(1) $y=\sin(1-x)$，$x=1$；　　(2) $y=\cos\dfrac{x}{x+1}$，$x=0$。

【案例 3.4.1 的解答】 注意 $L(t)$ 可分解为

$$L=50.06u^{0.1},\quad u=1+1.02t$$

根据复合函数的链式求导规则，得

$$L'(t)=50.06(u^{0.1})'(1+1.02t)'=5.10612(1+1.02t)^{-0.9}$$

下面用 MATLAB 计算程序：

```
>> syms t
>> L=50.06*(1+1.02*t)^0.1
>> A=diff(L),subs(A,t,150)
ans=0.0549
```

即该地 2015 年年初出生的女性的预期寿命会以 0.0549 岁/年速率增长。

【案例 3.4.2 的解答】 注意 $Q(t)$ 可分解为

$$Q(t)=30.96\sqrt{u},\quad u=1+2.139t$$

根据复合函数的链式求导规则，得

$$Q'(t)=30.96(\sqrt{u})'(1+2.139t)'=\frac{33.1117}{\sqrt{1+2.139t}}$$

下面用 MATLAB 计算程序：

```
>> syms t
>> Q=30.96*sqrt(1+2.139*t)
>> B=diff(Q),subs(B,t,15)
ans=5.7566
```

即该品牌汽车在 2015 年的销量的增长速度大约为 5.8 万辆/年。

3.4.4　导数的综合计算

课堂讨论 3.1.1 中所建立的中国男性的平均身高的阻滞增长模型——Logistic 模型：

$$H(t)=\frac{170}{1+1.8183\mathrm{e}^{-0.0257t}}$$

就是一个含有除和复合的函数，求它的增长率问题隶属于含加、减、乘、除、复合运算的函数的综合求导问题。这类函数的求导一般遵循规则：先线性、后乘除、再复合。

在综合加、减、乘、除和复合运算的函数的求导过程中，其中复合部分的求导通常希望能直接写出结果，此时若仍按前面将复合函数分解为基本初等函数后，再用导数相乘的方法就显得有些“别扭”，为解决这个问题，也为了使导数的计算达到“快、精、准”的熟练程度，可采用逐层换元方式。

换元求导法： 欲求 $(f[u(x)])'_x$，令 $u=u(x)$，则 $f[u(x)]$ 变成 $f(u)$，

由链式规则即得

$$(f[u(x)])_x' = f_u'(u) \cdot u'(x)$$

其中(1) $f_u'(u)$ 是视 u 为自变量对 u 求导；

(2) $u=u(x)$ 选择使“$f(u)$ 能用基本公式求导”的函数；

(3) $f_u'(u)$ 以心算的方式计算并直接写出结果后再乘以 $u'(x)$。

换元求导法中“乘以 $u'(x)$”是最容易漏掉的，计算时应特别小心。

例 3.4.3　求下列函数的导数：

(1) $y=\sin 2^x$；　　　　*(2) $y=\cos^3 \ln x$。

解　选择变换 $u=u(x)$ 使 $y=f(u)$ 能用基本公式求导，再应用链式规则：

(1) 取 $u=2^x$，$\sin 2^x$ 变成 $\sin u$，可用基本公式求导得 $(\sin u)'=\cos u=\cos 2^x$，故

$$y'=\cos 2^x \cdot (2^x)'=\cos 2^x \cdot 2^x \ln 2$$

(2) 取 $u=\cos\ln x$，$\cos^3 \ln x$ 变成 u^3，可用基本公式求导得 $(u^3)'=3u^2=3(\cos\ln x)^2$，故

$$y'=3(\cos\ln x)^2(\cos\ln x)'$$

注意 $(\cos\ln x)'$ 不能直接用公式求导，取 $v=\ln x$，$\cos\ln x$ 变成 $\cos v$，可用基本公式求导得 $(\cos v)'=-\sin v=-\sin\ln x$，从而

$$(\cos\ln x)'=-\sin\ln x\cdot(\ln x)'=-\frac{\sin\ln x}{x}$$

故

$$y'=3(\cos\ln x)^2(\cos\ln x)'=-\frac{3}{x}(\cos\ln x)^2\sin\ln x$$

MATLAB 计算程序如下。

```
>> syms x
>> y=cos(log(x))^3,diff(y)
ans=-3*cos(log(x))^2*sin(log(x))/x
```

课堂练习 3.4.2　用换元方式求下列函数的导数：

(1) $y=(3-2x)^7$；　　　　(2) $y=\sqrt{4+3x^2}$；

(3) $y=\ln(1+\cos x)$；　　　　*(4) $y=\sin^3 2x$。

例 3.4.4　求 $y=e^{2x}\cos 3x$ 的导数。

解　由乘法法则，得

$$y'=(e^{2x})'\cos 3x+e^{2x}(\cos 3x)'$$

再根据复合函数的换元求导方式有

(1) 取 $u=2x$：$(e^{2x})'=e^{2x}(2x)'=2e^{2x}$，

(2) 取 $u=3x$：$(\cos 3x)'=-\sin 3x\cdot(3x)'=-3\sin 3x$

从而

$$y'=2e^{2x}\cos 3x+e^{2x}(-3\sin 3x)=e^{2x}(2\cos 3x-3\sin 3x)$$

例 3.4.5 求 $y=\dfrac{\ln(1+x^2)}{1-x}$ 在 $x=0$ 的导数。

解 由除法法则，得

$$y'=\frac{(\ln(1+x^2))'(1-x)-(1-x)'\ln(1+x^2)}{(1-x)^2}$$

再根据复合函数的换元求导方式，取 $u=1+x^2$，得

$$(\ln(1+x^2))'=\frac{1}{1+x^2}\cdot(1+x^2)'=\frac{2x}{1+x^2}$$

从而 $y'=\dfrac{\dfrac{2x}{1+x^2}\cdot(1-x)+\ln(1+x^2)}{(1-x)^2}$，$y'(0)=0$。

课堂练习 3.4.3

1. 求下列函数的导数：

(1) $y=\mathrm{e}^{-x}\sin 2x$； (2) $y=\dfrac{\ln(1-\sin x)}{x}$。

2. 求下列函数在指定点的导数：

(1) $y=x\ln(3-2x)$，$x=1$； (2) $y=\dfrac{2}{1+\mathrm{e}^{2x}}$，$x=0$。

***例 3.4.6** 求 $y=\dfrac{1}{2}x\ln(1-2x)+\dfrac{4\cos 3x}{x}+\sqrt{1+x^2}$ 的导数。

解 提出加减式中各项的常系数，得

$$y'=\frac{1}{2}(x\ln(1-2x))'+4\left(\frac{\cos 3x}{x}\right)'+(\sqrt{1+x^2})'$$

(1) 第 1 项由乘法法则，得

$$(x\ln(1-2x))'=\ln(1-2x)+x(\ln(1-2x))'(u=1-2x)$$
$$=\ln(1-2x)-\frac{2x}{1-2x}$$

(2) 第 2 项由除法法则，得

$$\left(\frac{\cos 3x}{x}\right)'=\frac{(\cos 3x)'\cdot x-\cos 3x}{x^2}\ (u=3x)=-\frac{3x\sin 3x+\cos 3x}{x^2}$$

(3) 第 3 项取 $u=1+x^2$ 并由换元方式的链式规则，得

$$(\sqrt{1+x^2})'=\frac{1}{2\sqrt{1+x^2}}(1+x^2)'=\frac{x}{\sqrt{1+x^2}}$$

从而 $y'=\dfrac{1}{2}(\ln(1-2x)-\dfrac{x}{1-2x}-\dfrac{12x\sin 3x+4\cos 3x}{x^2}+\dfrac{x}{\sqrt{1+x^2}}$。

MATLAB 计算程序如下。

```
>> syms x
```

```
>> y=x*log(1-2*x)/2+4*cos(3*x)/x+sqrt(1+x^2)
>> diff(y)
```

课堂练习 3.4.4

1. 求下列函数的导数：

(1) $y=x\sin 2x-\dfrac{\cos 3x}{x}$；　(2) $y=\mathrm{e}^{-2x}\cos x+\ln(3-2x)$。

2. 求下列函数在给定点的导数：

(1) $y=\mathrm{e}^{x}\sin 2x+\ln(1+\cos x)$，$x=0$；　(2) $y=x\ln(2-x)+\dfrac{x}{\sqrt{x^2+1}}$，$x=1$。

习 题 3.4

1. 用分解方式求下列复合函数的导数：

(1) $y=(3+2x)^7$；　(2) $y=\sqrt{5-4x}$；

(3) $y=\cos^3 x$；　(4) $y=\ln(1-2x)$。

2. 用分解方式求下列复合函数在给定点的导数：

(1) $y=\sin\dfrac{x}{x+1}$，$x=0$；　(2) $y=\sqrt{5-4x^2}$，$x=0$。

3. 用换元方式求下列复合函数的导数：

(1) $y=(3+4x)^6$；　(2) $y=\mathrm{e}^{2\cos x}$；

(3) $y=\ln\sin x$；　(4) $y=\sin^5 x$。

4. 求下列函数的导数：

(1) $y=3\mathrm{e}^{-x}-2\sin 2x+4\cos 2x-1$；　(2) $y=2\ln(1+2x)+3\sqrt{1+x^2}$；

(3) $y=\ln(1+\cos x)-\dfrac{1}{1+\cos 2x}$；　(4) $y=x\mathrm{e}^{-2x}+\dfrac{2}{1+x^2}$；

(5) $y=x\cos 2x-\dfrac{\ln(1-2x)}{x}$；　(6) $y=\dfrac{\sin 2x}{x}-\mathrm{e}^{-x}\cos x$。

5. 求下列函数在给定点的导数：

(1) $y=\mathrm{e}^{2x}\sin 3x-\dfrac{1}{1+2x}$，$x=0$；　(2) $y=\sin\dfrac{x}{x+1}-\dfrac{1}{\mathrm{e}^{2x}+1}$，$x=0$。

3.5　高阶导数与微分的计算

3.1 节已简要介绍过高阶导数与微分，下面将进一步探讨综合基本公式和运算法则的高阶导数与微分的计算。

3.5.1 高阶导数

在前面曾得出了导数的物理意义：

$$v = s'(t),\quad a = v'(t)$$

即变速直线运动的速度等于路程的导数，加速度等于速度的导数。因此，变速直线运动的加速度等于路程的二阶导数，即

$$a = s''(t)$$

下面再来看二阶导数在社会生活中的意义。

居民消费价格指数CPI(Consumer Price Index)是一个反映居民家庭一般所购买的消费商品和服务价格水平变动情况的宏观经济指标，它不仅同人们的生活密切相关，同时在整个国民经济价格体系中也具有重要的地位，是进行经济分析和决策、价格总水平监测和调控及国民经济核算的重要指标，其变动率在一定程度上反映了通货膨胀或紧缩的程度，一般来讲，物价全面地、持续地上涨就被认为发生了通货膨胀。

若某地区一段时期内的CPI为$I(t)$，则根据导数在社会生活中的意义，可知：

(1) $I'(t)$是$I(t)$的变化率，也就是时刻t的通货膨胀率；

(2) $I''(t)$是$I'(t)$的变化率，也就是时刻t的通货膨胀率的改变率。

当政府宣称“通胀下降”时，也就意味着$I'(t)$下降，此时商品和服务的价格呈下降趋势。

$y = f(x)$的n阶导数一般依下面关系式进行计算：

$$y^{(n)} = \frac{\mathrm{d}^n y}{\mathrm{d}x^n} = (y^{(n-1)})' \text{（}n\text{ 为正整数）}$$

在此仅要求掌握显函数的二阶导数的计算。

例 3.5.1 求$y = \mathrm{e}^x \sin x + \dfrac{x+1}{x}$的二阶导数。

解 $y' = (\mathrm{e}^x \sin x)' + (1 + \dfrac{1}{x})' = \mathrm{e}^x(\sin x + \cos x) - \dfrac{1}{x^2}$

$$y'' = [\mathrm{e}^x(\sin x + \cos x)]' - (x^{-2})'$$

$$= \mathrm{e}^x(\sin x + \cos x) + \mathrm{e}^x(\cos x - \sin x) + 2x^{-3} = 2\mathrm{e}^x \cos x + \frac{2}{x^3}$$

MATLAB计算如下。

```
>> syms x
>> y=exp(x)*sin(x)+(x+1)/x,d=diff(y,x,2)
d=
    (2*(x+1))/x^3+2*exp(x)*cos(x)-2/x^2
```

课堂练习 3.5.1 求下面函数的二阶导数：

(1) $y = x\sin x - \dfrac{x^2-2}{x}$；　　(2) $y = \mathrm{e}^x \cos x - 2\ln x + 1$。

例 3.5.2 求下面函数的二阶导数：

(1) $y=\dfrac{\ln x}{x}$； *(2) $y=\dfrac{\ln(1+x^2)}{x}$。

解 由除法法则，得

(1) $$y'=\frac{(\ln x)'\cdot x-(x)'\cdot\ln x}{x^2}=\frac{1-\ln x}{x^2},$$

$$y''=\frac{(1-\ln x)'\cdot x^2-(x^2)'\cdot(1-\ln x)}{(x^2)^2}=\frac{-x-2x(1-\ln x)}{x^4}=-\frac{3-2\ln x}{x^3}$$

(2) $$y'=\left(\frac{1}{x}\cdot\ln(1+x^2)\right)'=-\frac{1}{x^2}\ln(1+x^2)+\frac{1}{x}(\ln(1+x^2))'=\frac{2}{1+x^2}-\frac{\ln(1+x^2)}{x^2},$$

$$y''=\left(\frac{2}{1+x^2}\right)'-[(\frac{1}{x^2})'\ln(1+x^2)+\frac{1}{x^2}(\ln(1+x^2))']$$

$$=-\frac{2(1+x^2)'}{(1+x^2)^2}-(-2x^{-3}\ln(1+x^2)+\frac{1}{x^2}\cdot\frac{1}{1+x^2}(1+x^2)')$$

$$=-\frac{4x}{(1+x^2)^2}+\frac{2}{x^3}\ln(1+x^2)-\frac{2}{x(1+x^2)}$$

MATLAB 计算如下。

```
>> syms x
>> y1=log(x)/x,y2=log(1+x^2)/x
>> d1=diff(y1,x,2),d2=diff(y2,x,2)
d1=
  (2*log(x))/x^3-3/x^3
d2=
  (2*log(x^2+1))/x^3-2/(x*(x^2+1))-(4*x)/(x^2+1)^2
```

***例 3.5.3** 设 $y=xe^{2x}-2\ln(1+\sin x)$，求 $y''(0)$。

解 $$y'=(x)'e^{2x}+x(e^{2x})'-2(\ln(1+\sin x))'=(1+2x)e^{2x}-\frac{2\cos x}{1+\sin x},$$

$$y''=(1+2x)'e^{2x}+(1+2x)(e^{2x})'-2\cdot\frac{-\sin x\cdot(1+\sin x)-\cos x\cdot\cos x}{(1+\sin x)^2}$$

$$=2e^{2x}+(1+2x)\cdot 2e^{2x}-2\cdot\frac{-\sin x-1}{(1+\sin x)^2}=4e^{2x}(x+1)+\frac{2}{1+\sin x},$$

故 $y''(0)=6$。

MATLAB 计算如下。

```
>> syms x
>> y=x*exp(2*x)-2*log(1+sin(x))
>> A=diff(y,x,2),subs(A,x,0)
```

ans=6

课堂练习 3.5.2

1. 求下列函数的二阶导数：

(1) $y=\dfrac{1-2x}{2+x}$；　(2) $y=e^{2x}-2\sin 3x+3\cos 2x$；

*(3) $y=x\ln(1-2x)$；　*(4) $y=\dfrac{\sin 2x}{x}$。

*2. $y=e^{x}\sin 2x-\ln(1+2x)$，求 $y''(0)$。

3.5.2 微分

微分的计算一般采用前面定义的式子，即

(1) $y=f(x)$ 的微分 $dy=f'(x)dx$；

(2) $y=f(x)$ 在点 x_0 的微分 $dy\big|_{x=x_0}=f'(x_0)dx$。

课堂练习 3.5.3

1. 求下列函数的微分：

(1) $y=x^2$，$dy=($　　　　$)$；　(2) $y=e^{x}$，$dy=($　　　　$)$；

(3) $y=\sin x$，$dy=($　　　　$)$；　(4) $y=\arctan x$，$dy=($　　　　$)$。

2. 求下列函数在给定点的微分：

(1) $y=\dfrac{x+1}{x}$，$dy\big|_{x=1}=($　　　　$)$；　(2) $y=\cos x$，$dy\big|_{x=\frac{\pi}{2}}=($　　　　$)$。

例 3.5.4 若 $y=e^{x}\cos x-\dfrac{x}{x^2+1}$，求 dy。

解 $\because$ $y'=(e^{x}\cos x)'-(\dfrac{x}{x^2+1})'$

$$=(e^{x})'\cos x+e^{x}(\cos x)'-\frac{x'(x^2+1)-x(x^2+1)'}{(x^2+1)^2}$$

$$=e^{x}(\cos x-\sin x)-\frac{1-x^2}{(x^2+1)^2}$$

$$\therefore\ dy=(e^{x}(\cos x-\sin x)-\frac{1-x^2}{(x^2+1)^2})dx$$

***例 3.5.5** 若 $y=\ln(1+e^{x})-\dfrac{\sin 2x}{x+1}$，求 $dy\big|_{x=0}$。

解 $\because$ $y'=(\ln(1+e^{x}))'-\left(\dfrac{\sin 2x}{x+1}\right)'$

$$=\frac{1}{1+e^{x}}(1+e^{x})'-\frac{(\sin 2x)'\cdot(x+1)-\sin 2x\cdot(x+1)'}{(x+1)^2}$$

$$=\frac{e^x}{1+e^x}-\frac{2\cos 2x\cdot(x+1)-\sin 2x}{(x+1)^2}$$

$\therefore\ y'(0)=-\frac{3}{2}$，$dy\big|_{x=0}=y'(0)dx=-\frac{3}{2}dx$

课堂练习 3.5.4

1. 求下列函数的微分：

(1) $y=x\sin x-\frac{x}{x+1}$；　(2) $y=x^2\ln x-\frac{\cos x}{x}$；

*(3) $y=xe^{-2x}-\frac{1}{1+\sin 2x}$；　*(4) $y=x\ln(1-2x)$。

*2. 求 $y=e^{2x}\sin 3x-2\ln(1+\sin x)$ 在 $x=0$ 的微分。

课堂练习 3.5.5　完成下面填空：

(1) $y=\sin x$，$dy=($　　　　$)dx$，$dy=($　　　　$)d(\cos x)$；

(2) $y=e^{2x}$，$dy=($　　　　$)d(2x)$；$y=\cos 3x$，$dy=($　　　　$)d(3x)$。

习 题 3.5

1. 求下列函数的二阶导数：

(1) $y=x\ln x-\frac{\cos x}{x}$；　(2) $y=x\sin x-\frac{1}{1+2x}$；

(3) $y=xe^{2x}-(1-2x)^2$；　*(4) $y=e^{2x}\cos 3x-\ln(2x+1)$。

2. 求 $y=x\ln(3-2x)-\frac{x+1}{x}$ 在 $x=1$ 的二阶导数。

3. 求下列函数的微分 dy：

(1) $y=x\sin x-\frac{\cos x}{x^2+1}$；　(2) $y=e^{-2x}\sin x-\ln x$。

4. 求 $y=x\cos 2x-\frac{x}{1+x^2}$ 在 $x=0$ 的微分。

3.6　方程确定的函数的求导

方程确定的函数常见的有参数方程 $\begin{cases}x=x(t)\\y=y(t)\end{cases}$ 所确定的函数和直角坐标方程 $f(x,y)=0$ 所确定的函数。如半径为 R 的圆，其

(1) 参数方程 $\begin{cases}x=R\cos t\\y=R\sin t\end{cases}$，　(2) 直角坐标方程 $x^2+y^2=R^2$

都能确定函数 $y=y(x)$。

3.6.1 参数方程确定的函数的求导方法

设参数方程$\begin{cases} x = x(t) \\ y = y(t) \end{cases}$确定函数$y = y(x)$。根据微分的计算公式，有

$$\mathrm{d}x = x'(t)\mathrm{d}t\text{，}\quad \mathrm{d}y = y'(t)\mathrm{d}t$$

从而

$$y'(x) = \frac{\mathrm{d}y}{\mathrm{d}x} = \frac{y'(t)\,\mathrm{d}t}{x'(t)\,\mathrm{d}t} = \frac{y'(t)}{x'(t)}$$

式中，$y'(x)$表示y作为自变量x的函数对x求导；$x'(t)$和$y'(t)$表示x和y作为自变量t的函数对t求导；$\dfrac{\mathrm{d}y}{\mathrm{d}x}$中的分子和分母，分开来看是微分$\mathrm{d}y$和$\mathrm{d}x$的商，合起来看是$y$对$x$的导数。

*将$y'(x)$进一步求导，得

$$y''(x) = \frac{\mathrm{d}y'(x)}{\mathrm{d}x} = \frac{\mathrm{d}\left(\dfrac{y'(t)}{x'(t)}\right)}{\mathrm{d}x} = \frac{\left(\dfrac{y'(t)}{x'(t)}\right)'\mathrm{d}t}{x'(t)\,\mathrm{d}t}$$

$$= \frac{\left(\dfrac{y'(t)}{x'(t)}\right)'}{x'(t)} = \frac{\dfrac{y''(t)x'(t) - y'(t)x''(t)}{(x'(t))^2}}{x'(t)} = \frac{y''(t)x'(t) - y'(t)x''(t)}{(x'(t))^3}$$

式中，$y''(x)$表示y作为自变量x的函数对x求二阶导；$x''(t)$和$y''(t)$表示x和y作为自变量t的函数对t求二阶导。

总结上面利用微分计算的求导方法，可得参数方程$\begin{cases} x = x(t) \\ y = y(t) \end{cases}$所确定的函数$y = y(x)$的导数公式：

$$y'(x) = \frac{\mathrm{d}y}{\mathrm{d}x} = \frac{y'(t)}{x'(t)}\text{；}\quad y''(x) = \frac{\mathrm{d}^2 y}{\mathrm{d}x^2} = \frac{y''(t)x'(t) - y'(t)x''(t)}{(x'(t))^3}$$

例 3.6.1 若$\begin{cases} x = t^3 + 3t \\ y = t^2 - 2t \end{cases}$确定函数$y = y(x)$的导数，求$y'(x)\big|_{t=0}$。

解 函数$x = t^2 + 3t$、$y = t^2 - 2t$对t求导，得

$$x'(t) = 3t^2 + 3\text{，}\quad y'(t) = 2t - 2$$

故

$$y'(x) = \frac{y'(t)}{x'(t)} = \frac{2t - 2}{3t^2 + 3}\text{，}\quad y'(x)\big|_{t=0} = -\frac{2}{3}$$

***例 3.6.2** 若$y = y(x)$由下列参数方程确定：

(1) $\begin{cases} x = t^3 + 3t \\ y = t^2 - 2t \end{cases}$，求$y''(x)\big|_{t=0}$；　　(2) $\begin{cases} x = \arctan t \\ y = \ln(1 + t^2) \end{cases}$，求$y''(x)\big|_{t=1}$。

解　(1)注意x和y是t的多项式函数，求导计算容易，因此，求导计算可采用公式

$$y''(x)=\frac{y''(t)x'(t)-y'(t)x''(t)}{(x'(t))^3}$$

x、y对t求导，得

$$x'(t)=3t^2+3,\quad x''(t)=6t,\quad y'(t)=2t-2,\quad y''(t)=2$$

从而

$$y''(x)=\frac{2\cdot(3t^2+3)-(2t-2)\cdot 6t}{(3t^2+3)^3},\quad y''(x)\big|_{t=0}=\frac{2}{9}$$

(2) $x=\arctan t$、$y=\ln(1+t^2)$对t求导，得

$$x'(t)=\frac{1}{t^2+1},\quad y'(t)=\frac{2t}{1+t^2}$$

于是有

$$y'(x)=\frac{y'(t)}{x'(t)}=2t$$

不难看出，$x'(t)$和$y'(t)$继续对t求导的式子比较复杂，而$y'(x)$对t求导的式子则比较简单，因此，此时一般不要用公式去求$y''(x)$，而改用推导公式的方法去进行计算：

$$y''(x)=\frac{\mathrm{d}y'(x)}{\mathrm{d}x}=\frac{\mathrm{d}(2t)}{\mathrm{d}(\arctan t)}=\frac{(2t)'\mathrm{d}t}{(\arctan t)'\mathrm{d}t}=2(1+t^2)$$

故$y''(x)\big|_{t=1}=4$。

一般求参数方程所确定的函数的导数遵循下面优化原则。

(1)求一阶导数$y'(x)$，直接用公式$y'(x)=\dfrac{y'(t)}{x'(t)}$。

(2)求二阶导数$y''(x)$，若$x''(t)$和$y''(t)$容易计算，则直接用公式：

$$y''(x)=\frac{y''(t)x'(t)-y'(t)x''(t)}{(x'(t))^3}$$

若$y'(x)$容易对t求导，则用$y''(x)=\dfrac{\mathrm{d}y'(x)}{\mathrm{d}x}$并分别计算微分$\mathrm{d}y'(x)$和$\mathrm{d}x$的方式。

课堂练习 3.6.1

(1)求$\begin{cases}x=t-\arctan t\\ y=\ln(1+t^2)\end{cases}$所确定的函数$y=y(x)$的导数。

(2)求$\begin{cases}x=t^3-t\\ y=t^2+1\end{cases}$所确定的函数$y=y(x)$在$t=1$的导数。

3.6.2　隐函数的求导方法

在中学数学里曾学习过函数：

(1) 抛物线 $y=x^2$；　　　　(2) 双曲线 $\frac{x^2}{4}-\frac{y^2}{9}=1$。

前者明确了 x 是自变量、y 是因变量，后者则不然。

一般形如 $y=f(x)$ 的函数叫作显函数；隐含在方程 $f(x,y)=0$ 中的函数 $y=y(x)$ 称为隐函数。

先看一个引例。

案例 3.6.1 我国神舟七号运载火箭于 2008 年 9 月 25 日 21 点 10 分 4 秒 988 毫秒在甘肃酒泉卫星发射中心发射升空，点火第 120 秒火箭抛掉助推器及逃逸塔，上升段飞行时间为 583.828 秒。根据第一宇宙速度 7.9km/s 推算，神舟七号上升段的平均加速度

$$a=\frac{7900-0}{583.828}\approx 13.5314\ (\text{m/s}^2)$$

再根据 $v=at$ 及 $h=\frac{1}{2}at^2$ 可知，神舟七号在 $t=10\text{ s}$ 时的速度约为 135 m/s，高度约为 680m。

现有一观测者在距发射场 2 km 的地方观测神舟七号发射，问在 $t=10\text{ s}$ 时神舟七号与观测者之间的距离变化有多快？

如图 3.6.1 所示，设发射 t 秒后神舟七号上升的高度为 $y(t)$ (m)，神舟七号与观测者之间的距离为 $x(t)$ (m)。则由勾股定理，有

$$4+y^2(t)=x^2(t)$$

根据题意知 $y'(10)=135\text{ m/s}$，欲求 $x'(10)$？这显然是一个由方程所确定的隐函数的求导问题。

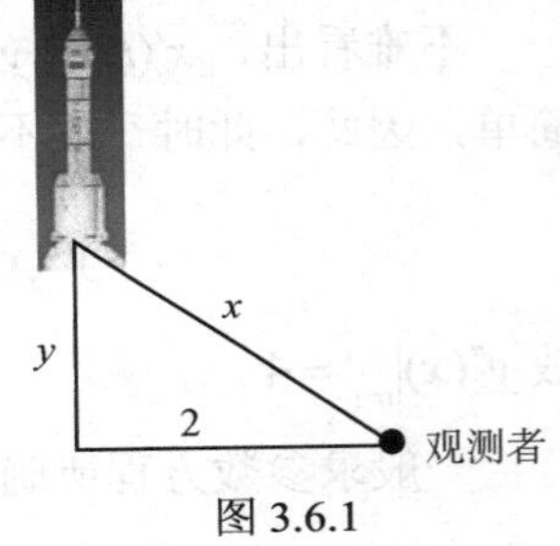

图 3.6.1

不难看出，方程

$$4+y^2=x^2$$

中第 1 项为常数，第 3 项只含自变量 x，因此都可直接用基本公式求导；而第 2 项是只含有函数 y 的项，它应该如何求导呢？

注意，如果 $z=f(y)$、$y=y(x)$ 可导且构成复合，那么根据复合函数的求导法则，有

$$z'(x)=(f(y(x)))'_x=f'_y(y)\cdot y'$$

其中 $f'_y(y)$ 通常是直接用公式或法则求导。例如，$(y^3)'_x=3y^2\cdot y'$，$(\ln y)'_x=\frac{1}{y}\cdot y'$。

综合上面讨论，可得到下面的结论。

隐函数的求导规则 隐函数的求导方式是方程两边同时对自变量 x 求导。操作规则是先应用线性法则对等式两边求导，然后看各项的结构：

(1) 只含自变量 x 的项，直接用基本公式或法则求导；

(2) 只含因变量 y 的项，先用公式或法则对 y 正常求导，然后再乘以 y'。

例 3.6.3 若 $y=y(x)$ 由 $e^x+2\sin y=y^2-2x$ 所确定，求 y'_x。

解 方程两边同时对自变量x求导，得

$$(e^x)' + 2(\sin y)' = (y^2)' - 2(x)'$$

式中，$(e^x)'$和$(x)'$是只含x的项，直接用公式求导；$(\sin y)'$和$(y^2)'$是只含y的项，用公式求导后再乘以y'，即得

$$e^x + 2\cos y \cdot y' = 2y \cdot y' - 2$$

故

$$y' = \frac{e^x + 2}{2y - 2\cos y}$$

例 3.6.4 若$y = y(x)$由$x\cos x - e^y = 2x - 1$所确定，求$y'_x\big|_{x=0}$。

解 注意到，当$x = 0$时，由$x\cos x - e^y = 2x - 1$得

$$e^y = 1，即 y = 0$$

另一方面，方程两边同时对自变量x求导，得

$$(x\cos x)' - (e^y)' = (2x-1)'，$$

即

$$\cos x - x\sin x - e^y y' = 2$$

将$x = 0$，$y = 0$代入，得

$$y'_x\big|_{x=0} = -1$$

课堂练习 3.6.2

1. 求下列方程所确定的隐函数$y = y(x)$的导数：

(1) $x^3 - 2\cos y = e^{2x} - y$；　　(2) $x\ln x - e^y = x^3 + y^3$。

2. 求$x^3 + y^3 = x^2 - 1$所确定的隐函数$y = y(x)$在$x = 1$的导数。

【案例 3.6.1 的解答】 方程两边对t求导，得

$$2y \cdot y'(t) = 2x \cdot x'(t)$$

注意$t = 10\text{ s}$时，$y'(t) = 135\text{ m/s}$，$y = 680\text{ m}$，$x = 2000\text{ m}$，故

$$x'(t) = \frac{680 \times 135}{2000} = 45.9\ (\text{m/s})$$

即在$t = 10\text{ s}$时，神舟七号与观测者之间的距离的变化率为45.9(m/s)。

注意，直角坐标方程的项也可能既含x、又含y，例如，方程

$$xe^y - 2\sin(xy) = \frac{\ln y}{x} + \cos y - 2x$$

中的第1、2、3项都是既含x、又含y，方程两边应用线性法则对x求导后，第1项是乘积函数的求导，第2项是复合求导，第3项是除法求导，于是有

隐函数的求导规则(续) 方程两边应用线性法则对x求导后，先观察项的结构：

(3) 含乘的项用乘法法则，含除的项用除法法则，只含复合的项用复合求导法则。

例如，上面方程中，

(1) xe^y 含乘，先用乘法法则：$(xe^y)'=(x)'e^y+x(e^y)'=e^y+xe^y y'$。

(2) $\sin(xy)$ 只含复合，先用复合求导法则：

$$(\sin(xy))'=\cos(xy)\cdot(xy)'=\cos(xy)\cdot(y+xy')$$

(3) $\dfrac{\ln y}{x}$ 含除，先用除法法则：

$$\left(\frac{\ln y}{x}\right)'=\frac{(\ln y)'\cdot x-(x)'\cdot\ln y}{x^2}=\frac{\frac{1}{y}y'\cdot x-1\cdot\ln y}{x^2}$$

(4) $\cos y$ 是只含 y 的项，用公式求导后再乘以 y'：$(\cos y)'=-\sin y\cdot y'$。

(5) $2x$ 是只含 x 的项，直接用公式求导：$(2x)'=2$。

最后，由方程解出 y' 即可求得该隐函数的导数。

***课堂练习 3.6.3**

1. 求下列方程所确定的隐函数 $y=y(x)$ 的导数：

(1) $xy-e^y=\dfrac{x}{y}$；　　(2) $x^3-xe^y=y^2-1$。

2. 求下列方程所确定的隐函数 $y=y(x)$ 在给定点的导数：

(1) $x^2+e^{xy}=y-1$，$x=0$；　　(2) $e^{x+y}=xy-y+1$，$x=1$。

3.6.3　导数基本公式的推导

在本章前面利用导数的定义和两个重要的极限已导出了

$$(e^x)'=e^x,\quad(\sin x)'=\cos x$$

下面将依据这两个公式和隐函数的求导规则导出全部的导数基本公式。

第一步　由 $(e^x)'=e^x$ 导出 $(\ln x)'=\dfrac{1}{x}$。

将 $y=\ln x$ 恒等变形为

$$e^y=x$$

再由隐函数求导规则，得

$$e^y y'=1,\ \text{即}\ y'=\frac{1}{e^y}=\frac{1}{x}$$

利用 $(\ln x)'=\dfrac{1}{x}$ 及 $\log_a x=\dfrac{\ln x}{\ln a}$，再根据线性法则立即可求得 $(\log_a x)'$。

第二步　由 $(\ln x)'=\dfrac{1}{x}$ 导出 $(x^\alpha)'=\alpha x^{\alpha-1}$ 和 $(a^x)'=a^x\ln a$。

将 $y=x^\alpha$ 和 $y=a^x$ 分别恒等变形为

$$\ln y=\alpha\ln x\quad\text{和}\quad\ln y=x\ln a$$

再由隐函数求导规则，得

$$\frac{1}{y}y'=\alpha\cdot\frac{1}{x} \text{ 和 } \frac{1}{y}y'=\ln a$$

将 $y=x^{\alpha}$ 和 $y=a^{x}$ 分别代入即得 $(x^{\alpha})'=\alpha x^{\alpha-1}$ 和 $(a^{x})'=a^{x}\ln a$。

第三步 由 $(\sin x)'=\cos x$ 导出三角函数的导数公式。

注意到

$$\cos x=\sin(\frac{\pi}{2}-x)$$

然后由复合求导法则即可推出 $(\cos x)'$；由 $\tan x=\frac{\sin x}{\cos x}$、$\cot x=\frac{\cos x}{\sin x}$、$\sec x=\frac{1}{\cos x}$、$\csc x=\frac{1}{\sin x}$ 及除法求导法则即可推出 $(\tan x)'$、$(\cot x)'$、$(\sec x)'$、$(\csc x)'$。

第四步 导出反三角函数的导数公式。

将 $y=\arcsin x$ 恒等变形为 $\sin y=x$，再由隐函数求导规则，得

$$\cos y\cdot y'=1$$

注意到 $y\in[-\frac{\pi}{2},\frac{\pi}{2}]$，故 $\cos y=\sqrt{1-\sin^2 y}=\sqrt{1-x^2}$，从而 $y'=\frac{1}{\sqrt{1-x^2}}$。

同理可类推其他反三角函数的导数公式。

*3.6.4 对数求导法

对数求导法是一种仅针对乘除型和幂指型函数的优化求导方法，像推导幂函数和指函数的导数公式一样，它需要通过取对数的方式将显函数化为隐函数后再求导。看下面例子。

***例 3.6.5** 若 $y=\frac{x^3e^x}{(x+1)^2}\sqrt{\frac{(x-2)(x-3)}{(x+2)^3(x-1)^5}}$，求 y'。

解 根据对数的性质：

$$\ln(ab)=\ln a+\ln b，\ \ln(\frac{a}{b})=\ln a-\ln b，\ \ln a^b=b\ln a$$

将等式两边取对数，得

$$\ln y=3\ln x+x-2\ln(x+1)+\frac{1}{2}(\ln(x-2)+\ln(x-3)-3\ln(x+2)-5\ln(x-1))$$

再两边求导，得

$$\frac{1}{y}y'=\frac{3}{x}+1-\frac{2}{x+1}+\frac{1}{2}(\frac{1}{x-2}+\frac{1}{x-3}-\frac{3}{x+2}-\frac{5}{x-1})$$

故

$$y'=y[\frac{3}{x}+1-\frac{2}{x+1}+\frac{1}{2}(\frac{1}{x-2}+\frac{1}{x-3}-\frac{3}{x+2}-\frac{5}{x-1})]$$

***例 3.6.6** 若 $y=x^x+(\sin x)^x$，求 y'。

解 设 $y_1=x^x$，$y_2=(\sin x)^x$，则

$$\ln y_1 = x\ln x\text{，}\quad \ln y_2 = x\ln\sin x$$

两边求导，得

$$\frac{1}{y_1}y_1' = \ln x + 1\text{，}\quad \frac{1}{y_2}y_2' = \ln\sin x + x\cot x$$

故

$$y_1' = x^x(\ln x + 1)\text{，}\quad y_2' = (\sin x)^x(\ln\sin x + x\cot x)$$

$$y' = y_1' + y_2' = = x^x(\ln x + 1) + (\sin x)^x(\ln\sin x + x\cot x)$$

课堂练习 3.6.4 用对数求导法求下列函数的导数：

（1）$y = \dfrac{x(x+1)^2}{2^x}\sqrt{\dfrac{(x+2)^3(x-3)}{(x-1)(x-2)^5}}$；　　（2）$y = x^{\sin x} + (\sin x)^{\frac{1}{x}}$。

习 题 3.6

1. 求下列参数方程所确定的函数 $y = y(x)$ 的导数：

（1）$\begin{cases} x = t^5 + 5t \\ y = t^2 - 2t \end{cases}$；　　（2）$\begin{cases} x = 2\cos^3 t \\ y = 2\sin^3 t \end{cases}$。

2. 求 $\begin{cases} x = \mathrm{e}^{2t} \\ y = t\mathrm{e}^{-t} \end{cases}$ 所确定的函数 $y = y(x)$ 在 $t = 1$ 的导数。

3. 求下列方程所确定的隐函数 $y = y(x)$ 的导数：

（1）$x^4 + y^4 = \mathrm{e}^y + 2x - y + 1$；　　（2）$x\mathrm{e}^x - 2\sin y = x^2 + y^2$。

4. 求方程 $x^3 + \ln y = 2x$ 所确定的隐函数 $y = y(x)$ 在 $x = 1$ 的导数。

【数学名人】——魏尔斯特拉斯

第4章　导数的应用

【名人名言】一个国家的科学水平可以用它消耗的数学来度量。——拉奥·柯西

在数学的领域中，提出问题的艺术比解答问题的艺术更为重要。——康托尔

【学习目标】知道导数的物理和几何意义，会应用导数解速度、加速度和切线、法线问题。了解函数曲线的特性，会应用导数求函数的单调区间和极值、凸凹区间和拐点、最大值和最小值；能应用罗必达法则求简单0/0和∞/∞型极限。

【教学提示】导数概念产生的背景可引申出导数在物理、几何和社会生活中的应用，对函数曲线的单调性和极值的讨论能引申出导数在函数作图及求最大值、最小值方面的应用。本章教学的难点是求解方法的建立，可因材采用案例或几何图示诱导、渐进式讨论等方式，重点是求解方法的运用，可采用讨论、练习、解答等方式。教学内容可因学生或课时情况适当取舍。

【数学词汇】

①应用（Application），　变化率（Rate of Change）。

②单调性（Monotonicity），　极值（Extremum Value）。

③凸凹（Convex and concave），　拐点（Inflection Point）。

④最大值（Maximum），　最小值（Minimum）。

【内容提要】

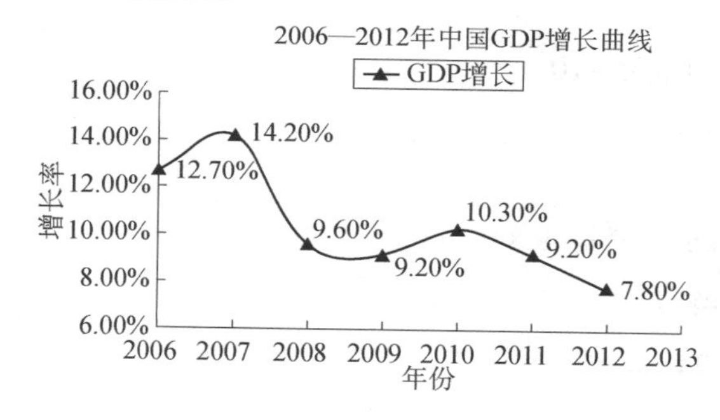

4.1 变化率与相关变化率

4.2 函数的单调性与极值

*4.3 曲线的凸凹性与拐点

4.4 最大值、最小值问题

4.5 罗必达法则与极限的计算

本章将讨论导数在物理、几何、社会生活及函数特性方面的应用，其中一阶导数的应用主要包含变化率与相关变化率的应用、函数的增减与极值的判别、闭区间上的连续函数的值域的计算，二阶导数的应用主要包含曲线凸凹的判别。

在探讨的过程中，先以案例或几何示例进行诱导，然后再结合几何图示总结出相应的数学概念、原理或方法，对所得出的原理将不强求严格的数学论证，而只侧重其应用。

本章最为重要的应用知识是社会生产和生活中的优化(最大值和最小值)问题的求解，考虑到学习基础的差异，将分别以数学计算和MATLAB编程两种方式进行处理。此外，还将介绍应用导数求极限的罗必达法则及极限的综合计算。

4.1 变化率与相关变化率

在第 3 章中曾定义了 $f(x)$ 在 $[a,b]$ 上的平均变化率：

$$\frac{f(b)-f(a)}{b-a}$$

并因此诱导出了 $f(x)$ 在点 x_0 处的(瞬时)变化率：$f'(x_0)$。

注意到导数的物理意义：

(1) $v=s'(t)$，$a=v'(t)$ (速度等于路程的导数，加速度等于速度的导数)；

(2) $i=q'(t)$ (电流等于电量的导数)。

以及导数的几何意义：$y=f(x)$ 在点 x 的切线斜率

$$k_{切}=f'(x)$$

不难看出，速度、加速度、电流、切线斜率都属变化率的范畴。

本节将集中探讨现实生活中的变化率问题，也就是一阶导数(变化率)在现实生活中的应用。

4.1.1 物理应用

例 4.1.1(高台跳水) 已知一运动员在 10m 高台跳水中相对于水面的高度 h (m)与起跳后的时间 t (s)的关系为：

$$h=-4.9t^2+6.5t+10$$

求该运动员到达水面时的速度和加速度。

解 对 t 求导，得

$$h'=-9.8t+6.5,\quad h''=-9.8$$

注意运动员到达水面时的高度为 0，由 $h=0$ 解得

$$t\approx 2.24\ (\text{s})$$

故

$$v\big|_{h=0}=h'(2.24)=-15.45,\quad a\big|_{h=0}=h''(2.24)=-9.8$$

即运动员到达水面时的速度为-15.45m/s，加速度为-9.8m/s^2。其中负号表示高度减少方向。

例 4.1.2(微分电路) 如图 4.1.1 所示，设电阻 R 和电容 C 串联接入输入电压 u_I，由电阻 R 输出电压 u_O.则电流 $i_R=i_C$，且根据 KVL 定律有 $u_I=u_C+u_R$。

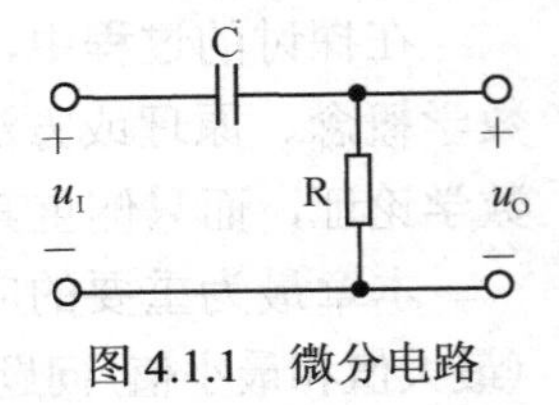

图 4.1.1 微分电路

当 R 很小时，$u_O\approx u_R$ 也很小，于是有

$$u_I\approx u_C$$

再根据电容的电流与电压的关系：

$$i_C = C\frac{du_C}{dt}$$（见案例 3.3.3）

故
$$u_O \approx i_R R = i_C R = RC\frac{du_C}{dt} = RC\frac{du_I}{dt}$$

即输出电压与输入电压的时间微分值成正比，这样的电路叫作微分电路。

***例 4.1.3**　已知一宝马 X5 在 0～100 km/h 的加速测试中的速度 v 和时间 t 数据见表 4.1.1(数据来源：太平洋汽车网 http：//price.pcauto.com.cn/sg169/pingce_15.html)。

表 4.1.1　宝马 X5 路试检测数据

时间 t (s)	0.2	0.6	1	1.8	2.2	2.6
速度 v (km/h)	10	21	30	50	57	64

试给出该车百公里的加速成绩及加速 g 值。

解　先建立 t 与 v 之间的函数关系：

```
>> t=[0.2,0.6,1,1.8,2.2,2.6]
>> v=[10,21,30,50,57,64]*1000/3600   %  v需化为m/s
>> plot(v,t,'*')
>> polyfit(v,t,2)
ans=
   0.0026  0.1049  -0.0974
```

即 t 与 v 之间的函数关系为

$$t = 0.0026v^2 + 0.1049v - 0.0974$$

式中，t 的单位为 s；v 的单位为 m/s。

由 $v = 100\ \text{km/h} = 100\times1000/3600\ \text{(m/s)}$，得

$$t \approx 4.82\ \text{(s)}$$

即该车的百公里的加速成绩为 4.82s.它与实际检测时的加速成绩 4.95 仅差 0.13s。

下面再来求加速 g 值。将 t 与 v 所满足的函数方程两边对时间 t 求导，得

$$1 = 0.0026\cdot 2vv' + 0.1049v'$$

注意到 $v' = a$，于是有

$$a = \frac{1}{0.0052v + 0.1049},\quad G = \frac{a}{g}\ (g = 9.8\text{m}/\text{s}^2)$$

运行下面的 MATLAB 程序：

```
>> v=[0:20:100] *1000/3600   %v从0到100间隔10取值，单位化为m/s
>> a=1./(0.0052.*v+0.1049),G=a./9.8   %  求g值
G=
   0.9727  0.7627  0.6273  0.5327  0.4629  0.40924
```

不难看出，开始时的加速 g 值约 1g 左右，后段加速在 0.4g 左右。

4.1.2 几何应用

注意，$y=f(x)$ 在点 x_0 的切线斜率

$$k_{切}=f'(x_0)$$

如果定义过点 $(x_0, f(x_0))$ 且垂直于该点的切线的直线为 $y=f(x)$ 在点 x_0 的法线，则其法线斜率满足

$$k_{法}=-\frac{1}{k_{切}}$$

再根据点斜式即可写出曲线在点 x_0 的切线和法线方程。

例 4.1.4 求 $y=x^2\ln x$ 在点 $x=1$ 的切线和法线方程。

解 注意 $x=1$ 时 $y=0$。另外，函数求导得

$$y'=2x\ln x+x$$

代入 $x=1$ 得 $y'(1)=1$，即

$$k_{切}=1，\ k_{法}=-1$$

从而由直线的点斜式方程，得

(1) 切线方程：$y-0=1\cdot(x-1)$，即 $y=x-1$。

(2) 法线方程：$y-0=-1\cdot(x-1)$，即 $y=1-x$。

***例 4.1.5** 求下列方程所确定的函数 $y=y(x)$ 在给定点的切线和法线方程：

(1) $\begin{cases} x=te^t \\ y=e^t \end{cases}$，$t=1$；　　(2) $x^3+y^3=x+1$，$x=0$。

解 分别将 $t=1$ 和 $x=0$ 代入方程，得给定点的坐标：

(1) $x=e$，$y=e$；　　(2) $x=0$，$y=1$。

由方程确定的函数的求导方法，得

$$y'_x=\frac{y'(t)}{x'(t)}=\frac{(e^t)'}{(te^t)'}=\frac{1}{1+t}，3x^2+3y^2y'=1$$

分别代入 $t=1$ 和 $x=0$、$y=1$，得

(1) $y'_x\big|_{t=1}=\frac{1}{2}$，即 $k_{切}=\frac{1}{2}$，$k_{法}=-\frac{1}{k_{切}}=-2$。从而由直线的点斜式方程，得

$$切线：y-e=\frac{1}{2}(x-e)，法线：y-e=-2(x-e)$$

(2) $y'\big|_{\substack{x=0\\y=1}}=\frac{1}{3}$，即 $k_{切}=\frac{1}{3}$，$k_{法}=-\frac{1}{k_{切}}=-3$。从而由直线的点斜式方程，得

$$切线：y-1=\frac{1}{3}(x-0)，法线：y-1=-3(x-0)$$

课堂练习 4.1.1

1. 求 $y=\frac{\ln x}{x}$ 在 $x=1$ 的切线和法线方程。

*2. 求下列方程所确定的函数 $y=y(x)$ 在给定点的切线和法线方程。

(1) $\begin{cases} x=t^2+t \\ y=\ln t \end{cases}$，$t=1$；　　(2) $x^2+y^2=x+1$，$x=0$。

课堂讨论 4.1.1　$f'(x_0)=\infty$ 时，曲线 $y=f(x)$ 在点 x_0 处的切线是否存在？$f'(x_0)=0$ 时，曲线 $y=f(x)$ 在点 x_0 处的法线是否存在？若存在，写出它们的方程。

4.1.3　社会生活应用

例 4.1.6（消费物价指数）　已知某地区的居民消费价格指数 CPI（Consumer Price Index）由下面函数描述：

$$I(t)=-0.2t^3+3.2t^2+100\ (0\leqslant t\leqslant 5)$$

其中 $t=0$ 对应 2010 年年底。

(1) 问从 2010 年年底至 2015 年年底该地区的 CPI 的平均增长率是多少？

(2) 如果保持这样的趋势，问该地区 2016 年年底的 CPI 的增长率有多大？

解　(1) 根据平均变化率的定义式，知 $I(t)$ 从 2010 年年底（$t=0$）至 2015 年年底（$t=5$）的平均变化率

$$\overline{I}=\frac{I(5)-I(0)}{5-0}=\frac{155-100}{5}=11$$

即从 2010 年年底至 2015 年年底该地区的 CPI 以平均每年 11%的比例增长。

(2) $I(t)$ 求导得 $I'(t)=-0.6t^2+6.4t$。注意 2016 年年底对应 $t=6$，从而

$$I'(6)=16.8$$

即该地区 2016 年年底的 CPI 是以 16.8%的比例增长。

例 4.1.7（广告销售）　已知某公司的广告花费 x（千元）与其总销售 $S(x)$ 之间的关系为

$$S(x)=-0.015x^3+3.56x^2+x+800\ (0\leqslant x\leqslant 200)$$

问广告费用为 10 万元时，销量的增长率是多少？

解　$S(x)$ 对 x 求导得

$$S'(x)=-0.045x^2+7.12x+1$$

注意广告费用为 10 万元时 $x=100$（千元），将其代入 $S'(x)$，得

$$S'(100)=-0.045\times 100^2+7.12\times 100+1=263$$

即广告费用为 10 万元时销量的增长率为 263 千元，也就是当广告费用为 10 万元后每增加 0.1 万元其销量增长 26.3 万元。

MATLAB 计算如下。

```
>> syms x
```

```
>> S=-0.015*(x^3)+3.56*x^2+x+800
>> d=diff(S),S1=subs(d,x,100)
S1=
   263
```

课堂练习 4.1.2

(1) (网上购物)已知每年网上购物的零售收入(单位：十亿)由下面函数描述：

$$f(t)=0.075t^3+0.025t^2+2.35t+2.5\,(0\leqslant t\leqslant 8)$$

其中 $t=0$ 对应 2008 年年初。问在 2015 年年初网上购物的零售收入的增长率是多少？

(2) (公园管理)某公园管理处估计，从上午 9：00 开放后 t 小时的游客人数(单位：千人)遵循下面规律：

$$N(t)=\frac{30t}{\sqrt{4+t^2}}$$

问上午 11：00 允许进入公园的游客人数的增长率是多少？

*4.1.4 相关变化率

若变量 x、y 满足方程：$F(x,y)=0$，同时 x、y 又是 t 的函数：

$$x=x(t)、y=y(t)$$

则由隐函数的求导规则，将 $F(x,y)=0$ 两边对 t 求导即可建立 $x'(t)$ 和 $y'(t)$ 的函数关系。换言之，$x'(t)$ 和 $y'(t)$ 是互相关联的两个变化率，已知其中一个就可求出另一个，这就是所谓的相关变化率。

例 4.1.8 设有一个底半径为 15cm、高为 20cm 的正圆锥形容器平放于桌面之上，若向容器内以 200cm³/s 的速度注水，问水深为 10cm 时水面上升的速度是多少？

解 如图 4.1.2 所示，设水深为 h (cm)时，水面的半径为 r (cm)，容器内水的体积为 V (cm³)，则

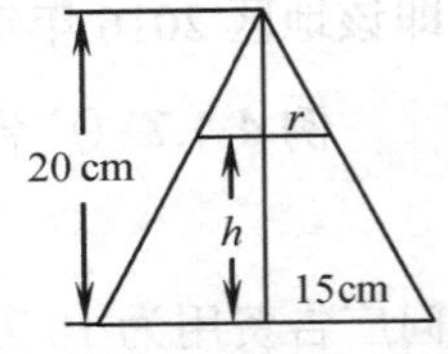

图 4.1.2 容器截面图

$$V=\frac{\pi}{3}\times 15^2\times 20-\frac{\pi}{3}r^2(20-h)$$

$$=1500\pi-\frac{\pi}{3}r^2(20-h)$$

另一方面，利用相似三角形的比例关系，得

$$\frac{r}{15}=\frac{20-h}{20}，即\ r=\frac{3}{4}(20-h)$$

于是有 $V=1500\pi-\frac{3\pi}{16}(20-h)^3$。

两边对 t 求导，得

$$V'(t)=-\frac{3\pi}{16}\times 3(20-h)^2(20-h)'_t=\frac{9\pi}{16}(20-h)^2h'(t)$$

代入 $h=10$、$V'(t)=200$，得

$$h'(t)=\frac{32}{9\pi}\approx 1.13\ (\text{cm/s})$$

即水深为 10cm 时水面上升的速度约为 1.13cm/s。

课堂练习 4.1.3

(1) 设有一个半径为 10cm 的皮球，若以 20cm^3/s 的速度向皮球充气，问皮球半径为 20cm 时的膨胀速度是多少？

(2) 设有一个平放的水槽，水槽长为 12m，水槽的横截面为等腰梯形，其中等腰梯形的下底宽 3m、上底宽 9m、高 4m。若以 10m^3/分钟的速度向水槽注水，问当水深 2m 时水面上升的速度有多大？

***例 4.1.9**　汽车制动性能检测分路试检测和台架检测，执行 GB 7258 的《机动车运行安全技术条件》标准。已知奥迪 A4L 50 TFSI 在 100～0 km/h 的路试检测中的路程 s 和速度 v 的测试数据见表 4.1.2(数据来源：汽车之家网站 http：//www.autohome.com.cn/692/0/3/Section.html？pvareaid=101507#maodian)。

表 4.1.2　奥迪 A4L 路试检测数据

路程 s(m)	5	10	15	20	25
速度 v(km/h)	91	83	76	66	56

试给出该车的制动距离(即速度从 100 km/h 变到 0 km/h 时所走的路程)，并通过计算减速 g 值评价该车的制动性能。

解　先建立 s 与 v 之间的函数关系：

```
>> s=5:5:25, v=[91,83,76,66,56]*1000/3600  %v需化为 m/s
>> plot(v,s,'*')
>> polyfit(v,s,2)
ans=-0.0485  -0.0816  37.9650
```

即 s 与 v 之间的函数关系为

$$s=-0.0485v^2-0.0816v+37.965$$

式中，s 的单位为 m；v 的单位为 m/s。

当 $v=0$ 时，得

$$s=37.97\ (\text{m})$$

即该车的制动距离为 37.97m。它与实际检测时的制动距离 38.32m 的误差不到 0.5m。

下面再来求减速 g 值。将 s 与 v 所满足的函数方程两边对时间 t 求导，得

$$s'=-0.0485\times 2vv'-0.0816v'$$

注意到 $s'=v$，$v'=a$，于是有

$$v=-0.0485\cdot 2va-0.0816a$$

即该车在制动过程中的减速度 a 和减速 g 值 G 为

$$a = -\frac{v}{0.097v + 0.0816}, \quad G = \frac{a}{g} \ (g = 9.8\text{m}/\text{s}^2)$$

运行下面的 MATLAB 程序：

```
>> v=[90:-20:10]*1000/3600  %v从100~0间隔10取值，单位化为m/s
>> a=-v./(0.097.*v+0.0816), G=a./9.8  %求g值
G=
   -1.0177  -1.0083  -0.9919  -0.9555  -0.80744
```

不难看出，其减速 g 值基本稳定在$-1g$ 左右，因此，该车的制动性能平稳；此外，根据 GB 7258 标准，100～0 km/h 的路试检测的制动距离小于 40m 已是制动性能较好的车了，而该车的制动距离只在 38m 左右，因此，该车是一款制动性能非常好的车。

习 题 4.1

1. 若汽车在 100～0km/h 的制动过程中的路程 s (m) 与速度 v (m/s) 的关系为

$$s = -0.0382v^2 - 0.0673v + 40.12$$

求速度 $v = 50$ km/h 时的减速度。

2. 求 $y = \dfrac{e^x}{2x+1}$ 在点 $x = 0$ 的切线和法线方程。

*3. 求下列方程所确定的函数在给定点处的切线和法线方程。

(1) $\begin{cases} x = e^t \\ y = te^t \end{cases}$，$t = 1$； (2) $x^2 + e^y = x + 1$，$x = 0$。

4. (杀菌试验) 已知在一次杀菌试验之后，细菌培养 t 分钟后的数目服从下面规则：

$$N(t) = \frac{10000}{1+t^2} + 3000$$

求在杀菌试验之后，细菌培养 10 分钟后的改变率是多少？

5. (男性寿命) 据统计资料显示，某一地区男性的预期寿命：

$$f(t) = 46.9(1 + 1.09t)^{0.1} \ (0 \leqslant t \leqslant 150)$$

其中 t 按年计，$t = 0$ 对应 1900 年年初。问该地区 2020 年年初出生的男性的预期寿命的改变率是多少？

4.2 函数的单调性与极值

4.2.1 不增不减情形

先看一个引例。

引例 4.2.1（矩形脉冲）　已知矩形脉冲信号

$$f(t)=\begin{cases} E & |t|\leqslant \dfrac{\tau}{2} \\ 0 & |t|>\dfrac{\tau}{2} \end{cases}\quad (E、\tau>0)$$

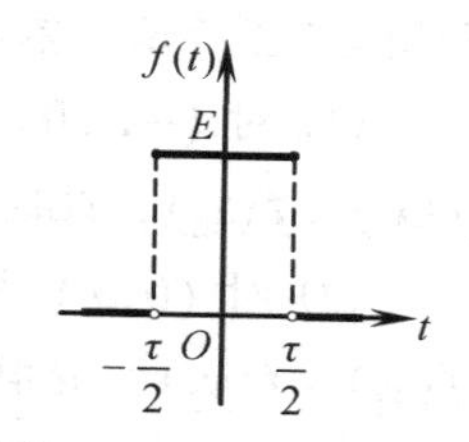

图 4.2.1　矩形脉冲信号

如图 4.2.1 所示，不难看出，$f(t)$ 在开区间

$$(-\infty,-\frac{\tau}{2})、(-\frac{\tau}{2},\frac{\tau}{2})、(\frac{\tau}{2},+\infty)$$

内分别取值 0、E、0，从而不增不减，并满足 $f'(t)=0$。

引例 4.2.1 展现的是函数的不增不减情形，即区间内的常数函数不增不减，其导数恒为 0，反过来有下面的结论。

定理 4.2.1　若 $f(x)$ 在 (a,b) 内可导，则在 (a,b) 内，$f(x)$ 恒为常数的充要条件是

$$f'(x)=0$$

定理 4.2.1 可用于恒等式的证明。

例 4.2.1　证明 $\arctan x+\arctan\dfrac{1}{x}=\dfrac{\pi}{2}(x>0)$。

【证明】　令 $f(x)=\arctan x+\arctan\dfrac{1}{x}$，则在 $(0,+\infty)$ 内有

$$f'(x)=\frac{1}{1+x^2}+\frac{1}{1+\left(\dfrac{1}{x}\right)^2}\left(\frac{1}{x}\right)'=\frac{1}{1+x^2}+\frac{1}{1+\left(\dfrac{1}{x}\right)^2}\left(-\frac{1}{x^2}\right)=0$$

从而 $f(x)$ 在 $(0,+\infty)$ 恒为常数，设

$$f(x)\equiv C(x\in(0,+\infty))$$

令 $x=1$，得 $C=f(1)=2\arctan 1=2\times\dfrac{\pi}{4}=\dfrac{\pi}{2}$，即

$$f(x)\equiv\frac{\pi}{2}(x\in(0,+\infty))$$

课堂练习 4.2.1　证明　$\arctan x+\arctan\dfrac{1}{x}=-\dfrac{\pi}{2}(x<0)$。

4.2.2　定义

为了能导出函数单调性和极值的定义，先看一个引例。

引例 4.2.2（三角脉冲）　已知三角脉冲信号

$$f(t)=\begin{cases} A(1-\dfrac{|t|}{\tau}) & |t|\leqslant\tau \\ 0 & |t|>\tau \end{cases}\quad (A、\tau>0)$$

如图 4.2.2 所示，不难看出：

(1) 对 $(-\tau,0)$ 内的任意点 x_1、x_2：$x_1<x_2$，始终有 $f(x_1)<f(x_2)$，此时 $f(t)$ 随着 t 的增大而不断上升；

(2) 对 $(0,\tau)$ 内的任意点 y_1、y_2：$y_1<y_2$，始终有 $f(y_1)>f(y_2)$，此时 $f(t)$ 随着 t 的增大而不断下降；

(3) $f(0)=A$ 比 $t=0$ 附近任一点的函数值都要大。

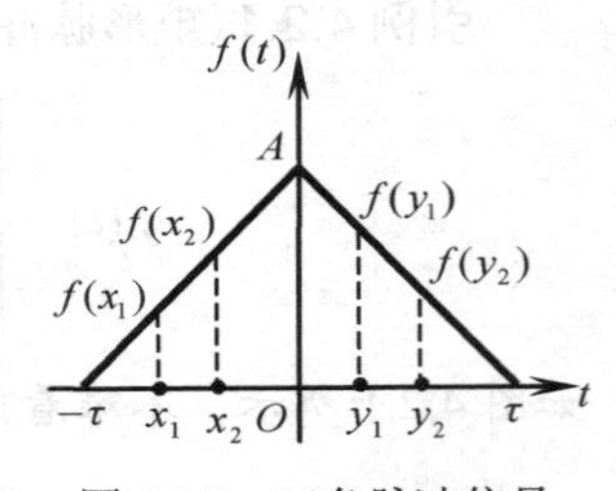

图 4.2.2　三角脉冲信号

引例 4.2.2 诱导出函数单调性与极大值的定义如下。

定义 4.2.1　设 $f(x)$ 在 (a,b) 内有定义，任取 (a,b) 内的点 x_0、x_1、x_2：$x_1<x_2$，若

(1) $f(x_1)<f(x_2)$，则称 $f(x)$ 在 (a,b) 内严格单调增加，记为 $f(x)\uparrow$；

(2) $f(x_1)>f(x_2)$，则称 $f(x)$ 在 (a,b) 内严格单调减少，记为 $f(x)\downarrow$；

(3) 对 x_0 附近的所有点 x 恒有 $f(x_0)>f(x)$，则称 $f(x_0)$ 为极大值，x_0 为极大值点。

课堂讨论 4.2.1　考察函数 $y=x^2$ 的图形，试给出极小值的定义。

极大值和极小值统称为极值，极大值点和极小值点统称为极值点。

4.2.3　判别

1. 单调性的判别

进一步考察引例 4.2.2 中的三角脉冲信号的函数表达式及其图形，不难发现：

(1) 在 $(-\tau,0)$ 内，$f(t)$ 单增，$f'(t)=\dfrac{A}{\tau}>0$；

(2) 在 $(0,\tau)$ 内，$f(t)$ 单减，$f'(t)=-\dfrac{A}{\tau}<0$。

下面再来考察非直线的情形。

引例 4.2.3（钟形脉冲）　已知钟形脉冲信号

$$f(t)=E\mathrm{e}^{-(\frac{t}{\tau})^2}\ (E、\tau>0)$$

如图 4.2.3 所示，不难看出：

(1) 在 $(-\infty,0)$ 内，$f(t)$ 单增，其上任意一点的切线的倾角 α 都是锐角，因此 $f'(t)=\tan\alpha>0$；

(2) 在 $(0,+\infty)$ 内，$f(t)$ 单减，其上任意一点的切线的倾角 β 都是钝角，因此 $f'(t)=\tan\beta<0$。

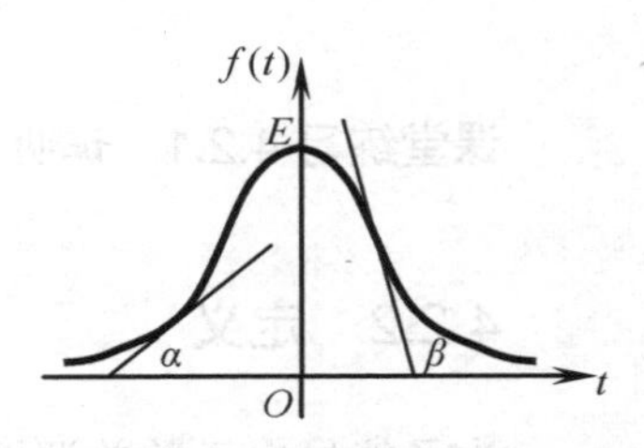

图 4.2.3　钟形脉冲信号

引例 4.2.2 和 4.2.3 显示：无论是直线还是曲线，单增对应导数大于 0，单减对应导数小于 0。一般有下面的定理。

定理 4.2.2（单调性判别）　在 (a,b) 内，若 $f(x)$ 可导，且

(1) $f'(x)>0$，则 $f(x)$ 严格单增；　　(2) $f'(x)<0$，则 $f(x)$ 严格单减。

2. 极值的必要条件

由图 4.2.2 和图 4.2.3 不难看出：

(1) 三角脉冲在 $t=0$ 形成尖角顶点，从而 $f'(0)$ 不存在；

(2) 钟形脉冲在 $t=0$ 有水平切线，从而切线斜率为 0，即 $f'(0)=0$；

(3) 三角脉冲和钟形脉冲在 $t=0$ 都取得极大值。

在创建微积分的历史上，为了方便，人们将

方程 $f'(x)=0$ 的根 $x=x_0$ 称为 $f(x)$ 的驻点。

根据上述结论，驻点和导数不存在的点都可能是极值点。一般有下面结论：

定理 4.2.3（极值的必要条件）　若 $f(x)$ 在 x_0 可导，且 $f(x_0)$ 为极值，则 $f'(x_0)=0$。

那么驻点和导数不存在的点是否就一定是极值点呢？下面进行讨论。

课堂讨论 4.2.2　考察单位阶跃函数 $u(t)=\begin{cases}0 & t<0\\ 1 & t\geqslant 0\end{cases}$，如图 4.2.4 所示，解答下面问题：

(1)找出 $u(t)$ 的驻点和导数不存在的点？

(2)问 $u(t)$ 的驻点和导数不存在的点是否是极值点？

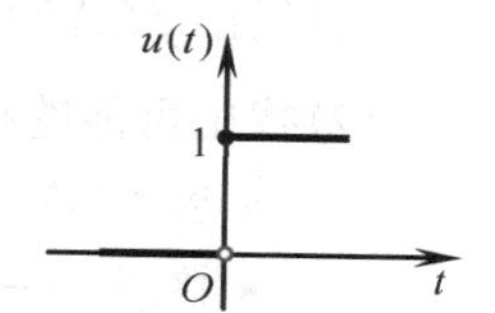

图 4.2.4　单位阶跃函数

综上所述，驻点和导数不存在的点可能是极值点，也可能不是极值点。因此，在求出了驻点和导数不存在的点之后，必须经过判别才能确定是否取得极值，是极大值还是极小值。

3. 极值的判别

由图 4.2.2 和图 4.2.3 不难看出：三角脉冲和钟形脉冲在 $t=0$ 的左边单增、右边单减，取得极大值。为了弄清极小值的判别，下面先进行讨论。

课堂讨论 4.2.3　考察图 4.2.5 和图 4.2.6 所示图形，指出函数取得极小值的条件。

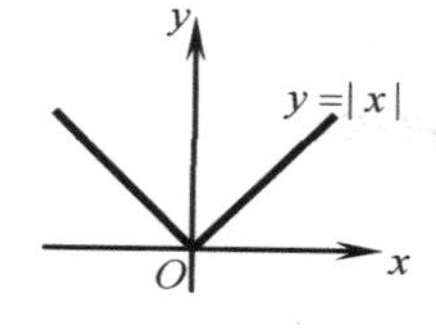

图 4.2.5　不可导情形

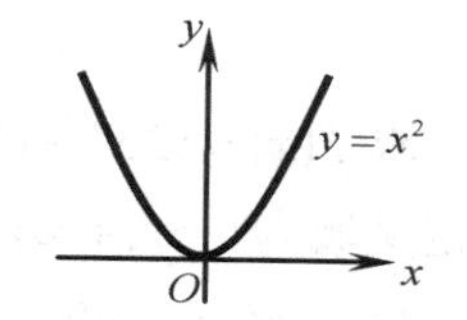

图 4.2.6　水平切线情形

判别函数的极值，一般有下面的定理。

定理 4.2.4（极值的判别）　设 $f(x)$ 在 x_0 连续，在 x_0 附近可导，且 $f'(x_0)=0$ 或 $f'(x_0)$ 不存在。若 $f(x)$ 在 $x=x_0$ 附近：

(1) 左边单增、右边单减，则 $f(x_0)$ 为极大值；

(2) 左边单减、右边单增，则 $f(x_0)$ 为极小值；

(3) 左右两边的单调性不发生改变，则 $f(x_0)$ 不是极值。

注意定理 4.2.4 的逆命题不成立，看下面例子。

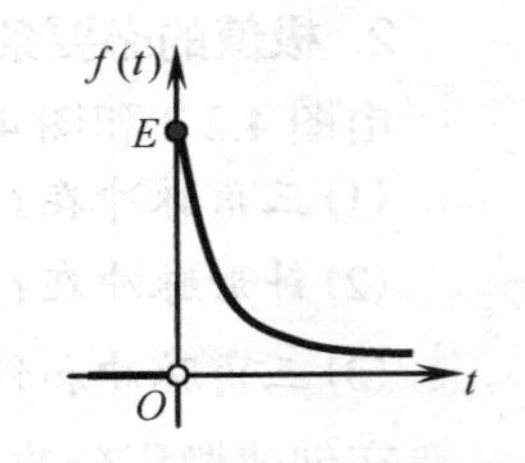

图 4.2.7 单边指数信号

引例 4.2.4(单边指数信号) 已知单边指数信号

$$f(t)=\begin{cases}0 & t<0\\ Ee^{-at} & t\geqslant 0\end{cases}\quad(E、a>0)$$

如图 4.2.7 所示，不难看出，函数 $f(t)$ 在 $t=0$：

(1) 不连续从而不可导； (2) 取得极大值；

(3) 左边不增不减、右边单减。

引例 4.2.4 显示定理 4.2.4 只是函数取得极值的充分判别。

4.2.4 计算

总结前面的讨论，求函数 $y=f(x)$ 的单调区间和极值的步骤如下。

(1) 指出 $f(x)$ 的定义域。

(2) 找出可能的极值点——驻点和导数不存在的点。

- 求 $f'(x)$。
- 整理——将 $f'(x)$ 的分子、分母(如果有的话)分解为最简因式，分子的负指数恒等变形至分母。
- 求根——令 $f'(x)$ 的分子为零得出 $f(x)$ 的驻点，令 $f'(x)$ 的分母为零得出 $f'(x)$ 不存在的点。

(3) 判别。

- 列表——用驻点和导数不存在的点将定义域分割成若干个子区间进行列表，其中第 1 行为 x 的取值范围，第 2 行为 $f'(x)$ 的符号，第 3 行为 $f(x)$ 的单调性。
- 判别导数的正负(可用取区间内某个点的方式)。
- 判别函数的增减。

(4) 结论。

例 4.2.2 求 $f(x)=12x^5-15x^4-40x^3+1$ 的单调区间和极值。

解 (1) 定义域为 $(-\infty,+\infty)$。

(2) $f'(x)=60x^4-60x^3-120x^2=60x^2(x+1)(x-2)$。

驻点：$x=-1$、0、2，导数不存在的点：无。

(3) $x=-1$、0、2 将定义域 $(-\infty,+\infty)$ 分割为 4 个区间：

$$(-\infty,-1)、(-1,0)、(0,2)、(2,+\infty)$$

在每个区间内任取一点，如分别取整点或中点

$$x=-2、-\frac{1}{2}、1、3$$

用这些点的导数符号作为其相应区间的导数符号，列表判别见表 4.2.1。

表 4.2.1　单调性和极值判别表

x	$(-\infty,-1)$	-1	$(-1,0)$	0	$(0,2)$	2	$(2,+\infty)$
$f'(x)$	+		−		−		+
$f(x)$	↗	极大	↘	无	↘	极小	↗

即函数的：

(1) 单增区间为 $(-\infty,-1)$ 和 $(2,+\infty)$，单减区间为 $(-1,0)$ 和 $(0,2)$；

(2) 极大值 $f(-1)=14$，极小值 $f(2)=-175$。

课堂练习 4.2.2

1. $y=x^2+2x$ 的单增区间为________，单减区间为________。
2. $y=x-\ln x$ 的单减区间为________。
3. $y=\dfrac{1}{1+x+x^2}$ 的驻点为________。
4. 若 $f(x)=x^3-ax$ 在 $x=1$ 取得极值，则 $a=?$。
5. 指出双边指数信号 $f(t)=E\mathrm{e}^{-a|t|}$（E、$a>0$）的单调区间和极值。
6. 求下面函数的单调区间和极值：

   (1) $y=3x^5-5x^3$，　　　(2) $y=2x^3-15x^2+36x+5$。

***例 4.2.3**　求 $f(x)=\dfrac{3}{8}x^{\frac{8}{3}}-\dfrac{3}{2}x^{\frac{2}{3}}$ 的单调区间和极值。

解　(1) 函数的定义域为 $(-\infty,+\infty)$。

(2) $f'(x)=x^{\frac{5}{3}}-x^{-\frac{1}{3}}=x^{\frac{5}{3}}-\dfrac{1}{\sqrt[3]{x}}=\dfrac{x^2-1}{\sqrt[3]{x}}=\dfrac{(x+1)(x-1)}{\sqrt[3]{x}}$

驻点：$x=-1$、1，导数不存在的点：$x=0$

(3) $x=-1$、0、1 将定义域 $(-\infty,+\infty)$ 分割为 4 个区间：

$$(-\infty,-1)、(-1,0)、(0,1)、(1,+\infty)$$

在每个区间内任取一点，如分别取整点或中点

$$x=-2、-\frac{1}{2}、\frac{1}{2}、2$$

用这些点的导数符号作为其相应区间的导数符号，列表判别见表 4.2.2。

表 4.2.2　单调性和极值判别表

x	$(-\infty,-1)$	-1	$(-1,0)$	0	$(0,1)$	1	$(1,+\infty)$
$f'(x)$	−		+		−		+
$f(x)$	↘	极小	↗	极大	↘	极小	↗

即函数的：

(1) 单增区间为 $(-1,0)$ 和 $(1,+\infty)$，单减区间为 $(-\infty,-1)$ 和 $(0,1)$；

(2) 极大值 $f(0)=0$，极小值 $f(\pm1)=-\dfrac{9}{8}$。

课堂讨论 4.2.4 $y=x^2$ 在 $(-\infty,0)$ 内单减、在 $(0,+\infty)$ 内单增，改写成 $y=x^2$ 在 $(-\infty,0]$ 上单减，在 $[0,+\infty)$ 上单增行不行？在什么情况下，$f(x)$ 在 $[a,b]$ 上的单调性与 (a,b) 内的单调性一致？

课堂讨论 4.2.5 极大值是否一定大于极小值？

习 题 4.2

1. 填空题：

(1) $y=x^2+4x$ 的单增区间为________，单减区间为________。

(2) $y=x^2-2\ln x$ 的单减区间为________。

(3) $y=x^3+3x$ 的驻点为________。

(4) $y=\dfrac{1}{x^2+x+4}$ 的驻点为________。

(5) 若 $f(x)$ 在 x_0 可导，且 $f(x_0)$ 为极值，则 $f'(x_0)=$________。

(6) 若 $f(x)=x^5-ax$ 在 $x=-1$ 取得极值，则 $a=$________。

2. 求下列函数的单调区间和极值：

(1) $y=3x^4-4x^3+1$；　　(2) $y=2x^3-9x^2+12x+3$。

3. 若 $y=ax^2+b\ln x-x$ 在 $x=1$ 和 $x=2$ 取得极值，求 a、b。

4. 解应用题：

(1) (药物浓度) 已知一病人在注射一种抗生素 t 小时后血液中某种药物的浓度

$$C(t)=\frac{t^2}{2t^3+1}\ (0\leqslant t\leqslant 4)$$

问该病人注射后血液中该药物的浓度何时上升？何时下降？何时达到峰值？

(2) (森林环境) 为了制定野生动物保护法，南美国家通过对其森林环境质量的监测，得到自 1984—1994 年的质量指数

$$I(t)=\frac{1}{3}t^3-\frac{5}{2}t^2+80\ (0\leqslant t\leqslant 10)$$

其中 $t=0$ 对应 1984 年，试找出 $I(t)$ 的单增区间和单减区间，并解释你的结果。

*4.3 曲线的凸凹性与拐点

凸凹广泛存在于自然和生活。脸面的轮廓分明、身材的性感有致所描述的是凸凹；起伏的山峦、蜿蜒的海岸线之中包含有凸凹；工业生产和产品设计之中也少不了凸凹；证券

交易行情的 K 线图中的移动平均线通常都由凸凹曲线所构成；信号处理中的波形图、频谱图中也都包含凸凹。

4.3.1　定义

先看一个引例。

引例 4.3.1　照明用的交流电是正弦信号。正弦信号是频率成分最为单一的一种信号，因其波形是正弦曲线而得名。一个正弦信号可表示为

$$x(t) = A\sin(\omega t + \varphi)$$

式中，A 为振幅；ω 为角频率(弧度/秒)；φ 为初始相位(弧度)；$T = \dfrac{2\pi}{\omega}$ 为其周期。

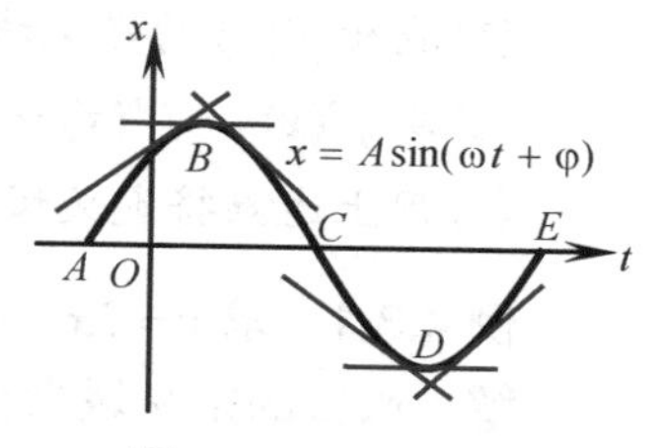

图 4.3.1　正弦信号

图 4.3.1 所示是 $x(t)$ 在一个周期内的图形，不难看出：

(1) ABC 弧段为凸型曲线，其上任意一点的切线都在曲线的上方；

(2) CDE 弧段为凹型曲线，其上任意一点的切线都在曲线的下方。

(3) 曲线在 C 点凸凹发生改变。

引例 4.3.1 诱导出曲线凸凹及拐点的定义如下。

定义 4.3.1　若曲线 $y = f(x)$ 在 (a,b) 内任意一点的切线都在

(1) 曲线的上方，则称 $f(x)$ 在 (a,b) 内是凸的；

(2) 曲线的下方，则称 $f(x)$ 在 (a,b) 内是凹的。

定义 4.3.2　曲线 $y = f(x)$ 的凸凹发生改变的点称为拐点。

注意，定义 4.3.1 定义的是函数的凸凹，是曲线凸凹的等价描述，与习惯思维中的山凸湖凹相一致，所指的实际上是向上凸和向上凹；定义 4.3.2 定义的拐点，仍按传统意义指的是曲线上的点 $(c, f(c))$，为了方便，也可等价地认为 $x = c$ 为函数 $y = f(x)$ 的拐点。

4.3.2　判别

根据导数的几何意义，若 $x(t)$ 在任意一点 t 的切线的倾角为 α，则切线斜率

$$x'(t) = \tan\alpha$$

再继续考察引例 4.3.1，由图 4.3.1 不难看出：

(1) 在凸弧段 ABC 上，随着 t 值的增加，α 从锐角连续地变化至 0 再到钝角，因此，$\tan\alpha$ 由正值单减至 0，再单减到负值，即 $x'(t)$ 单减；

(2) 在凹弧段 CDE 上，随着 t 值的增加，α 从钝角连续地变化至 π 再到锐角，因此，$\tan\alpha$ 由负值单增至 0，再单增到一个正值，即 $x'(t)$ 单增。

综合(1)、(2)可知：$x'(t)$ 单减的弧段是凸的；$x'(t)$ 单增的弧段是凹的。而 $x''(t) > 0$ 时 $x'(t)$

单增；$x''(t)<0$ 时 $x'(t)$ 单减。这样便可用二阶导数的正负来确定曲线弧段的凸凹。

定理 4.3.1 在 (a,b) 内，若 $f(x)$ 二阶可导，且

(1) $f''(x)<0$，则 $f(x)$ 是凸的；　　(2) $f''(x)>0$，则 $f(x)$ 是凹的。

由定理 4.3.1 不难看出，拐点应从 $f''(x)=0$ 的点中去找。类似于求单调区间和极值的讨论，可得到求 $y=f(x)$ 的凸凹区间和拐点的步骤如下。

(1) 指出 $f(x)$ 的定义域。

(2) 求 $f'(x)$，$f''(x)$ ——指出 $f''(x)=0$ 的点和 $f''(x)$ 不存在的点。

(3) 用上述点将定义域分成若干个子区间进行列表判别。

例 4.3.1 求 $y=2x^6-3x^5-10x^4$ 的凸凹区间和拐点。

解 函数的定义域为 $(-\infty,+\infty)$. 求导，得

$$y'=12x^5-15x^4-40x^3$$

$$y''=60x^4-60x^3-120x^2=60x^2(x+1)(x-2)$$

令 $y''=0$，得 $x=-1,0,2$，列表判别见表 4.3.1。

表 4.3.1 例 4.3.1 凸凹区间和拐点判别表

x	$(-\infty,-1)$	-1	$(-1,0)$	0	$(0,2)$	2	$(2,+\infty)$
y''	+		−		−		+
y	凹	拐点	凸		凸	拐点	凹

故凸区间为 $(-1,0)$ 和 $(0,2)$，凹区间为 $(-\infty,-1)$ 和 $(2,+\infty)$，$x=-1,2$ 为拐点。图形及程序见图 4.3.2。

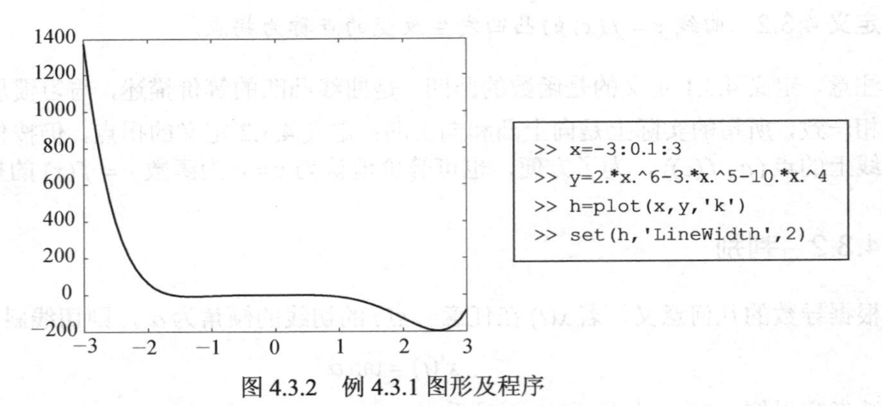

图 4.3.2 例 4.3.1 图形及程序

由例 4.3.1 不难看出，二阶导数为 0 的点也不一定就是拐点。此外，还需注意，这里的拐点与生活中人们常说的股价或房价的拐点不是同一个概念，生活常说的拐点实际上是数学里的极值点。

***例 4.3.2** 求钟形脉冲信号 $f(t)=E\mathrm{e}^{-\left(\frac{t}{\tau}\right)^2}$（$E$、$\tau>0$）的凸凹区间和拐点。

解　定义域为$(-\infty,+\infty)$，求导，得

$$f'(t)=-\frac{2E}{\tau^2}te^{-\left(\frac{t}{\tau}\right)^2}, \quad f''(t)=-\frac{2E}{\tau^2}e^{-\left(\frac{t}{\tau}\right)^2}\left(1-\frac{2t^2}{\tau^2}\right)$$

令$f''(t)=0$，得$x=\pm\frac{\tau}{\sqrt{2}}$，列表判别见表 4.3.2。

表 4.3.2　例 4.3.2 凸凹区间和拐点判别表

x	$(-\infty,-\frac{\tau}{\sqrt{2}})$	$-\frac{\tau}{\sqrt{2}}$	$(-\frac{\tau}{\sqrt{2}},\frac{\tau}{\sqrt{2}})$	$\frac{\tau}{\sqrt{2}}$	$(\frac{\tau}{\sqrt{2}},+\infty)$
y''	+		−		+
y	凹	拐点	凸	拐点	凹

故凸区间为$(-\frac{\tau}{\sqrt{2}},\frac{\tau}{\sqrt{2}})$，凹区间为$(-\infty,-\frac{\tau}{\sqrt{2}})$和$(\frac{\tau}{\sqrt{2}},+\infty)$，$x=\pm\frac{\tau}{\sqrt{2}}$为拐点。

课堂练习 4.3.1

1. $y=x^3$的凸区间为________，凹区间为________，拐点为________。
2. $y=x^{1/3}$的凸区间为________，凹区间为________，拐点为________。
3. 求下面函数的凸凹区间和拐点：

   (1) $y=x^4-4x^3+2$；　　(2) $y=2x^6-10x^4+2x$。
4. 若点$(1,3)$为$y=ax^3+bx^2$的拐点，求a、b。

4.3.3　应用

1. 拐点的意义

拐点在现实生活中有着重要的意义。看下面的案例。

案例 4.3.1　预计某地区 2015 年的居民消费价格指数 CPI 由下面函数给出：

$$I(t)=-0.228t^3+3.84t^2+100 \quad (0\leqslant t\leqslant 11)$$

其中$t=0$对应 2015 年 1 月。试求出I的拐点，并解释它的意义。

解　求导，得

$$I'(t)=-0.684t^2+7.68t=0.684t(11.23-t)$$

$$I''(t)=-1.368t+7.68=-1.368(t-5.614)$$

不难看出：

(1) $t\leqslant 11$时$I'(t)>0$，$t\approx 11.23$时$I'(t)=0$。因此，该地区在 2015 年的 CPI 指标是单调上升的，并在年底达到全年最大。

(2) $t\approx 5.614$时$I''(t)=0$.列表判别见表 4.3.3。

表 4.3.3　案例 4.3.1 凸凹区间和拐点判别表

t	(0, 5.614)	5.614	(5.614, 11)
$I''(t)$	+		−
$I(t)$	凹	拐点	凸

图形及程序见图 4.3.3。

结果解释：

(1) $I'(t)>0(0\leqslant t\leqslant 11)$ 说明该地区 2015 年的 CPI 指标是单调上升的；

(2) $I(t)$ 在 $(0,5.614)$ 内的凹性显示，前 6 个月该地区的 CPI 指标增长平缓；

(3) $I(t)$ 在 $(5.614,11)$ 内的凸性显示，6 月中旬以后，该地区的 CPI 指标增长加快；

(4) $t\approx 5.614$ 形成的拐点显示真正的增速是从 6 月中旬开始的。

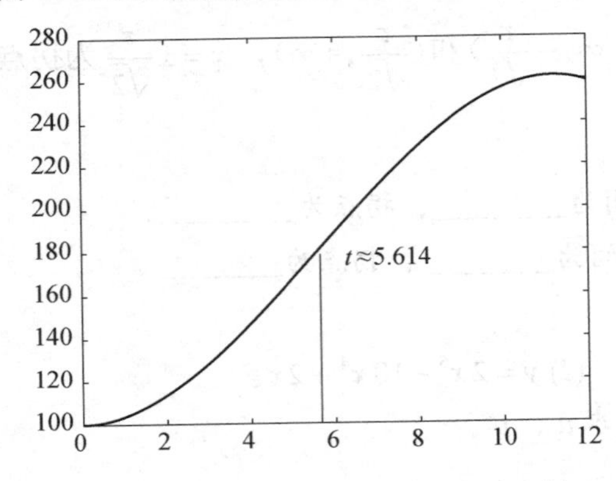


```
>> t=0:0.1:12
>> I=-0.228.*(t.^3)+3.84.*(t.^2)+100
>> h=plot(t,I,'k')
>> set(h,'LineWidth',2)
```

图 4.3.3　案例 4.3.1 图形及程序

2. 极值的二阶导数判别

如图 4.3.4 所示，不难看出，凸弧段 ABC 在驻点 $x=c_1$ 处取得极大值，凹弧段 CDE 在驻点 $x=c_2$ 处取得极小值。

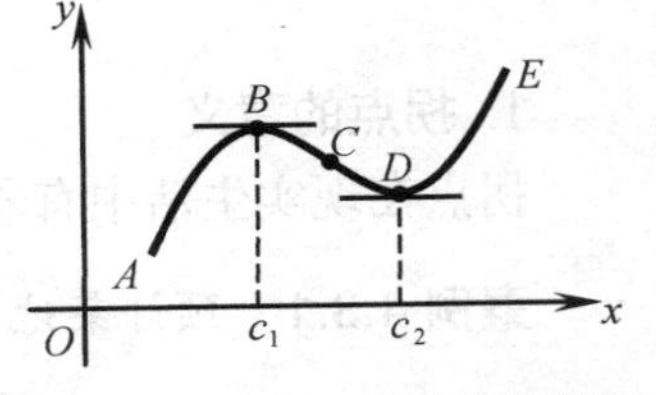

图 4.3.4　极值的二阶导数判别

若 $f''(x)$ 在驻点 $x=c$ 连续，即

$$\lim_{x\to c}f''(x)=f''(c)$$

则由极限的保号性，可做如下推断：

(1) $f''(c)<0$ 时，在 $x=c$ 附近有 $f''(x)<0$，从而 $f(x)$ 是凸的。

(2) $f''(c)>0$ 时，在 $x=c$ 附近有 $f''(x)>0$，从而 $f(x)$ 是凹的。

综合上面讨论，可得到下面的结论：

定理 4.3.2　设 $f(x)$ 的二阶导数在驻点 $x=c$ 连续，若

(1) $f''(c)<0$，则 $f(c)$ 为极大值；　(2) $f''(c)>0$，则 $f(c)$ 为极小值。

实际应用时，定理 4.3.2 的条件一般都能满足，将 $f(x)$ 的二阶导数减弱为只在驻点 $x=c$ 存在，其结论也仍然成立，在此不进行更深入的探讨。

例 4.3.3　若 $f(x)=\sin x+a\sin\frac{x}{3}$ 在 $x=\pi$ 取得极值，求

(1) a；　　(2) $f(\pi)$ 是极大值还是极小值。

解　(1) 求导，得

$$f'(x)=\cos x+\frac{a}{3}\cos\frac{x}{3}$$

因为 $f(\pi)$ 为极值，所以 $x=\pi$ 只能是 $f(x)$ 的驻点。从而

$$f'(\pi)=\cos\pi+\frac{a}{3}\cos\frac{\pi}{3}=0$$

即 $a=6$。

(2) 求二阶导，得

$$f''(x)=-\sin x-\frac{a}{9}\sin\frac{x}{3}$$

从而

$$f''(\pi)=-\sin\pi-\frac{6}{9}\sin\frac{\pi}{3}=-\frac{\sqrt{3}}{3}<0$$

故 $f(\pi)=\sin\pi+a\sin\frac{\pi}{3}=3\sqrt{3}$ 为极大值。

例 4.3.3 应用二阶导数计算极值的优点是不必讨论其他驻点是否取得极值。下面再看一个用二阶导数求极值的案例。

案例 4.3.2　已知某城市某一天的空气污染标准指数 PSI (Pollutant Standard Index) 为

$$I(t)=1.182t^3-0.105t^4\ (0\leqslant t\leqslant 11)$$

其中 $t=0$ 对应于上午 7：00。求 $I(t)$ 的极值和拐点，并解释结果。

解　求导，得

$$I'(t)=3.546t^2-0.42t^3,\quad I''(t)=7.092t-1.26t^2$$

分解因式，得

$$I'(t)=0.42t^2(8.4429-t),\quad I''(t)=1.26t(5.6282-t)$$

(1) 令 $I'(t)=0$，得 $(0,11)$ 内的驻点：$t\approx 8.4429$。

(2) 令 $I''(t)=0$，得 $(0,11)$ 内的点：$t\approx 5.6286$。

注意

$$I''(8.4429)<0$$

由定理 4.3.2 知：$I(8.4429)=177.8385$ 为极大。此外，有函数的凸凹性判别见表 4.3.4。

表 4.3.4　凸凹性判别表

t	$(0, 5.6286)$	5.6286	$(5.6286, 11)$
$I''(t)$	+		−
$I(t)$	凹	拐点	凸

图形及程序见图 4.3.5。

结果解释：从上午 7：00 至中午约 12：37(拐点：$t \approx 5.6286$ 处)，污染指数稳步增加，中午 12：37 后由于 $(5.6286, 8.4429)$ 内的凸性知增速加快，并于下午约 3：26(极值点 $t \approx 8.4429$ 处)达到最大；下午 3：26 以后，由于 $(8.4429, 11)$ 内的凸性知污染指数急速下降。

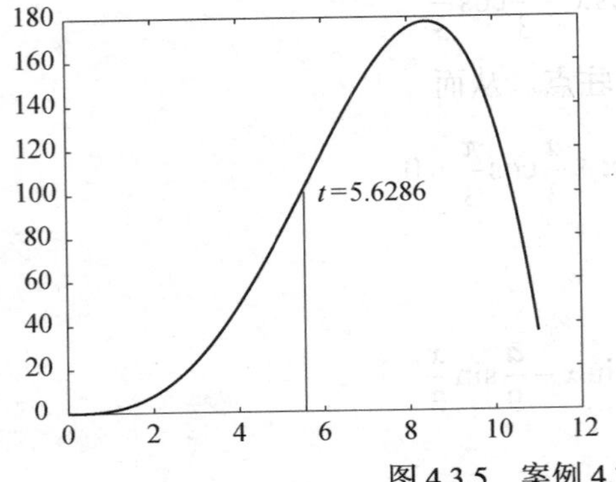


```
>> t=0:0.1:11
>> I=1.182.*(t.^3)-0.105.*(t.^4)
>> h=plot(t,I,'k')
>> set(h,'LineWidth',2)
```

图 4.3.5 案例 4.3.2 图形及程序

习 题 4.3

1. 填空题：

(1) $y = x^5$ 的凸区间为________，凹区间为________，拐点为________。

(2) $y = x^3 - 2x$ 的凸区间为________，凹区间为________，拐点为________。

(3) 若 $f''(x)$ 连续，且 $f'(1) = 0$，$f''(1) = -2$，则 $f(1)$ 为极________值；

若 $f''(x)$ 连续，且 $f'(0) = 0$，$f''(0) = 1$，则 $f(0)$ 为极________值。

2. 求下列函数的凸凹区间和拐点：

(1) $y = x^4 - 2x^3 + 2x$；　　(2) $y = \dfrac{x}{1 + x^2}$。

3. 用二阶导数求下列函数的极值：

(1) $y = x^3 - 3x^2 + 2$；　　(2) $y = x^2 + \dfrac{54}{x}$。

4. 应用题(销售中的广告效应)　若销售某商品的广告费用 x (千元)与总销售量的关系：

$$S(x) = -0.015x^3 + 0.62x^2 + x + 600 \ (0 \leqslant x \leqslant 200)$$

试求出 $S(x)$ 的拐点，并讨论其意义。

4.4 最大值、最小值问题

4.4.1 函数值域的计算

函数的极值所描述的是函数在极值点附近局部的最大或最小，是一种相对的最大和最小。而定义在集合 E 上的函数 $y=f(x)$ 的最大值 $y_{\max}$ 和最小值 $y_{\min}$ 指的则是函数在其整个定义集合 E 上的最大和最小：

$$y_{\max}=\max_{x\in E}f(x)\text{，}\quad y_{\min}=\min_{x\in E}f(x)$$

即若

(1) $f(a)=y_{\max}$，则对所有 $x\in E$，有 $f(a)\geqslant f(x)$；

(2) $f(b)=y_{\min}$，则对所有 $x\in E$，有 $f(b)\leqslant f(x)$。

在明确了最值的定义之后，自然会提出下面问题。

问题 4.4.1　什么样的函数一定有最大值和最小值?

先考察没有最大值或最小值的情形，看下面引例。

引例 4.4.1　考察函数

$$f(t)=\begin{cases}1+t & -1\leqslant t<0\\ 0 & t=0\\ 1-t & 0<t\leqslant 1\end{cases}\quad \text{和}\quad g(t)=1-t\ (t\in(0,1))$$

如图 4.4.1 和图 4.4.2 所示，$f(t)$ 在 $t=0$ 间断（曲线断开）从而在闭区间 $[-1,1]$ 上不连续，$g(t)$ 在开区间 $(0,1)$ 内连续。

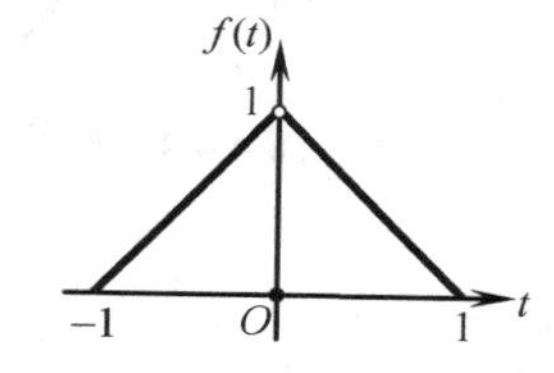

图 4.4.1　引例 4.1.1 图形 1

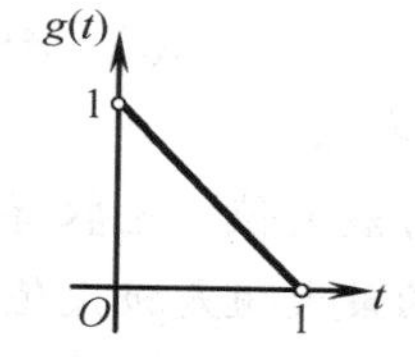

图 4.4.2　引例 4.1.1 图形 2

用反证法可推得：$f(t)$ 在 $[-1,1]$ 上没有最大值，$g(t)$ 在 $(0,1)$ 内没有最大值和最小值。

事实上，若存在 a、$b\in(0,1)$，使得 $g(a)=\max\limits_{0<x<1}g(x)$，$g(b)=\min\limits_{0<x<1}g(x)$。注意

$$0<\frac{a}{2}<a<1\text{、}\quad 0<\frac{b}{2}<b<1$$

而

$$g\left(\frac{a}{2}\right)=1-\frac{a}{2}>1-a=g(a)\text{，}\quad g\left(\frac{b}{2}\right)=1-\frac{b}{2}<1-b=g(b)$$

这与 $g(a)$ 和 $g(b)$ 分别为 $g(t)$ 在 $(0,1)$ 内的最大值和最小值矛盾，因此，$g(t)$ 在 $(0,1)$ 内既没有最大值也没有最小值。

同理可证：$f(t)$ 在 $[-1,1]$ 上没有最大值，$-f(t)$ 在 $[-1,1]$ 上没有最小值。

由引例 4.4.1 推断，下面函数可能没有最大值或最小值：

(1) 不连续的函数；　　(2) 开区间内的连续函数。

利用数学分析中的有限覆盖定理，可以得到下面的结论。

定理 4.4.1 若 $f(x)$ 在闭区间 $[a,b]$ 上的连续，则必定存在 x_1、$x_2 \in [a,b]$，使得

$$g(x_1)=\max_{a\leqslant x\leqslant b} g(x)\text{，}\quad g(x_2)=\min_{a\leqslant x\leqslant b} g(x)$$

定理 4.4.1 揭示：闭区间上的连续函数在该区间上必定取得最大值和最小值。

紧接着便会提出下面的问题。

问题 4.4.2 函数的最大值点和最小值点在哪里取得？

看下面引例。

引例 4.4.2 考察图 4.4.3，不难看出：

(1) 单增函数 $y=1+x$ 在定义区间 $[-1,0]$ 的左右端点分别取得最小值和最大值；

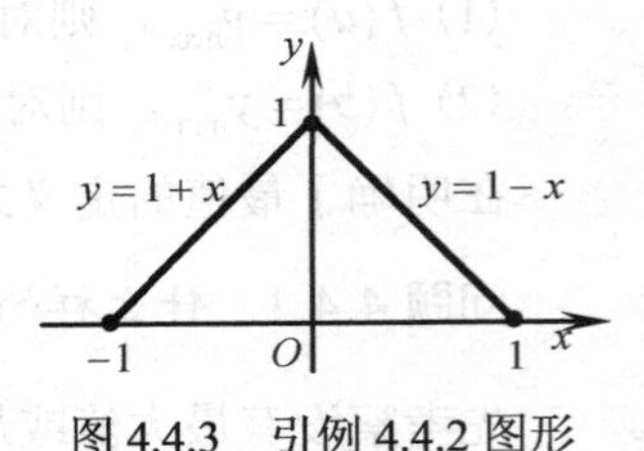

图 4.4.3 引例 4.4.2 图形

(2) 单减函数 $y=1-x$ 在定义区间 $[0,1]$ 的左右端点分别取得最大值和最小值；

(3) 函数 $y=\begin{cases}1+x, -1\leqslant x<0\\ 1-x, 0\leqslant x\leqslant 1\end{cases}$ 在 $[-1,1]$ 的内点 $x=0$ 取得最大值，也是极大值。

引例 4.4.3 考察图 4.4.4，不难看出：定义在长度为一个周期的闭区间 $[-\dfrac{\varphi}{\omega},\dfrac{2\pi-\varphi}{\omega}]$ 上的正弦信号

$$x(t)=A\sin(\omega t+\varphi)$$

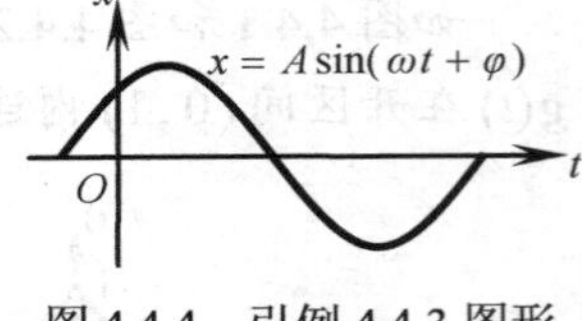

图 4.4.4 引例 4.4.3 图形

在定义区间的内点：

(1) 既取得最大值，也取得最小值；

(2) 取得的最大值是极大值，取得的最小值是极小值。

由引例 4.4.2 和 4.4.3，不难发现，最大值点和最小值点可能出现于下面点之中：

(1) 定义区间的端点； (2) 定义区间内点的极值点。

课堂讨论 4.4.1 最值点是否只能来自于定义区间的端点和定义区间内点的极值点？或等价地讲，内点达到的最大值是否必为极大值？内点达到的最小值也是否必为极小值？

注意，极值点只能是函数的驻点或其导数不存在的点，于是有求连续函数 $f(x)$ 在闭区间 $[a,b]$ 上的最大值和最小值的步骤：

(1) 求 $f'(x)$，指出函数的驻点和导数不存在的点；

(2) 计算出 $f(x)$ 在区间端点 $x=a$、b，驻点及导数不存在的点处的函数值；

(3) 比较上述各点的函数值，其中最大的为最大值，最小的为最小值。

例 4.4.1 求函数 $y=3x^4-8x^3-6x^2+24x+2$ 在 $[-2,3]$ 上的最大值和最小值。

解 (1) 求导，得

$$\begin{aligned}y'&=12x^3-24x^2-12x+24\\&=12(x^3-2x^2-x+2)=12(x-2)(x^2-1)\end{aligned}$$

解 $y'=0$ 得驻点：$x=-1,1,2$；函数没有导数不存在的点。

(2) 计算端点的函数值：

$$y(-2)=42，\quad y(3)=47$$

计算驻点的函数值：

$$y(-1)=-17，\quad y(1)=15，\quad y(2)=10$$

(3) 比较函数值知，函数的最大值为 47，最小值为 -17。

例 4.4.2　求 $y=\frac{3}{8}x^{\frac{8}{3}}-\frac{3}{2}x^{\frac{2}{3}}$ 在 $[-2,2]$ 上的最大值和最小值。

解　(1) 求导，得

$$f'(x)=x^{\frac{5}{3}}-x^{-\frac{1}{3}}=x^{\frac{5}{3}}-\frac{1}{\sqrt[3]{x}}=\frac{x^2-1}{\sqrt[3]{x}}$$

从而得驻点：$x=-1$、1，导数不存在的点：$x=0$。

(2) 计算函数值：

$$y(\pm2)=\frac{3}{8}\times2^{\frac{8}{3}}-\frac{3}{2}\times2^{\frac{2}{3}}=0，\quad y(\pm1)=\frac{3}{8}-\frac{3}{2}=-\frac{9}{8}，\quad y(0)=0$$

(3) 比较函数值知，函数的最大值为 0，最小值为 $-\frac{9}{8}$。

课堂练习 4.4.1

1. $y=x^2$ 在 $[-2,3]$ 上的最大值为________，最小值为________。
2. $y=\frac{1}{1+x^2}$ 在 $[-1,1]$ 上的最大值为________，最小值为________。
3. 若 $f(x)$ 在 $[a,b]$ 上连续且单减，则其最大值为________，最小值为________。
4. 求下面函数在给定区间上的最大值和最小值：

(1) $y=x^3-3x^2-9x+2$，$[-2,4]$；　　(2) $y=\frac{x}{x^2+1}$，$[-2,2]$。

4.4.2　应用

在生产和生活过程中，常常会遇到一些诸如成本最少、用料最省、造价最低、利润最大等类的问题，将其归结为数学问题实际上就是求函数的最大值、最小值的优化问题。

如图 4.4.5 和图 4.4.6 所示，注意到连续的凸曲线在唯一驻点取得的极大值必为最大值，连续的凹曲线在唯一驻点取得的极小值必为最小值。

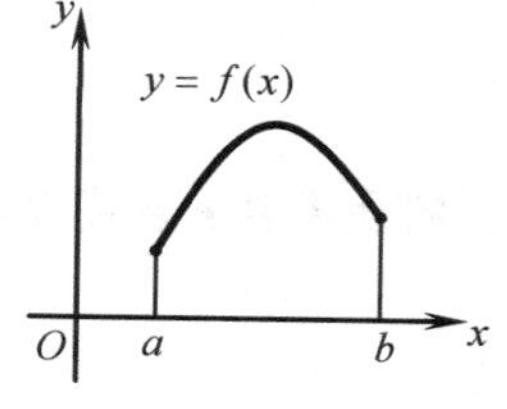

图 4.4.5　极大值情形

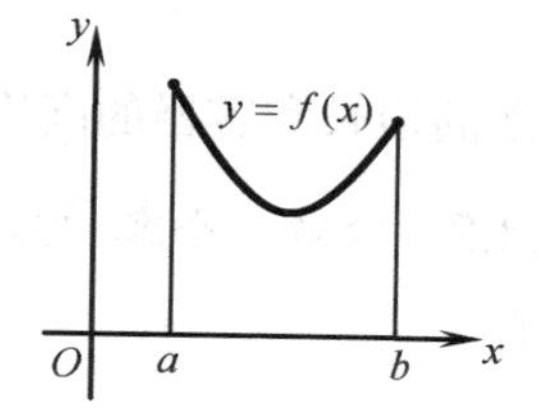

图 4.4.6　极小值情形

于是便可由极值的二阶导数判别得到函数的最大值、最小值判别。

定理 4.4.2 设 $f(x)$ 在 $[a,b]$ 上连续，在 (a,b) 内二阶连续可导。若 $f(x)$ 在 (a,b) 内有唯一驻点 $x=c$，且

(1) $f''(c)<0$，则 $f(c)$ 为 $f(x)$ 在 $[a,b]$ 上的最大值；

(2) $f''(c)>0$，则 $f(c)$ 为 $f(x)$ 在 $[a,b]$ 上的最小值。

事实上，当 $f''(c)<0$ 时，由保号性，在 $x=c$ 附近有

$$f''(x)<0$$

从而 $f(x)$ 在 $x=c$ 附近是凸的，且 $f(c)$ 为极大值。再注意到 $x=c$ 为 $f(x)$ 在 (a,b) 内的唯一驻点，如果 $f(c)$ 不为最大值，则存在 $d\in(a,b)$，使得 $f(d)$ 为最大从而也为极大，这与 $x=c$ 的唯一性矛盾。

工程应用中求最大值、最小值时，如果得到的是唯一驻点，那么根据经验，这个驻点的函数值就是欲求的最大值或最小值，因此工程应用时，常忽略应用定理 4.4.2 所做出的最大、最小判别。

下面应用导数来解决某些求最大值、最小值的优化问题。

案例 4.4.1 欲做一个底面为正方形，容积为 216m^3 的长方体封闭容器，问底面边长和高为多少时所用材料最省？

解 如图 4.4.7 所示，设底面正方形的边长为 x (m)，容器的高为 h (m)，则容器的容积

$$x^2h=216\text{，即 } h=\frac{216}{x^2}$$

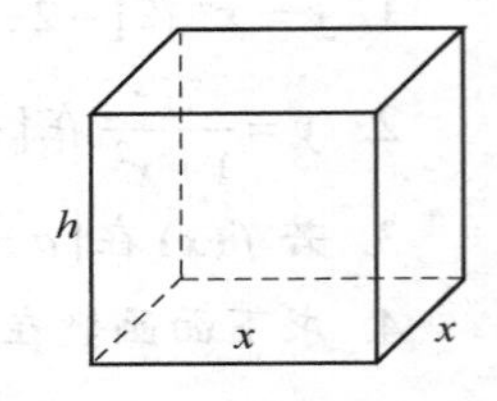

图 4.4.7 案例 4.4.1 图形

问题的目标是用材最省，也就是表面积最小，因此，问题的目标函数为表面积

$$S=2x^2+4xh=2\left(x^2+\frac{432}{x}\right)$$

求导，得

$$S'=2\left(2x-\frac{432}{x^2}\right)$$

令 $S'=0$ 得唯一的驻点 $x=6$，于是

$$h=\frac{216}{6^2}=6$$

即底面正方形的边长和容器的高均为 6m 时用材最省。

案例 4.4.2 欲做一个容积为 12m^3 的圆柱形开口容器，问底半径 r 和高 h 之比为多少时用材最省？

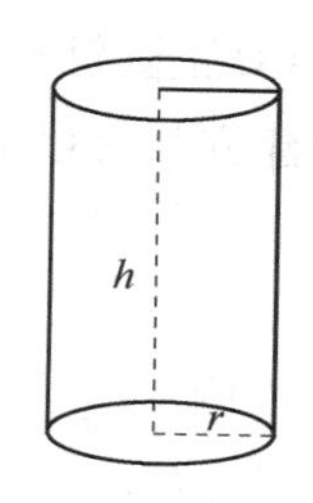

图 4.4.8　案例 4.4.2 图形

解　如图 4.4.8 所示，由容器的体积为 12m^3，得

$$\pi r^2 h = 12$$

从而容器的表面积

$$S = \pi r^2 + 2\pi rh = \pi r^2 + \frac{24}{r}$$

问题归结为求函数 S 的最小值。求导，得

$$S' = 2\pi r - \frac{24}{r^2}$$

令 $S' = 0$ 得 $\pi r^3 = 12$，从而

$$\frac{r}{h} = \frac{\pi r^3}{\pi r^2 h} = \frac{12}{12} = 1$$

即底半径 r 和高 h 之比为 1∶1 时用材最省。

案例 4.4.3　如图 4.4.9 所示，已知电源的电压为 E，内阻为 r，问负载电阻 R 为多大时，输出功率 P 为最大？

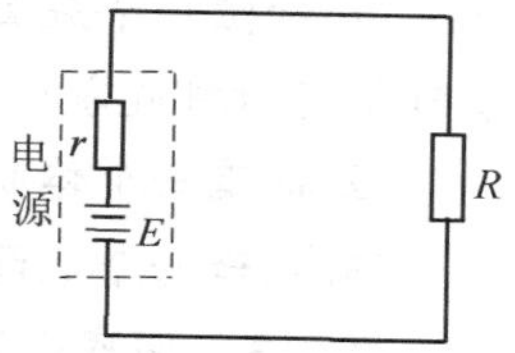

图 4.4.9　案例 4.4.3 图形

解　根据电学中的功率计算公式及欧姆定律知，消耗在负载电阻 R 上的功率 P 及回路中的电流 I 为

$$P = I^2 R, \quad I = \frac{E}{r + R}$$

从而得目标函数：

$$P = E^2 \frac{R}{(r + R)^2}$$

对 R 求导，得

$$P' = E^2 \frac{r - R}{(R + r)^3}$$

令 $P' = 0$ 得唯一的驻点：$R = r$，即负载电阻 $R = r$ 时输出功率最大。

案例 4.4.4　从一块半径为 R 圆形铁皮中剪出一个中心角为 φ 的扇形铁皮，并将其制作成一个无底的正圆锥形容器，问剪出的扇形的中心角 φ 为多少时，容器的容积最大？

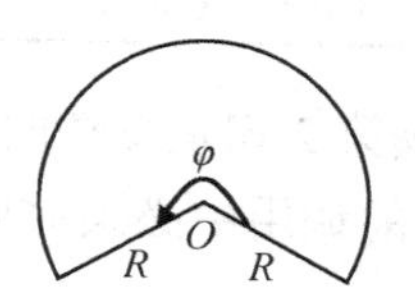

图 4.4.10　案例 4.4.4 图形 1

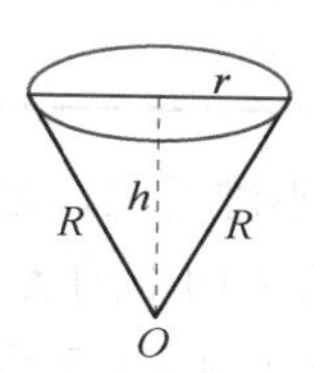

图 4.4.11　案例 4.4.4 图形 2

解　如图 4.4.10 和图 4.4.11 所示，设正圆锥形容器的底半径为 r、高为 h，则

(1) 扇形铁皮的弧长等于正圆锥形容器的底圆周长，即 $R \cdot \varphi = 2\pi r$。

(2) 正圆锥形容器的容积 $V = \frac{1}{3}\pi r^2 h$。

(3) 正圆锥形容器的截面中的直角三角形的三边长满足勾股定理$r^2 = R^2 - h^2$。从而建立目标函数

$$V = \frac{1}{3}\pi(R^2h - h^3)$$

求导，得

$$V' = \frac{1}{3}\pi(R^2 - 3h^2)$$

令$V' = 0$得V的唯一驻点$h = \frac{R}{\sqrt{3}}$，从而

$$r = \sqrt{R^2 - h^2} = \sqrt{\frac{2}{3}}R，\varphi = 2\pi\frac{r}{R} = 2\pi\sqrt{\frac{2}{3}}$$

课堂练习 4.4.2

(1) 欲做一个底面为正方形，容积为 108 m^3的长方体开口容器，问底面边长和高为多少时所用材料最省？

(2) 欲造一个体积为16 m^3的圆柱形封闭容器，问底半径和高之比为多少时用材最省？

(3) 欲造一个底面为正方形、体积为 180m^3的长方体开口容器，若底面造价与侧面造价的比为5:3，问底面边长和高为多少时造价最低？

(4) 设有一边长为$2a$的正方形铁皮，现将其四角各截去一个大小相同的小正方形，然后再将四边折起做成一个无盖的方盒，问截掉的小正方形边长为多大时方盒的容积最大？

4.4.3 最值问题的 MATLAB 求解

上述最大值、最小值问题分属不同的自然或生活领域，却有着相同的解题步骤，按照这样的解题步骤便可编写出相应的 MATLAB 计算程式，见表 4.4.1。

表 4.4.1 最值问题的 MATLAB 求解程式

最值问题的解决步骤	MATLAB 计算程式
(1) 建立目标函数 $y = f(x)$ (2) 求 y'，解方程 $y' = 0$ 求驻点 Q (3) 计算 $f(Q)$（如果有要求）	>>syms x %表达式中的其他字母 >>y=... %输入约束条件和目标函数 >>A=diff(y)，Q=solve(A，x) >>subs(y，x，Q) %计算 y 在驻点 Q 的值

由表 4.4.1 不难看出，对于不同的问题，上述计算程式仅第 2 句是变动的，其他都是固定格式。其中第 3 句中的 A 可用其他字母代替，但在 solve 的调用中必须前后一致。

下面给出案例 4.4.1 至案例 4.4.4 的 MATLAB 求解程式。

[案例 4.4.1 的 MATLAB 计算]

```
>> syms x
>> h=216/x^2,S=2*x^2+4*x*h
>> A=diff(S),Q=solve(A,x)
Q=6             %只有 6 为实数
```

```
>>h=subs(h,x,Q)
h=6
```

[案例 4.4.2 的 MATLAB 计算]

```
>> syms r
>> h=12/(pi*r^2),S=pi*r^2+2*pi*r*h
>> A=diff(S),Q=solve(A,r)
Q=(12/pi)^(1/3)     %只有这个值为实数
>> h=subs(h,r,Q),Q/h
ans=1
```

[案例 4.4.3 的 MATLAB 计算]

```
>> syms  r  R  E
>> I=E/(r+R),P=(I^2) *R
>> A=diff(P,R,1),Q=solve(A,R)
Q=r
```

[案例 4.4.4 的 MATLAB 计算]

```
>> syms  R  h
>> r=sqrt(R^2-h^2),V=pi*r^2*h/3
>> A=diff(V,h,1),Q=solve(A,h)
Q=1/3*3^(1/2)*R
>> a=subs(r,h,Q),b=2*pi.*a./R
b=2/3*pi*2^(1/2)*3^(1/2)
```

习 题 4.4

1. 填空题：

(1) 若 $y=f(x)$ 在 $[a,b]$ 上严格单增，则其最大值为________，最小值为________。

(2) $y=\dfrac{1}{1+x^2}$ 在 $[-2,2]$ 上的最大值为________，最小值为________。

(3) $y=x^2+2$ 在 $[-1,1]$ 上的最大值为________，最小值为________。

(4) 设 $f(x)$ 在 $[-2,2]$ 上二阶连续可导，且 $f''(x)>0$，若 $f'(0)=0$，则 $f(0)$ 为最________值。

(5) 若 $f(x)$ 在 $[0,2]$ 上二阶连续可导，且在唯一驻点 $x=1$ 处有 $f''(1)=2$，则 $f(1)$ 为最________值。

2. 计算题：

(1) 求 $y=3x^4-4x^3+2$ 在 $[-2,2]$ 上的最大值和最小值。

(2) 求 $y=\dfrac{x}{x^2+4}$ 在 $[-3,3]$ 上的最大值和最小值。

(3) 求 $y=\frac{3}{5}x^{5/3}-\frac{3}{2}x^{2/3}$ 在 $[-1,2]$ 上的最大值和最小值。

3. 应用题：

(1) (最少材料) 欲做一个底面为正方形，容积为 125m^3 的长方体封闭容器，问底面边长和高为多少时所用材料最省？

(2) (最小造价) 欲做一个底面为正方形，容积为 20m^3 的封闭长方体容器，如果上底面的造价为￥30 元/m^2，下底面的造价为￥50 元/m^2，侧面的造价为￥40 元/m^2，问应如何设计才能使容器的总造价最少？

(3) (窗口设计) 设一大楼的窗口的上部是半圆形，下部是矩形，其周长为 12m，问应如何设计才能使通过窗口的光线最多？

(4) (旋转体积) 将周长为 $2a$（a 为正常数）的矩形，绕其长为 x 的一边旋转得到一圆柱体，问 x 为多少时圆柱的体积最大？

(5) (最优包机) 设 100 人旅行团乘坐某包机航班，双程有效期 0～7 天的特殊票价是￥5000 元。如果旅行团每增加 1 人，那么每人的购票费用减少￥50 元。问旅行团应增加多少人才能使总的包机费用达到最大？此时每人的购票费用是多少？

4.5 罗必达法则与极限的计算

4.5.1 罗必达法则

在第 2 章里，曾介绍过极限的描述性定义及其简单计算。例如

$$\lim_{x\to1}\frac{x^2-1}{x-1}=\lim_{x\to1}\frac{(x+1)(x-1)}{x-1}=2$$

如果将其修改为 $\lim\limits_{x\to1}\frac{x^{100}-1}{x-1}$ 或 $\lim\limits_{x\to1}\frac{x^{100}-1}{x^{99}-1}$，继续采用“分解因式约零因子”就已不属简单方式。注意

$$\lim_{x\to1}\frac{x^2-1}{x-1}=\lim_{x\to1}\frac{(x^2-1)'}{(x-1)'}=\lim_{x\to1}\frac{2x}{1}=2$$

自然会问，这是否只是一种巧合？

对于代值后为 $\frac{0}{0}$ 或 $\frac{\infty}{\infty}$ 型的极限，一般有下面的计算法则。

罗必达(L'Hospital)法则 设 $f(x)$ 与 $g(x)$ 在点 a 附近可导，若

(1) $\lim\limits_{x\to a}\frac{f(x)}{g(x)}$ 当 x 代 a 值时为 $\frac{0}{0}$ 或 $\frac{\infty}{\infty}$ 型， (2) $\lim\limits_{x\to a}\frac{f'(x)}{g'(x)}$ 为有限值或 ∞，

则 $\lim\limits_{x\to a}\frac{f(x)}{g(x)}=\lim\limits_{x\to a}\frac{f'(x)}{g'(x)}$。

罗必达法则只是一个充分条件下的极限计算法则，如果条件(1)和条件(2)中不满足，

其极限是否就一定不存在呢？

课堂讨论 4.5.1

(1) $\lim\limits_{x\to 0}\dfrac{1+x}{1-2x}$ 不属 $\dfrac{0}{0}$ 或 $\dfrac{\infty}{\infty}$ 型，即罗必达法则的条件(1)不满足，其极限是否存在？

(2) $\lim\limits_{x\to\infty}\dfrac{x+\sin x}{x}$ 属 $\dfrac{\infty}{\infty}$ 型，但

$$\lim_{x\to\infty}\frac{(1+\sin x)'}{(x)'}=\lim_{x\to\infty}(1+\cos x)$$

振动发散，即罗必达法则的条件(2)不满足，其极限是否存在？

对于 $\dfrac{0}{0}$ 或 $\dfrac{\infty}{\infty}$ 型极限，实际计算时可先按正常的习惯思维应用罗必达法则，如发现求导后的极限 $\lim\limits_{x\to a}\dfrac{f'(x)}{g'(x)}$ 不存在，再改用其他方法处理。

4.5.2　$\dfrac{0}{0}$ 和 $\dfrac{\infty}{\infty}$ 型极限的计算

对于代值后为 $\dfrac{0}{0}$ 或 $\dfrac{\infty}{\infty}$ 型的极限，罗必达法则通常都是优先考虑的一般计算方法。

例 4.5.1　求下列极限：

(1) $\lim\limits_{x\to 1}\dfrac{1-x^{10}}{1-x^{6}}$；　　(2) $\lim\limits_{x\to+\infty}\dfrac{1-\sqrt[5]{x}}{1+\sqrt[8]{x}}$.

解　(1) x 代 1 值知极限为 $\dfrac{0}{0}$ 型。由罗必达法则，得

$$\lim_{x\to 1}\frac{1-x^{10}}{1-x^{6}}=\lim_{x\to 1}\frac{(1-x^{10})'}{(1-x^{6})'}=\lim_{x\to 1}\frac{-10x^{9}}{-6x^{5}}=\frac{5}{3}$$

(2) x 代 $+\infty$ 值知极限为 $\dfrac{\infty}{\infty}$ 型。由罗必达法则，得

$$\lim_{x\to+\infty}\frac{1-\sqrt[5]{x}}{1+\sqrt[8]{x}}=\lim_{x\to+\infty}\frac{(1-\sqrt[5]{x})'}{(1+\sqrt[8]{x})'}=\lim_{x\to+\infty}\frac{-\frac{1}{5}x^{-\frac{4}{5}}}{\frac{1}{8}x^{-\frac{7}{8}}}=-\frac{8}{5}\lim_{x\to+\infty}x^{\frac{3}{40}}=-\infty$$

例 4.5.1 分别采用分解因式和根式有理化约零因子的初等方式也能计算，但不如用罗必达法则的计算来得简单。

例 4.5.2　求下列极限：

(1) $\lim\limits_{x\to 0}\dfrac{e^{x}-e^{-x}-2x}{x^{3}}$；　　(2) $\lim\limits_{x\to 0+}\dfrac{\ln\tan x}{\ln\sin x}$ 。

解 (1) x 代 0 值知极限为 $\frac{0}{0}$ 型。由罗必达法则，得

$$原式=\lim_{x\to 0}\frac{(e^x-e^{-x}-2x)'}{(x^3)'}=\lim_{x\to 0}\frac{e^x+e^{-x}-2}{3x^2}$$

将 x 代 0 值知极限仍是 $\frac{0}{0}$ 型，继续用罗必达法则，得

$$原式=\lim_{x\to 0}\frac{(e^x+e^{-x}-2)'}{(3x^2)'}=\lim_{x\to 0}\frac{e^x-e^{-x}}{6x}$$

将 x 代 0 值知极限仍是 $\frac{0}{0}$ 型，再一次用罗必达法则，得

$$原式=\lim_{x\to 0}\frac{(e^x-e^{-x})'}{(6x)'}=\lim_{x\to 0}\frac{e^x+e^{-x}}{6}=\frac{1}{3}$$

(2) 注意 $\ln(0+)=-\infty$，x 代 $0+$ 知极限为 $\frac{\infty}{\infty}$ 型。由罗必达法则，得

$$原式=\lim_{x\to 0+}\frac{(\ln\tan x)'}{(\ln\sin x)'}=\lim_{x\to 0+}\frac{\frac{1}{\tan x}\sec^2 x}{\frac{1}{\sin x}\cos x}=\lim_{x\to 0+}\frac{\frac{\cos x}{\sin x}\cdot\frac{1}{\cos^2 x}}{\frac{1}{\sin x}\cdot\cos x}=\lim_{x\to 0+}\frac{1}{\cos^2 x}=1$$

例 4.5.2 (1) 所揭示的是 $\frac{0}{0}$ 或 $\frac{\infty}{\infty}$ 型极限在用一次罗必达法则求极限后，若仍然是 $\frac{0}{0}$ 或 $\frac{\infty}{\infty}$ 型极限，则可继续应用罗必达法则进行计算；例 4.5.2 (2) 则显示计算极限时需化简。

课堂练习 4.5.1 求下列极限：

(1) $\lim\limits_{x\to 1}\frac{1-x^5}{1-x^4}$；　　(2) $\lim\limits_{x\to +\infty}\frac{1-\sqrt[4]{x}}{1+\sqrt[3]{x}}$；

(3) $\lim\limits_{x\to 0}\frac{x-\sin x}{x^3}$；　　(4) $\lim\limits_{x\to 0+}\frac{\ln\sin x}{\ln x}$。

4.5.3 极限的计算

1. 等价求极限

在 2.6 节中，曾给出过等价的概念：

$$f(x)\sim g(x)\ (x\to a)\Leftrightarrow \lim_{x\to a}\frac{f(x)}{g(x)}=1$$

也建立了等价关系：

$$\sin f\sim f,\ \tan f\sim f,\ e^f-1\sim f(f\to 0)$$

并利用下面结论：

若 $f\sim f_1$、$g\sim g_1$（$x\to a$），且 f_1、g_1 不恒为 0，则 $\lim\limits_{x\to a}\frac{f}{g}=\lim\limits_{x\to a}\frac{f_1}{g_1}$。

进行过极限的计算。在极限的综合计算过程中，通常需用到的等价关系有

若 $\lim\limits_{x\to a} f(x)=0$，则

(1) $\sin f\sim f$，$\tan f\sim f$，$e^f-1\sim f$；

(2) $1-\cos f\sim\frac{1}{2}f^2$，$\ln(1+f)\sim f$；

(3) $(1+f)^\alpha-1\sim\alpha f$（$\alpha$ 为实常数）。

其中 $1-\cos f=2\sin^2\frac{f}{2}\sim2\cdot\left(\frac{f}{2}\right)^2=\frac{1}{2}f^2$；若令 $y=\frac{1}{f}$，则当 $x\to a$ 时有 $y\to\infty$，从而

$$\lim_{x\to a}\frac{\ln(1+f)}{f}=\lim_{y\to\infty}\frac{\ln(1+\frac{1}{y})}{\frac{1}{y}}=\lim_{y\to\infty}\ln(1+\frac{1}{y})^y=\ln e=1$$

即 $\ln(1+f)\sim f$。于是

$$(1+f)^\alpha-1=e^{\ln(1+f)^\alpha}-1=e^{\alpha\ln(1+f)}-1\sim\alpha\ln(1+f)\sim\alpha f$$

综合利用上述结论，便可以应用等价关系进一步地计算极限。

例 4.5.3　求极限 $\lim\limits_{x\to0}\frac{\sin x^2(e^{-2x}-1)}{x\ln(1-x^2)}$。

解　注意 $x\to0$ 时，

$$\sin x^2\sim x^2\text{、}e^{-2x}-1\sim-2x，\ln(1-x^2)\sim-x^2$$

从而

$$\lim_{x\to0}\frac{\sin x^2(e^{-2x}-1)}{x\ln(1-x^2)}=\lim_{x\to0}\frac{x^2(-2x)}{x(-x^2)}=2$$

例 4.5.4　求极限 $\lim\limits_{x\to0}\frac{\sin2x(1-\cos2x)}{\tan x^2\ln(1+2x)}$。

解　注意 $x\to0$ 时，

$$\sin2x\sim2x\text{、}\tan x^2\sim x^2\text{、}1-\cos2x\sim\frac{1}{2}\cdot(2x)^2\text{、}\ln(1+2x)\sim2x$$

从而

$$\lim_{x\to0}\frac{\sin2x(1-\cos2x)}{\tan x^2\ln(1+2x)}=\lim_{x\to0}\frac{2x\cdot\frac{1}{2}\cdot(2x)^2}{x^2\cdot2x}=2$$

对于分子或分母为无穷小相加减的情形，可考虑拆项或将加减式化为乘积形式，然后再应用等价进行计算。

例 4.5.5　求下列极限：

(1) $\lim\limits_{x\to0}\frac{\sin5x-\tan3x}{x}$；　　　(2) $\lim\limits_{x\to0}\frac{\tan x-\sin x}{x^2\sin x}$。

解 注意 $x\to 0$ 时，(1)和(2)的分子都为无穷小相加减。

(1)先拆项、后用等价，得

$$\lim_{x\to 0}\frac{\sin 5x-\tan 3x}{x}=\lim_{x\to 0}\frac{\sin 5x}{x}-\lim_{x\to 0}\frac{\tan 3x}{x}=\lim_{x\to 0}\frac{5x}{x}-\lim_{x\to 0}\frac{3x}{x}=2$$

(2)注意，任何函数都不能与 0 等价，因此 $x\to 0$ 时，由 $\tan x\sim x$、$\sin x\sim x$ 不能得出

$$\tan x-\sin x\sim x-x=0$$

从而 $\lim\limits_{x\to 0}\dfrac{\tan x-\sin x}{x^3}=\lim\limits_{x\to 0}\dfrac{x-x}{x^3}=\lim\limits_{x\to 0}\dfrac{0}{x^3}=0$ 不正确。将分子化为乘积形式后再用等价，得

$$\lim_{x\to 0}\frac{\tan x-\sin x}{x^2\sin x}=\lim_{x\to 0}\frac{\tan x\cdot(1-\cos x)}{x^2\sin x}=\lim_{x\to 0}\frac{x\cdot\frac{1}{2}x^2}{x^2\cdot x}=\frac{1}{2}$$

例 4.5.5(1)因为

$$(\sin 5x-\tan 3x)\sim(5x-3x)=2x$$

不恒为 0，因此，也可直接应用等价进行计算：

$$\lim_{x\to 0}\frac{\sin 5x-\tan 3x}{x}=\lim_{x\to 0}\frac{5x-3x}{x}=2$$

2. $\frac{0}{0}$ 或 $\frac{\infty}{\infty}$ 型极限的简化计算

$\dfrac{0}{0}$ 或 $\dfrac{\infty}{\infty}$ 型极限用罗必达法则计算时需要用到函数的求导，因此，为了简化计算，在应用罗必达法则求极限之前可先简化极限式分子、分母中的函数。

常用的简化方法如下。

> 将分子、分母中的乘积型因子
> (1)能代出非 0 值的先代值；　　(2)能用等价的先用等价。

注意，利用代非 0 值和等价求极限时，分子、分母中代值为 0 的因子

(1)不能代出 0 值；　　(2)需充分地用等价简化。

此外，用罗必达法则时必须是分子、分母同时求导，不能一个用等价、另一个求导。例如，

(1) $\lim\limits_{x\to 0}\dfrac{x\tan 2x}{\sin x^2}\neq\lim\limits_{x\to 0}\dfrac{x\cdot 2x}{(\sin x^2)'}$ (分子用等价，分母求导)；

(2) $\lim\limits_{x\to 0}\dfrac{(x-\sin x)\tan x}{x^3}\neq\lim\limits_{x\to 0}\dfrac{(x-\sin x)\cdot 0}{x^3}$ ($\tan x$ 代 0 值)。

例 4.5.6 求 $\lim\limits_{x\to 0}\dfrac{(x-\sin x)\cos 3x}{x\tan^2 2x}$。

解 注意 $x\to 0$ 时，$\tan 2x\sim 2x$，$\cos 3x\big|_{x=0}=1$，所以

$$原式=\lim_{x\to 0}\frac{(x-\sin x)\cdot 1}{x\cdot(2x)^2}=\frac{1}{4}\lim_{x\to 0}\frac{x-\sin x}{x^3}$$

再应用罗必达法则，得

$$原式=\frac{1}{4}\lim_{x\to 0}\frac{(x-\sin x)'}{(x^3)'}=\frac{1}{4}\lim_{x\to 0}\frac{1-\cos x}{3x^2}=\frac{1}{4}\lim_{x\to 0}\frac{\frac{1}{2}x^2}{3x^2}=\frac{1}{24}$$

例 4.5.7　求 $\lim\limits_{x\to\frac{\pi}{2}}\frac{\tan 3x}{\tan x}$。

解　注意 $x\to\frac{\pi}{2}$ 时不能直接用等价关系 $\tan 3x\sim 3x$ 及 $\tan x\sim x$，且由于

$$\tan\frac{\pi}{2}、\tan\frac{3\pi}{2}=\infty$$

知极限为 $\frac{\infty}{\infty}$ 型。直接对 $\lim\limits_{x\to\frac{\pi}{2}}\frac{\tan 3x}{\tan x}$ 应用罗必达法则，其分子、分母求导后的式子会比较复杂。在应用罗必达法则前先简化极限式，得

$$\lim_{x\to\frac{\pi}{2}}\frac{\tan 3x}{\tan x}=\lim_{x\to\frac{\pi}{2}}\frac{\frac{1}{\cos 3x}\cdot\sin 3x}{\frac{1}{\cos x}\cdot\sin x}=\lim_{x\to\frac{\pi}{2}}\frac{\frac{1}{\cos 3x}\cdot(-1)}{\frac{1}{\cos x}\cdot 1}=-\lim_{x\to\frac{\pi}{2}}\frac{\cos x}{\cos 3x}$$

再应用罗必达法则，得

$$原式=-\lim_{x\to\frac{\pi}{2}}\frac{(\cos x)'}{(\cos 3x)'}=-\lim_{x\to\frac{\pi}{2}}\frac{-\sin x}{-\sin 3x\cdot 3}=\frac{1}{3}$$

***3. 其他未定型极限的计算**

例 4.5.8　求极限 $\lim\limits_{x\to 0}\left(\frac{1}{\sin x}-\frac{1}{x}\right)$。

解　注意 $x\to 0$ 时极限为 $\infty-\infty$ 型.通分，得

$$原式=\lim_{x\to 0}\frac{x-\sin x}{x\sin x}=\lim_{x\to 0}\frac{x-\sin x}{x^2}\ (等价)$$

$$=\lim_{x\to 0}\frac{1-\cos x}{2x}\ (罗必达法则)=\lim_{x\to 0}\frac{\frac{1}{2}x^2}{2x}\ (等价)=0$$

不难看出，$\infty-\infty$ 的未定型极限需先通分化为 $\frac{0}{0}$ 或 $\frac{\infty}{\infty}$ 型，再综合使用等价、罗必达法则等进行计算。

例 4.5.9　计算下列极限：

(1) $\lim\limits_{x\to+\infty}x^2\mathrm{e}^{-x}$，　　　(2) $\lim\limits_{x\to 0+}\sin x\ln x$。

解　注意 $x\to+\infty$ 时 (1) 为 $\infty\cdot 0$ 型，$x\to 0+$ 时 (2) 为 $0\cdot\infty$ 型。将其化为 $\frac{\infty}{\infty}$，得

(1) $原式=\lim\limits_{x\to+\infty}\frac{x^2}{\mathrm{e}^x}=\lim\limits_{x\to+\infty}\frac{2x}{\mathrm{e}^x}\ (罗必达法则)=\lim\limits_{x\to+\infty}\frac{2}{\mathrm{e}^x}\ (罗必达法则)=0$。

(2) 原式 $=\lim\limits_{x\to0+}\dfrac{\ln x}{\dfrac{1}{\sin x}}=\lim\limits_{x\to0+}\dfrac{\dfrac{1}{x}}{-\dfrac{\cos x}{\sin^2 x}}$ (罗必达法则) $=\lim\limits_{x\to0+}\dfrac{\dfrac{1}{x}}{-\dfrac{1}{x^2}}$ (代非 0 值、等价) $=0$。

不难看出，$0\cdot\infty$ 的未定型极限需先将其中的一个因子(一般不取对数和反三角函数)除到分母下面化为 $\dfrac{0}{0}$ 或 $\dfrac{\infty}{\infty}$ 型，再综合使用代非 0 值、等价、罗必达法则等进行计算。

例 4.5.10 计算下列极限：

(1) $\lim\limits_{x\to\infty}\left(\dfrac{x^2+1}{x^2+x}\right)^x$； (2) $\lim\limits_{x\to0}(1+\sin 2x)^{\frac{1}{x}}$。

解 分别将 x 代 ∞ 和 0 值知，两个极限都为 1^∞ 型。由公式

$$\lim_{f\to\infty}\left(1+\frac{1}{f}\right)^f=\mathrm{e}，\lim_{g\to0}(1+g)^{1/g}=\mathrm{e}$$

将极限式凑成公式一样的极限式，得

$$(1)\ 原式=\lim_{x\to\infty}\left(1+\frac{1-x}{x^2+x}\right)^x=\lim_{x\to\infty}\left(1+\frac{1}{\dfrac{x^2+x}{1-x}}\right)^{\frac{x^2+x}{1-x}\cdot\frac{x(1-x)}{x^2+x}}\quad\left(f=\frac{x^2+x}{1-x}\right)$$

$$=\mathrm{e}^{\lim\limits_{x\to\infty}\frac{x(1-x)}{x^2+x}}=\mathrm{e}^{-1}$$

$$(2)\ 原式=\lim_{x\to0}(1+\sin 2x)^{\frac{1}{\sin 2x}\cdot\frac{\sin 2x}{x}}\ (g=\sin 2x)=\mathrm{e}^{\lim\limits_{x\to0}\frac{\sin 2x}{x}}=\mathrm{e}^2。$$

不难看出，1^∞ 型极限需先凑公式，然后再到 e 的指数上去求极限。

例 4.5.11 计算下列极限：

(1) $\lim\limits_{x\to0}x^x$； (2) $\lim\limits_{x\to0}(\cot x)^x$。

解 分别将 x 代 0 值可知，两个极限分别为 0^0 型和 ∞^0 型。设

$$y_1=x^x，\quad y_2=(\cot x)^x$$

两边取对数：$\ln y_1=x\ln x$，$\ln y_2=x\ln\cot x$，再分别对 $\ln y_1$ 和 $\ln y_2$ 求极限，得

(1) $\lim\limits_{x\to0}\ln y_1=\lim\limits_{x\to0}\dfrac{\ln x}{\dfrac{1}{x}}=\lim\limits_{x\to0}\dfrac{\dfrac{1}{x}}{-\dfrac{1}{x^2}}=\lim\limits_{x\to0}(-x)=0$，所以 $\lim\limits_{x\to0}y_1=1$，即 $\lim\limits_{x\to0}x^x=1$。

(2) $\lim\limits_{x\to0}\ln y_2=\lim\limits_{x\to0}\dfrac{\ln\cot x}{\dfrac{1}{x}}=\lim\limits_{x\to0}\dfrac{\dfrac{1}{\cot x}(-\csc^2 x)}{-\dfrac{1}{x^2}}=\lim\limits_{x\to0}\dfrac{\tan x\cdot\left(-\dfrac{1}{\sin^2 x}\right)}{-\dfrac{1}{x^2}}=\lim\limits_{x\to0}\dfrac{x\cdot\left(-\dfrac{1}{x^2}\right)}{-\dfrac{1}{x^2}}=0$，

所以 $\lim\limits_{x\to0}y_2=1$，即 $\lim\limits_{x\to0}(\cot x)^x=1$。

不难看出，0^0 型和 ∞^0 型极限可采用对数法进行计算：先设置新变量等于函数式，然后

两边取对数，再求新变量的对数的极限，从而得到所求的极限。

习 题 4.5

求下列极限：

(1) $\lim\limits_{x\to1}\dfrac{x^7+x-2}{x^8-2x+1}$；

(2) $\lim\limits_{x\to+\infty}\dfrac{\sqrt[3]{x}-1}{\sqrt[4]{x}+2}$；

(3) $\lim\limits_{x\to0}\dfrac{x-\tan x}{x^3}$；

(4) $\lim\limits_{x\to0}\dfrac{\ln\cos x}{x^2}$；

(5) $\lim\limits_{x\to0}\dfrac{e^{2x}-e^{-2x}-4x}{x^3}$；

(6) $\lim\limits_{x\to0+}\dfrac{\ln\sin x}{\ln(2x)}$；

(7) $\lim\limits_{x\to0}\dfrac{x-\sin x}{\sin^3 x}$；

(8) $\lim\limits_{x\to0}\dfrac{e^x-e^{-x}-2x}{x\tan^2 2x}$；

(9) $\lim\limits_{x\to0}\dfrac{\ln(1+x^2)}{\ln(1+\sin x)}$；

(10) $\lim\limits_{x\to0}\dfrac{\ln\cos 2x}{\ln\cos x}$；

*(11) $\lim\limits_{x\to\frac{\pi}{2}}\dfrac{x\tan x}{\sin x\tan 3x}$；

*(12) $\lim\limits_{x\to0}\left(\dfrac{1}{x\sin x}-\dfrac{1}{x\tan x}\right)$；

*(13) $\lim\limits_{x\to0}\tan 2x\cdot\ln x$；

*(14) $\lim\limits_{x\to1}x^{\frac{1}{1-x}}$；

*(15) $\lim\limits_{x\to0}x^{\sin x}$；

*(16) $\lim\limits_{x\to0+}(\ln^2 x)^x$。

【数学名人】——费尔玛

第5章 积　分

【名人名言】新的数学方法和概念，常常比解决数学问题本身更重要。——华罗庚

【学习目标】了解积分产生的背景，理解积分基本公式的建立，熟记积分基本公式。

知道积分与导数的关系，能应用基本公式和性质计算积分。

【教学提示】积分是微积分学的另一个组成部分，掌握积分的基本计算是学好微积分的前提，也是学习专业课的基础。本章教学的重点是积分的计算，可采用练习、讨论、解答等方式，难点是对积分性质的理解和运用，可采用几何图示、简单证明、讨论、练习等方式。

【数学词汇】

①积分（Integration），不定积分（Indefinite Integral）。

②定积分（Definite Integral），广义积分（Improper Integral）。

③面积（Area），路程（Distance）。

④平均值（Mean Value），有效值（Effective Value）。

【内容提要】

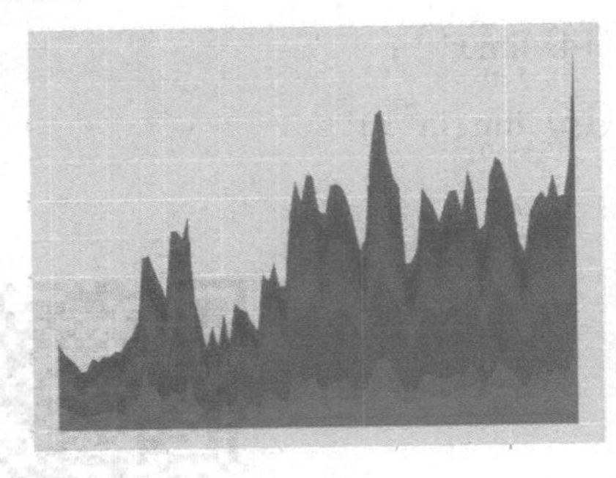

已知路程求速度问题诱导出的是已知函数求其导数，如果反过来，已知速度求路程，即已知路程的导数求路程，所引申出的便是微积分的另一个分支——积分。很明显，积分问题是求导问题的反问题，因此，以往也将积分叫作“反导数”。

本章将介绍积分的定义、性质、简单计算及应用。先给出不定积分的定义，引出积分基本公式，再直接用基本公式或恒等变形后用基本公式计算简单的不定积分；然后通过面积问题和路程问题引出定积分及其计算公式：牛顿-莱布尼兹公式，再综合牛顿-莱布尼兹公式和积分基本公式做简单的定积分计算。

此外，还将讨论定积分本身的特性，以及利用其性质进行的简单计算，介绍广义积分及其简单计算，给出积分的 MATLAB 计算程序及应用：平面图形的面积，已知速度求路程，已知变化率求增量或总量，求交流电的平均值和有效值等。

5.1　积分的基本公式

5.1.1　原函数与不定积分

先看一个引例。

引例 5.1.1(汽车里程表原理)　汽车车轮的直径是已知的，由1除以周长可得到汽车行驶1公里车轮转动的圈数。因此，知道了汽车在行驶的时间里车轮转动的总圈数，便可以得出汽车行驶的里程。这个圈数可以通过发动机的转速、行驶时间和智能处理系统(用于车轮空转归零等)来确定，即由车速得出里程。

汽车车速里程表的工作原理见图5.1.1和图5.1.2。

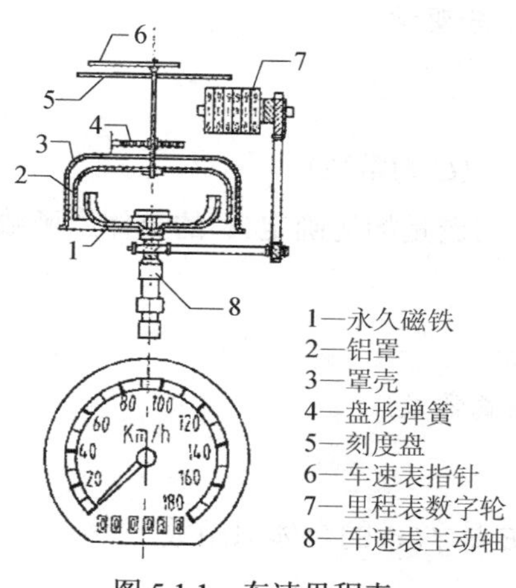

图5.1.1　车速里程表

图5.1.2　车速里程显示屏

电子式车速里程表的车速表由车速传感器(安装在车轮的变速箱蜗轮组件的蜗杆上，有光电耦合式和磁电式)、微机处理系统和显示器组成。由传感器传来的光电脉冲或磁电脉冲信号，经仪表内部的微机处理后，可在显示屏上显示车速。里程表则根据车速及累计运行时间，由微机处理计算并显示里程。

前面曾介绍过，直线运动物体的速度v和路程s具有关系

$$v = s'(t)$$

换言之，已知路程求速度可以通过求导计算得出。而引例5.1.1则揭示汽车运行的里程是通过已知的速度计算得出的，这是一个已知速度求路程的问题，很明显，它是已知路程求速度问题的反问题，或等价地说，它的计算是求导计算的逆运算。

下面看一个具体的例子。

案例 5.1.1(速度路程问题)　已知汽车运行的路程$s = t^3$，则汽车在时刻t的速度

$$v = s' = 3t^2$$

若已知汽车运行的速度$v=3t^2$，如何求路程s呢？

注意，$v=s'$，因此，问题便化成了已知路程的导数$s'=3t^2$，求路程s。

易见，$(t^3)'=3t^2$，$(t^3+C)'=3t^2$（C为常数），因此，从数学的角度看，路程s不是唯一的，然而，如果加上初始条件：$s\big|_{t=0}=0$，便可得到唯一的路程$s=t^3$。

案例5.1.1中的后半段是一种“已知导函数求原来的那个函数”的问题。不难看出，“原来的那个函数”不是唯一的，由此引出下面的概念。

定义 5.1.1 设$f(x)$在(a,b)内连续，在(a,b)内，

(1) 若$F'(x)=f(x)$，则称$F(x)$为$f(x)$的原函数；

(2) $f(x)$的原函数的全体叫作$f(x)$的不定积分，记为

$$\int f(x)\,\mathrm{d}x$$

式中，$\int$是积分号；$f(x)$称为被积函数；x叫作积分变量。

在案例5.1.1中，由于

$$(t^3)'=3t^2,\quad (t^3+C)'=3t^2 \ (C\text{为常数})$$

由定义5.1.1可知，t^3和t^3+C都是$3t^2$的原函数，问题是如何确定$3t^2$的全体原函数呢？为此，先建立原函数的如下性质。

性质 5.1.1 若$F(x)$是$f(x)$的原函数，则集合

$$F(x)+C \ (C\text{为任意常数})$$

是$f(x)$的全体原函数。

【证明】 设$U=\{F(x)+C\,|\,C\text{为任意常数}\}$，$E$是$f(x)$的全体原函数。

$\because F(x)$是$f(x)$的原函数，$\therefore F'(x)=f(x)$

(1) 任取$G\in U$，即存在常数C_1使得$G=F(x)+C_1$，从而

$$G'=F'(x)+(C_1)'=f(x)$$

即G也是$f(x)$的原函数，因此有$G\in E$，$U\subseteq E$。

(2) 任取$H\in E$，即H是$f(x)$的一个原函数，于是有

$$H'=f(x),\quad (H-F(x))'=f(x)-f(x)=0$$

因此$H-F(x)$为常数，即存在常数C_2使得$H-F(x)=C_2$，从而

$$H=F(x)+C_2\in U,\quad E\subseteq U$$

综合步骤(1)、步骤(2)即得集合等式：$U=E$。

将集合$U=\{F(x)+C\,|\,C\text{为任意常数}\}$简写为

$$F(x)+C \ (C\text{为任意常数})$$

由$U=E$即得$F(x)+C$（C为任意常数）是$f(x)$的全体原函数。

由定义5.1.1可知，$f(x)$的原函数的全体是$f(x)$的不定积分

$$\int f(x)\,\mathrm{d}x$$

再综合性质 5.1.1，有下面的结论。

> 若 $F(x)$ 是 $f(x)$ 的原函数，则
>
> $$\int f(x)\,\mathrm{d}x = F(x)+C\text{，}\quad F'(x)=f(x)\text{。}$$
>
> (其中 C 为任意常数，也称为积分常数)

5.1.2 积分基本公式

不难看出：不定积分的结果求导等于被积函数。根据这一结论，可得到下面求不定积分的思维方式：

$$\text{欲知}\int f(x)\,\mathrm{d}x = ?+C\text{，看}(\,?\,)'=f(x)\text{。}$$

利用这样的思维方式，便可建立积分基本公式。

1. 幂函数积分公式的建立

欲知 $\int k\,\mathrm{d}x = ?+C$（$k$ 为常数），看 $(\,?\,)'=k$。易见，$(kx)'=k$，因此

$$\int k\,\mathrm{d}x = kx+C$$

欲知 $\int x^{\alpha}\mathrm{d}x = ?+C$（$\alpha$ 为常数），看 $(\,?\,)'=x^{\alpha}$。注意

$$(x^{\alpha+1})'=(\alpha+1)x^{\alpha}\text{，}\quad \left(\frac{x^{\alpha+1}}{\alpha+1}\right)'=x^{\alpha}\ (\alpha\neq -1)$$

因此 $\int x^{\alpha}\mathrm{d}x = \dfrac{x^{\alpha+1}}{\alpha+1}+C$（$\alpha\neq -1$）。

当 $\alpha=-1$ 时，由于 $(\ln x)'=\dfrac{1}{x}$，所以

$$\int \frac{1}{x}\mathrm{d}x = \ln x + C$$

于是便建立起了幂函数的积分公式：

> $$\int k\,\mathrm{d}x = kx+C\text{，}\int x^{\alpha}\mathrm{d}x = \frac{x^{\alpha+1}}{\alpha+1}+C\text{，}\int \frac{1}{x}\mathrm{d}x = \ln x + C$$
>
> （k、α 为实常数，$\alpha\neq -1$）

记忆方式：x^{α} 求导降一次，积分升一次。

课堂练习 5.1.1 完成下面的填空：

(1) $\int 0\,\mathrm{d}x=(\qquad\qquad)$；　　(2) $\int \mathrm{d}x=\int 1\,\mathrm{d}x=(\qquad\qquad)$；

(3) $\int 2\,\mathrm{d}x=(\qquad\qquad)$；　　(4) $\int \frac{1}{3}\mathrm{d}x=(\qquad\qquad)$；

(5) $\int x\,\mathrm{d}x=($ $)$；　(6) $\int \frac{1}{x}\mathrm{d}x=($ $)$；

(7) $\int x^2\mathrm{d}x=($ $)$；　(8) $\int \frac{1}{x^2}\mathrm{d}x=($ $)$；

(9) $\int x^5\mathrm{d}x=($ $)$；　(10) $\int x^8\mathrm{d}x=($ $)$；

(11) $\int \sqrt{x}\,\mathrm{d}x=($ $)$；　(12) $\int \frac{1}{\sqrt{x}}\mathrm{d}x=($ $)$。

2. 指数函数积分公式的建立

欲知$\int \mathrm{e}^x\mathrm{d}x=?+C$，看$(?)'=\mathrm{e}^x$。易见$(\mathrm{e}^x)'=\mathrm{e}^x$，所以

$$\int \mathrm{e}^x\mathrm{d}x=\mathrm{e}^x+C$$

欲知$\int a^x\mathrm{d}x=?+C$（a为正常数，$a\neq 1$），看$(?)'=a^x$。由$(a^x)'=a^x\ln a$可知：

$$\left(\frac{a^x}{\ln a}\right)'=a^x$$

因此$\int a^x\mathrm{d}x=\frac{a^x}{\ln a}+C$。于是便建立起了指数函数的积分公式：

$$\int \mathrm{e}^x\mathrm{d}x=\mathrm{e}^x+C，\int a^x\mathrm{d}x=\frac{a^x}{\ln a}+C$$

（a为正常数，$a\neq 1$）

记忆方式：a^x求导是a^x乘以$\ln a$，积分是a^x除以$\ln a$。

课堂练习 5.1.2 完成下面的填空：

(1) $\int x\,\mathrm{d}x=($ $)$；　(2) $\int \mathrm{e}^x\mathrm{d}x=($ $)$；

(3) $\int x^2\mathrm{d}x=($ $)$；　(4) $\int 2^x\,\mathrm{d}x=($ $)$；

(5) $\int x^3\mathrm{d}x=($ $)$；　(6) $\int 3^x\,\mathrm{d}x=($ $)$；

(7) $\int \frac{1}{\mathrm{e}^x}\mathrm{d}x=($ $)$；　(8) $\int \frac{1}{2^x}\mathrm{d}x=($ $)$；

(9) $\int \mathrm{e}^x 2^x\,\mathrm{d}x=($ $)$；　(10) $\int \mathrm{e}^{2x}\,\mathrm{d}x=($ $)$。

3. 三角函数积分公式的建立

欲知$\int \sin x\,\mathrm{d}x=?+C$，看$(?)'=\sin x$。易见$(-\cos x)'=\sin x$，所以

$$\int \sin x\mathrm{d}x=-\cos x+C$$

课堂练习 5.1.3 填空：$\int \cos x\,\mathrm{d}x=($ $)$。

三角函数的积分：

$$\int \tan x\,\mathrm{d}x、\int \cot x\,\mathrm{d}x、\int \sec x\,\mathrm{d}x、\int \csc x\,\mathrm{d}x$$

不在基本公式之列。注意，结合导数基本公式，可做出下面的推断。

(1) $(\tan x)' = \sec^2 x \Rightarrow \int \sec^2 x\mathrm{d}x = \tan x + C$；

(2) $(\sec x)' = \sec x\tan x \Rightarrow \int \sec x\tan x\mathrm{d}x = \sec x + C$。

课堂练习 5.1.4 完成下面的填空：

(1) $\int \csc^2 x\mathrm{d}x =$ (   )； (2) $\int \csc x\cot x\mathrm{d}x =$ (   )。

4. 反三角函数积分公式的建立

结合导数基本公式，类似可做出下面的推断。

(1) $(\arcsin x)' = \dfrac{1}{\sqrt{1-x^2}} \Rightarrow \int \dfrac{1}{\sqrt{1-x^2}}\mathrm{d}x = \arcsin x + C$；

(2) $(\arctan x)' = \dfrac{1}{1+x^2} \Rightarrow \int \dfrac{1}{1+x^2}\mathrm{d}x = \arctan x + C$。

综合上面的讨论结果，便可建立积分基本公式，见表 5.1.1。

表 5.1.1 积分基本公式

幂函数	$\int \mathrm{d}x = x + C$，$\int k\mathrm{d}x = kx + C$（$k$ 为常数）； $\int \frac{1}{x}\mathrm{d}x = \ln x + C$，$\int x^\alpha \mathrm{d}x = \frac{x^{\alpha+1}}{\alpha+1} + C$（$\alpha$ 为常数，$\alpha \neq -1$）
指数函数	$\int \mathrm{e}^x\mathrm{d}x = \mathrm{e}^x + C$，$\int a^x\mathrm{d}x = \frac{a^x}{\ln a} + C$（$a$ 为正常数，$a \neq 1$）
三角函数	$\int \sin x\mathrm{d}x = -\cos x + C$，$\int \cos x\mathrm{d}x = \sin x + C$； $\int \sec^2 x\mathrm{d}x = \tan x + C$，$\int \csc^2 x\mathrm{d}x = -\cot x + C$； $\int \sec x\tan x\mathrm{d}x = \sec x + C$，$\int \csc x\cot x\mathrm{d}x = -\csc x + C$
反三角函数	$\int \frac{1}{\sqrt{1-x^2}}\mathrm{d}x = \arcsin x + C$，$\int \frac{1}{1+x^2}\mathrm{d}x = \arctan x + C$

此后的积分计算，都是利用基本公式进行的，所以熟记这些公式是未来学好积分知识的前提。

课堂讨论 5.1.1

(1) $\int \ln x\mathrm{d}x = \dfrac{1}{x} + C$ 对吗？为什么？

(2) $\int 2^x\mathrm{d}x = \dfrac{2^{x+1}}{x+1} + C$ 对吗？为什么？

(3) $\int \dfrac{1}{\sqrt{1-x^2}}\mathrm{d}x = -\arccos x + C$ 和 $\int \dfrac{1}{1+x^2}\mathrm{d}x = -\mathrm{arc}\cot x + C$ 对吗？为什么？

(4) $\int \mathrm{e}^{2x}\mathrm{d}x = \mathrm{e}^{x^2} + C$ 对吗？为什么？

课堂练习 5.1.5 完成下面的填空：

(1) 若 $\sin x$ 是 $f(x)$ 的一个原函数，则 $f(x)=$ (　　　　)；$\int f(x)\mathrm{d}x=$ (　　　　)。

(2) 若 $\int f(x)\mathrm{d}x=\cos 3x+C$，则 $f(x)=$ (　　　　)。

(3) 若 $\int \mathrm{e}^x f(x)\mathrm{d}x=x\mathrm{e}^x+C$，则 $f(x)=$ (　　　　)。

习 题 5.1

1. 计算下列积分：

(1) $\int \frac{1}{2}\mathrm{d}x=$ (　　　　)；　(2) $\int \sqrt{3}\mathrm{d}x=$ (　　　　)；

(3) $\int x^2\mathrm{d}x=$ (　　　　)；　(4) $\int 2^x\mathrm{d}x=$ (　　　　)；

(5) $\int x^3\mathrm{d}x=$ (　　　　)；　(6) $\int \frac{1}{x^3}\mathrm{d}x=$ (　　　　)；

(7) $\int 4^x\mathrm{d}x=$ (　　　　)；　(8) $\int \frac{1}{4^x}\mathrm{d}x=$ (　　　　)；

(9) $\int \sin x\mathrm{d}x=$ (　　　　)；　(10) $\int \cos x\mathrm{d}x=$ (　　　　)；

(11) $\int \frac{1}{1+x^2}\mathrm{d}x=$ (　　　　)；　(12) $\int \frac{1}{\sqrt{1-x^2}}\mathrm{d}x=$ (　　　　)。

2. 完成下列填空：

(1) 若 e^{2x} 是 $f(x)$ 的一个原函数，则 $f(x)=$ (　　　　)；$\int f(x)\mathrm{d}x=$ (　　　　)。

(2) 若 $\int f(x)\mathrm{d}x=\sec x+C$，则 $f(x)=$ (　　　　)。

(3) 若 $\int \csc^2 x\mathrm{d}x=f(x)+C$，则 $f(x)=$ (　　　　)。

5.2 不定积分的计算

5.2.1 直接用公式计算

先进行一个讨论。

课堂讨论 5.2.1 根据（积分结果）′ =被积函数，讨论下面的结论是否成立：

(1) $\int 2x\mathrm{d}x=2\int x\mathrm{d}x$，$\int 3\mathrm{d}x=3\int \mathrm{d}x$？　(2) $\int (2x\pm 3)\mathrm{d}x=2\int x\mathrm{d}x\pm 3\int \mathrm{d}x$？

(3) $\int 2x\cdot 3\mathrm{d}x=\int 2x\mathrm{d}x\cdot\int 3\mathrm{d}x$？　(4) $\int \frac{2x}{3}\mathrm{d}x=\frac{\int 2x\mathrm{d}x}{\int 3\mathrm{d}x}$？

扩充上述讨论结果，可建立不定积分的线性运算规则。

定理 5.2.1（线性运算规则） 若下面所有积分都存在，α、β 为常数，则

$$\int(\alpha f(x)+\beta g(x))\mathrm{d}x=\alpha\int f(x)\mathrm{d}x+\beta\int g(x)\mathrm{d}x$$

要证明定理 5.2.1 中的等式，只需看“等式右边的导数是否等于左边积分的被积函数”。注意，等式右边含不定积分，因此，要完成证明需弄清不定积分如何求导。于是引出下面的引理。

引理 5.2.1(不定积分与导数的关系) *积分与求导互为逆运算，即*

$$(\int f(x)\mathrm{d}x)'=f(x)，\quad \int f'(x)\mathrm{d}x=f(x)+C$$

【证明】 设 $\int f(x)\mathrm{d}x=F(x)+C$，则 $F'(x)=f(x)$，从而

$$(\int f(x)\mathrm{d}x)'=(F(x)+C)'=F'(x)=f(x)$$

再注意到 $(f(x))'=f'(x)$，即 $f'(x)$ 是 $f(x)$ 的一个原函数，因此

$$\int f'(x)\mathrm{d}x=f(x)+C$$

【定理 5.2.1 的证明】 等式右边的式子求导，得

$$(\alpha\int f(x)\mathrm{d}x+\beta\int g(x)\mathrm{d}x)'=\alpha(\int f(x)\mathrm{d}x)'+\beta(\int g(x)\mathrm{d}x)'$$

由引理 5.2.1，得

$$(\alpha\int f(x)\mathrm{d}x+\beta\int g(x)\mathrm{d}x)'=\alpha f(x)+\beta g(x)$$

即 $\alpha\int f(x)\mathrm{d}x+\beta\int g(x)\mathrm{d}x$ 是 $\alpha f(x)+\beta g(x)$ 的原函数，从而

$$\int(\alpha f(x)+\beta g(x))\mathrm{d}x=\alpha\int f(x)\mathrm{d}x+\beta\int g(x)\mathrm{d}x+C$$

要完成证明，还需用到下面的性质。

性质 5.2.1 *对任意常数* C：$\int f(x)\mathrm{d}x+C=\int f(x)\mathrm{d}x$。

事实上，任取 $H\in\{\int f(x)\mathrm{d}x+C\}$，即存在 $G\in\{\int f(x)\mathrm{d}x\}$，使得

$$H=G+C$$

从而由 $G\in\{\int f(x)\mathrm{d}x\}$ 有

$$G'=f(x)，\quad H'=G'+(C)'=f(x)$$

即 H 是 $f(x)$ 的原函数，故 $H\in\{\int f(x)\mathrm{d}x\}$，$\{\int f(x)\mathrm{d}x+C\}\subseteq\{\int f(x)\mathrm{d}x\}$。

另一方面，任取 $F\in\{\int f(x)\mathrm{d}x\}$，即 F 是 $f(x)$ 的一个原函数，于是有

$$(F-C)'=F'=f(x)$$

即 $F-C$ 也是 $f(x)$ 的原函数，从而 $(F-C)\in\{\int f(x)\mathrm{d}x\}$，进而

$$F=(F-C)+C\in\{\int f(x)\mathrm{d}x+C\}，\quad \{\int f(x)\mathrm{d}x\}\subseteq\{\int f(x)\mathrm{d}x+C\}$$

综合上面的讨论，即得 $\int f(x)\mathrm{d}x+C=\int f(x)\mathrm{d}x$。

由性质 5.2.1 即得定理 5.2.1 的结论。

定理 5.2.1 可扩充至更多个函数的线性运算情形，如

$$\int(3e^x+2\cos x-4)dx=3\int e^x dx+2\int\cos x dx-4\int dx$$

其操作方式为逐项积分，提出常系数。

注意，等式右边有 3 个积分，根据性质 5.2.1，如果计算式中还保留一个不定积分，那么加常数和不加常数都相等，因此，不必对已得出原函数的积分结果逐个加常数。但若式中不再有不定积分，就必须加积分常数，否则所得出的只是一个原函数而不是全体原函数构成的集合，例如

$$\int(3e^x+2\cos x-4)dx=3e^x+2\sin x-4\int dx\text{（不必加积分常数）}$$
$$=3e^x+2\sin x-4x+C\text{（必须加积分常数）}$$

课堂讨论 5.2.2 考察下面的计算，判断是否有必要加上积分常数?

(1) $\int(e^x+1)dx=e^x+C_1+\int dx$；　(2) $\int(e^x+1)dx=\int e^x dx+x+C_2$；

(3) $\int(e^x+1)dx=e^x+x$；　(4) $\int(e^x+1)dx=e^x+C_1+x+C_2$；

(5) $1+\int(e^x+1)dx=1+e^x+x$；　(6) $1+\int(e^x+1)dx=e^x+x+C$。

例 5.2.1 求下列不定积分：

(1) $\int(4x^3-5x^4+\frac{2}{x}-3)dx$；　(2) $\int(2e^x+\frac{3^x}{2}-6x^2+1)dx$。

解 逐项积分、提出常数因子，并应用幂函数和指数函数的积分公式，得

(1) 原式 $=4\int x^3dx-5\int x^4dx+2\int\frac{1}{x}dx-\int 3dx$

$$=4\times\frac{x^4}{4}-5\times\frac{x^5}{5}+2\ln x-3x+C=x^4-x^5+2\ln x-3x+C$$

(2) 原式 $=2\int e^x dx+\frac{1}{2}\int 3^x dx-6\int x^2dx+\int dx$

$$=2e^x+\frac{1}{2}\times\frac{3^x}{\ln 3}-6\times\frac{x^3}{3}+x+C=2e^x+\frac{3^x}{2\ln 3}-2x^3+x+C$$

课堂练习 5.2.1 求下列不定积分：

(1) $\int(4+6x^2-8x^3-10x^4+\frac{3}{x})dx$；　(2) $\int(2\times 4^x+5e^x-x^4+2x+2)dx$。

熟悉了上述计算步骤之后，为提高计算速度，可以以心算的方式分项计算并直接写出结果。

例 5.2.2 求下列不定积分：

(1) $\int(2\sin x-\frac{1}{2}\cos x+2)dx$；　(2) $\int\left(\frac{2}{\sqrt{1-x^2}}-\frac{4}{1+x^2}+3\right)dx$。

解 (1) 原式 $=-2\cos x-\dfrac{1}{2}\sin x+2x+C$

(2) 原式 $=2\arcsin x-4\arctan x+3x+C$

课堂练习 5.2.2 求下列不定积分：

(1) $\int(5x^4-3x^2+\dfrac{2}{x}-1)\mathrm{d}x$；　(2) $\int(2^x-\dfrac{1}{2}\mathrm{e}^x-4x^3+2x)\mathrm{d}x$；

(3) $\int(2\sin x-\dfrac{1}{2}\cos x+2)\mathrm{d}x$；　(4) $\int\left(\dfrac{3}{\sqrt{1-x^2}}-\dfrac{2}{1+x^2}+\dfrac{4}{x}+1\right)\mathrm{d}x$。

习 题 5.2.1

求下列不定积分：

(1) $\int(3-4x^3+\dfrac{5}{x})\,\mathrm{d}x$；　(2) $\int(2x-6x^5+3x^2)\mathrm{d}x$；

(3) $\int(2\mathrm{e}^x+4\times 2^x+12x^2)\,\mathrm{d}x$；　(4) $\int(10^x+x^{10}-2x)\mathrm{d}x$；

(5) $\int\left(3\sin x-\dfrac{\cos x}{3}+6x-3\right)\mathrm{d}x$；　(6) $\int(2\sec^2 x+\dfrac{1}{2}\csc^2 x+2)\,\mathrm{d}x$；

(7) $\int(4\sec x\tan x-6\csc x\cot x+3)\,\mathrm{d}x$；　(8) $\int\left(\dfrac{1}{4\sqrt{1-x^2}}+\dfrac{4}{1+x^2}-4\right)\mathrm{d}x$。

5.2.2 恒等变形后用公式计算

为了能方便地利用基本公式求不定积分，有时需要对被积函数作恒等变形，看下面的例子。

例 5.2.3 求下列不定积分：

(1) $\int\left(5x\sqrt{x}-\dfrac{3}{x^2}+\dfrac{2}{\sqrt{x}}\right)\mathrm{d}x$；　(2) $\int\dfrac{(2x-3)^2}{x}\mathrm{d}x$。

解 (1) 原式 $=5\int x^{\frac{3}{2}}\mathrm{d}x-3\int\dfrac{1}{x^2}\mathrm{d}x+2\int x^{-\frac{1}{2}}\mathrm{d}x=2x^2\sqrt{x}+\dfrac{3}{x}+4\sqrt{x}+C$

(2) 原式 $=\int\dfrac{4x^2-12x+9}{x}\mathrm{d}x=\int\left(4x-12+\dfrac{9}{x}\right)\mathrm{d}x=2x^2-12x+9\ln x+C$

例 5.2.4 求下列不定积分：

(1) $\int\mathrm{e}^x(3\times 2^x-\dfrac{2}{3^x})\mathrm{d}x$；　(2) $\int\mathrm{e}^{-3x}\mathrm{d}x$。

解 (1) 原式 $=\int\left(3\times(2\mathrm{e})^x-2\times\left(\dfrac{\mathrm{e}}{3}\right)^x\right)\mathrm{d}x=\dfrac{3(2\mathrm{e})^x}{\ln 2+1}-\dfrac{2\left(\dfrac{\mathrm{e}}{3}\right)^x}{1-\ln 3}+C$

(2) 原式$=\int (e^{-3})^x dx = \dfrac{(e^{-3})^x}{\ln e^{-3}} + C = -\dfrac{1}{3}e^{-3x} + C$

例 5.2.5 求下列不定积分：

(1) $\int \dfrac{x^2}{1+x^2} dx$； (2) $\int \dfrac{1}{x^2(1+x^2)} dx$。

解 (1) 原式$=\int \dfrac{x^2+1-1}{1+x^2} dx = \int \left(1-\dfrac{1}{1+x^2}\right) dx = x - \arctan x + C$

(2) 原式$=\int \dfrac{1+x^2-x^2}{x^2(1+x^2)} dx = \int \left(\dfrac{1}{x^2}-\dfrac{1}{1+x^2}\right) dx = -\dfrac{1}{x} - \arctan x + C$

例 5.2.6 求下列不定积分：

(1) $\int \dfrac{x^4}{1+x^2} dx$； (2) $\int \dfrac{x^4-x^3-2x^2-x+1}{1+x^2} dx$。

解 (1) 原式$=\int \dfrac{x^4-1+1}{1+x^2} dx = \int \left(x^2-1+\dfrac{1}{1+x^2}\right) dx = \dfrac{x^3}{3} - x + \arctan x + C$

(2) 原式$=\int \dfrac{(x^4+x^2)-(x^3+x)-3(x^2+1)+4}{1+x^2} dx$

$$=\int \left(x^2-x-3+\frac{4}{1+x^2}\right) dx = \frac{x^3}{3} - \frac{x^2}{2} - 3x + 4\arctan x + C$$

例 5.2.7 求下列不定积分：

(1) $\int \sin^2 \dfrac{x}{2} dx$； (2) $\int \dfrac{1}{\sin^2 x \cos^2 x} dx$。

解 根据三角关系式：

$$\sin^2 \frac{x}{2} = \frac{1-\cos x}{2}, \quad \sin^2 x + \cos^2 x = 1$$

(1) 原式$=\int \dfrac{1-\cos x}{2} dx = \dfrac{1}{2}\int (1-\cos x) dx = \dfrac{1}{2}(x-\sin x) + C$

(2) 原式$=\int \dfrac{\sin^2 x + \cos^2 x}{\sin^2 x \cos^2 x} dx = \int \left(\dfrac{1}{\cos^2 x} + \dfrac{1}{\sin^2 x}\right) dx$

$$=\int (\sec^2 x + \csc^2 x) dx = \tan x - \cot x + C$$

课堂练习 5.2.3 求下列不定积分：

(1) $\int x(x-2)^2 dx$； (2) $\int \dfrac{(x-1)^3}{x^2} dx$；

(3) $\int e^x \left(3^x - \dfrac{1}{2^x}\right) dx$； (4) $\int e^{2x} dx$；

(5) $\int \dfrac{x^2-3}{1+x^2} dx$； (6) $\int \dfrac{x^4+2}{1+x^2} dx$；

(7) $\int\cos^2\frac{x}{2}\mathrm{d}x$；　　(8) $\int\frac{x^4+x^3-5x^2+x-3}{1+x^2}\mathrm{d}x$。

习 题 5.2.2

1. 填空：

(1) $\int\frac{1}{x^3}\mathrm{d}x=(\qquad)$；　　(2) $\int\frac{1}{x\sqrt{x}}\mathrm{d}x=(\qquad)$；

(3) $\int\mathrm{e}^{-x}\mathrm{d}x=(\qquad)$；　　(4) $\int\mathrm{e}^{2x}\mathrm{d}x=(\qquad)$；

(5) $\int\frac{1}{2^x}\mathrm{d}x=(\qquad)$；　　(6) $\int\frac{2x^2+1}{x}\mathrm{d}x=(\qquad)$。

2. 求下列积分：

(1) $\int\sqrt{x}(2\sqrt{x}-3)\mathrm{d}x$；　　(2) $\int\frac{3x^4-4x+2}{x^2}\mathrm{d}x$；

(3) $\int\frac{(x+3)^2}{x^3}\mathrm{d}x$；　　(4) $\int\mathrm{e}^x\left(4^x+\frac{4\mathrm{e}^{-x}}{\sqrt{1-x^2}}\right)\mathrm{d}x$；

(5) $\int\frac{3\times4^x-4\times5^x}{2^x}\mathrm{d}x$；　　(6) $\int\frac{3x^4-2x^2}{1+x^2}\mathrm{d}x$。

5.3 定积分及其计算

5.3.1 定积分的定义

第 1 章案例 1.3 曾给出过计算“曲边三角形的面积”的思想和方法：分割、求和、取极限，利用这样的思想方法，下面先考察两个经典引例：曲边梯形的面积问题和变速直线运动的路程问题。

引例 5.3.1（曲边梯形的面积） 求闭区间$[a,b]$上的连续曲线

$$y=f(x)\ (f(x)\geqslant0)$$

及直线$x=a$、$x=b$和x轴所围成的曲边梯形的面积。

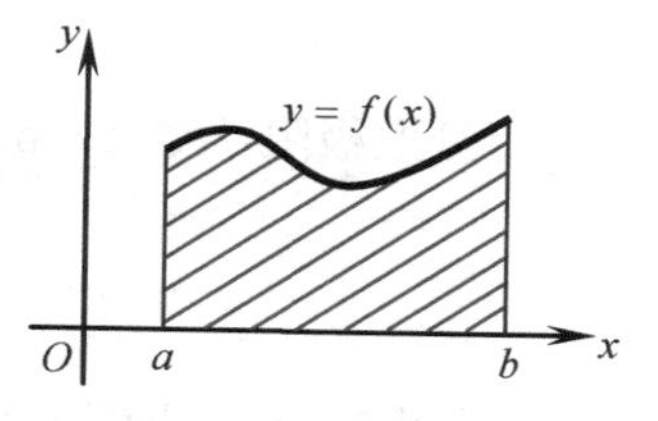

图 5.3.1　曲边梯形示意图

解 在初等数学里，曾学习过规则图形的面积，例如，矩形的面积=长×宽。对于图 5.3.1 所示的不规则图形，可采用“分割、求和、取极限”的思想方法去处理。

(1) 分割：用竖直线将图形分成n块，这等价于在(a,b)内插入$n-1$个分点：

$$a=x_0<x_1<\cdots<x_k<x_{n-1}<x_n=b$$

(2) 求和：如图 5.3.2 所示，将每一小块图形视为矩形，设 $[x_{k-1}, x_k]$ 上所对应的第 k 块矩形的底长 $\Delta x_k = x_k - x_{k-1}$，在 $[x_{k-1}, x_k]$ 上任取的一点 c_k，用 $f(c_k)$ 作为矩形的高，则第 k 块矩形的面积为

$$f(c_k)\Delta x_k$$

从而得曲边梯形的面积 A 的近似值为

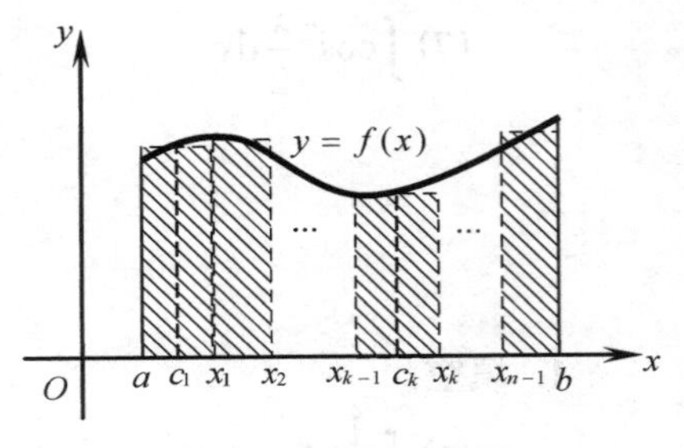

图 5.3.2　分割示意图

$$A \approx f(c_1)\Delta x_1 + \cdots + f(c_n)\Delta x_n = \sum_{k=1}^{n} f(c_k)\Delta x_k$$

(3) 取极限：令 $\lambda = \max\limits_{1\leqslant k\leqslant n} \Delta x_k$，则当 $\lambda \to 0$ 时，上述近似值也就无限接近 A，即

$$A = \lim_{\lambda\to 0}\sum_{k=1}^{n} f(c_k)\Delta x_k$$

引例 5.3.2（变速直线运动的路程）　若直线运动物体的速度 $v = v(t)$ 是时间 t 的连续函数，求物体在时段 $[T_1, T_2]$ 内所走的路程。

解　在中学物理里，曾学习过匀速直线运动的路程计算公式

$$路程＝速度×时间$$

对于变速直线运动，由于速度是连续的，因此，在充分小的时段内可近似地视为匀速运动，从而仍可用“分割、求和、取极限”的思想方法去处理，如图 5.3.3 所示。

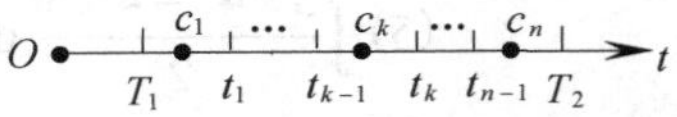

图 5.3.3　引例 5.3.2 图形

(1) 分割：将 $[T_1, T_2]$ 分成 n 段，这等价于在区间 (T_1, T_2) 内插入 $n-1$ 个分点

$$T_1 = t_0 < t_1 < \cdots < t_{n-1} < t_n = T_2$$

(2) 求和：记区间 $[t_{k-1}, t_k]$ 的时段长 $\Delta t_k = t_k - t_{k-1}$，在其上任取一点 c_k，将 c_k 处的速度 $v(c_k)$ 近似地作为区间 $[t_{k-1}, t_k]$ 上的速度，则物体在 $[t_{k-1}, t_k]$ 内运行的路程近似为 $v(c_k)\Delta t_k$。从而得物体所走路程 S 的近似值

$$S \approx v(c_1)\Delta t_1 + \cdots + v(c_n)\Delta t_n = \sum_{k=1}^{n} v(c_k)\Delta t_k$$

(3) 取极限：令 $\lambda = \max\limits_{1\leqslant k\leqslant n} \Delta t_k$，则当 $\lambda \to 0$ 时，变速直线运动的路程

$$S = \lim_{\lambda\to 0}\sum_{k=1}^{n} v(c_k)\Delta t_k$$

引例 5.3.1 和引例 5.3.2 分属几何和物理两个不同的领域，然而，所得到的面积和路程却都归结为同一结构和式的极限，将其抽象成一般的数学概念，便引出了定积分的定义。

定义 5.3.1　设 $f(x)$ 在区间 $[a, b]$ 上有定义，若下面和式的极限存在，则称

$$\int_a^b f(x)\,\mathrm{d}x = \lim_{\lambda\to 0}\sum_{k=1}^{n} f(c_k)\Delta x_k$$

为 $f(x)$ 在区间 $[a, b]$ 上的定积分。其中 a 叫作积分下限，b 叫作积分上限，$[a, b]$ 叫作积

分区间；x_k 和 c_k 是满足

$$a = x_0 < x_1 < \cdots < x_{n-1} < x_n = b \text{，} \quad x_{k-1} \leqslant c_k \leqslant x_k$$

的任意分点，$\Delta x_k = x_k - x_{k-1}$，$\lambda = \max\limits_{1\leqslant k\leqslant n} \Delta x_k$。

定积分定义中的“分割、求和、取极限”是微积分的核心思想，由此引出的“微元法”则是微积分应用于工程、管理等众多领域的最基本的数学方法。

根据定义 5.3.1、引例 5.3.1 中的面积和引例 5.3.2 中的路程可得到如下简化表示。

(1) 曲边梯形的面积：$[a,b]$ 上的连续曲线 $y = f(x)$（$f(x) \geqslant 0$），直线 $x = a$、$x = b$ 及 x 轴所围成的曲边梯形的面积 $A = \int_a^b f(x)\mathrm{d}x$。

(2) 直线运动的路程：速度为 $v(t)$ 的直线运动的物体，在时段 $[T_1, T_2]$ 内所走的路程

$$S = \int_{T_1}^{T_2} v(t)\mathrm{d}t$$

因此，曲边梯形的面积和直线运动的路程所呈现的分别是定积分的几何意义和物理意义。

课堂练习 5.3.1　完成下面的填空：

(1) $y = 1$、$x = -1$、$x = 1$、x 轴所围平面图形的面积的定积分表示为__________；

(2) $y = x$、$x = 1$、$x = 2$、x 轴所围平面图形的面积的定积分表示为__________；

(3) $y = x^2$、$x = 1$、$x = 4$、x 轴所围平面图形的面积的定积分表示为__________；

(4) $y = x^2$、$x = 1$、x 轴所围平面图形的面积的定积分表示为__________；

(5) 速度 $v = t^2$ (m/s) 的直线运动质点在 $t = 1$ (s) 到 $t = 5$ (s) 时段内所走路程的定积分表示为__________。

5.3.2　定积分的计算

根据定积分的几何意义：图 5.3.4 所示的阴影部分的面积 A 可用定积分表示为

$$A = \int_a^b f(x)\mathrm{d}x$$

利用这个面积表示式，下面先考察两个特殊的几何图形的面积。

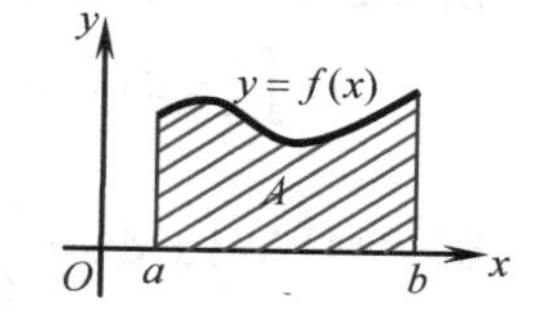

图 5.3.4　定积分表示阴影面积

引例 5.3.3　根据曲边梯形的面积的定积分表示，试分别给出曲线 $y = 1$、$y = x$ 与直线 $x = a$、$x = b$（$0 < a < b$）及 x 轴所围成的平面图形的面积的定积分表示及面积值。

解　将图 5.3.5 和图 5.3.6 分别与图 5.3.4 进行比较，并参考其面积的定积分表示

$$A = \int_a^b f(x)\mathrm{d}x$$

(1) 图 5.3.5 中阴影部分的面积的定积分表示为 $\int_a^b 1\mathrm{d}x$，面积值为 $b - a$，因此有

$$\int_a^b \mathrm{d}x = b - a$$

(2) 图 5.3.6 中阴影部分的面积的定积分表示为$\int_a^b x\,\mathrm{d}x$，面积值为$\dfrac{(a+b)(b-a)}{2}$，故有

$$\int_a^b x\,\mathrm{d}x=\frac{b^2}{2}-\frac{a^2}{2}$$

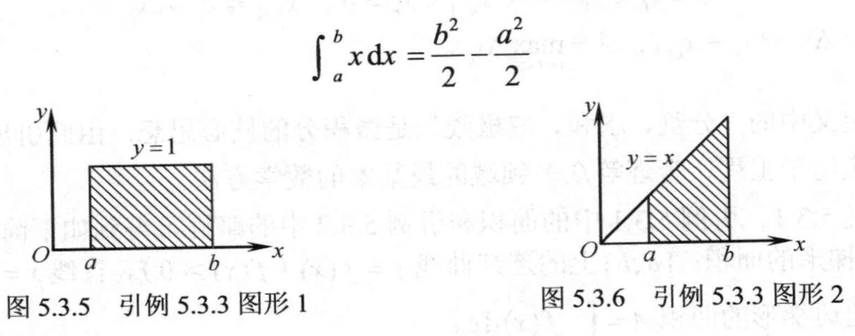

图 5.3.5 引例 5.3.3 图形 1　　图 5.3.6 引例 5.3.3 图形 2

如果规定

$$F(x)\Big|_a^b=F(b)-F(a)$$

那么由引例 5.3.3，有

$$\int_a^b \mathrm{d}x=b-a=x\Big|_a^b，\quad \int_a^b x\,\mathrm{d}x=\frac{b^2}{2}-\frac{a^2}{2}=\frac{x^2}{2}\Big|_a^b$$

注意，$\int \mathrm{d}x=x+C$，$\int x\,\mathrm{d}x=\dfrac{x^2}{2}+C$。不难看出，上述定积分都是由原函数代上、下限的计算所得到的。自然会问：这是特例还是一般规律？其普遍的一般结论是牛顿、莱布尼兹的伟大贡献，常称为牛顿-莱布尼兹公式。

牛顿-莱布尼兹公式 若$f(x)$在$[a,b]$上连续，且$\int f(x)\mathrm{d}x=F(x)+C$，则

$$\int_a^b f(x)\mathrm{d}x=F(x)\Big|_a^b=F(b)-F(a)。$$

例 5.3.1 计算下列定积分：

(1) $\int_0^1 x^5\mathrm{d}x$；　　(2) $\int_0^1 2^x\mathrm{d}x$。

解 (1) $\because \int x^5\mathrm{d}x=\dfrac{x^6}{6}+C$，$\therefore \int_0^1 x^5\mathrm{d}x=\dfrac{x^6}{6}\Big|_0^1=\dfrac{1^6}{6}-\dfrac{0^6}{6}=\dfrac{1}{6}$。

(2) $\because \int 2^x\mathrm{d}x=\dfrac{2^x}{\ln 2}+C$，$\therefore \int_0^1 2^x\mathrm{d}x=\dfrac{2^x}{\ln 2}\Big|_0^1=\dfrac{2^1}{\ln 2}-\dfrac{2^0}{\ln 2}=\dfrac{1}{\ln 2}$。

熟练后，对于能看出不定积分结果的定积分，可直接用原函数代上、下限进行计算。

例 5.3.2 计算下列定积分：

(1) $\int_0^\pi \sin x\,\mathrm{d}x$；　　(2) $\int_0^{\frac{\pi}{4}} \sec^2 x\,\mathrm{d}x$。

解 (1) $\int_0^\pi \sin x\,\mathrm{d}x=(-\cos x)\Big|_0^\pi=-(\cos\pi-\cos 0)=2$

(2) $\int_0^{\frac{\pi}{4}} \sec^2 x\,\mathrm{d}x=\tan x\Big|_0^{\frac{\pi}{4}}=\tan\dfrac{\pi}{4}-\tan 0=1-0=1$

课堂练习 5.3.2 完成下面填空：

(1) $\int_0^1 x^3 \mathrm{d}x =$ (　　　　)；(2) $\int_0^1 \mathrm{e}^x \mathrm{d}x =$ (　　　　)；

(3) $\int_0^1 3^x \mathrm{d}x =$ (　　　　)；(4) $\int_0^\pi \cos x \mathrm{d}x =$ (　　　　)。

线性运算函数如分项积分时可直接看出其不定积分，则可直接写原函数代上、下限。

例 5.3.3 计算下列定积分：

(1) $\int_0^1 (2\mathrm{e}^x - 5x^4 + 2)\mathrm{d}x$；　　(2) $\int_0^\pi (2\cos x - 3\sin x + 1)\mathrm{d}x$。

解 (1) $\int_0^1 (2\mathrm{e}^x - 5x^4 + 2)\mathrm{d}x = (2\mathrm{e}^x - x^5 + 2x)\Big|_0^1 = 2\mathrm{e} - 1$

(2) $\int_0^\pi (2\cos x - 3\sin x + 1)\mathrm{d}x = (2\sin x + 3\cos x + x)\Big|_0^\pi = \pi - 6$

课堂练习 5.3.3 计算下列定积分：

(1) $\int_0^1 (4x^3 - 5x^4 + 2x - 1)\mathrm{d}x$；　　(2) $\int_0^1 (2\times 3^x - 6\sqrt{x} + \mathrm{e}^x)\mathrm{d}x$；

(3) $\int_0^\pi \left(4\sin x - \frac{1}{4}\cos x + 2\right)\mathrm{d}x$；　　(4) $\int_0^1 \left(4x - \frac{2}{1+x^2} + 3\right)\mathrm{d}x$。

和不定积分类似，有些定积分在计算前也需要先做恒等变形。

例 5.3.4 计算下列定积分：

(1) $\int_1^2 \frac{4x^4 - 2x^2 + 3x - 2}{x}\mathrm{d}x$；　　(2) $\int_0^1 \frac{3x^2 - 5}{1+x^2}\mathrm{d}x$。

解 (1) 将被积函数分子的每一项分别除以 x 拆项，得

$$原式=\int_1^2 \left(4x^3 - 2x + 3 - \frac{2}{x}\right)\mathrm{d}x = (x^4 - x^2 + 3x - 2\ln x)\Big|_1^2 = 15 - 2\ln 2$$

(2) 将被积函数分子凑项，得

$$原式=\int_0^1 \frac{3(x^2+1) - 8}{1+x^2}\mathrm{d}x = \int_0^1 \left(3 - \frac{8}{1+x^2}\right)\mathrm{d}x = (3x - 8\arctan x)\Big|_0^1 = 3 - 2\pi$$

例 5.3.5 计算下列定积分：

(1) $\int_0^\pi \sin^2 \frac{x}{2}\mathrm{d}x$；　　(2) $\int_0^1 \mathrm{e}^{-2x}\mathrm{d}x$。

解 (1) 根据三角公式：$\sin^2 \frac{x}{2} = \frac{1-\cos x}{2}$，得

$$原式=\int_0^\pi \frac{1-\cos x}{2}\mathrm{d}x = \frac{1}{2}\int_0^\pi (1-\cos x)\mathrm{d}x = \frac{1}{2}(x - \sin x)\Big|_0^\pi = \frac{\pi}{2}$$

(2) 注意 $\mathrm{e}^{-2x} = (\mathrm{e}^{-2})^x$，从而

$$原式=\int_0^1 (e^{-2})^x\,dx=\frac{e^{-2x}}{\ln e^{-2}}\Big|_0^1=\frac{e^{-2x}}{-2}\Big|_0^1=\frac{1}{2}(1-e^{-2})$$

例 5.3.6 计算定积分$\int_1^2 \frac{4x^2-2xe^{2x}+3}{x}dx$。

解 将被积函数分子的每一项分别除以x拆项，得

$$原式=\int_1^2 (4x-2e^{2x}+\frac{3}{x})dx=(2x^2-2\times\frac{e^{2x}}{2}+3\ln x)\Big|_1^2$$

$$=(2x^2-e^{2x}+3\ln x)\Big|_1^2=6-e^2(e^2-1)+3\ln 2$$

课堂练习 5.3.4 计算下列定积分：

(1) $\int_1^2 \frac{3x^3-2x^2+4x-1}{x}dx$； (2) $\int_0^1 \frac{2x^2+1}{1+x^2}dx$；

(3) $\int_0^\pi \cos^2\frac{x}{2}dx$； (4) $\int_1^2 \frac{3x^5-2x^3e^x+2x^2-1}{x^3}dx$。

习 题 5.3

1. 填空：

(1) $\int_0^1 x^7dx=($ $)$； (2) $\int_1^2 \frac{1}{x}dx=($ $)$；

(3) $\int_0^1 4^x dx=($ $)$； (4) $\int_0^{\frac{\pi}{3}} \sin x\,dx=($ $)$；

(5) $\int_0^{\frac{\pi}{2}} \cos x\,dx=($ $)$； (6) $\int_1^2 \frac{1}{x^2}dx=($ $)$；

(7) $\int_1^2 \frac{x+2}{x}dx=($ $)$； (8) $\int_0^1 e^{-x}dx=($ $)$。

2. 计算下列定积分：

(1) $\int_0^1 (10x^4-8x^3+3\sqrt{x}-2)dx$； (2) $\int_1^2 \left(4e^x-6x^5+\frac{3}{x}\right)dx$；

(3) $\int_0^{\frac{\pi}{2}} \left(2\cos x-\frac{1}{2}\sin x+4\right)dx$； (4) $\int_0^1 x(2x-1)^2dx$；

(5) $\int_0^1 \frac{2\times e^x-3\times 2^x}{2^x}dx$； (6) $\int_0^1 \frac{2x^4-6}{1+x^2}dx$；

(7) $\int_1^2 \frac{4x^4+3x^3-2x^2+5x-1}{x}dx$； (8) $\int_1^2 \frac{6x^4-2x^3+3x^2e^{-2x}+5x}{x^2}dx$。

5.4 定积分的性质

5.4.1 积分存在假定

根据定义 5.3.1，$f(x)$ 在区间 $[a,b]$ 上的定积分

$$\int_a^b f(x)\mathrm{d}x = \lim_{\lambda\to 0}\sum_{k=1}^{n} f(c_k)\Delta x_k$$

即定积分是一个和式的极限。既然是极限，它就可能存在，也可能不存在。

为保证积分的存在，对此后所出现的积分，总假定：被积函数在其闭的积分区间上连续或分段连续且有界，并在节点处的左、右极限都存在。

5.4.2 颠倒积分限规定

前面介绍的定积分是相对于区间给出的，而区间 $[a,b]$ 上的定积分 $\int_a^b f(x)\mathrm{d}x$ 是在 $a<b$ 的情况下定义的，如何定义上限小、下限大的定积分呢？这就要探讨颠倒积分限的问题。

根据牛顿-莱布尼兹公式，若 $\int f(x)\mathrm{d}x = F(x)+C$，则

(1) $\int_a^a f(x)\mathrm{d}x = F(x)\big|_a^a = F(a)-F(a)=0$；

(2) $\int_b^a f(x)\mathrm{d}x = F(x)\big|_b^a = F(a)-F(b) = -(F(b)-F(a)) = -\int_a^b f(x)\mathrm{d}x$。

因此，对于上限小、下限大的定积分，可进行如下的颠倒积分限规定

$$\int_a^a f(x)\mathrm{d}x = 0，\quad \int_b^a f(x)\mathrm{d}x = -\int_a^b f(x)\mathrm{d}x$$

即颠倒上、下限，定积分变号。

5.4.3 定积分性质讨论

1. 运算性质

注意，不定积分具有线性运算性质，即

$$\int(\alpha f(x)+\beta g(x))\mathrm{d}x = \alpha\int f(x)\mathrm{d}x + \beta\int g(x)\mathrm{d}x \text{（}\alpha\text{、}\beta\text{为常数）}$$

或等价地，若 $\int f(x)\mathrm{d}x = F(x)+C$，$\int g(x)\mathrm{d}x = G(x)+C$，则

$$\int(\alpha f(x)+\beta g(x))\mathrm{d}x = \alpha F(x)+\beta G(x)+C$$

依据牛顿-莱布尼兹公式，便有

(1) $\int_a^b f(x)\,\mathrm{d}x = F(x)\big|_a^b = F(b)-F(a)$，$\int_a^b g(x)\,\mathrm{d}x = G(x)\big|_a^b = G(b)-G(a)$；

(2) $\int_a^b (\alpha f(x)+\beta g(x))\,dx=(\alpha F(x)+\beta G(x))\Big|_a^b$

$$=(\alpha F(b)+\beta G(b))-(\alpha F(a)+\beta G(a))$$

综合(1)和(2)得

$$\int_a^b (\alpha f(x)+\beta g(x))\,dx=\alpha(F(b)-F(a))+\beta(G(b)-G(a))$$

$$=\alpha\int_a^b f(x)\,dx+\beta\int_a^b g(x)\,dx$$

即定积分遵循下面的线性规则。

性质 5.4.1(线性规则) 若α、β为常数，则

$$\int_a^b (\alpha f(x)+\beta g(x))\,dx=\alpha\int_a^b f(x)\,dx+\beta\int_a^b g(x)\,dx$$

和不定积分一样，定积分的线性运算性质说明定积分也可采用分项计算方式：

(1) 逐项积分；

(2) 提出常数因子。

例 5.4.1 计算$\int_1^4\left(\frac{5}{1023}x^4-\frac{1}{21}x^2\right)dx$。

分析 若用不定积分代上、下限的方式：

$$原式=\left(\frac{1}{1023}x^5-\frac{1}{63}x^3\right)\Bigg|_1^4$$

会有一个较为复杂的通分计算过程。下面采用分项计算方式。

解 原式$=\frac{5}{1023}\int_1^4 x^4dx-\frac{1}{21}\int_1^4 x^2dx=\frac{1}{1023}x^5\Big|_1^4-\frac{1}{63}x^3\Big|_1^4=1-1=0$

由例 5.4.1 不难看出，不定积分代上、下限的方式并不是计算定积分时的唯一选择。

事实上，有些函数的定积分存在，其不定积分却不能用初等函数表示出来，这类积分常称为不可积的积分。例如，$e^{\pm x^2}$、$\sin x^2$、$\cos x^2$ 在$(-\infty,+\infty)$内连续，因此，它们在$(-\infty,+\infty)$内的任意一个有限的闭子区间上的定积分都存在，然而

$$\int e^{\pm x^2}dx，\int\sin x^2dx，\int\cos x^2dx$$

却不能用初等函数表示出来，因此，其定积分也就不能用不定积分代上、下限的方式进行计算。

课堂练习 5.4.1

1. 完成下面的填空：

(1) $\int_a^a\frac{1}{1+x^4}dx=$(　　　)； (2) 若$\int_1^3 f(x)dx=6$，则$\int_3^1 f(x)dx=$(　　　)；

(3) 若$\int_a^b f(x)\,dx=-1$，$\int_a^b g(x)\,dx=2$，则$\int_a^b(2f(x)-3g(x))\,dx=$(　　　)。

2. 用分项积分方式计算下列定积分：

(1) $\int_0^1(4x^3-3x^2+2x-1)\,dx$； (2) $\int_1^2\left(\frac{5}{31}x^4-\frac{4}{15}x^3+\frac{2}{3}x\right)dx$；

(3) $\int_0^{\frac{\pi}{2}}(5\cos x-4\sin x+3)\,\mathrm{d}x$；　　(4) $\int_0^1\left(\frac{4}{1+x^2}-2x+1\right)\mathrm{d}x$。

2. 可加性

注意，若 $F(x)$ 非负连续，则 $y=F(x)$、$x=a$、$x=b$、x 轴所围图形的面积 $A=\int_a^b F(x)\,\mathrm{d}x$。

如图 5.4.1 所示，若 $x=c$ 将图形分成两块，则其面积

$$A_1=\int_a^c F(x)\,\mathrm{d}x\text{，}\quad A_2=\int_c^b F(x)\,\mathrm{d}x$$

再根据 $A=A_1+A_2$ 即得

$$\int_a^b F(x)\,\mathrm{d}x=\int_a^c F(x)\,\mathrm{d}x+\int_c^b F(x)\,\mathrm{d}x$$

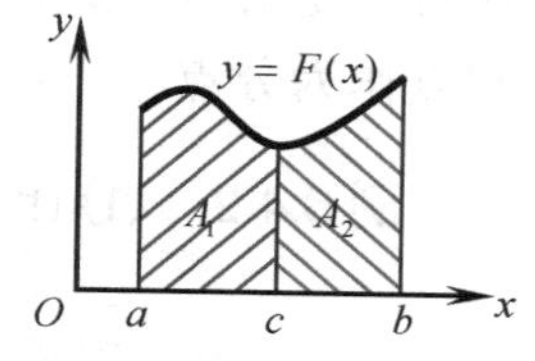

图 5.4.1　面积的可加性

依据这一结论，下面给出定积分的更一般的积分区间可加性论证。

性质 5.4.2(可加性)　若 $f(x)$ 在下面的积分区间上都连续，则对任意数 c 有

$$\int_a^b f(x)\,\mathrm{d}x=\int_a^c f(x)\,\mathrm{d}x+\int_c^b f(x)\,\mathrm{d}x$$

【证明】　(1)若 $a<c<b$，注意

$$G(x)=|f(x)|+f(x)\text{ 和 }H(x)=|f(x)|$$

都非负连续，根据上面的结论，有

$$\int_a^b G(x)\,\mathrm{d}x=\int_a^c G(x)\,\mathrm{d}x+\int_c^b G(x)\,\mathrm{d}x\text{，}\quad\int_a^b H(x)\,\mathrm{d}x=\int_a^c H(x)\,\mathrm{d}x+\int_c^b H(x)\,\mathrm{d}x\text{；}$$

再注意

$$f(x)=G(x)-H(x)$$

从而由定积分的运算性质，有

$$\begin{aligned}\int_a^b f(x)\,\mathrm{d}x&=\int_a^b G(x)\,\mathrm{d}x-\int_a^b H(x)\,\mathrm{d}x\\&=\int_a^c G(x)\,\mathrm{d}x+\int_c^b G(x)\,\mathrm{d}x-\int_a^c H(x)\,\mathrm{d}x-\int_c^b H(x)\,\mathrm{d}x\\&=\int_a^c (G(x)-H(x))\,\mathrm{d}x+\int_c^b (G(x)-H(x))\,\mathrm{d}x=\int_a^c f(x)\,\mathrm{d}x+\int_c^b f(x)\,\mathrm{d}x\end{aligned}$$

(2)若 $c<a<b$，则根据(1)中的结论，有

$$\int_c^b f(x)\,\mathrm{d}x=\int_c^a f(x)\,\mathrm{d}x+\int_a^b f(x)\,\mathrm{d}x$$

所以

$$\begin{aligned}\int_a^b f(x)\,\mathrm{d}x&=\int_c^b f(x)\,\mathrm{d}x-\int_c^a f(x)\,\mathrm{d}x\\&=\int_c^b f(x)\,\mathrm{d}x-(-\int_a^c f(x)\,\mathrm{d}x)=\int_a^c f(x)\,\mathrm{d}x+\int_c^b f(x)\,\mathrm{d}x\end{aligned}$$

(3)若 $a<b<c$，同理，有

$$\int_a^c f(x)\,\mathrm{d}x=\int_a^b f(x)\,\mathrm{d}x+\int_b^c f(x)\,\mathrm{d}x$$

故
$$\int_a^b f(x)\mathrm{d}x=\int_a^c f(x)\mathrm{d}x-\int_b^c f(x)\mathrm{d}x=\int_a^c f(x)\mathrm{d}x+\int_c^b f(x)\mathrm{d}x$$

综上所述，不论c为何实数值，其可加性结论都成立。

定积分的可加性常用于计算分段函数或绝对值函数的积分。因为分段函数节点的左、右分支函数的表达式一般都不一样，因此，分段函数的定积分常以节点作为分点。而对于绝对值函数，由于积分计算前需除掉绝对值，因此，绝对值函数的定积分通常以零点作为分点。

例 5.4.2 (1) 计算$\int_0^4|x-2|\mathrm{d}x$；

(2) 若 $f(x)=\begin{cases}4x+1, & x<0\\ 3x^2-2x, & x\geqslant 0\end{cases}$，求$\int_{-1}^1 f(x)\mathrm{d}x$。

解 (1) $|x-2|$是绝对值函数，其零点为$x=2$。由可加性，得

$$\int_0^4|x-2|\mathrm{d}x=\int_0^2|x-2|\mathrm{d}x+\int_2^4|x-2|\mathrm{d}x=\int_0^2(2-x)\mathrm{d}x+\int_2^4(x-2)\mathrm{d}x$$
$$=\left(2x-\frac{x^2}{2}\right)\Bigg|_0^2+\left(\frac{x^2}{2}-2x\right)\Bigg|_2^4=(2-0)+(0-(-2))=4$$

(2) $f(x)$是分段函数，节点为$x=0$。由可加性，得

$$\int_{-1}^1 f(x)\mathrm{d}x=\int_{-1}^0 f(x)\mathrm{d}x+\int_0^1 f(x)\mathrm{d}x=\int_{-1}^0(4x+1)\mathrm{d}x+\int_0^1(3x^2-2x)\mathrm{d}x$$
$$=(2x^2+x)\Big|_{-1}^0+(x^3-x^2)\Big|_0^1=(0-1)+(0-0)=-1$$

课堂练习 5.4.2 计算下面定积分：

(1) $\int_0^2|x-1|\mathrm{d}x$；　　(2) $\int_0^{\pi}|\cos x|\mathrm{d}x$；

(3) $f(x)=\begin{cases}2x-1, & x<0\\ 4x^3+2, & x\geqslant 0\end{cases}$，求$\int_{-1}^1 f(x)\mathrm{d}x$。

3. 保号性

注意，若$F(x)$在$[a,b]$上连续，在(a,b)内成立

$$F(x)>0$$

则根据定积分的几何意义知：$\int_a^b F(x)\mathrm{d}x$是图 5.4.2 所示的阴影部分的面积，这个面积值很显然大于 0，于是有

$$\int_a^b F(x)\mathrm{d}x>0$$

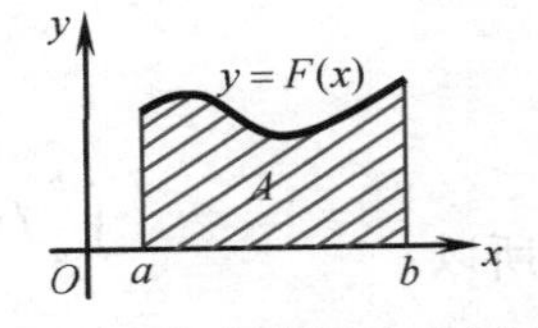

图 5.4.2　曲边梯形示意图

取$F(x)=f(x)-g(x)$，即得定积分的保号性。

性质 5.4.3(保号性)　若$f(x)$和$g(x)$在$[a,b]$上连续，则在(a,b)内

$$f(x)>g(x)\Rightarrow\int_a^b f(x)\mathrm{d}x>\int_a^b g(x)\mathrm{d}x$$

定积分的保号性常用于比较积分大小或估计积分值。易见

$$-|f(x)| \leqslant f(x) \leqslant |f(x)|$$

从而由定积分的保号性得$\left|\int_a^b f(x)\mathrm{d}x\right| \leqslant \int_a^b |f(x)|\mathrm{d}x$。

例 5.4.3 比较下列各对积分值的大小：

(1) $\int_0^1 \frac{x^2}{1+x^3}\mathrm{d}x$ 与 $\int_0^1 \frac{x^2}{1+x^5}\mathrm{d}x$； (2) $\int_1^2 \mathrm{e}^{-x}\mathrm{d}x$ 与 $\int_1^2 \mathrm{e}^{-x^2}\mathrm{d}x$。

解 比较被积函数在其相应的积分区间内的大小。

(1) 在 $(0,1)$ 内，有 $x^3 > x^5$，从而

$$\frac{x^2}{1+x^3} < \frac{x^2}{1+x^5} \Rightarrow \int_0^1 \frac{x^2}{1+x^3}\mathrm{d}x < \int_0^1 \frac{x^2}{1+x^5}\mathrm{d}x$$

(2) 在 $(1,2)$ 内，有 $x < x^2$，从而

$$\mathrm{e}^{-x} > \mathrm{e}^{-x^2} \Rightarrow \int_1^2 \mathrm{e}^{-x}\mathrm{d}x > \int_1^2 \mathrm{e}^{-x^2}\mathrm{d}x$$

课堂练习 5.4.3 比较下面各对积分的大小(填>或<)：

(1) $\int_0^1 x^2\mathrm{d}x$ ( ) $\int_0^1 x^3\mathrm{d}x$； (2) $\int_1^2 x^2\mathrm{d}x$ ( ) $\int_1^2 x^3\mathrm{d}x$；

(3) $\int_1^2 \frac{1}{x^2}\mathrm{d}x$ ( ) $\int_1^2 \frac{1}{x^3}\mathrm{d}x$； (4) $\int_0^1 \frac{1}{1+x}\mathrm{d}x$ ( ) $\int_0^1 \frac{1}{1+x^2}\mathrm{d}x$。

4. 无关性

注意，若 $F(x)$ 非负连续，则图 5.4.3 和图 5.4.4 所示的阴影部分的面积分别为

$$\int_a^b F(x)\mathrm{d}x \text{ 和 } \int_a^b F(t)\mathrm{d}t$$

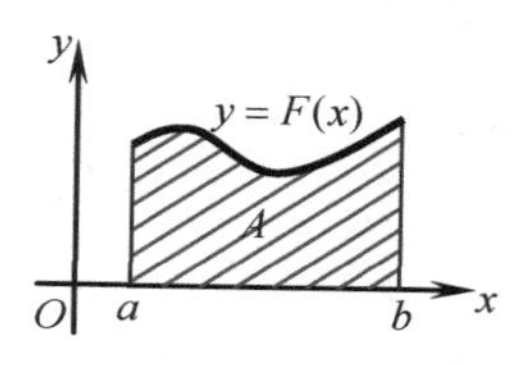

图 5.4.3 面积示意图 1

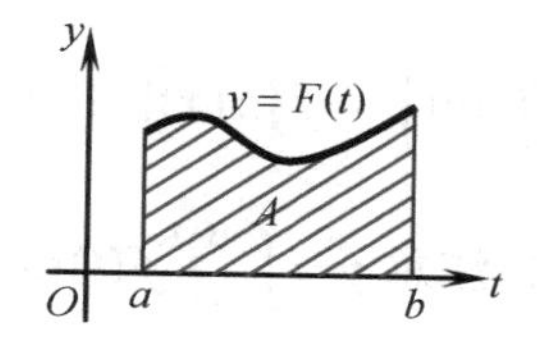

图 5.4.4 面积示意图 2

不难看出，除自变量不同外，两图的阴影部分完全一样，因此其面积相等，从而

$$\int_a^b F(x)\mathrm{d}x = \int_a^b F(t)\mathrm{d}t$$

利用上面的结论，可得到定积分下面的性质。

性质 5.4.4 定积分的值与积分变量无关，即

$$\int_a^b f(x)\mathrm{d}x = \int_a^b f(t)\mathrm{d}t$$

【证明】 令 $G(x) = |f(x)| + f(x)$，$H(x) = |f(x)|$，则 $G, H \geqslant 0$。由上面的结论，有

$$\int_a^b G(x)\mathrm{d}x=\int_a^b G(t)\mathrm{d}t,\ \int_a^b H(x)\mathrm{d}x=\int_a^b H(t)\mathrm{d}t$$

从而 $\int_a^b f(x)\mathrm{d}x=\int_a^b (G(x)-H(x))\mathrm{d}x=\int_a^b G(x)\mathrm{d}x-\int_a^b H(x)\mathrm{d}x$

$$=\int_a^b G(t)\mathrm{d}t-\int_a^b H(t)\mathrm{d}t=\int_a^b (G(t)-H(t))\mathrm{d}t=\int_a^b f(t)\mathrm{d}t$$

5. 可导性

注意积分

$$\int_a^x f(t)\mathrm{d}t$$

对 x 的每一个取值都有一个确定的积分值与之对应，从而构成一个变上限的函数。

下面来考察变上限函数的导数。

性质 5.4.5（微积分学基本定理） 若 $f(x)$ 在 $[a,b]$ 上连续，则在 (a,b) 内有

$$\left(\int_a^x f(t)\mathrm{d}t\right)'=f(x)$$

【证明】 设 $\int f(t)\mathrm{d}t=F(t)+C$，则

$$F'(t)=f(t),\ \int_a^x f(t)\mathrm{d}t=F(t)\Big|_a^x=F(x)-F(a)$$

从而 $\left(\int_a^x f(t)\mathrm{d}t\right)'=F'(x)-0=f(x)$。

由性质 5.4.5 并结合复合函数的求导法则，可建立更一般的变上、下限函数的导数。

推论 5.4.1 若 $f(x)$ 连续，$u(x)$、$v(x)$ 可导，则

(1) $\left(\int_a^{u(x)} f(t)\mathrm{d}t\right)'=f[u(x)]\cdot u'(x)$（$a$ 为常数）；

(2) $\left(\int_{v(x)}^{u(x)} f(t)\mathrm{d}t\right)'=f[u(x)]\cdot u'(x)-f[v(x)]\cdot v'(x)$。

【证明】 (1) 注意 $y=\int_a^{u(x)} f(t)\mathrm{d}t$ 由

$$y=\int_a^u f(t)\mathrm{d}t \text{ 和 } u=u(x)$$

复合而成，根据复合函数的求导法则，有

$$y'_x=\left(\int_a^u f(t)\mathrm{d}t\right)'_u\cdot u'(x)=f(u)\cdot u'(x)=f[u(x)]\cdot u'(x)$$

(2) 由可加性，得

$$\int_{v(x)}^{u(x)} f(t)\mathrm{d}t=\int_{v(x)}^0 f(t)\mathrm{d}t+\int_0^{u(x)} f(t)\mathrm{d}t=\int_0^{u(x)} f(t)\mathrm{d}t-\int_0^{v(x)} f(t)\mathrm{d}t$$

两边求导并利用结论 (1) 即得结论 (2)。

利用推论 5.4.1 可得到下面 3 个重要的计算公式。

推论 5.4.2 设 $f(t)$ 连续，a 为任意实数。若 $f(t)$ 是

(1) 奇函数（$f(-t)=-f(t)$），则 $\int_{-a}^{a} f(t)\mathrm{d}t=0$；

(2) 偶函数（$f(-t)=f(t)$），则 $\int_{-a}^{a} f(t)\mathrm{d}t=2\int_{0}^{a} f(t)\mathrm{d}t$；

(3) 周期为 T 的周期函数（$f(t+T)=f(t)$），则 $\int_{a}^{a+T} f(t)\mathrm{d}t=\int_{0}^{T} f(t)\mathrm{d}t$。

【证明】 令 $F(x)=\int_{-x}^{x} f(t)\mathrm{d}t$，则由推论 5.4.1，得

$$F'(x)=f(x)(x)'-f(-x)(-x)'=f(x)+f(-x)$$

若 f 是奇函数，则 $f(-x)=-f(x)$，从而

$$F'(x)=0 \Rightarrow F(x)=\int 0\,\mathrm{d}x=C\ (C\text{为常数})$$

分别取 $x=a$ 和 0，得 $F(a)=F(0)=C$，即得

$$\int_{-a}^{a} f(t)\mathrm{d}t=\int_{0}^{0} f(t)\mathrm{d}t=0$$

令 $G(x)=\int_{-x}^{x} f(t)\mathrm{d}t-2\int_{0}^{x} f(t)\mathrm{d}t$ 和 $H(x)=\int_{x}^{x+T} f(t)\mathrm{d}t$，同理可分别证明推论 5.4.2 中的 (2) 和 (3)。

推论 5.4.2 可用文字简述为：

(1) 奇函数在关于原点对称的区间上的积分为 0；

(2) 偶函数在关于原点对称的区间上的积分为其一半区间上的积分的 2 倍；

(3) 周期为 T 的函数在长度为 T 的区间上的积分都相等。

例 5.4.4 求下列积分：

(1) $\int_{-2}^{2}\frac{x^4\sin x}{1+\cos^2 x}\mathrm{d}x$；　　(2) $\int_{-1}^{1}(1-x^5\cos 2x)\mathrm{d}x$。

解 注意，$\frac{x^4\sin x}{1+\cos^2 x}$ 和 $x^5\cos 2x$ 都是奇函数。由推论 5.4.2，得

(1) $\int_{-2}^{2}\frac{x^4\sin x}{1+\cos^2 x}\mathrm{d}x=0$；

(2) $\int_{-1}^{1}(1-x^5\cos 2x)\mathrm{d}x=\int_{-1}^{1}1\mathrm{d}x-\int_{-1}^{1}x^5\cos 2x\mathrm{d}x=2-0=2$。

例 5.4.5 求下列积分：

(1) $\int_{-1}^{1}|x|\mathrm{d}x$；　　(2) $\int_{0}^{2\pi}|\sin x|\mathrm{d}x$。

解 注意，$|x|$ 是偶函数，$|\sin x|$ 是偶函数且以 2π 为周期。由推论 5.4.2，得

(1) $\int_{-1}^{1}|x|\mathrm{d}x=2\int_{0}^{1}|x|\mathrm{d}x$（偶函数）$=2\int_{0}^{1}x\mathrm{d}x=x^2\Big|_0^1=1$；

(2) $\int_{0}^{2\pi}|\sin x|\mathrm{d}x=\int_{-\pi}^{\pi}|\sin x|\mathrm{d}x$（$2\pi$ 周期）$=2\int_{0}^{\pi}|\sin x|\mathrm{d}x$（偶函数）

$$=2\int_{0}^{\pi}\sin x\mathrm{d}x=2(-\cos x)\Big|_0^{\pi}=4。$$

课堂练习 5.4.4 完成下面的填空：

(1) $\int_{-1}^{1} \frac{x^7 \cos x}{1+x^2} dx = ($ $)$； (2) $\int_{-2}^{2} (1-2x\cos x + x^2 \sin x) dx = ($ $)$。

习 题 5.4

1. 用分项积分方式计算下列定积分：

(1) $\int_{1}^{2} \left(\frac{6}{63}x^5 - \frac{5}{31}x^4 + \frac{4}{3}x \right) dx$； (2) $\int_{0}^{\frac{\pi}{2}} (2\sin x - 5\cos x + 4) dx$。

2. 用可加性计算下列定积分：

(1) $f(x) = \begin{cases} 3x^2 + 2x, & x < 0 \\ 4x^3 + 1, & x \geqslant 0 \end{cases}$，求 $\int_{-1}^{1} f(x) dx$； (2) 计算 $\int_{3}^{9} |x-6| dx$。

3. 求下列定积分值：

(1) $\int_{-\pi}^{\pi} \frac{x^7 \cos x}{1+x^4} dx$； (2) $\int_{-1}^{1} (4 - 2x^4 \sin 3x) dx$。

5.5 广义积分的计算

前面介绍的定积分，积分区间是有限的，被积函数在积分区间上也是有界的。

在现实生活中，也会有这样的一类积分，它们的积分区间是无穷区间，或者被积函数在积分区间上无界。看下面的引例。

引例 5.5.1 考察下面曲线所夹成的中间部分图形：

(1) $y = \frac{1}{x^2}$ 和 x 轴； (2) $y = \frac{1}{x^2}$，$x = \pm 1$ 和 x 轴。

试给出图形面积的积分表示。

解 如图 5.5.1 和图 5.5.2 所示，视 $y = \frac{1}{x^2}$ 在 $x = 0$ 处相接于 ∞，并将图形视为下面曲线所围：

(1) $y = \frac{1}{x^2}$、$x = \pm\infty$ 和 x 轴； (2) $y = \frac{1}{x^2}$、$x = \pm 1$ 和 x 轴。

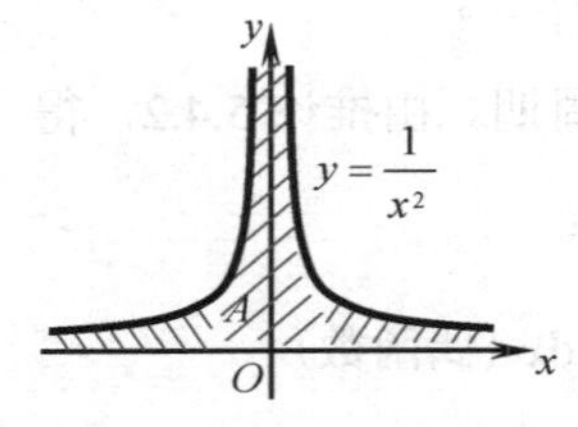

图 5.5.1 引例 5.5.1 图形 1

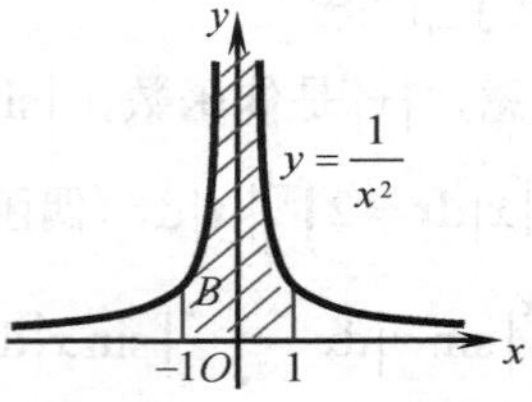

图 5.5.2 引例 5.5.1 图形 2

类似于曲边梯形的面积的定积分表示，可得图形面积的积分表示：

(1) $A=\int_{-\infty}^{+\infty}\frac{1}{x^2}\mathrm{d}x$；　　(2) $B=\int_{-1}^{1}\frac{1}{x^2}\mathrm{d}x$。

引例 5.5.1 中的积分 $\int_{-\infty}^{+\infty}\frac{1}{x^2}\mathrm{d}x$ 是无穷区间上的积分，$\int_{-\infty}^{+\infty}\frac{1}{x^2}\mathrm{d}x$ 和 $\int_{-1}^{1}\frac{1}{x^2}\mathrm{d}x$ 都是被积函数在 $x=0$ 处无界的积分。为了区别，将这类积分称为广义积分，而前面讨论的定积分则称为正常积分。

5.5.1　无穷区间的广义积分

无穷区间的广义积分一般有 3 类：

$$\int_{-\infty}^{+\infty},\quad \int_{-\infty}^{b},\quad \int_{a}^{+\infty}$$

下面先讨论 $\int_{-\infty}^{b}$ 和 $\int_{a}^{+\infty}$ 型广义积分的定义和计算。

看一个引例。

引例 5.5.2　考察图 5.5.3 和图 5.5.4 所示图形中阴影部分的面积。

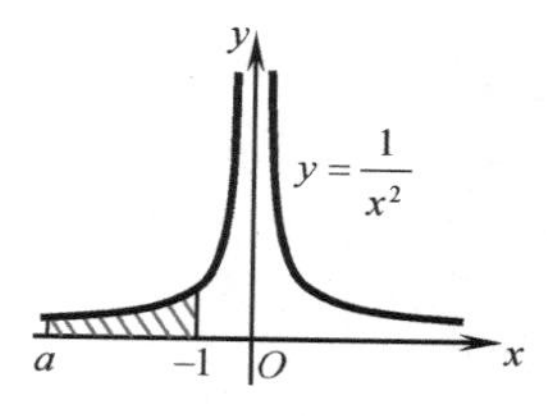

图 5.5.3　引例 5.5.2 图形 1

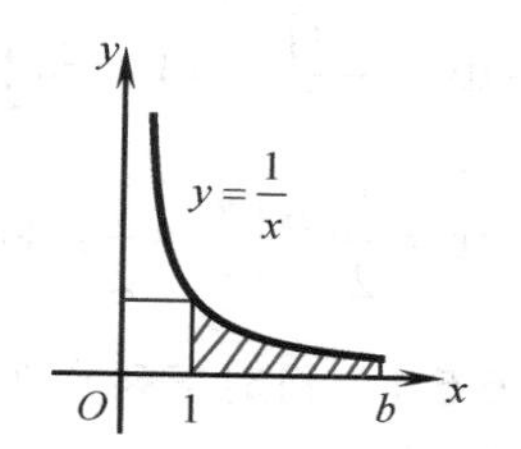

图 5.5.4　引例 5.5.2 图形 2

根据曲边梯形面积的定积分表示可知：

(1) 图 5.5.3 中阴影部分的面积为 $\int_{a}^{-1}\frac{1}{x^2}\mathrm{d}x$，令 $a\to-\infty$，即得面积关系

$$\int_{-\infty}^{-1}\frac{1}{x^2}\mathrm{d}x=\lim_{a\to-\infty}\int_{a}^{-1}\frac{1}{x^2}\mathrm{d}x$$

(2) 图 5.5.4 中阴影部分的面积为 $\int_{1}^{b}\frac{1}{x}\mathrm{d}x$，令 $b\to+\infty$，即得面积关系

$$\int_{1}^{+\infty}\frac{1}{x}\mathrm{d}x=\lim_{b\to+\infty}\int_{1}^{b}\frac{1}{x}\mathrm{d}x$$

扩展引例 5.5.2 中的被积函数为一般的数学函数，可得无穷区间的广义积分的定义。

定义 5.5.1　设被积函数在其对应的积分区间上连续，定义

(1) $\int_{a}^{+\infty}f(x)\mathrm{d}x=\lim_{b\to+\infty}\int_{a}^{b}f(x)\mathrm{d}x$；　　(2) $\int_{-\infty}^{b}f(x)\mathrm{d}x=\lim_{a\to-\infty}\int_{a}^{b}f(x)\mathrm{d}x$。

当且仅当等式右边的极限为有限时称左边的广义积分收敛；否则，称左边的广义积分发散。

例如，引例 5.5.2 中的两个积分：

(1) $\int_{1}^{+\infty}\frac{1}{x}\,\mathrm{d}x=\lim\limits_{b\to+\infty}\int_{1}^{b}\frac{1}{x}\,\mathrm{d}x=\lim\limits_{b\to+\infty}\ln x\big|_{1}^{b}=+\infty$，故$\int_{1}^{+\infty}\frac{1}{x}\,\mathrm{d}x$发散。

(2) $\int_{-\infty}^{-1}\frac{1}{x^2}\,\mathrm{d}x=\lim\limits_{a\to-\infty}\int_{a}^{-1}\frac{1}{x^2}\,\mathrm{d}x=\lim\limits_{a\to-\infty}\left(-\frac{1}{x}\right)\Big|_{a}^{-1}=1$，故$\int_{-\infty}^{-1}\frac{1}{x^2}\,\mathrm{d}x$收敛于1。

不难看出，极限的代值计算也就相当于∞作为一个数的代上、下限计算，即

$$\int_{1}^{+\infty}\frac{1}{x}\,\mathrm{d}x=\ln x\big|_{1}^{+\infty}=\ln(+\infty)-0=+\infty,\quad \int_{-\infty}^{-1}\frac{1}{x^2}\,\mathrm{d}x=\left(-\frac{1}{x}\right)\Big|_{-\infty}^{-1}=1+\frac{1}{-\infty}=1$$

这样便使广义积分的计算与前面的定积分计算在方式上趋于一致，即

$$\int_{-\infty}^{b}f(x)\,\mathrm{d}x \text{ 和 } \int_{a}^{+\infty}f(x)\,\mathrm{d}x$$

型广义积分，可将$+\infty$或$-\infty$看作一个数并直接用不定积分代上、下限的方式进行计算。

例 5.5.1 判别下列广义积分的敛散性：

(1) $\int_{1}^{+\infty}\frac{1}{x^2}\,\mathrm{d}x$；　　(2) $\int_{-\infty}^{0}\mathrm{e}^{2x}\mathrm{d}x$。

解 注意，$\int\frac{1}{x^2}\,\mathrm{d}x=-\frac{1}{x}+C$，$\int\mathrm{e}^{2x}\mathrm{d}x=\frac{\mathrm{e}^{2x}}{2}+C$。因此，有

(1) $\int_{1}^{+\infty}\frac{1}{x^2}\,\mathrm{d}x=-\frac{1}{x}\Big|_{1}^{+\infty}=1$，即$\int_{1}^{+\infty}\frac{1}{x^2}\,\mathrm{d}x$收敛于1。

(2) $\int_{-\infty}^{0}\mathrm{e}^{2x}\mathrm{d}x=\frac{1}{2}\mathrm{e}^{2x}\Big|_{-\infty}^{0}=\frac{1}{2}$，即$\int_{-\infty}^{0}\mathrm{e}^{2x}\mathrm{d}x$收敛于$\frac{1}{2}$。

课堂练习 5.5.1 判别下列广义积分的敛散性：

(1) $\int_{1}^{+\infty}\frac{1}{\sqrt{x}}\,\mathrm{d}x$；　　(2) $\int_{-\infty}^{0}\mathrm{e}^{x}\mathrm{d}x$。

5.5.2 无界函数的广义积分

先看一个例子。

引例 5.5.3 考察图 5.5.5 和图 5.5.6 所示图形中阴影部分的面积。

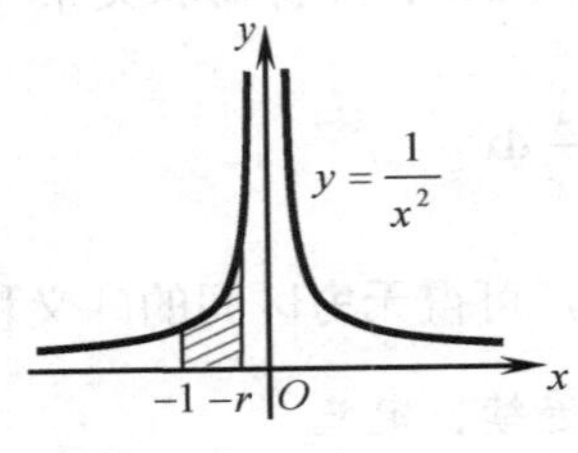

图 5.5.5 引例 5.5.3 图形 1

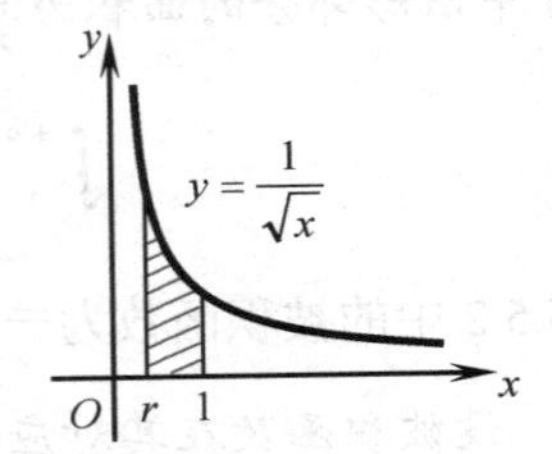

图 5.5.6 引例 5.5.3 图形 2

根据曲边梯形面积的定积分表示可知：

(1) 图 5.5.5 中阴影部分的面积为$\int_{-1}^{-r}\frac{1}{x^2}\,\mathrm{d}x$，令$r\to0+$，即得面积关系

$$\int_{-1}^{0}\frac{1}{x^2}\mathrm{d}x=\lim_{r\to 0+}\int_{-1}^{-r}\frac{1}{x^2}\mathrm{d}x$$

(2) 图 5.5.6 中阴影部分的面积为$\int_{r}^{1}\frac{1}{\sqrt{x}}\mathrm{d}x$，令$r\to 0+$，即得面积关系

$$\int_{0}^{1}\frac{1}{\sqrt{x}}\mathrm{d}x=\lim_{r\to 0+}\int_{r}^{1}\frac{1}{\sqrt{x}}\mathrm{d}x$$

扩展引例 5.5.3 中的被积函数为一般的数学函数，可得到无界函数的广义积分的定义。

定义 5.5.2 (1) 若$f(x)$在$(a,b]$上连续，$f(a)=\infty$，则定义

$$\int_{a}^{b}f(x)\mathrm{d}x=\lim_{r\to 0+}\int_{a+r}^{b}f(x)\mathrm{d}x$$

(2) 若$f(x)$在$[a,b)$上连续，$f(b)=\infty$，则定义

$$\int_{a}^{b}f(x)\mathrm{d}x=\lim_{r\to 0+}\int_{a}^{b-r}f(x)\mathrm{d}x$$

类似于$\int_{-\infty}^{b}f(x)\mathrm{d}x$和$\int_{a}^{+\infty}f(x)\mathrm{d}x$型广义积分的计算，对于仅上、下限之一使被积函数为$\infty$的广义积分，仍可直接用牛顿-莱布尼兹公式进行代上、下限的计算。

例 5.5.2 判别下列广义积分的敛散性：

(1) $\int_{0}^{4}\frac{1}{\sqrt{x}}\mathrm{d}x$；　　(2) $\int_{0}^{1}\frac{1}{x^2}\mathrm{d}x$。

解 (1) $\int_{0}^{4}\frac{1}{\sqrt{x}}\mathrm{d}x=2\sqrt{x}\Big|_{0}^{4}=4$，故$\int_{0}^{1}\frac{1}{\sqrt{x}}\mathrm{d}x$收敛于2。

(2) $\int_{0}^{1}\frac{1}{x^2}\mathrm{d}x=-\frac{1}{x}\Big|_{0}^{1}=\infty$，故$\int_{0}^{1}\frac{1}{x^2}\mathrm{d}x$发散。

课堂练习 5.5.2 判别下列广义积分的敛散性：

(1) $\int_{0}^{1}\frac{1}{x}\mathrm{d}x$；　　(2) $\int_{0}^{1}\frac{1}{\sqrt{1-x^2}}\mathrm{d}x$。

5.5.3 其他类型广义积分的计算

引例 5.5.1 诱导出来的广义积分

$$A=\int_{-\infty}^{+\infty}\frac{1}{x^2}\mathrm{d}x \quad 和 \quad B=\int_{-1}^{1}\frac{1}{x^2}\mathrm{d}x$$

如果采用牛顿-莱布尼兹公式直接计算，则有

$$A=\int_{-\infty}^{+\infty}\frac{1}{x^2}\mathrm{d}x=-\frac{1}{x}\Big|_{-\infty}^{+\infty}=0,\quad B=\int_{-1}^{1}\frac{1}{x^2}\mathrm{d}x=-\frac{1}{x}\Big|_{-1}^{1}=-2$$

注意A、B都是面积，这显然是不可能的。因此，对于$\int_{-\infty}^{+\infty}$和被积函数在积分区间的内点无界的广义积分，直接用牛顿-莱布尼兹公式进行计算的方式不可行。

然而，图形是可拆分的。首先图 5.5.2 中的阴影部分可用 y 轴拆分成左右两块，根据 3 块图形面积的关系及其积分表示，有

$$\int_{-1}^{1}\frac{1}{x^2}\mathrm{d}x=\int_{-1}^{0}\frac{1}{x^2}\mathrm{d}x+\int_{0}^{1}\frac{1}{x^2}\mathrm{d}x$$

进一步地，图 5.5.1 中的阴影部分可用 $x=\pm 1$ 分成 3 块，其中中间的那一块又可用 y 轴拆分成左右 2 块，根据这 5 块图形面积的关系及其积分表示，有

$$\int_{-\infty}^{+\infty}\frac{1}{x^2}\mathrm{d}x=\int_{-\infty}^{-1}\frac{1}{x^2}\mathrm{d}x+\int_{-1}^{0}\frac{1}{x^2}\mathrm{d}x+\int_{0}^{1}\frac{1}{x^2}\mathrm{d}x+\int_{1}^{+\infty}\frac{1}{x^2}\mathrm{d}x$$

不难看出，对于拆分后的每个子积分，上、下限中只有之一为 ∞ 或使被积函数无界，被积函数在其积分区间内都连续，且由于 $\int_{0}^{1}\frac{1}{x^2}\mathrm{d}x=-\frac{1}{x}\bigg|_{0}^{1}=+\infty$，因此：

(1) 作为面积，$\int_{-1}^{1}\frac{1}{x^2}\mathrm{d}x=+\infty$，$\int_{-\infty}^{+\infty}\frac{1}{x^2}\mathrm{d}x=+\infty$；(2) 作为广义积分，它们都发散。

拓广上述做法，一般有如下结论。

综合型广义积分的计算方式如下。

(1) 找出奇异点：积分区间上所有使被积函数为无穷的点及 $\pm\infty$（若有）。

(2) 选择拆分点：取相邻奇异点间的任意整点或中点作为拆分点。

(3) 排序：将奇异点和拆分点按从小至大排列。

(4) 拆成子积分：将广义积分拆分成 (3) 中任意相邻两点构成的子积分之和。

※当且仅当所有子积分都为有限时原广义积分才收敛※

例如，广义积分 $\int_{-\infty}^{+\infty}\frac{1}{x(1+x)}\mathrm{d}x$ 的奇异点为 $-\infty$、-1、0、$+\infty$，在其间取整点或中点作为拆分点，如取 -2、$-\frac{1}{2}$、1，然后排序：

$$-\infty、-2、-1、-\frac{1}{2}、0、1、+\infty$$

从而广义积分可拆分为任意相邻两点构成的子积分之和：

$$\int_{-\infty}^{+\infty}=\int_{-\infty}^{-2}+\int_{-2}^{-1}+\int_{-1}^{-\frac{1}{2}}+\int_{-\frac{1}{2}}^{0}+\int_{0}^{1}+\int_{1}^{+\infty}$$

当且仅当等式右边所有的子积分都为有限时 $\int_{-\infty}^{+\infty}\frac{1}{x(1+x)}\mathrm{d}x$ 才收敛。

例 5.5.3 判别下列广义积分的敛散性：

(1) $\int_{0}^{+\infty}\frac{1}{\sqrt{x}}\mathrm{d}x$；　　(2) $\int_{-\infty}^{+\infty}\frac{1}{1+x^2}\mathrm{d}x$。

解 (1) 奇异点为 0、$+\infty$，取 1 作为拆分点后排序：

$$0、1、+\infty$$

从而广义积分可拆分为

$$\int_0^{+\infty}\frac{1}{\sqrt{x}}\mathrm{d}x=\int_0^1\frac{1}{\sqrt{x}}\mathrm{d}x+\int_1^{+\infty}\frac{1}{\sqrt{x}}\mathrm{d}x$$

注意，$\int\frac{1}{\sqrt{x}}\mathrm{d}x=2\sqrt{x}+C$，于是有

$$\int_1^{+\infty}\frac{1}{\sqrt{x}}\mathrm{d}x=2\sqrt{x}\Big|_1^{+\infty}=+\infty$$

即$\int_1^{+\infty}\frac{1}{\sqrt{x}}\mathrm{d}x$发散，故$\int_0^{+\infty}\frac{1}{\sqrt{x}}\mathrm{d}x$发散。

(2)奇异点为$-\infty$、$+\infty$，取0作为拆分点后排序：

$$-\infty、0、+\infty$$

从而广义积分可拆分为

$$\int_{-\infty}^{+\infty}\frac{1}{1+x^2}\mathrm{d}x=\int_{-\infty}^{0}\frac{1}{1+x^2}\mathrm{d}x+\int_0^{+\infty}\frac{1}{1+x^2}\mathrm{d}x$$

注意，$\int\frac{1}{1+x^2}\mathrm{d}x=\arctan x+C$，于是有

$$\int_{-\infty}^{0}\frac{1}{1+x^2}\mathrm{d}x=\arctan x\Big|_{-\infty}^{0}=\frac{\pi}{2}，\quad\int_0^{+\infty}\frac{1}{1+x^2}\mathrm{d}x=\arctan x\Big|_0^{+\infty}=\frac{\pi}{2}$$

故$\int_{-\infty}^{+\infty}\frac{1}{1+x^2}\mathrm{d}x=\pi$，即积分收敛于$\pi$。

习 题 5.5

计算下列广义积分：

1. $\int_1^{+\infty}\frac{1}{x\sqrt{x}}\mathrm{d}x$；
2. $\int_2^{+\infty}\frac{1}{x^2}\mathrm{d}x$；
3. $\int_0^{+\infty}\mathrm{e}^{-2x}\mathrm{d}x$；
4. $\int_{-\infty}^{0}\mathrm{e}^{3x}\mathrm{d}x$；
5. $\int_0^9\frac{1}{\sqrt{x}}\mathrm{d}x$；
6. $\int_0^4\frac{x+2}{x}\mathrm{d}x$。

5.6 积分的MATLAB计算

积分的英文是Intergration，MATLAB的函数库中计算积分的函数名为int，程序如下：

```
>> syms  x                               %x取积分变量
>> y=…                                   %输入y的表达式
>> int(y,x)                              %求y的不定积分
>> J=int(y,x,a,b),double(J)              %求y在[a，b]上的定积分
```

其中a、b为数值。

例 5.6.1 $y=x\sqrt{1-x^2}$，求$\int y\,\mathrm{d}x$和$\int_0^1 y\,\mathrm{d}x$。

解 MATLAB 计算程序：

```
>> syms  x
>> y=x*sqrt(1-x^2)
>> int(y,x)
ans=-1/3*(1-x^2)^(3/2)
>> J=int(y,x,0,1),double(J)
J=1/3
ans=0.3333
```

例 5.6.2 $y=x\ln(1+x^2)$，求$\int y\,\mathrm{d}x$和$\int_1^4 y\,\mathrm{d}x$。

解 MATLAB 计算程序：

```
>> syms  x
>> y=x*log(1+x^2)
>> int(y,x)
ans=1/2*(1+x^2)*log(1+x^2)-1/2*x^2-1/2
>> J=int(y,x,1,4),double(J)
J=17/2*log(17)-15/2-log(2)
ans=15.8892
```

课堂练习 5.6.1 写出计算下列积分的 MATLAB 程序：

(1) $\int x^2\cos 3x\,\mathrm{d}x$；　　(2) $\int_0^1\left(\dfrac{x}{\sqrt{1+x^2}}-\mathrm{e}^{2x}\sin x\right)\mathrm{d}x$。

5.7 积分的应用

5.7.1 平面图形的面积

根据定积分的几何意义，若$F(x)$在$[a,b]$上非负连续，则图 5.7.1 所示的图形的面积

$$A=\int_a^b F(x)\,\mathrm{d}x$$

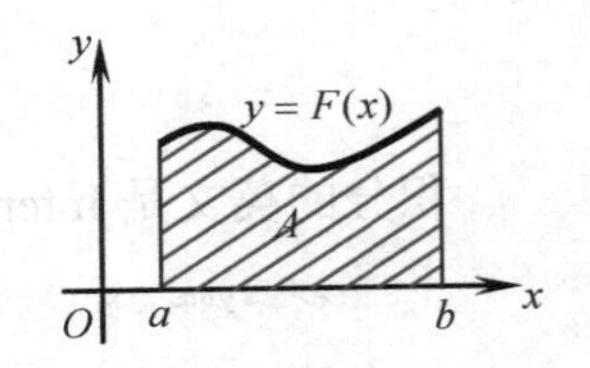

图 5.7.1 面积表示示意图

注意，这个公式仅适用"位于x轴上方，且以x轴为下方边界"的图形的面积计算。不满足这样的条件，应该如何给出图形的面积的定积分表示呢？为了解答这个问题，下面先进行一个讨论。

课堂讨论 5.7.1 考察图 5.7.2 和图 5.7.3 所示的图形，试给出图形面积的积分表示。

分析　考察图形的边界。

(1)将图 5.7.2 所示的阴影部分转化为以x轴为下方边界，上方边界分别为

$$y=f(x) \text{ 和 } y=g(x)$$

的两个图形相减，再根据定积分的几何意义即得图 5.7.2 所示的阴影部分的面积的定积分表示

$$A=\int_a^b f(x)\,dx-\int_a^b g(x)\,dx=\int_a^b (f(x)-g(x))\,dx$$

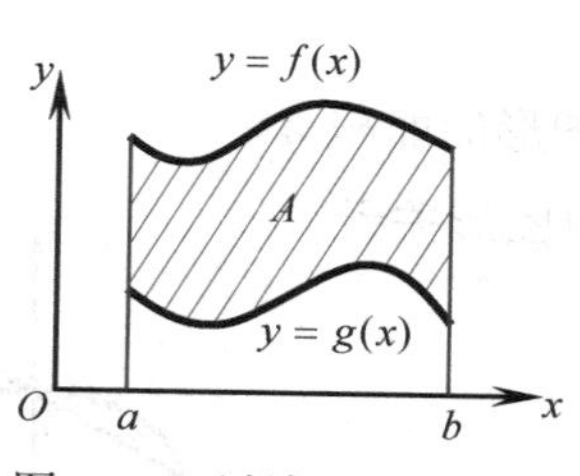

图 5.7.2　讨论 5.7.1 图形 1

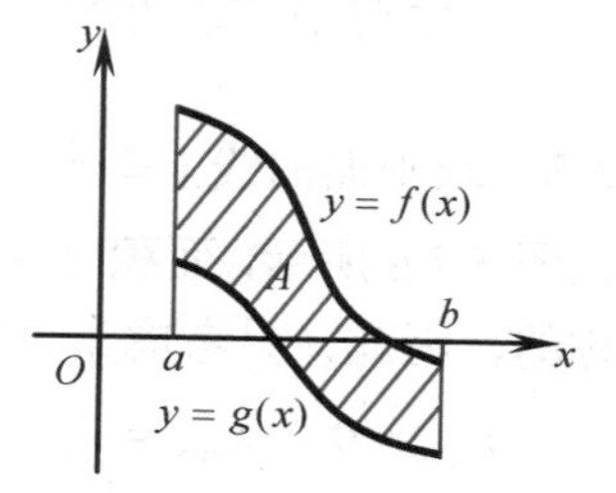

图 5.7.3　讨论 5.7.1 图形 2

(2)注意平移不改变图形的面积。将图 5.7.3 所示的阴影部分向上平移k个单位，使其上、下方边界都在x轴的上方，再根据(1)中的结果，可得其面积的定积分表示

$$A=\int_a^b \left[(f(x)+k)-(g(x)+k)\right]dx=\int_a^b (f(x)-g(x))\,dx$$

总结上面的讨论，不论图形的位置如何变动，其积分的下限都是a、上限都是b，被积函数也都是$f(x)-g(x)$。注意：

(1)上限b是图形中最大的x值，下限a是图形中最小的x值；

(2) $f(x)$是图形的上方边界曲线的y值，$g(x)$是图形的下方边界曲线的y值。

从而得到如下平面图形的面积的x型(以x为积分变量)积分表示方法。先画出图形，然后：

①找出图中x的最大值$x_{\max}$和最小值$x_{\min}$，确定出积分的上、下限；

②在图中画与y轴正向一致的箭头，确定图形的上、下方边界的y值$y_{上}(x)$和$y_{下}(x)$；

③得出图形面积的定积分表示：$A=\int_{x_{\min}}^{x_{\max}}(y_{上}(x)-y_{下}(x))\,dx$。

在实际操作过程中，除了画图，确定上下限和被积函数的分析过程可以省略。

例 5.7.1　求平面曲线$y=x^2$、$x=1$、x轴所围成的平面图形的面积A。

解　如图 5.7.4 所示，有

$$x_{\min}=0,\quad x_{\max}=1,\quad y_{上}=x^2,\quad y_{下}=0$$

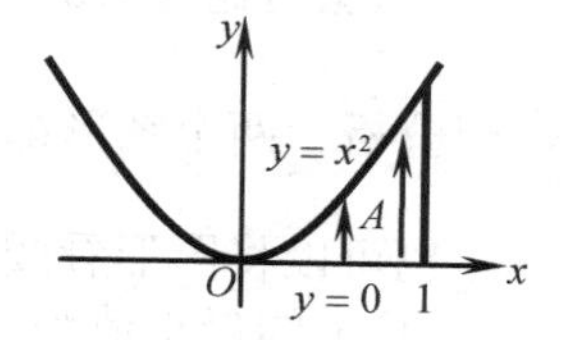

图 5.7.4　例 5.7.1 图形

从而所求面积

$$A=\int_0^1 (x^2-0)\,dx=\left.\frac{x^3}{3}\right|_0^1=\frac{1}{3}$$

例 5.7.2　求平面曲线$y=x^2$、$y=1$所围成的平面图形的面积A。

解 如图 5.7.5 所示，有

$$x_{\min}=-1,\quad x_{\max}=1,\quad y_{上}=1,\quad y_{下}=x^2$$

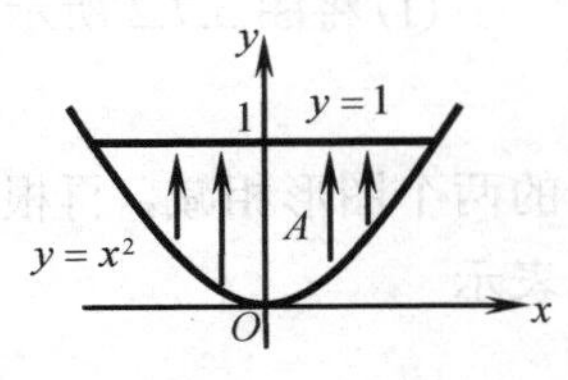

图 5.7.5 例 5.7.2 图形

从而所求面积

$$A=\int_{-1}^{1}(1-x^2)\,\mathrm{d}x$$

$$=2\int_{0}^{1}(1-x^2)\,\mathrm{d}x=2\left(x-\frac{x^3}{3}\right)\Bigg|_0^1=\frac{4}{3}$$

例 5.7.3 求平面曲线 $y=x^3$、$y=4x$ 所围成的平面图形的面积 A。

解 如图 5.7.6 所示，面积 A 由两块图形构成，这两块图形关于原点是对称的，因此，只考虑第一象限的部分

$$x_{\min}=0,\quad x_{\max}=2,\quad y_{上}=4x,\quad y_{下}=x^3$$

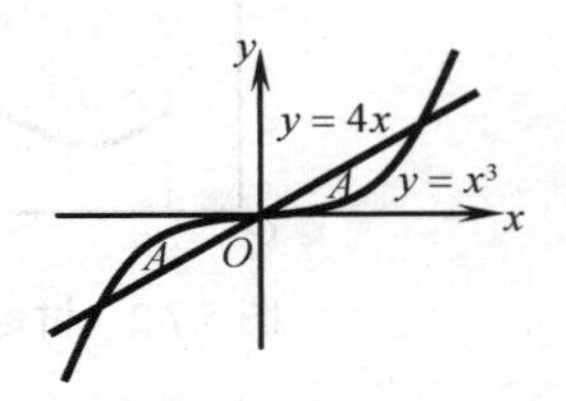

图 5.7.6 例 5.7.3 图形

从而所求面积

$$A=2\int_{0}^{2}(4x-x^3)\,\mathrm{d}x=2\left(2x^2-\frac{x^4}{4}\right)\Bigg|_0^2=8$$

课堂练习 5.7.1 求下列平面曲线所围成的平面图形的面积：

(1) $y=3x$，$y=x$，$x=2$；　　(2) $y=x^2$，$y=x$。

***课堂讨论 5.7.2** 考察图 5.7.7 和图 5.7.8 所示的图形，问应如何给出图形面积的定积分表示？

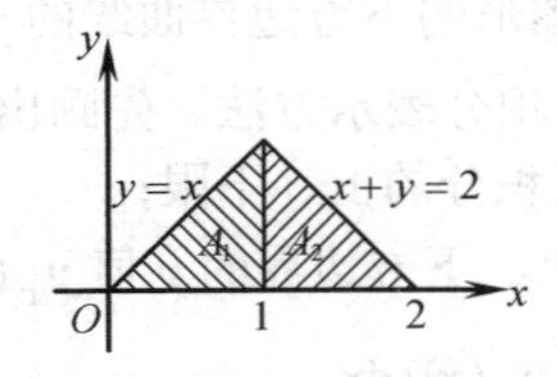

图 5.7.7 讨论 5.7.2 图形 1

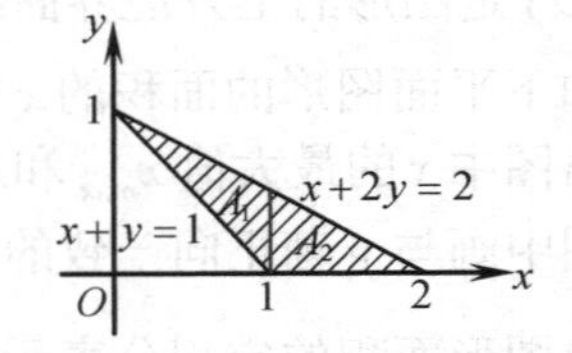

图 5.7.8 讨论 5.7.2 图形 2

***课堂讨论 5.7.3** 图 5.7.7 和图 5.7.8 中图形的面积是否可以不分块计算？

分析 两个图形都是三角形，其面积分别为 1 和 $\frac{1}{2}$。

也可以将图形看成左右结构的。

(1) y 的最小值和最大值分别为 0 和 1；左、右方边界的 x 值分别为 y 和 $2-y$，故

$$A=\int_{0}^{1}[(2-y)-y]\,\mathrm{d}y=\int_{0}^{1}(2-2y)\,\mathrm{d}y=2-y^2\Big|_0^1=1$$

(2) y 的最小值和最大值分别为 0 和 1；左、右方边界的 x 值分别为 $1-y$ 和 $2-2y$，故

$$A=\int_{0}^{1}[(2-2y)-(1-y)]\,\mathrm{d}y=\int_{0}^{1}(1-y)\,\mathrm{d}y=1-\frac{1}{2}y^2\Bigg|_0^1=\frac{1}{2}$$

不难看出，这样计算的结果和用三角形面积公式计算的结果一致。

这个结果启发我们，平面图形的面积的 y 型(以 y 为积分变量)积分表示也是可行的。具体操作方法如下。先画出图形，然后：

(1)找出图中 y 的最大值 $y_{\max}$ 和最小值 $y_{\min}$，确定出积分的上、下限；

(2)在图中画与 x 轴正向一致的箭头，确定图形的左右方边界的 x 值 $x_{左}(y)$ 和 $x_{右}(y)$；

(3)得出图形面积的定积分表示：$A=\int_{y_{\min}}^{y_{\max}}(x_{右}(y)-x_{左}(y))\mathrm{d}y$。

***课堂练习 5.7.2** 用 y 型积分计算下面平面曲线所围成的平面图形的面积：

(1) $y=2x$，$y=x$，$y=2$；　(3) $y=x^2$，$x+y=2$，x 轴；

(3) $y=\dfrac{1}{x}$，$y=x$，$y=2$；　(4) $y=\ln x$，$x=2$，x 轴。

5.7.2 变速直线运动的路程

根据定积分的物理意义，若直线运动物体的速度 $v=v(t)$ 连续，则物体在时段 $[T_1,T_2]$ 内所走的路程 $s=\int_{T_1}^{T_2}v(t)\mathrm{d}t$。汽车上的里程表就是根据这个公式设计制造的。

例 5.7.4 已知直线运动物体的速度

$$v=6t^2-4t+3\ (\mathrm{m/s})$$

求物体前 10s 所走的路程。

解 根据定积分的物理意义，物体前 10s 所走的路程

$$s=\int_0^{10}v(t)\mathrm{d}t=\int_0^{10}(6t^2-4t+3)\mathrm{d}t=(2t^3-2t^2+3t)\Big|_0^{10}=1830\ (\mathrm{m})$$

5.7.3 社会生活应用

积分在社会生活中的应用主要表现为对变化率的利用，即已知变化率求增量或总量。若 $f(x)$ 在 $[a,b]$ 上的变化率为 $p(x)$，即 $f'(x)=p(x)$，则由牛顿-莱布尼兹公式，得

$$\int_a^b p(x)\mathrm{d}x=f(x)\Big|_a^b=f(b)-f(a)$$

从而：

(1) $f(x)$ 在 $[a,b]$ 上的增量为 $\Delta f=f(b)-f(a)=\int_a^b p(x)\mathrm{d}x$；

(2) $f(x)$ 在 $x=b$ 时的总量为 $f(b)=f(a)+\int_a^b p(x)\mathrm{d}x$。

案例 5.7.1 已知在第 1 个 5 年里，生产某种产品的增长率 $p(t)=2t+3$ (万件/年)，如果按照这样的增长率规划生产该产品，问下 1 个 5 年里计划生产该产品的总量是多少？

解 将第 1 个 5 年视为时间 t 从 0 至 5，那么下 1 个 5 年的 t 便是从 5 至 10，下 1 个 5

年里计划生产该产品的总量也就是在 t 从 5 至 10 时产品的增量，增量值

$$\Delta Q=\int_5^{10}p(t)\,\mathrm{d}t=\int_5^{10}(2t+3)\,\mathrm{d}t=(t^2+3t)\Big|_5^{10}=90\ (\text{万件})$$

案例 5.7.2 已知某城市至 2010 年年底的人口总数为 100 万人。调查统计资料显示，2010—2015 年该城市的人口增长率

$$p(t)=0.0088t^3+0.018t^2-0.1022t+1.5462\ (\text{万人/年})$$

其中 $t=0$ 对应 2010 年年底。如果按照这样的趋势继续增长，问 2020 年年底该城市的人口总数是多少？

解 注意 2020 年年底对应 $t=10$，2020 年年底该城市的人口总数等于 2010 年年底的人口总数加上 2011 年年底至 2020 年年底人口的增量，即

$$N=N(0)+\int_0^{10}p(t)\,\mathrm{d}t=100+\int_0^{10}(0.0088t^3+0.018t^2-0.1022t+1.5462)\,\mathrm{d}t$$

$$=100+(0.0022t^4+0.006t^3-0.0511t^2+1.5462t)\Big|_0^{10}=138.352\ (\text{万人})$$

MATLAB 计算程序

```
>> syms  t
>> p=0.0088*t^3+0.018*t^2-0.1022*t+1.5426
>> N=100+int(p,t,0,10)
ans=138.3
```

案例 5.7.1 和案例 5.7.2 属“已知变化率求确定时间段或时间点的总量”问题，这类问题由于时间限定在特定的范围，一般都采用定积分进行计算。

有些问题采用定积分和不定积分进行计算都是可行的。例如，若汽车由静止开始沿直线路径运动，其速度 $v(t)=2t$ (m/s)，则：

(1) 根据导数的物理意义得 $s'=v(t)=2t$，从而

$$s=\int 2t\,\mathrm{d}t=t^2+C$$

再注意 $s(0)=0$，所以 $C=0$，故 $s=t^2$；

(2) 根据牛顿-莱布尼兹公式得 $s=s(0)+\int_0^t v(t)\,\mathrm{d}t$，从而 $s=\int_0^t 2t\,\mathrm{d}t=t^2\Big|_0^t=t^2$。

课堂练习 5.7.3 公司市场研究报告预计，创客家用电脑投入市场后 5 年的销售增长率为 $p(t)=20-10\mathrm{e}^{-0.05t}$ $(0\leqslant t\leqslant 60)$ 万台/月。问创客家用电脑投入市场 3 年的销售总量是多少？

*5.7.4 交流电的平均值和有效值

测量一个物体的长度，用米尺测量和用市尺测量所得出的数据是不一样的，这是因为米尺与市尺的量制(单位长度)不同。为了使得米尺与市尺都可用于测量长度，人们需要找

出它们之间的转换关系。同样在电路中测量电流或电压的大小时，也有不同的制式。

一个城市在一天中的气温是不断变化的，也就是城市气温在某一时刻的“瞬时值”是不确定的，但人们通常会以一天中的最高气温、最低气温和平均气温来描述当天的气温。

交变电流的大小和方向随时间做周期性变化，要准确描述交变电流产生的效果，通常也要用到交流电的瞬时值、最大值、平均值和有效值，其中平均值和有效值就是测量电流或电压常采用的两种制式。

1. 平均值

在实验或工程测量中，n 个测量数据 y_1，…，y_n 的算术平均值

$$\overline{y}=\frac{y_1+y_2+\cdots+y_n}{n}$$

根据上述公式，在某一时间段内，用等长间隔时间连续采集电流(或电压)值并将其累加，再用累加值除以采集次数，其商即为该电流(或电压)的平均值。它适用于直流电的计量，无论是恒定的还是脉动的直流电，都可用它计量电流(或电压)的大小。但这样计算的平均值不适用于交流电，因为常用交流电的波形是正弦波，其电流(或电压)是按固定周期变化的，不能简单地由有限次的测量数据进行描述。应该如何确定交流电的平均值呢？

下面先通过定积分的经典引例来了解非负连续函数在区间上的平均值。

引例 5.7.1 根据定积分的物理意义，直线运动的物体，如果其速度为 $v(t)$，那么它在时段 $[T_1, T_2]$ 内所走的路程

$$s=\int_{T_1}^{T_2}v(t)\,\mathrm{d}t$$

根据平均速度=路程/时间，它在时段 $[T_1, T_2]$ 内的平均速度

$$\overline{v}=\frac{s}{T_2-T_1}=\frac{1}{T_2-T_1}\int_{T_1}^{T_2}v(t)\,\mathrm{d}t$$

引例 5.7.1 引出了数学上的平均值概念。

定义 5.7.1 连续函数 $f(x)$ 在 $[a,b]$ 上的平均值 $\overline{f}=\dfrac{1}{b-a}\displaystyle\int_a^b f(x)\,\mathrm{d}x$。

例 5.7.5 已知正弦交流电的电流瞬时值 $i=I_m\sin\omega t$，其中 I_m、ω 为定值，试求在一个周期时段内电流的平均值。

解 注意 $\sin\omega t$ 的周期 $T=\dfrac{2\pi}{\omega}$，由平均值的定义，在一个周期时段内电流的平均值

$$\overline{i}=\frac{1}{T}\int_0^T I_m\sin\omega t\,\mathrm{d}t=\frac{I_m}{T}\cdot\frac{\cos\omega t}{-\omega}\bigg|_0^T=-\frac{I_m}{T\omega}(\cos 2\pi-\cos 0)=0$$

不难看出，交流电的数学平均值是 0。

电工技术所关心的是量值(绝对值)的大小。因此，电工技术中的平均值指的是电流(电

压)的绝对值在一个周期时段内的平均值，即电流i和电压u的平均值分别为

$$I_p=\frac{1}{T}\int_0^T|i|\mathrm{d}t,\quad U_p=\frac{1}{T}\int_0^T|u|\mathrm{d}t$$

例 5.7.6 已知正弦交流电的电流和电压瞬时值分别为

$$i=I_m\sin\omega t \quad 和 \quad u=U_m\sin\omega t$$

其中I_m、U_m和ω为定值。试给出电工技术中电流和电压在一个周期时段内的平均值与最大电流I_m和最大电压U_m之间的关系。

解 注意，$\sin\omega t$的周期$T=\dfrac{2\pi}{\omega}$，电工技术中电流和电压在一个周期时段内的平均值为

$$I_p=\frac{1}{T}\int_0^T I_m|\sin\omega t|\mathrm{d}t,\quad U_p=\frac{1}{T}\int_0^T U_m|\sin\omega t|\mathrm{d}t$$

再根据$|\sin\omega t|$的周期性和奇偶性，得

$$\int_0^T|\sin\omega t|\mathrm{d}t=\int_{-\frac{T}{2}}^{\frac{T}{2}}|\sin\omega t|\mathrm{d}t\ (T\text{ 周期})=2\int_0^{\frac{T}{2}}|\sin\omega t|\mathrm{d}t\ (\text{偶函数})$$

$$=2\int_0^{\frac{T}{2}}\sin\omega t\,\mathrm{d}t=-\frac{2}{\omega}\cos\omega t\Big|_0^{\frac{T}{2}}=\frac{4}{\omega}=\frac{2T}{\pi}$$

于是有$I_p=\dfrac{I_m}{T}\cdot\dfrac{2T}{\pi}=\dfrac{2}{\pi}I_m$，$U_p=\dfrac{U_m}{T}\cdot\dfrac{2T}{\pi}=\dfrac{2}{\pi}U_m$，即

$$I_p=0.637I_m,\quad U_p=0.637U_m$$

2. 有效值

常用的交流电，其波形为正弦波，即其电流(或电压)按固定周期变化，而且其值在正负半波的变化是大小相等、方向相反的，故其数学平均值为0，因此，数学平均值不适用于交流电。但同直流电一样，交流电也是可以做功的，可以使灯泡发光，可以使电机转动，而且做功可大可小，那么用什么来计量交流电的大小呢？这就引来了“有效值”的概念。

交流电的有效值是根据它的热效应确定的。交流电流i通过电阻R，在周期T内所产生的热量和直流电流I通过同一电阻R在相同时间内所产生的热量相等，那么这个直流电流I的数值就叫作交流电流i的有效值。

在周期T内，直流电通过电阻R所产生的热量

$$Q=I^2RT$$

而交流电通过同样的电阻R所产生热量$Q=\int_0^T i^2R\,\mathrm{d}t$，根据定义，这两个电流所产生的热量应相等，即

$$I^2RT=\int_0^T i^2R\,\mathrm{d}t$$

从而交流电流i的有效值$I=\sqrt{\frac{1}{T}\int_0^T i^2\mathrm{d}t}$。再根据欧姆定律，可得到交流电压$u$的有效值

$$U=IR=\sqrt{\frac{1}{T}\int_0^T (iR)^2\,\mathrm{d}t}=\sqrt{\frac{1}{T}\int_0^T u^2\mathrm{d}t}$$

例 5.7.7 已知正弦交流电的电流和电压瞬时值分别为

$$i=I_m\sin\omega t \text{ 和 } u=U_m\sin\omega t\ (I_m、U_m、\omega \text{ 为定值})$$

试给出电流和电压的有效值与最大电流I_m和最大电压U_m之间的关系。

解 注意，$\sin\omega t$的周期$T=\frac{2\pi}{\omega}$，积分

$$\int_0^T \sin^2\omega t\,\mathrm{d}t=\int_0^T \frac{1-\cos 2\omega t}{2}\mathrm{d}t=\frac{1}{2}\left(t-\frac{\sin 2\omega t}{2\omega}\right)\Bigg|_0^T=\frac{T}{2}$$

因此，电流和电压的有效值

$$I=\sqrt{\frac{1}{T}\int_0^T (I_m\sin\omega t)^2\,\mathrm{d}t}=\frac{I_m}{\sqrt{2}},\quad U=\sqrt{\frac{1}{T}\int_0^T (U_m\sin\omega t)^2\,\mathrm{d}t}=\frac{U_m}{\sqrt{2}}$$

即$I=0.707I_m$，$U=0.707U_m$。

综合例 5.7.6 和例 5.7.7，可得到交流电的平均值和有效值的转换关系

$$I_p=0.9I,\quad U_p=0.9U$$

习 题 5.7

1. 求下列平面曲线所围成平面图形的面积：

(1) $y=x^2$，$x=y^2$； (2) $y=x^2$，$y=x+2$；

(3) $y=x^3$，$y=8$，y轴； (4) $y=x^3$，$y=x$；

(5) $y=\frac{1}{x}$，$y=x$，$x=2$； *(6) $y=\ln x$，$x=2$，x轴。

2. 应用题

(1) 某城市在 12 月的某一天从上午六点至下午六点的温度(℃)由下面函数给出

$$T=-0.06t^3+0.6t^2+3.2t-26$$

其中$t=0$对应上午六点。试确定当天的平均温度。

(2) 某公司从 2010 年年初至 2015 年年末，笔记本电脑年销售量的增长率为

$$f(t)=0.18t^2+0.15t+2.86\ (0\leqslant t\leqslant 6)\ (\text{万台})$$

其中$t=0$对应 2010 年年初。问从 2010 年年初至 2015 年年末所销售的笔记本电脑总数共

有多少？

(3) 已知某地区在 2010 年年初至 2015 年年底的人口增长率为

$$p(t)=30\mathrm{e}^{0.02t}\ (\text{万/年})$$

求该地区在 2013 年年初至 2015 年年底的人口增加总量。

【数学名人】——黎曼

第6章　积分方法

【名人名言】 数学是锻炼思想的体操。——加里宁

【经典语录】 探索的旅程不在于发现新大陆，而在于培养新视角。

【轻松幽默】 数学使人聪明，如果现在不会计算，那么将来就可能会被算计。

【学习目标】 了解常用积分方法：换元积分法和分部积分法。

知道有理函数、三角有理函数和简单无理函数的积分方法。

【教学提示】 对于较为复杂的被积函数，其积分仅用基本公式直接得出结果基本上已不大可能。在已掌握好积分基础知识之后，进一步学习积分方法对训练计算能力、培养数学思维是非常好的举措之一，也是提升发展空间达到专升本要求的必要步骤。本章规划为自主学习内容，教学中可因材选讲、略讲或不讲。

【数学词汇】

①换元积分（Integration by Substitution）。

②分部积分（Integration by Parts）。

③有理函数（Rational Function）。

④无理函数（Irrational Function）。

【内容提要】

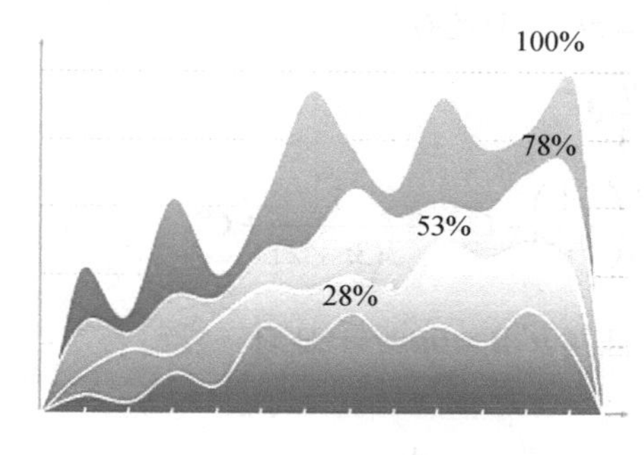

第5章所介绍的积分，都是能直接用积分基本公式或对被积函数做恒等变形后再用积分基本公式进行计算的积分。不难想象，结构稍复杂一点的函数的积分，其计算一般不会那样直接、容易。

本章将介绍积分方法：换元积分法、分部积分法、有理函数积分法、三角有理函数积分法和简单无理函数积分法。

6.1 第一类换元积分法

6.1.1 案例诱导

案例 6.1.1 1990 年，Soloron 公司的研发部门经理宣称，从现在开始 t 年后，生产太阳能电池面板的费用(单位：美元/峰值瓦)将以

$$p(t)=\frac{58}{(3t+2)^2}\ (0\leqslant t\leqslant 10)$$

的速率下降，其中 $t=0$ 对应于 1990 年年初，其生产费用为 10 美元/峰值瓦。

假设 1990 年后的第 t 年年初的生产费用为 $C(t)$，则 $C'(t)=-p(t)$，从而

$$C(t)=-\int p(t)\mathrm{d}t=-58\int\frac{1}{(3t+2)^2}\mathrm{d}t$$

案例 6.1.1 诱导出的积分 $\int\frac{1}{(3t+2)^2}\mathrm{d}t$ 不能直接用基本公式计算，属 $\int f(at+b)\mathrm{d}t$ 型积分，其被积函数具有复合结构：

$$y=\frac{1}{u^2},\ u=3t+2 \text{ 或 } y=u^2,\ u=\frac{1}{3t+2} \text{ 或 } y=\frac{1}{(u+2)^2},\ u=3t$$

(1) 若令 $u=3t+2$，则 $u'=3$。注意 $u'\mathrm{d}t=\mathrm{d}u$，于是有

$$\begin{aligned}\int\frac{1}{(3t+2)^2}\mathrm{d}t&=\int\frac{1}{(3t+2)^2}\cdot\frac{u'}{3}\mathrm{d}t\\&=\frac{1}{3}\int\frac{1}{u^2}\mathrm{d}u=\frac{1}{3}\left(-\frac{1}{u}\right)+C=-\frac{1}{3(3t+2)}+C\end{aligned}$$

(2) 若令 $u=\frac{1}{3t+2}$，则 $u'=-\frac{3}{(3t+2)^2}$。注意 $u'\mathrm{d}t=\mathrm{d}u$，于是有

$$\begin{aligned}\int\frac{1}{(3t+2)^2}\mathrm{d}t&=\int\frac{1}{(3t+2)^2}\cdot\frac{u'}{-\frac{3}{(3t+2)^2}}\mathrm{d}t\\&=-\frac{1}{3}\int\mathrm{d}u=-\frac{1}{3}u+C=-\frac{1}{3(3t+2)}+C\end{aligned}$$

(3) 若令 $u=3t$，则 $u'=3$。注意 $u'\mathrm{d}t=\mathrm{d}u$，于是有

$$\int\frac{1}{(3t+2)^2}\mathrm{d}t=\int\frac{1}{(3t+2)^2}\cdot\frac{u'}{3}\mathrm{d}t=\frac{1}{3}\int\frac{1}{(u+2)^2}\mathrm{d}u$$

所得到的关于 u 的新积分不能直接用公式计算——虽然也能通过观察的方式得出结果。

以上采用不同的变换，得到了相同的结果，这个结果是否正确呢？

将积分结果求导，得

$$(-\frac{1}{3(3t+2)})'=-\frac{1}{3}(\frac{1}{3t+2})'=-\frac{1}{3}(-\frac{(3t+2)'}{(3t+2)^2})=\frac{1}{(3t+2)^2}$$

因此，积分计算的结果正确。

6.1.2　计算

考察上述讨论中的 3 个计算过程，不难看出，在引入变换后，3 个计算都有一个将

$$u'\mathrm{d}t \text{ 凑微分成 } \mathrm{d}u$$

的步骤，这样的换元计算方法常归类为第一类换元积分法，也常形象地称为凑微分法。

将案例 6.1.1 所引申出的计算方法拓广至更广泛的积分 $\int f(x)\mathrm{d}x$，可得到一般的第一类换元积分方法。

第一类换元积分计算步骤：

(1) 引入变换 $u=\varphi(x)$，计算出 $\varphi'(x)$；　　(2) 凑导数 $\int f(x)\mathrm{d}x=\int f(x)\cdot\frac{u'}{\varphi'(x)}\mathrm{d}x$；

(3) 凑微分 $\int f(x)\cdot\frac{u'}{\varphi'(x)}\mathrm{d}x=\int g(u)\mathrm{d}u$；　　(4) 积分 $\int g(u)\mathrm{d}u=G(u)+C$；

(5) 替换变量：$G(u)+C=F(x)+C$。

由前面的讨论不难看到：变换 $u=\varphi(x)$ 不是唯一的。此外，注意：

①$u=3t+2$ 可导，$u'=3>0$；②$u=\frac{1}{3t+2}$ 可导，$u'=-\frac{3}{(3t+2)^2}<0$。

因此，变换 $u=\varphi(x)$ 不仅要可导，而且还需严格单调。只有这样，才能保证 u 与 x 的一一对应。

再注意 $u=3t+2$、$u=\frac{1}{3t+2}$ 和 $u=3t$ 都能使原积分的被积函数简化，但 $u=3t$ 得到的关于 u 的新积分却不能使用基本公式直接计算，而 $u=\frac{1}{3t+2}$ 得到的关于 u 的新积分 $\int\mathrm{d}u$ 虽然能直接用基本公式计算，但其求导计算相对复杂。

综上所述，第一类换元积分方法的变换 $u=\varphi(x)$ 一般应按下面的规则选取：

(1) 满足条件——$u=\varphi(x)$ 可导且严格单调；

(2) 遵循原则——使原积分的被积函数简化；

(3) 达到目标——使关于 u 的新积分方便计算。

例 6.1.1　求不定积分 $\int\frac{1}{\sqrt{2x-1}}\mathrm{d}x$。

课堂讨论 6.1.1　考察积分 $\int\frac{1}{\sqrt{2x-1}}\mathrm{d}x$。变换 $u=2x-1$ 和 $u=\sqrt{2x-1}$ 哪一个能使被积函数简化？哪一个能使凑微分后关于 u 的新积分方便计算？$u=2x$ 和 $u=\frac{1}{\sqrt{2x-1}}$ 行不行？

解 令$u=2x-1$，则$u'=2$。注意$u'\mathrm{d}x=\mathrm{d}u$，于是有

$$\int\frac{1}{\sqrt{2x-1}}\mathrm{d}x=\int\frac{1}{\sqrt{2x-1}}\cdot\frac{u'}{2}\mathrm{d}x=\frac{1}{2}\int\frac{1}{\sqrt{u}}\mathrm{d}u$$

$$=\frac{1}{2}\int u^{-\frac{1}{2}}\mathrm{d}u=u^{\frac{1}{2}}+C=\sqrt{2x-1}+C$$

课堂练习 6.1.1 用第一类换元积分法计算下列积分：

(1) $\int\cos(2x-1)\mathrm{d}x$；　　(2) $\int\sqrt{4-5x}\,\mathrm{d}x$；

(3) $\int(3-2x)^9\mathrm{d}x$；　　(4) $\int\frac{1}{(4x+3)^8}\mathrm{d}x$。

> 积分补充公式 6.1.1
>
> (1) $\int\sin kx\,\mathrm{d}x=-\frac{\cos kx}{k}+C$；　　(2) $\int\cos kx\,\mathrm{d}x=\frac{\sin kx}{k}+C$；
>
> (3) $\int\mathrm{e}^{kx}\mathrm{d}x=\frac{\mathrm{e}^{kx}}{k}+C$。（其中常数$k\neq0$）

【公式推导】 令$u=kx$，则$u'=k$。注意$u'\mathrm{d}x=\mathrm{d}u$，于是有

(1) $\int\sin kx\,\mathrm{d}x=\int\sin kx\cdot\frac{u'}{k}\mathrm{d}x=\frac{1}{k}\int\sin u\,\mathrm{d}u=\frac{1}{k}(-\cos u)+C=-\frac{\cos kx}{k}+C$；

(2) $\int\cos kx\,\mathrm{d}x=\int\cos kx\cdot\frac{u'}{k}\mathrm{d}x=\frac{1}{k}\int\cos u\,\mathrm{d}u=\frac{1}{k}\sin u+C=\frac{\sin kx}{k}+C$；

(3) $\int\mathrm{e}^{kx}\mathrm{d}x=\int\mathrm{e}^{kx}\cdot\frac{u'}{k}\mathrm{d}x=\frac{1}{k}\int\mathrm{e}^{u}\mathrm{d}u=\frac{1}{k}\mathrm{e}^{u}+C=\frac{\mathrm{e}^{kx}}{k}+C$。

课堂练习 6.1.2 用补充公式 6.1.1 完成下面填空：

(1) $\int\sin3x\,\mathrm{d}x=$(　　　　)；　　(2) $\int_0^{\pi}\sin2x\,\mathrm{d}x=$(　　　　)；

(3) $\int\cos5x\,\mathrm{d}x=$(　　　　)；　　(4) $\int_0^{1}\mathrm{e}^{-5x}\mathrm{d}x=$(　　　　)。

例 6.1.2 求不定积分$\int x\sqrt{4-3x^2}\,\mathrm{d}x$。

课堂讨论 6.1.2 考察$\int x\sqrt{4-3x^2}\,\mathrm{d}x$，简化被积函数取$u=?$ $u=\sqrt{4-3x^2}$行不行？

解 令$u=4-3x^2$，则$u'=-6x$。注意$u'\mathrm{d}x=\mathrm{d}u$，于是有

$$\int x\sqrt{4-3x^2}\,\mathrm{d}x=\int x\sqrt{4-3x^2}\cdot\frac{u'}{-6x}\mathrm{d}x=-\frac{1}{6}\int\sqrt{u}\,\mathrm{d}u$$

$$=-\frac{1}{6}\times\frac{u^{3/2}}{3/2}+C=-\frac{1}{9}(4-3x^2)^{\frac{3}{2}}+C$$

课堂练习 6.1.3 用第一类换元积分法计算下列积分：

(1) $\int x(4-3x^2)^5\mathrm{d}x$；　　(2) $\int\frac{x}{\sqrt{2-3x^2}}\mathrm{d}x$；

(3) $\int \frac{x}{9x^2+4}\mathrm{d}x$；　　(4) $\int \frac{x}{(4x^2-5)^3}\mathrm{d}x$。

积分补充公式 6.1.2

(1) $\int \frac{x}{\sqrt{x^2 \pm a^2}}\mathrm{d}x = \sqrt{x^2 \pm a^2}+C$；　　(2) $\int \frac{x}{\sqrt{a^2-x^2}}\mathrm{d}x = -\sqrt{a^2-x^2}+C$；

(3) $\int \frac{x}{x^2 \pm a^2}\mathrm{d}x = \frac{1}{2}\ln(x^2 \pm a^2)+C$。（其中常数 $a>0$）

【公式推导】

(1) 令 $u = x^2 \pm a^2$，则 $u' = 2x$，从而

$$\int \frac{x}{\sqrt{x^2 \pm a^2}}\mathrm{d}x = \int \frac{x}{\sqrt{x^2 \pm a^2}}\cdot\frac{u'}{2x}\mathrm{d}x = \frac{1}{2}\int \frac{1}{\sqrt{u}}\mathrm{d}u = \sqrt{u}+C = \sqrt{x^2 \pm a^2}+C$$

(2) 令 $u = a^2 - x^2$，则 $u' = -2x$，从而

$$\int \frac{x}{\sqrt{a^2-x^2}}\mathrm{d}x = \int \frac{x}{\sqrt{a^2-x^2}}\cdot\frac{u'}{-2x}\mathrm{d}x = -\frac{1}{2}\int \frac{1}{\sqrt{u}}\mathrm{d}u = -\sqrt{u}+C = -\sqrt{a^2-x^2}+C$$

(3) 令 $u = x^2 \pm a^2$，则 $u' = 2x$，从而

$$\int \frac{x}{x^2 \pm a^2}\mathrm{d}x = \int \frac{x}{x^2 \pm a^2}\cdot\frac{u'}{2x}\mathrm{d}x = \frac{1}{2}\int \frac{1}{u}\mathrm{d}u = \frac{1}{2}\ln u + C = \frac{1}{2}\ln(x^2 \pm a^2)+C$$

课堂练习 6.1.4　利用补充公式 6.1.2 完成下面的填空：

(1) $\int_1^2 \frac{x}{\sqrt{x^2-1}}\mathrm{d}x\mathrm{d}x = (\qquad)$；　　(2) $\int_0^2 \frac{x}{\sqrt{x^2+4}}\mathrm{d}x = (\qquad)$；

(3) $\int_0^1 \frac{x}{\sqrt{2-x^2}}\mathrm{d}x = (\qquad)$；　　(4) $\int_0^1 \frac{x}{x^2-3}\mathrm{d}x = (\qquad)$；

(5) $\int \frac{x}{\sqrt{4x^2-9}}\mathrm{d}x = (\qquad)$；　　(6) $\int \frac{x}{4x^2+1}\mathrm{d}x = (\qquad)$。

课堂练习 6.1.5　考察下面的积分，指出采用第一类换元积分法可行的变换。

(1) $\int \mathrm{e}^{-2x}\mathrm{d}x$，$u = (\qquad)$；　　(2) $\int \sin(2x+3)\mathrm{d}x$，$u = (\qquad)$；

(3) $\int (4-3x)^{99}\mathrm{d}x$，$u = (\qquad)$；　　(4) $\int \frac{x}{5x^2+4}\mathrm{d}x$，$u = (\qquad)$；

(5) $\int \frac{1}{x^2}\cos\frac{2}{x}\mathrm{d}x$，$u = (\qquad)$；　　(6) $\int \frac{1}{\sqrt{x}}\mathrm{e}^{-\sqrt{x}}\mathrm{d}x$，$u = (\qquad)$；

(7) $\int \frac{1}{x(3-2\ln x)}\mathrm{d}x$，$u = (\qquad)$；　　(8) $\int \frac{\mathrm{e}^x}{4\mathrm{e}^x+3}\mathrm{d}x$，$u = (\qquad)$；

(9) $\int \frac{x}{\sqrt{1-x^4}}\mathrm{d}x$，$u = (\qquad)$；　　(10) $\int \frac{x^3}{\sqrt{1+x^4}}\mathrm{d}x$，$u = (\qquad)$。

习 题 6.1

计算下列积分：

1. $\int \sin(3-2x)\mathrm{d}x$；
2. $\int \cos(5x+4)\mathrm{d}x$；
3. $\int (9x-2)^7\mathrm{d}x$；
4. $\int \sqrt{4x-3}\,\mathrm{d}x$；
5. $\int \frac{1}{(3x+2)^6}\mathrm{d}x$；
6. $\int \frac{x}{3x^2+4}\mathrm{d}x$；
7. $\int x(5x^2+1)^8\mathrm{d}x$；
8. $\int \frac{x}{(2x^2+1)^3}\mathrm{d}x$；
9. $\int \frac{x}{(5-4x^2)^4}\mathrm{d}x$；
10. $\int x\sqrt{4x^2+9}\,\mathrm{d}x$；
11. $\int \frac{x}{\sqrt{3x^2+2}}\mathrm{d}x$；
12. $\int \frac{2+3\ln x}{x}\mathrm{d}x$。

6.2 第二类换元积分法

6.1 节介绍的第一类换元积分法实际上是先换元、再凑微分。下面介绍积分的另一种换元计算方法——直接换元积分法，也叫第二类换元积分法。

6.2.1 方法诱导

引例 6.2.1 考察积分$\int \mathrm{e}^{2x}\mathrm{d}x$。

(1) 直接用基本公式计算，得

$$\int \mathrm{e}^{2x}\mathrm{d}x=\int (\mathrm{e}^2)^x\mathrm{d}x=\frac{(\mathrm{e}^2)^x}{\ln \mathrm{e}^2}+C=\frac{1}{2}\mathrm{e}^{2x}+C$$

(2) 用第一类换元积分法计算：令$u=2x$，则$u'=2$，从而

$$\int \mathrm{e}^{2x}\mathrm{d}x=\int \mathrm{e}^{2x}\cdot\frac{u'}{2}\mathrm{d}x=\frac{1}{2}\int \mathrm{e}^u\mathrm{d}u=\frac{1}{2}\mathrm{e}^u+C=\frac{1}{2}\mathrm{e}^{2x}+C$$

(3) 仍令$u=2x$，并解得

$$x=\frac{1}{2}u,\quad \mathrm{d}x=x'\mathrm{d}u=\frac{1}{2}\mathrm{d}u$$

将其代入原积分$\int \mathrm{e}^{2x}\mathrm{d}x$，将所有的$x$都替换成$u$，得

$$\int \mathrm{e}^{2x}\mathrm{d}x=\int \mathrm{e}^u\cdot\frac{1}{2}\mathrm{d}u=\frac{1}{2}\int \mathrm{e}^u\mathrm{d}u=\frac{1}{2}\mathrm{e}^u+C=\frac{1}{2}\mathrm{e}^{2x}+C$$

不难看出，引例 6.2.1(3)采用的是直接换元计算，所选取的变换与第一类换元计算相

同，因此，第二类换元积分方法的变换 $u=\varphi(x)$ 一般可仍依第一类换元积分方法的变换选取规则。所不同的是：

①第一类换元积分法是将 $u'\mathrm{d}x$ 凑微分成 $\mathrm{d}u$；

②第二类换元积分法是将被积表达式 $f(x)\mathrm{d}x$ 中的所有 x 都直接换元变成 u。

6.2.2　计算

例 6.2.1　求不定积分 $\int\frac{1}{\sqrt{2x-1}}\mathrm{d}x$。

课堂讨论 6.2.1　考察积分 $\int\frac{1}{\sqrt{2x-1}}\mathrm{d}x$。变换 $u=2x$、$u=2x-1$ 和 $u=\sqrt{2x-1}$ 都能使被积函数简化，问哪一个用第二类换元积分法计算时最优？

解　令 $u=\sqrt{2x-1}$，则

$$x=\frac{1}{2}(u^2+1),\quad \mathrm{d}x=x'\mathrm{d}u=u\mathrm{d}u$$

将其代入积分，得

$$\int\frac{1}{\sqrt{2x-1}}\mathrm{d}x=\int\frac{1}{u}\cdot u\,\mathrm{d}u=\int\mathrm{d}u=u+C=\sqrt{2x-1}+C$$

课堂练习 6.2.1　用第二类换元积分法计算下列积分：

(1) $\int\frac{1}{\sqrt{x}}\mathrm{e}^{-\sqrt{x}}\mathrm{d}x$；　　(2) $\int\frac{x}{\sqrt{x+2}}\mathrm{d}x$。

例 6.2.2　求不定积分 $\int\frac{1}{1+\sqrt{x}}\mathrm{d}x$。

课堂讨论 6.2.2　考察积分 $\int\frac{1}{1+\sqrt{x}}\mathrm{d}x$。变换 $u=\sqrt{x}$ 和 $u=1+\sqrt{x}$ 都能使根式有理化，从而使被积函数简化。问哪一个用第二类换元积分法计算时最优？

解　令 $u=1+\sqrt{x}$，则

$$x=(u-1)^2,\quad \mathrm{d}x=x'\mathrm{d}u=2(u-1)\,\mathrm{d}u$$

将其代入积分，得

$$\begin{aligned}\int\frac{1}{1+\sqrt{x}}\mathrm{d}x&=\int\frac{1}{u}\cdot 2(u-1)\,\mathrm{d}u=2\int(1-\frac{1}{u})\mathrm{d}u\\&=2(u-\ln u)+C=2(1+\sqrt{x})-2\ln(1+\sqrt{x})+C\end{aligned}$$

由例 6.2.2 及课堂讨论 6.2.2 不难看出，被积函数分母为

$$\sqrt{ax+b}+k\ (a、b、k\text{ 为常数，且 }a\neq 0)$$

的积分，变换 $u=\sqrt{ax+b}+k$ 优于 $u=\sqrt{ax+b}$。

课堂练习 6.2.2 用第二类换元积分法计算下列积分：

(1) $\int \frac{x}{\sqrt{x}+2}\mathrm{d}x$；　　(2) $\int \frac{1}{\sqrt{4-3x}+1}\mathrm{d}x$。

例 6.2.3 求不定积分 $\int \frac{1}{\sqrt{a^2-x^2}}\mathrm{d}x$（$a>0$）。

课堂讨论 6.2.3 考察积分 $\int \frac{1}{\sqrt{a^2-x^2}}\mathrm{d}x$。可采用的变换有

$$u=\frac{x}{a}，\quad u=a^2-x^2，\quad u=\sqrt{a^2-x^2}，\quad x=a\sin t$$

问哪些能用第二类换元积分法计算，哪一个最优？

解 1 令 $u=\frac{x}{a}$，则

$$x=a\cdot u，\quad \mathrm{d}x=x'\mathrm{d}u=(a\cdot u)'\mathrm{d}u=a\mathrm{d}u$$

从而

$$\int \frac{1}{\sqrt{a^2-x^2}}\mathrm{d}x=\int \frac{1}{\sqrt{a^2-(au)^2}}\cdot a\mathrm{d}u=\int \frac{1}{\sqrt{1-u^2}}\mathrm{d}u=\arcsin u+C=\arcsin\frac{x}{a}+C$$

解 2 令 $x=a\sin t$（$t\in(-\frac{\pi}{2},\frac{\pi}{2})$），则

$$\sqrt{a^2-x^2}=a\cos t，\quad \mathrm{d}x=x'\mathrm{d}t=(a\sin t)'\mathrm{d}t=a\cos t\,\mathrm{d}t$$

从而

$$\int \frac{1}{\sqrt{a^2-x^2}}\mathrm{d}x=\int \frac{1}{a\cos t}\cdot a\cos t\,\mathrm{d}t=\int \mathrm{d}t=t+C=\arcsin\frac{x}{a}+C$$

一般当被积函数含 $\sqrt{a^2-x^2}$ 时，可采用 $x=a\sin t$ 将其有理化。

例 6.2.4 求不定积分 $\int \frac{1}{x^2+a^2}\mathrm{d}x$（$a>0$）。

课堂讨论 6.2.4 考察积分 $\int \frac{1}{x^2+a^2}\mathrm{d}x$。可采用的变换有

$$u=\frac{x}{a}，\quad u=x^2+a^2，\quad x=a\tan t$$

问哪些能用第二类换元积分法计算，哪一个最优？

解 1 令 $u=\frac{x}{a}$，则

$$x=a\cdot u，\quad \mathrm{d}x=x'\mathrm{d}u=(a\cdot u)'\mathrm{d}u=a\mathrm{d}u$$

从而

$$\int\frac{1}{x^2+a^2}\mathrm{d}x=\int\frac{1}{(au)^2+a^2}\cdot a\mathrm{d}u==\frac{1}{a}\int\frac{1}{u^2+1}\mathrm{d}u=\frac{1}{a}\arctan u+C=\frac{1}{a}\arctan\frac{x}{a}+C$$

解 2　令 $x=a\tan t\ \left(t\in\left(-\frac{\pi}{2},\frac{\pi}{2}\right)\right)$，则

$$x^2+a^2=a^2\sec^2 t,\quad \mathrm{d}x=a\sec^2 t\,\mathrm{d}t$$

从而

$$\int\frac{1}{x^2+a^2}\mathrm{d}x=\int\frac{1}{a^2\sec^2 t}\cdot a\sec^2 t\,\mathrm{d}t=\frac{1}{a}\int\mathrm{d}t=\frac{t}{a}+C=\frac{1}{a}\arctan\frac{x}{a}+C$$

一般当被积函数含 x^2+a^2 或 $\sqrt{x^2+a^2}$ 时，可采用 $x=a\tan t$ 试着进行计算。

积分补充公式 6.2.1

(1) $\int\frac{1}{\sqrt{a^2-x^2}}\mathrm{d}x=\arcsin\frac{x}{a}+C$；　　(2) $\int\frac{1}{x^2+a^2}\mathrm{d}x=\frac{1}{a}\arctan\frac{x}{a}+C$。

（其中常数 $a>0$）

课堂练习 6.2.3　利用补充公式 6.2.1 完成下面的填空：

(1) $\int\frac{1}{\sqrt{9-x^2}}\mathrm{d}x=$(　　　　　　)；　(2) $\int\frac{1}{x^2+4}\mathrm{d}x=$(　　　　　　)；

(3) $\int\frac{2x-1}{\sqrt{4-x^2}}\mathrm{d}x=$(　　　　　　)；　(4) $\int\frac{x+1}{x^2+4}\mathrm{d}x=$(　　　　　　)。

6.2.3　定积分的换元计算

引例 6.2.2　考察积分 $I=\int_0^1 \mathrm{e}^{2x}\mathrm{d}x$。根据补充公式和牛顿-莱布尼兹公式，得

$$I=\frac{1}{2}\mathrm{e}^{2x}\Big|_0^1=\frac{1}{2}(\mathrm{e}^2-1)$$

若选取变换 $u=2x$，则当 $x=0$ 时 $u=0$，当 $x=1$ 时 $u=2$。

(1) 用第一类换元积分法有 $I=\int_0^1\mathrm{e}^{2x}\cdot\frac{u'}{2}\mathrm{d}x$，如凑微分后：

①积分限不变，则 $I=\frac{1}{2}\int_0^1\mathrm{e}^u\mathrm{d}u=\frac{1}{2}\mathrm{e}^u\Big|_0^1=\frac{1}{2}(\mathrm{e}-1)$；

②积分限改变，则 $I=\frac{1}{2}\int_0^2\mathrm{e}^u\mathrm{d}u=\frac{1}{2}\mathrm{e}^u\Big|_0^2=\frac{1}{2}(\mathrm{e}^2-1)$。

(2) 用第二类换元积分法有 $x=\frac{1}{2}u$、$\mathrm{d}x=x'\mathrm{d}u=\frac{1}{2}\mathrm{d}u$，如变量替换后：

①积分限不变，则 $I=\int_0^1\mathrm{e}^u\cdot\frac{1}{2}\mathrm{d}u=\frac{1}{2}\mathrm{e}^u\Big|_0^1=\frac{1}{2}(\mathrm{e}-1)$；

②积分限改变，则 $I=\int_0^2 e^u\cdot\frac{1}{2}du=\frac{1}{2}e^u\Big|_0^2=\frac{1}{2}(e^2-1)$。

不难看出，定积分的换元计算，不论是第一类还是第二类，只要积分变量发生改变，其积分限也应做相应改变，且上限对应上限、下限对应下限。

例 6.2.5 计算积分 $\int_0^3\sqrt{4-x}\,dx$。

解 令 $u=\sqrt{4-x}$，则 $x=0$ 时 $u=2$，$x=3$ 时 $u=1$，且

$$x=4-u^2,\quad dx=x'du=-2u\,du$$

代入被积表达式，得

$$\int_0^3\sqrt{4-x}\,dx=\int_2^1 u\cdot(-2u)du=-2\int_2^1 u^2du=-2\cdot\frac{u^3}{3}\Big|_2^1=\frac{14}{3}$$

例 6.2.6 计算积分 $\int_0^1\frac{1}{\sqrt{4-3x}+1}dx$。

解 令 $u=\sqrt{4-3x}+1$，则 $x=0$ 时 $u=3$，$x=1$ 时 $u=2$，且

$$x=1+\frac{2}{3}u-\frac{1}{3}u^2,\quad dx=x'du=\frac{2}{3}(1-u)du$$

代入被积表达式，得

$$\int_0^1\frac{1}{\sqrt{4-3x}+1}dx=\int_3^2\frac{1}{u}\cdot\frac{2}{3}(1-u)\,du=\frac{2}{3}\int_3^2\left(\frac{1}{u}-1\right)du$$

$$=\frac{2}{3}(\ln u-u)\Big|_3^2=\frac{2}{3}\left(\ln\frac{2}{3}+1\right)$$

课堂练习 6.2.4 用换元积分法计算下列积分：

(1) $\int_{-1}^1\frac{1}{\sqrt{5-4x}}dx$；　　(2) $\int_0^1\frac{x}{\sqrt{4-3x}}dx$；

(3) $\int_0^1\frac{1}{\sqrt{1-x}+1}dx$；　　(4) $\int_{-1}^1\frac{1}{\sqrt{5-4x}+2}dx$。

习 题 6.2

用换元积分法求下列积分：

1. $\int\sqrt{4x+3}\,dx$；　　2. $\int\frac{x}{\sqrt{x-5}}dx$；

3. $\int\frac{\cos\sqrt{x}}{\sqrt{x}}dx$；　　4. $\int\frac{x+1}{\sqrt{x}+1}dx$；

5. $\int_0^1\frac{1}{\sqrt{4x+1}}dx$；　　6. $\int_1^5 x\sqrt{x-1}\,dx$；

7. $\int_0^4 \frac{1}{1+\sqrt{x}}\mathrm{d}x$；　　8. $\int_{-1}^1 \frac{x}{\sqrt{5-4x}}\mathrm{d}x$；

9. $\int_0^1 \frac{x}{\sqrt{9-5x}}\mathrm{d}x$；　　10. $\int_0^1 \frac{1}{(2t+3)^2}\mathrm{d}t$。

6.3　分部积分法

分部积分法主要用于计算两个函数乘积的积分。和凑微分及换元积分不一样的是，用分部积分法进行计算的积分，其被积函数中必须有一个函数因子能凑成导函数。换言之，能用分部积分法计算的是可化为

$$\int u'\cdot v\mathrm{d}x \quad 或 \quad \int_a^b u'\cdot v\mathrm{d}x$$

形式的积分。

6.3.1　案例诱导

案例 6.3.1　预计某一口油井在产油后第 t 年的产油率为

$$p(t)=800\,t\,\mathrm{e}^{-0.1t}\ (万桶/年)$$

如果记产油后第 t 年的总产量为 $Q(t)$，那么

$$Q(0)=0\ ,\ \ Q'(t)=p(t)\ ,\ \ \int_0^{10} p(t)\mathrm{d}t=Q(t)\Big|_0^{10}=Q(10)$$

即油井在 10 年内的总产量 $Q(10)=800\int_0^{10} t\,\mathrm{e}^{-0.1t}\mathrm{d}t$。

案例 6.3.2　已知一个病人在服用一种抗生素 t 小时后，某种药物在血液中的浓度

$$C(t)=5t\,\mathrm{e}^{-t/5}\ (\mathrm{mg/ml})$$

则该病人在服药 12 小时后血液中该药物的平均浓度 $\overline{C}=\frac{1}{12}\int_0^{12} 5t\,\mathrm{e}^{-t/5}\mathrm{d}t$。

案例 6.3.1 和案例 6.3.2 所诱导的是

$$\int_a^b t\mathrm{e}^{kt}\mathrm{d}t$$

型积分。若 $k\neq 0$，令 $u=kt$，则

$$\int_a^b t\mathrm{e}^{kt}\mathrm{d}t=\int_a^b t\mathrm{e}^{kt}\cdot\frac{u'}{k}\mathrm{d}t=\frac{1}{k^2}\int_{ka}^{kb} u\mathrm{e}^u\mathrm{d}u$$

积分仍保持原形态，因此，换元积分法不能计算 $\int_a^b t\mathrm{e}^{kt}\mathrm{d}t$。易见

$$\int_a^b t\cdot\mathrm{e}^{kt}\mathrm{d}t=\frac{1}{k}\int_a^b t(\mathrm{e}^{kt})'\mathrm{d}t$$

它属于 $\int_a^b u'\cdot v\mathrm{d}x$ 型积分，下面探讨这类积分的计算方式。

6.3.2 公式的建立

若$u=u(x)$和$v=v(x)$都可导，则根据乘积函数的求导规则有

$$(u\cdot v)'=u'\cdot v+u\cdot v'$$

进一步，若$u'(x)$和$v'(x)$连续，则根据积分的线性规则可推得

$$\int(u\cdot v)'\mathrm{d}x=\int u'\cdot v\mathrm{d}x+\int u\cdot v'\mathrm{d}x，\int_a^b(u\cdot v)'\mathrm{d}x=\int_a^b u'\cdot v\mathrm{d}x+\int_a^b u\cdot v'\mathrm{d}x$$

即

$$u\cdot v+C=\int u'\cdot v\mathrm{d}x+\int u\cdot v'\mathrm{d}x，u\cdot v\Big|_a^b=\int_a^b u'\cdot v dx+\int_a^b u\cdot v'\mathrm{d}x。$$

于是便建立起分部积分公式：

$$\int u'\cdot v\mathrm{d}x=u\cdot v-\int u\cdot v'\mathrm{d}x，\int_a^b u'\cdot v\mathrm{d}x=(u\cdot v)\Big|_a^b-\int_a^b u\cdot v'\mathrm{d}x$$

易见，不定积分的分部积分公式和定积分的分部积分公式在形态上相似。

①相同点——等式两边积分的被积函数因子都是交换导数；

②不同点——定积分的分部积分是一边积分一边代上、下限。

6.3.3 计算

实际计算时，被积函数中究竟哪个函数因子被凑成导数式是有学问的。如

$$\int 2x\mathrm{e}^x\mathrm{d}x=\int(x^2)'\mathrm{e}^x\mathrm{d}x=x^2\mathrm{e}^x-\int x^2(\mathrm{e}^x)'\mathrm{d}x=x^2\mathrm{e}^x-\int x^2\mathrm{e}^x\mathrm{d}x$$

用了一次分部积分之后，积分形态没变，被积函数中的x的次数不降反升，由 1 次变成了 2 次，因此，新积分变得比原积分更复杂。这样的运算过程虽然没有任何错误，却达不到解决问题的目的。

经验指出，对于n次多项式

$$P_n(x)=a_nx^n+\cdots+a_1x+a_0\ (a_0,\cdots,a_n\text{为常数})$$

和实常数k（$k\neq 0$），下面两类形式的积分：

①$\int P_n(x)\mathrm{e}^{kx}\mathrm{d}x$，$\int P_n(x)\sin kx\mathrm{d}x$，$\int P_n(x)\cos kx\mathrm{d}x$；

②$\int P_n(x)$*（对数函数）$\mathrm{d}x$，$\int P_n(x)$*（反三角函数）$\mathrm{d}x$。

一般都可用分部积分公式进行计算，其中第①类是e^{kx}、$\sin kx$、$\cos kx$凑成导数式，第②类是$P_n(x)$凑成导数式。

例 6.3.1 计算下列积分：

(1) $\int(x+\pi)\cos x\mathrm{d}x$；　　　(2) $\int_0^{\pi}(x-\pi)\sin x\mathrm{d}x$。

解 积分属分部积分的第①类。

(1)将$\cos x$凑成导数式，由分部积分公式，得

$$\int(x+\pi)\cos x\mathrm{d}x=\int(x+\pi)(\sin x)'\mathrm{d}x=(x+\pi)\sin x-\int(x+\pi)'\sin x\mathrm{d}x$$
$$=(x+\pi)\sin x-\int\sin x\mathrm{d}x=(x+\pi)\sin x+\cos x+C$$

(2)将$\sin x$凑成导数式，由分部积分公式，得

$$\int_0^{\pi}(x-\pi)\sin x\mathrm{d}x=\int_0^{\pi}(x-\pi)(-\cos x)'\mathrm{d}x$$
$$=(x-\pi)(-\cos x)\Big|_0^{\pi}-\int_0^{\pi}(x-\pi)'(-\cos x)\mathrm{d}x$$
$$=0-(-\pi)(-1)+\int_0^{\pi}\cos x\mathrm{d}x=-\pi+\sin x\Big|_0^{\pi}=-\pi$$

MATLAB 计算程序：

```
>> symsx
>> y1 =(x+pi)*cos(x), y2 =(x-pi)*sin(x)
>> I = int(y1, x), J = int(y2, x, 0, pi)
I =cos(x)+pi*sin(x)+x*sin(x), J =-pi
```

课堂练习 6.3.1 计算下列积分：

(1) $\int(2x+\pi)\sin x\mathrm{d}x$；　　(2) $\int_0^{\frac{\pi}{2}}(x-\pi)\cos x\mathrm{d}x$。

例 6.3.2 计算下列积分：

(1) $\int(x^2+x)\mathrm{e}^x\mathrm{d}x$；　　(2) $\int_0^1(x-1)\mathrm{e}^{-2x}\mathrm{d}x$。

解 积分属分部积分的第①类。

(1)将e^x凑成导数式，由分部积分公式，得

$$\int(x^2+x)\mathrm{e}^x\mathrm{d}x=\int(x^2+x)(\mathrm{e}^x)'\mathrm{d}x$$
$$=(x^2+x)\mathrm{e}^x-\int(x^2+x)'\mathrm{e}^x\mathrm{d}x=(x^2+x)\mathrm{e}^x-\int(2x+1)\mathrm{e}^x\mathrm{d}x$$

在做了一次分部积分之后，新积分并不能直接用基本公式得出结果，而是仍属分部积分的第①类，因此，可继续应用分部积分公式进行计算。

$$\int(2x+1)\mathrm{e}^x\mathrm{d}x=\int(2x+1)(\mathrm{e}^x)'\mathrm{d}x=(2x+1)\mathrm{e}^x-\int(2x+1)'\mathrm{e}^x\mathrm{d}x$$
$$=(2x+1)\mathrm{e}^x-2\int\mathrm{e}^x\mathrm{d}x=(2x-1)\mathrm{e}^x+C$$

故$\int(x^2+x)\mathrm{e}^x\mathrm{d}x=(x^2-x+1)\mathrm{e}^x+C$。

(2)将e^{-2x}凑成导数式，由分部积分公式，得

$$\int_0^1(x-1)\mathrm{e}^{-2x}\mathrm{d}x=\int_0^1(x-1)\left(\frac{\mathrm{e}^{-2x}}{-2}\right)'\mathrm{d}x$$
$$=(x-1)\frac{\mathrm{e}^{-2x}}{-2}\Big|_0^1-\int_0^1(x-1)'\frac{\mathrm{e}^{-2x}}{-2}\mathrm{d}x$$
$$=0-\frac{1}{2}+\frac{1}{2}\int_0^1\mathrm{e}^{-2x}\mathrm{d}x=-\frac{1}{2}-\frac{1}{4}\mathrm{e}^{-2x}\Big|_0^1=-\frac{1}{4}(\mathrm{e}^{-2}+1)$$

MATLAB 计算程序：

```
>> syms x
>> y1 =(x^2+x) *exp(x), y2 =(x－1) *exp(－2*x)
>> I = int(y1, x), J = int(y2, x, 0, 1)
I =exp(x) * (x^2－x+1), J =-exp(－2)/4－1/4
```

课堂练习 6.3.2 计算下列积分：

(1) $\int x\sin 2x\,\mathrm{d}x$； (2) $\int_0^{\frac{\pi}{2}} x\cos 4x\,\mathrm{d}x$；

(3) $\int (x^2-2x)\mathrm{e}^x\mathrm{d}x$； (4) $\int_0^1 (2x+1)\mathrm{e}^{-x}\mathrm{d}x$。

例 6.3.3 计算下列积分：

(1) $\int (3x^2-2x)\ln x\,\mathrm{d}x$； (2) $\int_0^1 x\arctan x\,\mathrm{d}x$。

解 积分属分部积分的第②类。

(1) 将多项式凑成导数式，由分部积分公式，得

$$\begin{aligned}\int (3x^2-2x)\ln x\,\mathrm{d}x &= \int (x^3-x^2)'\ln x\,\mathrm{d}x = (x^3-x^2)\ln x - \int (x^3-x^2)(\ln x)'\,\mathrm{d}x \\ &= (x^3-x^2)\ln x - \int (x^3-x^2)\cdot\frac{1}{x}\mathrm{d}x = (x^3-x^2)\ln x - \int (x^2-x)\,\mathrm{d}x \\ &= (x^3-x^2)\ln x - \frac{x^3}{3} + \frac{x^2}{2} + C\end{aligned}$$

(2) 将 x 凑成 $\left(\dfrac{x^2+1}{2}\right)'$，由分部积分公式，得

$$\begin{aligned}\int_0^1 x\arctan x\,\mathrm{d}x &= \int_0^1 \left(\frac{x^2+1}{2}\right)'\arctan x\,\mathrm{d}x \\ &= \frac{x^2+1}{2}\arctan x\Big|_0^1 - \int_0^1 \frac{x^2+1}{2}\cdot(\arctan x)'\,\mathrm{d}x \\ &= \frac{\pi}{4} - \int_0^1 \frac{x^2+1}{2}\cdot\frac{1}{1+x^2}\mathrm{d}x = \frac{\pi}{4} - \frac{1}{2}\end{aligned}$$

课堂练习 6.3.3 计算下列积分：

(1) $\int (2x-1)\ln x\,\mathrm{d}x$； (2) $\int_1^2 (3x^2+2x)\ln x\,\mathrm{d}x$；

(3) $\int \ln x\,\mathrm{d}x$； (4) $\int_0^1 \arctan x\,\mathrm{d}x$；

(5) $\int \arcsin x\,\mathrm{d}x$； (6) $\int_0^1 x\ln(1+x^2)\,\mathrm{d}x$。

6.3.4　综合计算

积分的计算一般可选择性使用基本公式、第一类换元积分公式、第二类换元积分公式和分部积分公式等，也可综合使用其中的某几种方式，如何快速、准确地选取最优计算方式，通常需要学习经验的积累和解题前的敏锐观察。

例 6.3.4　求不定积分：

(1) $\int \tan x \mathrm{d}x$；　　　　(2) $\int \cot x \mathrm{d}x$。

解　被积函数 $\tan x = \dfrac{\sin x}{\cos x}$，$\cot x = \dfrac{\cos x}{\sin x}$。

(1) 令 $u = \cos x$，采用凑微分形式，得

$$\int \tan x \mathrm{d}x = \int \tan x \cdot \frac{u'}{-\sin x}\mathrm{d}x = \int \frac{\sin x}{\cos x} \cdot \frac{u'}{-\sin x}\mathrm{d}x$$
$$= -\int \frac{1}{u}\mathrm{d}u = -\ln u + C = -\ln\cos x + C$$

(2) 令 $u = \sin x$，采用直接换元方式，注意 $\mathrm{d}u = \cos x \mathrm{d}x$，从而

$$\int \cot x \mathrm{d}x = \int \frac{\cos x}{\sin x} \cdot \frac{1}{\cos x}\mathrm{d}u = \int \frac{1}{u}\mathrm{d}u = \ln u + C = \ln\sin x + C$$

例 6.3.5　计算下列积分(其中常数 $a > 0$)：

(1) $\int \sqrt{a^2 - x^2}\,\mathrm{d}x$；　　　　(2) $\int_0^a \sqrt{a^2 - x^2}\,\mathrm{d}x$。

解　积分可用 $x = a\sin t$ 换元计算，也可采用分部积分法进行计算。

(1) 采用分部积分法进行计算：

$$\int \sqrt{a^2 - x^2}\,\mathrm{d}x = \int x'\sqrt{a^2 - x^2}\,\mathrm{d}x = x\sqrt{a^2 - x^2} - \int x(\sqrt{a^2 - x^2})'\mathrm{d}x$$
$$= x\sqrt{a^2 - x^2} - \int x \cdot \frac{-x}{\sqrt{a^2 - x^2}}\mathrm{d}x = x\sqrt{a^2 - x^2} + \int \frac{x^2}{\sqrt{a^2 - x^2}}\mathrm{d}x$$
$$= x\sqrt{a^2 - x^2} + \int \frac{a^2 - (a^2 - x^2)}{\sqrt{a^2 - x^2}}\mathrm{d}x$$
$$= x\sqrt{a^2 - x^2} + a^2\int \frac{1}{\sqrt{a^2 - x^2}}\mathrm{d}x - \int \sqrt{a^2 - x^2}\,\mathrm{d}x$$

将右边的积分 $\int \sqrt{a^2 - x^2}\,\mathrm{d}x$ 移至等式左边，得

$$2\int \sqrt{a^2 - x^2}\,\mathrm{d}x = x\sqrt{a^2 - x^2} + a^2 \arcsin\frac{x}{a} + C_1$$

从而 $\int \sqrt{a^2 - x^2}\,\mathrm{d}x = \dfrac{x}{2}\sqrt{a^2 - x^2} + \dfrac{a^2}{2}\arcsin\dfrac{x}{a} + C$。

(2) 采用直接换元法计算：令 $x = a\sin t$（$t \in [0, \frac{\pi}{2}]$），则 $x = 0$ 时 $t = 0$，$x = a$ 时 $t = \dfrac{\pi}{2}$，且

$$\sqrt{a^2-x^2}=\sqrt{a^2\cos^2 t}=a\cos t\text{，}\quad \mathrm{d}x=x'\mathrm{d}t=a\cos t\,\mathrm{d}t$$

代入被积表达式，得

$$\int_0^a\sqrt{a^2-x^2}\,\mathrm{d}x=\int_0^{\frac{\pi}{2}}a\cos t\cdot a\cos t\,\mathrm{d}t=\frac{a^2}{2}\int_0^{\frac{\pi}{2}}(1+\cos 2t)\,\mathrm{d}t$$

再应用补充公式即得

$$\int_0^a\sqrt{a^2-x^2}\,\mathrm{d}x=\frac{a^2}{2}\left(t+\frac{\sin 2t}{2}\right)\Bigg|_0^{\frac{\pi}{2}}=\frac{\pi}{4}a^2$$

如例 6.3.5 的(1)，某些积分在一次或多次使用分部积分公式的过程中，可能会出现与原积分相同的积分，这时可将等式看作以原积分为未知变量的方程，解之即可求得原积分。

例 6.3.6 计算积分$\int \mathrm{e}^x\sin x\mathrm{d}x$。

解 将e^x凑为导数式，并应用分部积分公式，得

$$\int \mathrm{e}^x\sin x\mathrm{d}x=\int(\mathrm{e}^x)'\sin x\mathrm{d}x=\mathrm{e}^x\sin x-\int \mathrm{e}^x(\sin x)'\mathrm{d}x=\mathrm{e}^x\sin x-\int \mathrm{e}^x\cos x\mathrm{d}x$$

再一次将e^x凑为导数式，并应用分部积分公式，得

$$\int \mathrm{e}^x\cos x\mathrm{d}x=\int(\mathrm{e}^x)'\cos x\mathrm{d}x=\mathrm{e}^x\cos x+\int \mathrm{e}^x\sin x\mathrm{d}x$$

从而

$$\int \mathrm{e}^x\sin x\mathrm{d}x=\mathrm{e}^x(\sin x-\cos x)-\int \mathrm{e}^x\sin x\mathrm{d}x$$

移项即得

$$\int \mathrm{e}^x\sin x\mathrm{d}x=\frac{1}{2}\mathrm{e}^x(\sin x-\cos x)+C$$

有些积分也可综合采用换元法和分部积分法进行计算。

例 6.3.7 计算积分$\int_0^4\mathrm{e}^{\sqrt{x}}\mathrm{d}x$。

解 先采用直接换元方式将根式有理化：令$t=\sqrt{x}$，则$x=t^2$，$\mathrm{d}x=2t\,\mathrm{d}t$。从而

$$\int_0^4\mathrm{e}^{\sqrt{x}}\mathrm{d}x=2\int_0^2 t\mathrm{e}^t\mathrm{d}t$$

再采用分部积分方式，将e^t凑成导数式，得

$$\int_0^2 t\mathrm{e}^t\mathrm{d}t=\int_0^2 t(\mathrm{e}^t)'\mathrm{d}t=t\mathrm{e}^t\Big|_0^2-\int_0^2 t'\cdot\mathrm{e}^t\mathrm{d}t=2\mathrm{e}^2-\int_0^2\mathrm{e}^t\mathrm{d}t=\mathrm{e}^2+1$$

故$\int_0^4\mathrm{e}^{\sqrt{x}}\mathrm{d}x=2(\mathrm{e}^2+1)$。

积分补充公式 6.3.1

(1) $\int\tan x\mathrm{d}x=-\ln\cos x+C$； (2) $\int\cot x\mathrm{d}x=\ln\sin x+C$；

(3) $\int\sqrt{a^2-x^2}\,\mathrm{d}x=\frac{x}{2}\sqrt{a^2-x^2}+\frac{a^2}{2}\arcsin\frac{x}{a}+C$（$a>0$）。

习 题 6.3

求下列积分：

1. $\int(2x+1)\sin x\,\mathrm{d}x$；
2. $\int_0^{\frac{\pi}{2}} x\cos x\,\mathrm{d}x$；
3. $\int(4x^2-2x)\mathrm{e}^x\mathrm{d}x$；
4. $\int_0^1(4x+2)\mathrm{e}^{-2x}\mathrm{d}x$；
5. $\int(2x-11)\sin 2x\,\mathrm{d}x$；
6. $\int_0^{\frac{\pi}{2}}(2x+1)\cos 2x\,\mathrm{d}x$；
7. $\int x\ln x\,\mathrm{d}x$；
8. $\int_0^1 x^3\arctan x\,\mathrm{d}x$；
9. $\int \mathrm{e}^x\cos x\,\mathrm{d}x$；
10. $\int_0^1\mathrm{e}^{\sqrt{1-x}}\mathrm{d}x$。

*6.4　有理函数积分法

有理函数指的是形如

$$\frac{P_n(x)}{Q_m(x)}$$

的分式函数，其中 $P_n(x)$ 和 $Q_m(x)$ 分别为 n 次和 m 次多项式。当 $n\geqslant m$ 时的分式常叫假分式，当 $n<m$ 时的分式才叫真分式。

6.4.1　真分式积分法

当 $n<m$ 时，将真分式 $\frac{P_n(x)}{Q_m(x)}$ 的分母分解因式，若 $Q_m(x)$ 含因式：

(1) $(x-a)^k$，则其对应的待定分解式为

$$\frac{A_1}{x-a}+\frac{A_2}{(x-a)^2}+\cdots+\frac{A_k}{(x-a)^k}$$

(2) $(ax^2+bx+c)^k$ 且 ax^2+bx+c 在实数范围内不能再分解，则其对应的待定分解式为

$$\frac{A_1x+B_1}{ax^2+bx+c}+\frac{A_2x+B_2}{(ax^2+bx+c)^2}+\cdots+\frac{A_kx+B_k}{(ax^2+bx+c)^k}$$

利用上面真分式的分解方式，便可求出真分式的积分，积分过程中会常用到下面的公式：

$$\boxed{\int\frac{1}{x+a}\mathrm{d}x=\ln(x+a)+C}$$

例 6.4.1 求下列积分：

(1) $\int \frac{6x+3}{x^2-x-2}\mathrm{d}x$； (2) $\int \frac{x^2-x+1}{x^2(x-1)}\mathrm{d}x$。

解 注意，两个积分的被积函数都是真分式。

(1) 分母 x^2-x-2 分解因式为 $(x+1)(x-2)$，因此，可进行待定分解

$$\frac{6x+3}{x^2-x-2}=\frac{A}{x+1}+\frac{B}{x-2}$$

两边同乘以 $(x-2)(x+1)$，得

$$6x+3=A(x-2)+B(x+1)$$

令 $x=-1$ 得 $A=1$，令 $x=2$ 得 $B=5$，从而

$$\frac{2x+1}{x^2-x-2}=\frac{1}{x+1}+\frac{5}{x-2}$$

$$\int \frac{6x+3}{x^2-x-2}\mathrm{d}x=\int \frac{1}{x+1}\mathrm{d}x+5\int \frac{1}{x-2}\mathrm{d}x=\ln(x+1)+5\ln(x-2)+C$$

(2) 分母含因式 x^2 和 $x-1$，因此，可进行待定分解

$$\frac{x^2-x+1}{x^2(x-1)}=\frac{A}{x}+\frac{B}{x^2}+\frac{C}{x-1}$$

两边同乘以 $x^2(x-1)$，得

$$x^2-x+1=Ax(x-1)+B(x-1)+Cx^2$$

令 $x=0$ 得 $B=-1$，令 $x=1$ 得 $C=1$，比较两边 x^2 项的系数得 $A=1-C=0$，从而

$$\frac{x^2-x+1}{x^2(x-1)}=-\frac{1}{x^2}+\frac{1}{x-1}$$

$$\int \frac{x^2-x+1}{x^2(x-1)}\mathrm{d}x=-\int \frac{1}{x^2}\mathrm{d}x+\int \frac{1}{x-1}\mathrm{d}x=\frac{1}{x}+\ln(x-1)+C$$

课堂练习 6.4.1 求下列积分：

(1) $\int \frac{2x-1}{x^2-3x+2}\mathrm{d}x$； (2) $\int \frac{4x^2-2x+1}{x^2(x+2)}\mathrm{d}x$。

例 6.4.2 求下列积分：

(1) $\int \frac{2x+1}{x(x^2+1)}\mathrm{d}x$； (2) $\int \frac{x^2-x+2}{(x^2+1)(x-1)^2}\mathrm{d}x$。

解 注意，两个积分的被积函数都是真分式。

(1) 分母 $x(x^2+1)$ 含因式 x 和 x^2+1，因此，可进行待定分解

$$\frac{2x+1}{x(x^2+1)}=\frac{A}{x}+\frac{Bx+C}{x^2+1}$$

两边同乘以 $x(x^2+1)$，得

$$2x+1=A(x^2+1)+(Bx+C)x$$

令 $x=0$ 得 $A=1$，比较两边 x^2 项的系数得 $B=-A=-1$，比较两边 x 项的系数得 $C=2$，故

$$\frac{2x+1}{x(x^2+1)}=\frac{1}{x}+\frac{-x+2}{x^2+1}$$

$$\int\frac{2x+1}{x(x^2+1)}\mathrm{d}x=\int\frac{1}{x}\mathrm{d}x-\int\frac{x}{x^2+1}\mathrm{d}x+2\int\frac{1}{x^2+1}\mathrm{d}x$$

$$=\ln x-\frac{1}{2}\ln(x^2+1)+2\arctan x+C$$

(2) 分母 $(x^2+1)(x-1)^2$ 含因式 x^2+1 和 $(x-1)^2$，因此，可进行待定分解

$$\frac{x^2-x+2}{(x^2+1)(x-1)^2}=\frac{Ax+B}{x^2+1}+\frac{C}{x-1}+\frac{D}{(x-1)^2}$$

两边同乘以 $(x^2+1)(x-1)^2$，得

$$x^2-x+2=(Ax+B)(x-1)^2+C(x^2+1)(x-1)+D(x^2+1)$$

令 $x=1$ 得 $D=1$，令 $x=0$ 得 $B-C+D=2$，令 $x=2$ 得 $2A+B+5C+5D=4$，比较两边 x^3 项的系数得 $A+C=0$，解之得 $A=\frac{1}{2}$，$B=\frac{1}{2}$，$C=-\frac{1}{2}$，$D=1$。

即

$$\frac{x^2-x+2}{(x^2+1)(x-1)^2}=\frac{\frac{1}{2}x+\frac{1}{2}}{x^2+1}+\frac{-\frac{1}{2}}{x-1}+\frac{1}{(x-1)^2}$$

$$\int\frac{x^2-x+2}{(x^2+1)(x-1)^2}\mathrm{d}x=\frac{1}{2}\int\frac{x}{x^2+1}\mathrm{d}x+\frac{1}{2}\int\frac{1}{x^2+1}\mathrm{d}x-\frac{1}{2}\int\frac{1}{x-1}\mathrm{d}x+\int\frac{1}{(x-1)^2}\mathrm{d}x$$

$$=\frac{1}{4}\ln(x^2+1)+\frac{1}{2}\arctan x-\frac{1}{2}\ln(x-1)-\frac{1}{x-1}+C$$

课堂练习 6.4.2 求下列积分：

(1) $\int\frac{3x-2}{x(x^2+1)}\mathrm{d}x$；　　(2) $\int\frac{x^2-2x+4}{(x^2+1)(x+1)^2}\mathrm{d}x$。

6.4.2 假分式积分法

当 $n\geqslant m$ 时，假分式可分解为

$$\frac{P_n(x)}{Q_m(x)}=R_{n-m}(x)+\frac{H_k(x)}{Q_m(x)}\ (k<m)$$

其中 $R_{n-m}(x)$ 为 $n-m$ 次多项式，$H_k(x)$ 为 k 次多项式。其分解操作常见的有换元后拆项和分子凑项两种方式。

例 6.4.3 求下列积分：

(1) $\int_0^1 \frac{x^3}{x+1}\mathrm{d}x$； (2) $\int_0^1 \frac{x^6}{x^2+1}\mathrm{d}x$。

解 注意，两个积分的被积函数都是假分式。

(1)用 $u=x+1$ 换元，得

$$\int_0^1 \frac{x^3}{x+1}\mathrm{d}x=\int_1^2 \frac{(u-1)^3}{u}\mathrm{d}u=\int_1^2 \frac{u^3-3u^2+3u-1}{u}\mathrm{d}u$$

$$=\int_1^2\left(u^2-3u+3-\frac{1}{u}\right)\mathrm{d}u=\left.\frac{u^3}{3}\right|_1^2-\left.\frac{3}{2}u^2\right|_1^2+3-\ln u\Big|_1^2=\frac{5}{6}-\ln 2$$

(2)分子凑项，得

$$\int_0^1 \frac{x^6}{x^2+1}\mathrm{d}x=\int_0^1 \frac{x^4(x^2+1)-x^4}{x^2+1}\mathrm{d}x=\int_0^1 (x^4-\frac{x^4}{x^2+1})\mathrm{d}x$$

$$=\int_0^1 x^4\mathrm{d}x-\int_0^1 \frac{x^4}{x^2+1}\mathrm{d}x=\frac{1}{5}-\int_0^1 \frac{x^2(x^2+1)-x^2}{x^2+1}\mathrm{d}x$$

$$=\frac{1}{5}-\int_0^1\left(x^2-\frac{x^2}{x^2+1}\right)\mathrm{d}x=\frac{1}{5}-\frac{1}{3}+\int_0^1 \frac{x^2}{x^2+1}\mathrm{d}x$$

$$=-\frac{2}{15}+\int_0^1 \frac{x^2+1-1}{x^2+1}\mathrm{d}x=-\frac{2}{15}+\int_0^1\left(1-\frac{1}{x^2+1}\right)\mathrm{d}x$$

$$=\frac{13}{15}-\arctan x\Big|_0^1=\frac{13}{15}-\frac{\pi}{4}$$

课堂练习 6.4.3 求下列积分：

(1) $\int_2^3 \frac{x^4}{x-1}\mathrm{d}x$； (2) $\int_0^1 \frac{x^5}{x^2+1}\mathrm{d}x$。

> 积分补充公式 6.4.1
>
> $$\int \frac{1}{x^2-a^2}\mathrm{d}x=\frac{1}{2a}\ln\frac{x-a}{x+a}+C\ (a>0)$$

【公式推导】 $\int \frac{1}{x^2-a^2}\mathrm{d}x=\frac{1}{2a}\int\left(\frac{1}{x-a}-\frac{1}{x+a}\right)\mathrm{d}x$

$$=\frac{1}{2a}\int\frac{1}{x-a}\mathrm{d}x-\frac{1}{2a}\int\frac{1}{x+a}\mathrm{d}x$$

$$=\frac{1}{2a}\ln(x-a)-\frac{1}{2a}\ln(x+a)+C=\frac{1}{2a}\ln\frac{x-a}{x+a}+C$$

*6.4.3 二次多项式分母的积分法

当被积函数的分母为二次多项式

$$ax^2+bx+c\ (a\neq 0)$$

时，可先提出常系数 a 化为 x^2+px+q 型，后配方并换元成 $u^2\pm r$ 型，再用积分基本、补充公式或已知的积分法即可进行积分计算。

例 6.4.4 求下列积分：

(1) $\int\frac{x-1}{2x^2+4x+5}\mathrm{d}x$； (2) $\int_0^1\frac{2x+1}{4x^2+4x+3}\mathrm{d}x$。

解 注意，两个积分的被积函数的分母都是二次多项式。

(1) 提二次项系数，得

$$\int\frac{x-1}{2x^2+4x+5}\mathrm{d}x=\frac{1}{2}\int\frac{x-1}{x^2+2x+\frac{5}{2}}\mathrm{d}x$$

配方，得

$$\text{原式}=\frac{1}{2}\int\frac{x-1}{(x+1)^2+\frac{3}{2}}\mathrm{d}x$$

令 $u=x+1$，得

$$\text{原式}=\frac{1}{2}\int\frac{u-2}{u^2+\frac{3}{2}}\mathrm{d}u=\frac{1}{2}\int\frac{u}{u^2+\frac{3}{2}}\mathrm{d}u-\int\frac{1}{u^2+\frac{3}{2}}\mathrm{d}u$$

再用补充公式，得

$$\begin{aligned}\text{原式}&=\frac{1}{4}\ln\left(u^2+\frac{3}{2}\right)-\sqrt{\frac{2}{3}}\arctan\sqrt{\frac{2}{3}}u+C\\&=\frac{1}{4}\ln\left((x+1)^2+\frac{3}{2}\right)-\sqrt{\frac{2}{3}}\arctan\sqrt{\frac{2}{3}}(x+1)+C\end{aligned}$$

(2) 提二次项系数，得

$$\int_0^1\frac{2x+1}{4x^2+4x+3}\mathrm{d}x=\frac{1}{4}\int_0^1\frac{2x+1}{x^2+x+\frac{3}{4}}\mathrm{d}x;$$

配方，得

$$\text{原式}=\frac{1}{4}\int_0^1\frac{2x+1}{(x+\frac{1}{2})^2+\frac{1}{2}}\mathrm{d}x;$$

令 $u=x+\frac{1}{2}$，得

$$\text{原式}=\frac{1}{4}\int_{1/2}^{3/2}\frac{2u}{u^2+\frac{1}{2}}\mathrm{d}u;$$

再用补充公式，得

$$\text{原式}=\frac{1}{4}\ln(u^2+\frac{1}{2})\Big|_{\frac{1}{2}}^{\frac{3}{2}}=\frac{1}{4}\ln\frac{11}{3}$$

课堂练习 6.4.4 求下列积分：

(1) $\int\frac{x+1}{2x^2+4x+1}\mathrm{d}x$； (2) $\int_0^1\frac{2x-1}{4x^2+4x+5}\mathrm{d}x$。

习 题 6.4

求下列积分：

(1) $\int\frac{x}{(x-2)(x-3)}\mathrm{d}x$； (2) $\int\frac{2x+1}{x^2(x^2-1)}\mathrm{d}x$；

(3) $\int\frac{x-3}{(x-1)(x^2+1)}\mathrm{d}x$； (4) $\int\frac{x^2-x+1}{x^2(x^2+1)}\mathrm{d}x$；

(5) $\int_0^1\frac{x^3}{x-2}\mathrm{d}x$； (6) $\int_0^1\frac{x^3}{x^2+1}\mathrm{d}x$；

(7) $\int\frac{x-2}{3x^2+6x+9}\mathrm{d}x$； (8) $\int_0^1\frac{3x-2}{2x^2+4x+7}\mathrm{d}x$。

*6.5 三角有理函数积分法

三角有理函数指的是分子和分母都是正弦和余弦函数的多项式的分式函数

$$\frac{P_n(\sin x,\cos x)}{Q_m(\sin x,\cos x)}$$

其中 $P_n(x)$ 和 $Q_m(x)$ 分别为 n 次和 m 次多项式。

6.5.1 三角多项式的积分

形如

$$\int\sin^n x\cos^m x\,\mathrm{d}x \text{ 或 } \int_a^b\sin^n x\cos^m x\,\mathrm{d}x$$

的积分，其一般计算方法如下。

(1) 当 m 、 n 之一为奇数时，令 $u=$ 奇数次函数的对偶函数，并凑出导数 u' 。

(2) 当 m 、 n 都为偶数时，用下面的半角公式降次：

$$\sin^2 x=\frac{1-\cos 2x}{2}，\quad \cos^2 x=\frac{1+\cos 2x}{2}$$

例 6.5.1 求下列积分：

(1) $\int\sin^3 x\cos^2 x\,\mathrm{d}x$； (2) $\int_0^{\pi}\cos^4 x\,\mathrm{d}x$。

解 注意，两个积分的被积函数都是三角多项式。

(1) $\sin x$ 是奇数次，其对偶为 $\cos x$ 。令 $u=\cos x$ ，则

$$\int \sin^3 x\cos^2 x\,dx=\int \sin^3 x\cos^2 x\cdot\frac{u'}{-\sin x}dx=-\int(1-u^2)u^2du=\int(u^4-u^2)du$$

$$=\frac{1}{5}u^5-\frac{1}{3}u^3+C=\frac{1}{5}\cos^5 x-\frac{1}{3}\cos^3 x+C$$

(2)用半角公式$\cos^2 x=\dfrac{1+\cos 2x}{2}$降次，得

$$\int_0^\pi \cos^4 x\,dx=\int_0^\pi\left(\frac{1+\cos 2x}{2}\right)^2dx=\frac{1}{4}\int_0^\pi(1+2\cos 2x+\cos^2 2x)dx$$

$$=\frac{1}{4}\int_0^\pi\left(1+2\cos 2x+\frac{1+\cos 4x}{2}\right)dx=\int_0^\pi\left(\frac{3}{8}+\frac{1}{2}\cos 2x+\frac{1}{8}\cos 4x\right)dx$$

再根据补充公式$\int \cos kx\,dx=\dfrac{\sin kx}{k}+C$，得

$$\int_0^\pi \cos^4 x\,dx=\left(\frac{3}{8}x+\frac{1}{4}\sin 2x+\frac{1}{32}\sin 4x\right)\Big|_0^\pi=\frac{3}{8}\pi$$

课堂练习 6.5.1 求下列积分：

(1) $\int \sin^3 x\cos^5 x\,dx$；　　(2) $\int_0^\pi \sin^2 x\,dx$。

6.5.2 万能变换

三角有理函数的积分利用万能变换：

$$u=\tan\frac{x}{2}$$

都可化为有理函数的积分去处理。在计算的过程中，根据三角关系：

$$\sin x=\frac{2\tan\frac{x}{2}}{1+\tan^2\frac{x}{2}},\quad \cos x=\frac{1-\tan^2\frac{x}{2}}{1+\tan^2\frac{x}{2}}$$

及$x=2\arctan u$的微分计算，可得到下面的关系式：

$$\sin x=\frac{2u}{1+u^2},\quad \cos x=\frac{1-u^2}{1+u^2},\quad dx=\frac{2}{1+u^2}du$$

例 6.5.2 求积分$\int \csc x\,dx$。

解 注意，$\csc x=\dfrac{1}{\sin x}$。用万能变换$u=\tan\dfrac{x}{2}$，得

$$\int \csc x\,dx=\int\frac{1}{\sin x}dx=\int\frac{1+u^2}{2u}\cdot\frac{2}{1+u^2}du=\ln u+C=\ln\tan\frac{x}{2}+C$$

积分补充公式 6.5.1

(1) $\int \sec x\,dx=\ln(\sec x+\tan x)+C$；　　(2) $\int \csc x\,dx=-\ln(\csc x+\cot x)+C$。

【公式推导】注意，$(\tan x)'=\sec^2 x$，$(\sec x)'=\sec x\tan x$，于是有

$$\int \sec x\,\mathrm{d}x=\int \frac{\sec x\cdot(\sec x+\tan x)}{\sec x+\tan x}\mathrm{d}x$$

$$=\int \frac{(\tan x+\sec x)'}{\sec x+\tan x}\mathrm{d}x=\ln(\sec x+\tan x)+C$$

再注意$(\cot x)'=-\csc^2 x$，$(\csc x)'=-\csc x\cot x$，于是有

$$\int \csc x\,\mathrm{d}x=\int \frac{\csc x\cdot(\csc x+\cot x)}{\csc x+\cot x}\mathrm{d}x$$

$$=-\int \frac{(\csc x+\cot x)'}{\csc x+\cot x}\mathrm{d}x=-\ln(\csc x+\cot x)+C$$

课堂练习 6.5.2 求下列积分：

(1) $\int \frac{1}{\sin^3 x}\mathrm{d}x$；　　(2) $\int_0^{\frac{\pi}{2}} \frac{2}{1+\cos x}\mathrm{d}x$。

6.5.3 可化为三角有理式的积分

某些根式函数的积分采用三角变换后，可能会变成三角有理函数的积分。

例 6.5.3 求下列积分（$a>0$）：

(1) $\int \frac{1}{\sqrt{x^2+a^2}}\mathrm{d}x$；　　(2) $\int \frac{1}{\sqrt{x^2-a^2}}\mathrm{d}x$。

解 利用三角关系式：$1+\tan^2 x=\sec^2 x$ 和三角变换去根号。

(1) 令 $x=a\tan t$，则

$$t=\arctan\frac{x}{a},\quad \sqrt{x^2+a^2}=a\sec t,\quad \mathrm{d}x=a\sec^2 t\,\mathrm{d}t$$

从而 $$\int \frac{1}{\sqrt{x^2+a^2}}\mathrm{d}x=\int \frac{1}{a\sec t}\cdot a\sec^2 t\,\mathrm{d}t=\int \sec t\,\mathrm{d}t=\ln(\sec t+\tan t)+C_1$$

$$=\ln\left(\frac{\sqrt{x^2+a^2}}{a}+\frac{x}{a}\right)+C_1=\ln(x+\sqrt{x^2+a^2})+C$$

(2) 令 $x=a\sec t$，则

$$\cos t=\frac{a}{x},\quad \sqrt{x^2-a^2}=a\tan t,\quad \mathrm{d}x=a\sec t\tan t\,\mathrm{d}t$$

从而 $$\int \frac{1}{\sqrt{x^2-a^2}}\mathrm{d}x=\int \frac{1}{a\tan t}\cdot a\sec t\tan t\,\mathrm{d}t=\int \sec t\,\mathrm{d}t=\ln(\sec t+\tan t)+C_1$$

$$=\ln\left(\frac{x}{a}+\frac{\sqrt{x^2-a^2}}{a}\right)+C_1=\ln(x+\sqrt{x^2-a^2})+C$$

积分补充公式 6.5.2

$$\int \frac{1}{\sqrt{x^2 \pm a^2}} \mathrm{d}x = \ln(x + \sqrt{x^2 \pm a^2}) + C$$

课堂练习 6.5.3　求下列积分($a > 0$)：

(1) $\int \sqrt{x^2 - a^2} \mathrm{d}x$；　　(2) $\int_0^a \sqrt{x^2 + a^2} \mathrm{d}x$。

习 题 6.5

求下列积分：

1. $\int \sin^5 x \mathrm{d}x$；
2. $\int_0^\pi \cos^2 x \mathrm{d}x$；
3. $\int \sin^4 x \cos^3 x \mathrm{d}x$；
4. $\int_0^\pi \sin^2 x \cos^4 x \mathrm{d}x$；
5. $\int \frac{1}{\sin^4 x} \mathrm{d}x$；
6. $\int_0^{\frac{\pi}{6}} \frac{1}{\cos^2 2x} \mathrm{d}x$；
7. $\int \frac{x^3}{\sqrt{a^2 - x^2}} \mathrm{d}x$；
8. $\int_0^a x\sqrt{x^2 + a^2} \mathrm{d}x$。

*6.6　简单无理函数积分法

6.6.1　$\sqrt[n]{ax+b}$ 型函数的积分

$\sqrt[n]{ax+b}$ 属根式函数，根据根式的换元积分方式，可通过换元去根号后再进行积分。

例 6.6.1　求下列积分：

(1) $\int \frac{1}{\sqrt[4]{x} - 1} \mathrm{d}x$；　　(2) $\int_0^1 \frac{1}{\sqrt{x} + \sqrt[3]{x}} \mathrm{d}x$。

解　注意，两个积分的被积函数都含根式。

(1) 令 $t = \sqrt[4]{x} - 1$，则 $x = (t+1)^4$， $\mathrm{d}x = 4(t+1)^3 \mathrm{d}t$，从而

$$\int \frac{1}{\sqrt[4]{x} - 1} \mathrm{d}x = \int \frac{1}{t} \cdot 4(t+1)^3 \mathrm{d}t = 4\int \left(t^2 + 3t + 3 + \frac{1}{t}\right) \mathrm{d}t = 4\left(\frac{1}{3}t^3 + \frac{3}{2}t^2 + 3t + \ln t\right) + C$$

$$= \frac{4}{3}(\sqrt[4]{x} - 1)^3 + 6(\sqrt[4]{x} - 1)^2 + 12(\sqrt[4]{x} - 1) + 4\ln(\sqrt[4]{x} - 1) + C$$

(2) 令 $t = \sqrt[6]{x}$，则 $x = t^6$， $\mathrm{d}x = 6t^5$，从而

$$\int_0^1 \frac{1}{\sqrt{x} + \sqrt[3]{x}} \mathrm{d}x = \int_0^1 \frac{1}{t^3 + t^2} \cdot 6t^5 \mathrm{d}x = 6\int_0^1 \frac{t^3}{t+1} \mathrm{d}x；$$

令 $u = t + 1$，得

$$原式=6\int_1^2\frac{(u-1)^3}{u}\mathrm{d}u=6\int_1^2\left(u^2-3u+3-\frac{1}{u}\right)\mathrm{d}u$$

$$=6\left(\frac{u^3}{3}-3\times\frac{u^2}{2}+3u-\ln u\right)\Bigg|_1^2=5-6\ln 2$$

课堂练习 6.6.1 求下列积分：

(1) $\int\frac{1}{\sqrt[4]{x+1}-1}\mathrm{d}x$；　　(2) $\int_0^1\frac{\sqrt{x}}{1+\sqrt[3]{x}}\mathrm{d}x$。

6.6.2 $\sqrt[n]{\dfrac{ax+b}{cx+d}}$ 型函数的积分

$\sqrt[n]{\dfrac{ax+b}{cx+d}}$ 型函数的积分思路仍然是通过适当的变换将其有理化。

例 6.6.2 求下列积分：

(1) $\int\frac{1}{x}\sqrt{\frac{1-x}{1+x}}\mathrm{d}x$；　　(2) $\int_{\frac{1}{2}}^1\sqrt{\frac{1-x}{x}}\mathrm{d}x$。

解 注意，两个积分的被积函数都含根式。

(1) 令 $t=\sqrt{\dfrac{1-x}{1+x}}$，则 $x=\dfrac{1-t^2}{1+t^2}$，$\mathrm{d}x=\dfrac{-4t}{(1+t^2)^2}\mathrm{d}t$，从而

$$\int\frac{1}{x}\sqrt{\frac{1-x}{1+x}}\mathrm{d}x=\int\frac{1+t^2}{1-t^2}\cdot t\cdot\frac{-4t}{(1+t^2)^2}\mathrm{d}t=-4\int\frac{t^2}{1-t^4}\mathrm{d}t$$

$$=-2\int\left(\frac{t^2}{1-t^2}+\frac{t^2}{1+t^2}\right)\mathrm{d}t=-2\int\left(\frac{1-(1-t^2)}{1-t^2}+\frac{(1+t^2)-1}{1+t^2}\right)\mathrm{d}t$$

$$=-2\int\left(\frac{1}{1-t^2}-1+1-\frac{1}{1+t^2}\right)\mathrm{d}t=2\int\left(\frac{1}{t^2-1}+\frac{1}{1+t^2}\right)\mathrm{d}t$$

$$=2\left(\frac{1}{2}\ln\frac{t-1}{t+1}+\arctan t\right)+C_1$$

$$=\ln\frac{\sqrt{1+x}-\sqrt{1-x}}{\sqrt{1+x}+\sqrt{1-x}}+2\arctan\sqrt{\frac{1-x}{1+x}}+C$$

(2) 令 $x=\sin^2 t\left(\dfrac{\pi}{6}\leqslant t\leqslant\dfrac{\pi}{2}\right)$，则 $1-x=\cos^2 t$，$\mathrm{d}x=2\sin t\cos t\,\mathrm{d}t$，从而

$$\int_{\frac{1}{2}}^1\sqrt{\frac{1-x}{x}}\mathrm{d}x=\int_{\frac{\pi}{4}}^{\frac{\pi}{2}}\frac{\cos t}{\sin t}\cdot 2\sin t\cos t\,\mathrm{d}t=\int_{\frac{\pi}{4}}^{\frac{\pi}{2}}(1+\cos 2t)\,\mathrm{d}t=\left(t+\frac{\sin 2t}{2}\right)\Bigg|_{\frac{\pi}{4}}^{\frac{\pi}{2}}=\frac{\pi}{4}-\frac{1}{2}$$

课堂练习 6.6.2 求下列积分：

(1) $\int\frac{1}{x}\sqrt{\frac{x}{1+x}}\mathrm{d}x$；　　(2) $\int_{\frac{3}{2}}^2\sqrt{\frac{2-x}{x-1}}\mathrm{d}x$。

习 题 6.6

求下列积分：

1. $\int \frac{1}{\sqrt[3]{x}-1}\mathrm{d}x$；

2. $\int_0^{64} \frac{1}{\sqrt{x}+\sqrt[3]{x}}\mathrm{d}x$；

3. $\int \frac{1}{x}\sqrt{\frac{2-x}{2+x}}\mathrm{d}x$；

4. $\int_1^2 \sqrt{\frac{x-1}{x}}\mathrm{d}x$。

【数学名人】——希尔伯特

第7章　微元法的应用

【名人名言】没有大胆的猜想，就做不出伟大的发现。——牛顿

【轻松幽默】数学“10分”简单，只是那剩下的90分很难。

【学习目标】了解微元法，会用微元法推导弧长、旋转曲面面积、旋转体体积公式，并用公式进行计算。能用微元法解答工程中的做功、静压力等实际问题。

【教学提示】微元法是微积分思想的核心内容，在工程中有着广泛的应用。正确理解微元法对深入掌握微积分知识有着重大的作用。本章为学生自主进阶学习内容，教学中可因材选讲、略讲或不讲。

【数学词汇】

①微元法（Infinitesimal Method），　积分电路（Integrating Circuit）。

②曲线（Curve），　弧长（Arc Length）。

③曲面（Surface），　旋转曲面（Surface of Revolution）。

④体积（Volume），　截面（Cross Section）。

⑤功率（Power），　压力（Pressure）。

【内容提要】

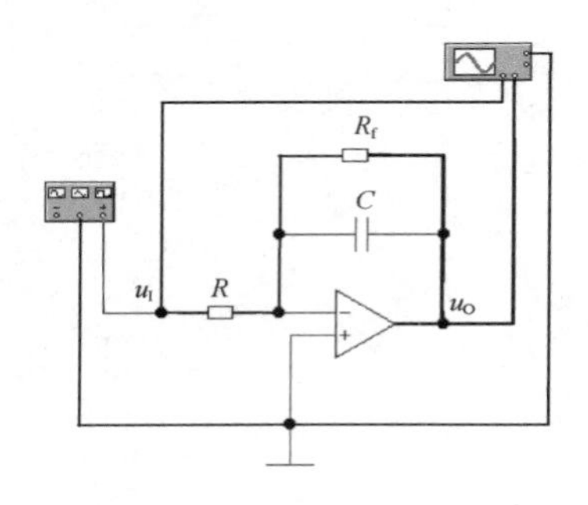

微积分是与实际应用联系发展起来的，微积分创立之后，又广泛地应用于天文、物理、化学、生物、工程、经济等自然科学和社会科学的许多分支之中。特别是计算机的出现更是促进了这些应用的不断发展。

微积分的基本思想方法是解决变量问题的一种重要工具，其核心是微元法。

本章将先介绍微元法与积分电路，然后用微元法导出平面曲线的弧长、旋转曲面的面积、旋转体的体积、已知截面面积的立体体积的计算公式，并应用公式进行计算。最后再介绍微元法在工程计算中的应用，包括变力做功、抽水做功和静水压力等。

7.1　微元法与积分电路介绍

7.1.1　微元法

根据定积分的几何意义：连续曲线 $y=f(t)$（$f(t)\geqslant 0$），$t=a$，$t=x$（$x\geqslant a$）、t 轴所围成的曲边梯形的面积

$$A(x)=\int_a^x f(t)\mathrm{d}t$$

若 x 是 (a,b) 内的任意一点，给 x 一充分小的改变量 Δx，则其面积的改变量——见图 7.1.1 中阴影部分的面积

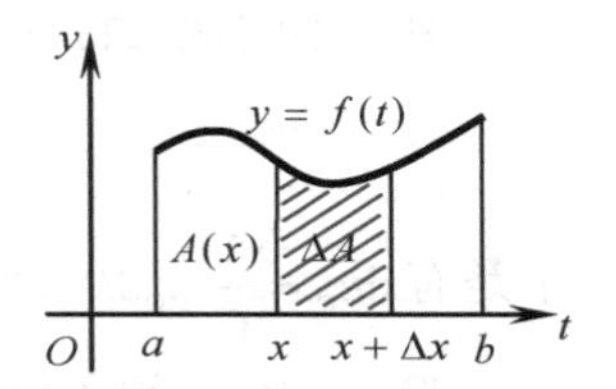

图 7.1.1　面积增量图示

$$\Delta A=A(x+\Delta x)-A(x)=\int_x^{x+\Delta x} f(t)\mathrm{d}t$$

由导数的定义，得

$$A'(x)=\lim_{\Delta x\to 0}\frac{\Delta A}{\Delta x}=\lim_{\Delta x\to 0}\frac{\int_x^{x+\Delta x} f(t)\mathrm{d}t}{\Delta x}$$

再应用罗必达法则得

$$A'(x)=\lim_{\Delta x\to 0}\frac{f(x+\Delta x)}{1}=f(x)\text{，}\quad \mathrm{d}A=A'(x)\mathrm{d}x=f(x)\mathrm{d}x$$

实际应用时，通常按下面方式进行。

(1) 在 (a,b) 内任取一点 x，考虑区间 $[x,x+\mathrm{d}x]$。

(2) 将 $[x,x+\mathrm{d}x]$ 上对应的曲边梯形视为矩形（见图 7.1.2），由这个小矩形的面积值得到面积的微分

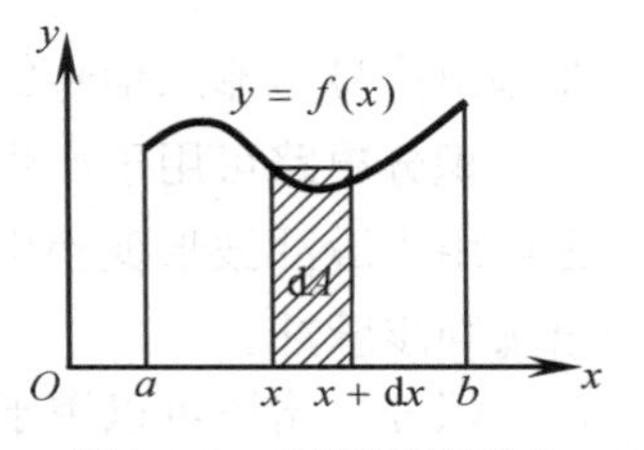

图 7.1.2　面积微元图示

$$\mathrm{d}A=f(x)\mathrm{d}x$$

(3) 由 $A'(x)=f(x)$，根据牛顿-莱布尼兹公式，并注意 $A(a)=0$，即得

$$A=A(b)=A(a)+\int_a^b f(x)\mathrm{d}x=\int_a^b f(x)\mathrm{d}x$$

总结上面的讨论：先任取 $[x,x+\mathrm{d}x]\subseteq[a,b]$，再借助图形计算出 Q 的微分

$$\mathrm{d}Q=f(x)\mathrm{d}x$$

从而得到区间 $[a,b]$ 上的总量 $Q=\int_a^b f(x)\mathrm{d}x$。这样的方法称为微元法。

课堂讨论 7.1.1　已知导线上任意一点的线密度 ρ 是该点到导线一端的距离的函数，如果线长为 L，如图 7.1.3 所示，试用微元法给出导线的总质量的定积分表达式。

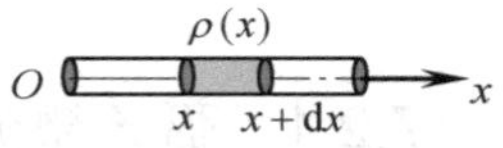

图 7.1.3　导线质量微元图示

课堂练习 7.1.1　已知直线运动物体的速度

$$v=v(t)$$

是时间t的连续函数，如图 7.1.4 所示，试用微元法给出物体在时段$[T_1,T_2]$内所走的路程的定积分表达式。

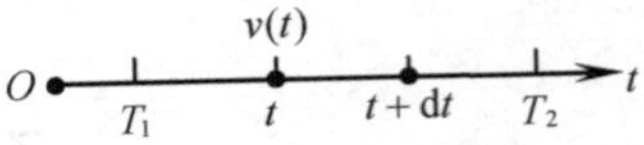

图 7.1.4 路程微元图示

7.1.2 积分电路

在例 4.1.2 中曾介绍过微分电路，即输出信号与输入信号的时间微分值成比例的电路。

将例 4.1.2 中的微分电路的电阻 R 和电容 C 互换位置，如图 7.1.5 所示，设电阻 R 和电容 C 串联接入输入信号u_{I}，则电流$i_{\mathrm{R}}=i_{\mathrm{C}}$，且根据 KVL 定律有$u_{\mathrm{I}}=u_{\mathrm{C}}+u_{\mathrm{R}}$。

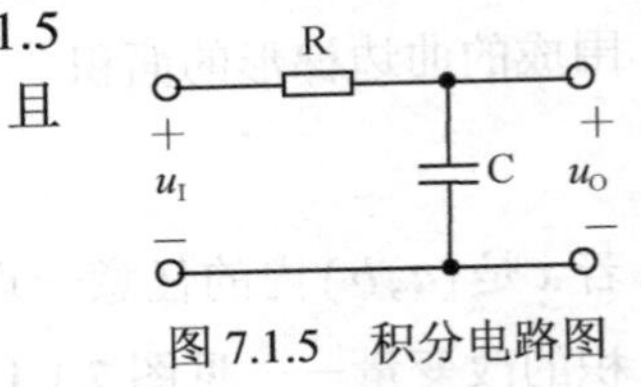

图 7.1.5 积分电路图

由电容的伏安特性可知

$$i_{\mathrm{C}}=C\frac{\mathrm{d}u_{\mathrm{C}}}{\mathrm{d}t}$$

于是有$\mathrm{d}u_{\mathrm{C}}=\frac{1}{C}\cdot i_{\mathrm{C}}\mathrm{d}t$，两边积分即得$u_{\mathrm{C}}=\frac{1}{C}\int i_{\mathrm{C}}\mathrm{d}t$。

若$\tau=RC$与输入信号u_{I}的方波宽度t_{p}之间满足

$$\tau>>t_{\mathrm{p}}\ (\text{一般至少 10 倍以上})$$

且电容 C 两端输出信号，则

$$u_{\mathrm{I}}=u_{\mathrm{C}}+u_{\mathrm{R}}\approx u_{\mathrm{R}}=i_{\mathrm{R}}R=i_{\mathrm{C}}R\text{，即 } i_{\mathrm{C}}=\frac{u_{\mathrm{I}}}{R}$$

从而

$$u_{\mathrm{O}}=u_{\mathrm{C}}=\frac{1}{C}\int i_{\mathrm{C}}\mathrm{d}t=\frac{1}{RC}\int u_{\mathrm{I}}\mathrm{d}t$$

即输出信号与输入信号的时间积分值成比例，这样的电路叫作积分电路。

积分电路可用于产生精密锯齿波电压或线性增长电压，以作为测量和控制系统的时基；也可用于脉冲波形变换电路中。在电视接收机中，采用积分电路可从复合同步信号中分离出场同步脉冲。

积分电路还可以用于处理模拟信号。若输入为正弦信号：$u_{\mathrm{I}}=u_{\mathrm{m}}\sin\omega t$，则

$$u_{\mathrm{O}}=\frac{1}{RC}\int u_{\mathrm{m}}\sin\omega t\,\mathrm{d}t=-\frac{u_{\mathrm{m}}}{RC\omega}\cos\omega t+C,$$

即电压输出为余弦波，此即说明，积分电路具有移相的作用。

7.2 平面曲线的弧长

7.2.1 弧长微分公式

如图 7.2.1 所示，设L是区间$[a,b]$上的连续曲线，任取

$$[x,x+\mathrm{d}x]\subseteq[a,b]$$

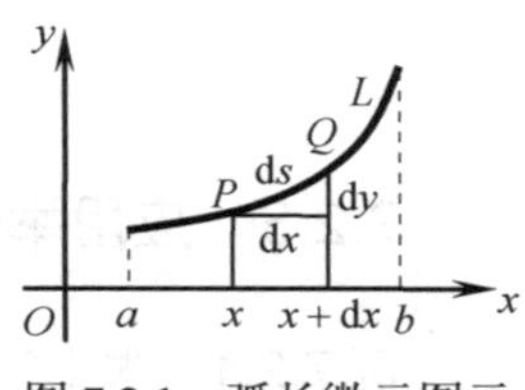

图 7.2.1　弧长微元图示

记 $\mathrm{d}s$ 为 x 和 $x+\mathrm{d}x$ 对应的 L 上的两点 P 和 Q 间的弧长，$\mathrm{d}x$ 和 $\mathrm{d}y$ 分别为点 P、Q 的横坐标的差和纵坐标的差，当 $\mathrm{d}s$ 充分小时，可将边长为 $\mathrm{d}x$、$\mathrm{d}y$、$\mathrm{d}s$ 的曲边三角形视为直角三角形，$\mathrm{d}x$、$\mathrm{d}y$ 分别为两条直角边的长。

由勾股定理，得

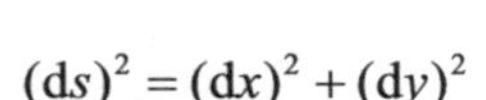

$$(\mathrm{d}s)^2=(\mathrm{d}x)^2+(\mathrm{d}y)^2$$

注意，当 x 从 a 变到 b 时，曲线的弧长是不断增加的，从而 $\mathrm{d}s>0$，于是有

弧长微分公式：$\mathrm{d}s=\sqrt{(\mathrm{d}x)^2+(\mathrm{d}y)^2}$

7.2.2　弧长计算公式

1. x 型

若 L 由直角坐标方程

$$y=f(x)\ (a\leqslant x\leqslant b)$$

给出，则 $\mathrm{d}y=f'(x)\mathrm{d}x$。于是

$$\mathrm{d}s=\sqrt{1+\left(\frac{\mathrm{d}y}{\mathrm{d}x}\right)^2}\mathrm{d}x=\sqrt{1+(f'(x))^2}\mathrm{d}x\ (\mathrm{d}x>0)$$

由微元法即得直角坐标系下平面曲线 L 的弧长的 x 型计算公式：

$$s=\int_a^b\sqrt{1+(f'(x))^2}\mathrm{d}x$$

2. y 型

若 L 由直角坐标方程

$$x=x(y)\ (c\leqslant y\leqslant d)$$

给出，则 $\mathrm{d}x=x'(y)\mathrm{d}y$。于是

$$\mathrm{d}s=\sqrt{1+\left(\frac{\mathrm{d}x}{\mathrm{d}y}\right)^2}\mathrm{d}y=\sqrt{1+(x'(y))^2}\mathrm{d}y\ (\mathrm{d}y>0)$$

由微元法即得直角坐标系下平面曲线 L 的弧长的 y 型计算公式：

$$s=\int_c^d\sqrt{1+(x'(y))^2}\mathrm{d}y$$

3. 参数型

若 L 由参数方程

$$\begin{cases}x=x(t)\\ y=y(t)\end{cases}\ (\alpha\leqslant t\leqslant\beta)$$

给出，则 $\mathrm{d}x=x'(t)\mathrm{d}t$、$\mathrm{d}y=y'(t)\mathrm{d}t$。于是

$$\mathrm{d}s=\sqrt{(\mathrm{d}x)^2+(\mathrm{d}y)^2}=\sqrt{(x'(t))^2+(y'(t))^2}\,\mathrm{d}t\ (\mathrm{d}t>0)$$

由微元法可得参数方程确定的平面曲线 L 的弧长计算公式：

$$s=\int_{\alpha}^{\beta}\sqrt{(x'(t))^2+(y'(t))^2}\,\mathrm{d}t$$

7.2.3 应用举例

例 7.2.1 求半径为 R 的圆的周长。

解 设半径为 R 的圆 L 的方程为

$$\begin{cases}x=R\cos t\\ y=R\sin t\end{cases}\ (0\leqslant t\leqslant 2\pi)$$

根据参数情形 L 的弧长计算公式，得

$$s=\int_0^{2\pi}\sqrt{(x'(t))^2+(y'(t))^2}\,\mathrm{d}t=\int_0^{2\pi}\sqrt{(-R\sin t)^2+(R\cos t)^2}\,\mathrm{d}t=\int_0^{2\pi}R\,\mathrm{d}t=2\pi R$$

课堂练习 7.2.1 求下面曲线的弧长：

(1) $y=\dfrac{2}{3}x^{\frac{3}{2}}\ (0\leqslant x\leqslant 1)$；　　(2) 悬链线：$y=\dfrac{\mathrm{e}^x+\mathrm{e}^{-x}}{2}\ (0\leqslant x\leqslant 1)$；

(3) 摆线：$\begin{cases}x=t-\sin t\\ y=1-\cos t\end{cases}\ (0\leqslant t\leqslant 2\pi)$的弧长的积分表达式。

课堂讨论 7.2.1 例 7.2.1 是否可以利用圆的对称性进行计算？如何计算？

课堂讨论 7.2.2 若 L 是平面曲线 $y=x^2$ 和 $x=y^2$ 所围成的封闭曲线，试用弧长计算公式给出 L 的弧长的积分表示。

7.3 旋转曲面的面积

定曲线 C 绕定直线 l 旋转所成的曲面称为旋转曲面。其中 C 叫母线，l 叫旋转轴。常见的旋转曲面有圆柱面、圆锥面、圆台面、球面等(见图 7.3.1)。

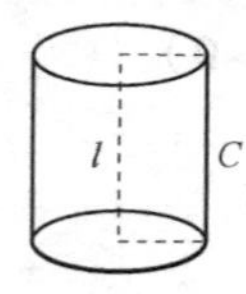

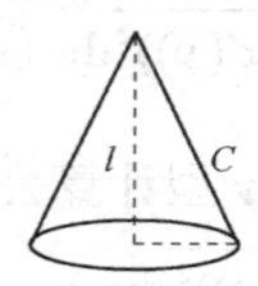

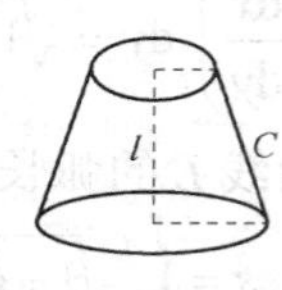

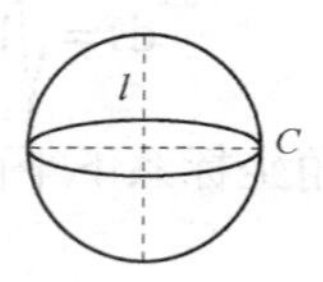

图 7.3.1 常见的旋转曲面

7.3.1 圆台侧面积计算公式

如图 7.3.2 所示，设圆台的上底半径为 r，下底半径为 R，母线长为 l，过中心轴的截面截得的两条母线的延长线交于 O 点，至 O 点的延长线的长为 a，根据

$$\text{扇形的面积}=\frac{1}{2}\times\text{半径}\times\text{弧长}$$

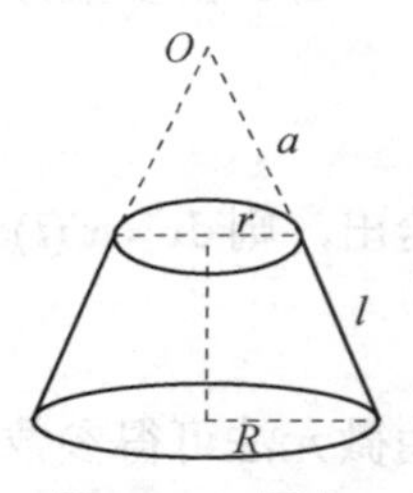

图 7.3.2 圆台

可得到圆台的侧面积

$$S=\frac{1}{2}(a+l)\cdot 2\pi R-\frac{1}{2}a\cdot 2\pi r$$

另一方面，由三角形相似得比例关系：$\frac{a}{a+l}=\frac{r}{R}$，从而

$$1+\frac{l}{a}=\frac{R}{r}，\quad a=\frac{r}{R-r}l，\quad a+l=\frac{R}{R-r}l$$

$$S=\frac{\pi R^2}{R-r}l-\frac{\pi r^2}{R-r}l=\pi(R+r)l$$

即得圆台的侧面积计算公式：

$$S=\pi(R+r)l$$

7.3.2　旋转曲面的面积

1. x 型

设 $y=f(x)$ 在区间 $[a,b]$ 上非负连续，任取

$$[x,x+\mathrm{d}x]\subseteq[a,b]$$

则区间 $[x,x+\mathrm{d}x]$ 上长度为 $\mathrm{d}s$ 的曲线弧绕 x 轴旋转一周所成的曲面可近似地视为圆台，其左底面半径为 $f(x)$，右底面半径为 $f(x+\mathrm{d}x)\approx f(x)$，母线长为 $\mathrm{d}s$，从而侧面面积

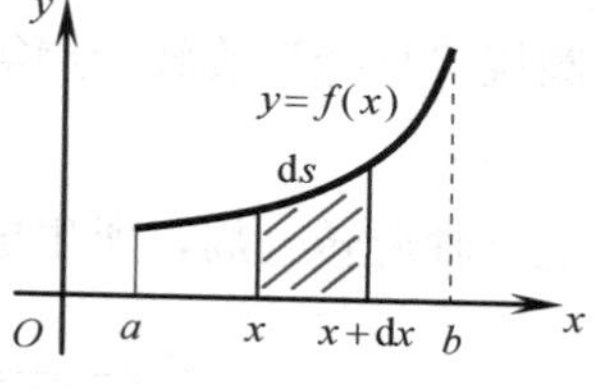

图 7.3.3　绕 x 轴旋转图示

$$\mathrm{d}S=\pi(f(x)+f(x+\mathrm{d}x))\mathrm{d}s\approx 2\pi f(x)\sqrt{1+(f'(x))^2}\mathrm{d}x$$

由微元法，即得曲线 $y=f(x)$（$f(x)\geqslant 0$，$a\leqslant x\leqslant b$）绕 x 轴旋转一周所形成的旋转曲面的侧面积的计算公式：

$$S=2\pi\int_a^b f(x)\sqrt{1+(f'(x))^2}\mathrm{d}x$$

2. y 型

设 $x=x(y)$ 在区间 $[c,d]$ 上非负连续，任取

$$[y,y+\mathrm{d}y]\subseteq[c,d]$$

则区间 $[y,y+\mathrm{d}y]$ 上长度为 $\mathrm{d}s$ 的曲线弧绕 y 轴旋转一周所成的曲面可近似地视为圆台，其下底面半径为 $x(y)$，上底面半径为 $x(y+\mathrm{d}y)\approx x(y)$，母线长为 $\mathrm{d}s$，从而侧面面积

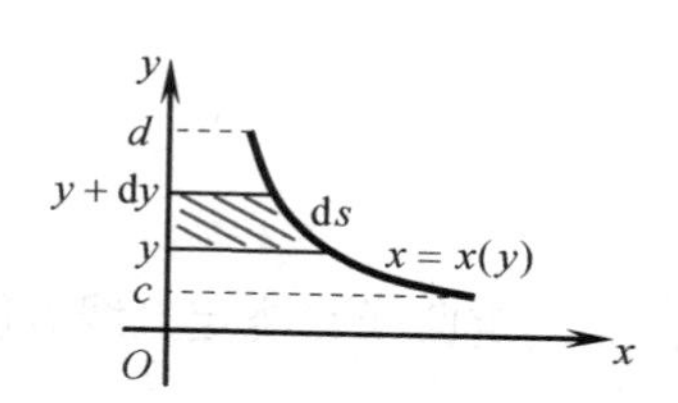

图 7.3.4　绕 y 轴旋转图示

$$\mathrm{d}S=\pi(x(y)+x(y+\mathrm{d}y))\mathrm{d}s\approx 2\pi x(y)\sqrt{1+(x'(y))^2}\mathrm{d}y$$

由微元法，即得曲线 $x=x(y)$（$x(y)\geqslant 0$，$c\leqslant y\leqslant d$）绕 y 轴旋转一周所形成的旋转曲面的侧面积的计算公式：

$$S=2\pi\int_c^d x(y)\sqrt{1+(x'(y))^2}\mathrm{d}y$$

7.3.3 应用举例

例 7.3.1 求半径为 R 的圆绕其直径旋转一周所成曲面的面积。

解 1 设中心轴（“直径”）为 x 轴，圆的方程为

$$x^2+y^2=R^2$$

圆绕“直径”旋转一周等价于上半圆周

$$y=\sqrt{R^2-x^2}\ (-R\leqslant x\leqslant R)$$

绕 x 轴旋转一周，所生成的是球面。注意

$$y'=\frac{-x}{\sqrt{R^2-x^2}},\quad y\sqrt{1+(y')^2}=\sqrt{R^2-x^2}\cdot\sqrt{1+(\frac{-x}{\sqrt{R^2-x^2}})^2}=R$$

故生成的曲面面积

$$S=2\pi\int_{-R}^{R}y\sqrt{1+(y')^2}\mathrm{d}x=2\pi\int_{-R}^{R}R\mathrm{d}x=4\pi R^2$$

解 2 设中心轴（“直径”）为 y 轴，圆的方程为

$$x^2+y^2=R^2$$

圆绕“直径”旋转一周等价于右半圆周

$$x=\sqrt{R^2-y^2}\ (-R\leqslant y\leqslant R)$$

绕 y 轴旋转一周，所生成的还是球面。注意

$$x'=\frac{-y}{\sqrt{R^2-y^2}},\quad x\sqrt{1+(x')^2}=\sqrt{R^2-y^2}\cdot\sqrt{1+(\frac{-y}{\sqrt{R^2-y^2}})^2}=R$$

故生成的曲面面积

$$S=2\pi\int_{-R}^{R}x\sqrt{1+(x')^2}\mathrm{d}y=2\pi\int_{-R}^{R}R\mathrm{d}y=4\pi R^2$$

课堂讨论 7.3.1 例 7.3.1 是否可以利用对称性进行计算？如何计算？

课堂练习 7.3.1

(1) 求曲线 $y=r\ (0\leqslant x\leqslant h$，$r$、$h$ 为常数)绕 x 轴旋转一周所成曲面的面积。

(2) 求 $y=2-x\ (0\leqslant x\leqslant 1)$分别绕 x 轴和 y 轴旋转一周所成曲面的面积。

7.4 旋转体的体积

定曲线 C 绕定直线 L 旋转一周所成的封闭立体称为旋转体，其中定直线 L 叫作旋转轴。

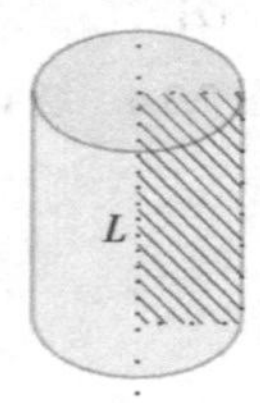

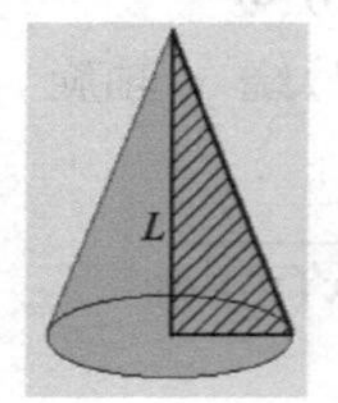

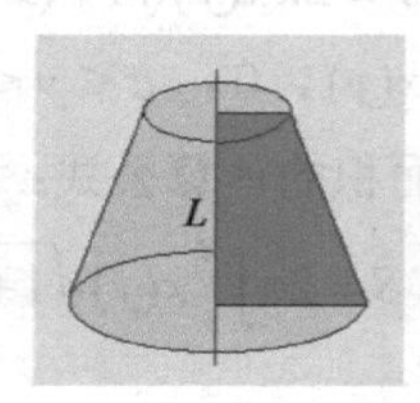

图 7.4.1 常见的旋转体

现实生活中有很多的旋转体，如石柱、铅球等，常见的旋转立体有圆柱体、圆锥体、圆台体和球体等(见图 7.4.1)。

7.4.1 x型

考察连续曲线 $y=f(x)$（$f(x)\geqslant 0$）、$x=a$、$x=b$、x轴所围的图形U。

如图 7.4.2 所示，假设x是(a,b)内任意一点，再给x一充分小的改变量$\mathrm{d}x$，让

$$[x,x+\mathrm{d}x]\subseteq[a,b]$$

根据微元法，需考察图 7.4.2 中阴影部分$\mathrm{d}A$分别绕x轴和y轴旋转一周所成立体的体积。由于$\mathrm{d}x$充分小，可视$\mathrm{d}A$为矩形。不难看出：

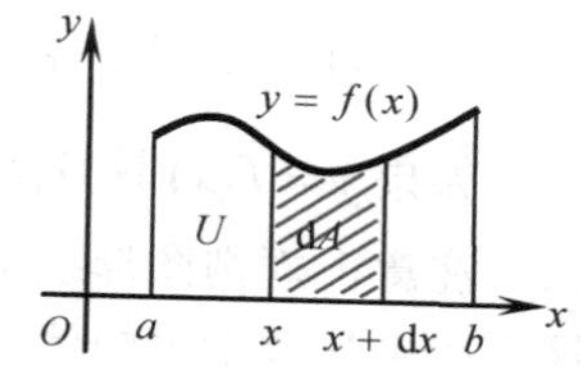

图 7.4.2 旋转体积微元图示

(1) $\mathrm{d}A$绕x轴旋转一周所成立体可视为圆柱体，其底半径为$f(x)$、高为$\mathrm{d}x$，因此，圆柱的体积

$$\mathrm{d}V_x=\pi f^2(x)\mathrm{d}x$$

再根据微元法，得图形U绕x轴旋转一周所成立体的体积$V_x=\pi\int_a^b(f(x))^2\mathrm{d}x$。

(2) $\mathrm{d}A$绕y轴旋转一周所成立体可视为底半径分别为$x+\mathrm{d}x$和x、高为$f(x)$的圆柱套，这个圆柱套的体积

$$\mathrm{d}V_y=\pi(x+\mathrm{d}x)^2f(x)-\pi x^2f(x)=2\pi xf(x)\mathrm{d}x+\pi f(x)(\mathrm{d}x)^2\approx 2\pi xf(x)\mathrm{d}x$$

再根据微元法，得图形U绕y轴旋转一周所成立体的体积$V_y=2\pi\int_a^b xf(x)\mathrm{d}x$。

总结上面讨论，可得

U：连续曲线 $y=f(x)$（$f(x)\geqslant 0$）、$x=a$、$x=b$、x轴所围图形 (1)绕x轴旋转一周所成立体的体积$V_x=\pi\int_a^b(f(x))^2\mathrm{d}x$； (2)绕$y$轴旋转一周所成立体的体积$V_y=2\pi\int_a^b xf(x)\mathrm{d}x$。

注意，图形U在x轴的上方且以x轴为下方边界，换句话说，只有在x轴的上方且以x轴为下方边界的图形才能应用上述公式求其绕坐标轴旋转一周所成立体的体积。

此外，a是图中x的最小值，b是图中x的最大值，即图中x的最小值和最大值确定公式的积分限。

例 7.4.1 求$y=x^2$、$x=1$、x轴所围图形分别绕x轴和y轴旋转一周所成立体的体积。

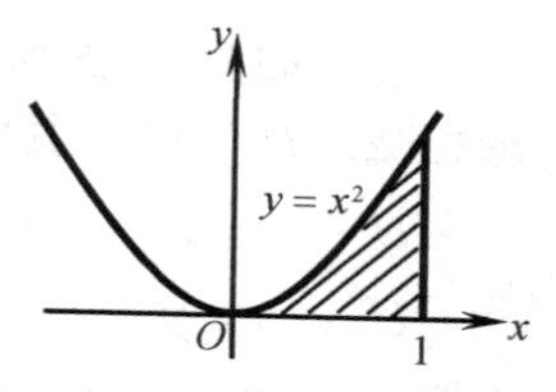

图 7.4.3 例 7.4.1 图形

解 如图 7.4.3 所示，$y=x^2$、$x=1$、x轴所围成的平面图形在x轴的上方且以x轴为下方边界

$$x_{\min}=0，\quad x_{\max}=1$$

根据计算公式，得

$$V_x=\pi\int_0^1(x^2)^2\,\mathrm{d}x=\pi\int_0^1x^4\,\mathrm{d}x=\pi\cdot\frac{x^5}{5}\bigg|_0^1=\frac{\pi}{5}$$

$$V_y=2\pi\int_0^1x\cdot x^2\,\mathrm{d}x=2\pi\int_0^1x^3\,\mathrm{d}x=2\pi\cdot\frac{x^4}{4}\bigg|_0^1=\frac{\pi}{2}$$

课堂练习 7.4.1 求下列曲线所围的平面图形绕 x 轴和 y 轴旋转一周所成立体的体积：

(1) $y=x^3$、$x=1$、x 轴；　　(2) $y=\sqrt{x}$、$x=4$、x 轴。

如果 $y=f(x)$ 具有两个或两个以上不同的表达式，通常可采用分块的方式。

注意，规则图形绕坐标轴旋转所得到的规则立体，其体积的计算可避开积分方式，直接采用中学数学里的体积公式。

例 7.4.2 求 $y=x^2$、$x+y=2$、x 轴所围图形绕 x 轴旋转一周所成立体的体积。

解 如图 7.4.4 所示，$y=f(x)$ 由

$y=x^2\ (0\leqslant x\leqslant 1)$ 和 $x+y=2\ (1\leqslant x\leqslant 2)$

所构成，将图形分成

U_1：$y=x^2$、$x=1$、x 轴所围。

U_2：$x+y=2$、$x=1$、x 轴所围。

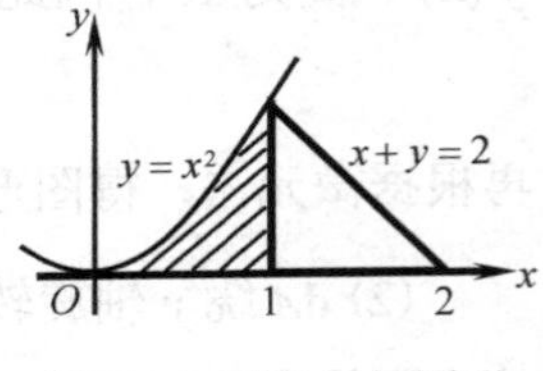

图 7.4.4 例 7.4.2 图形

由例 7.4.1 可知，U_1 绕 x 轴旋转一周所成立体的体积 $V_1=\dfrac{\pi}{5}$。

另一方面，U_2 绕 x 轴旋转一周所成的立体是圆锥体，其体积可直接由公式给出

$$V_2=\frac{1}{3}\pi\times1^2\times1=\frac{\pi}{3}$$

故所求立体的体积 $V=V_1+V_2=\dfrac{8}{15}\pi$。

课堂练习 7.4.2 求下列曲线所围的平面图形绕 x 轴和 y 轴旋转一周所成立体的体积：

(1) $y=x^3$、$x+y=2$、x 轴；　　(2) $y=x^2$、$x+y=6$、x 轴。

当图形不以 x 轴为边界时，将其化为在 x 轴的上方且以 x 轴为边界的图形相加减，也是利用公式计算旋转体体积的有效方式。

例 7.4.3 求 $y=x^2$，$x=y^2$ 所围成的图形绕 x 轴旋转一周所成立体的体积。

解 如图 7.4.5 所示，可将图形分成两个以 x 轴为边界的图形相减：U_2-U_1，其中

U_1：$y=x^2$、$x=1$、x 轴所围。

U_2：$x=y^2$、$x=1$、x 轴所围。

由例 7.4.1 可知，U_1 绕 x 轴旋转一周所成立体的体积

$$V_1=\frac{\pi}{5}$$

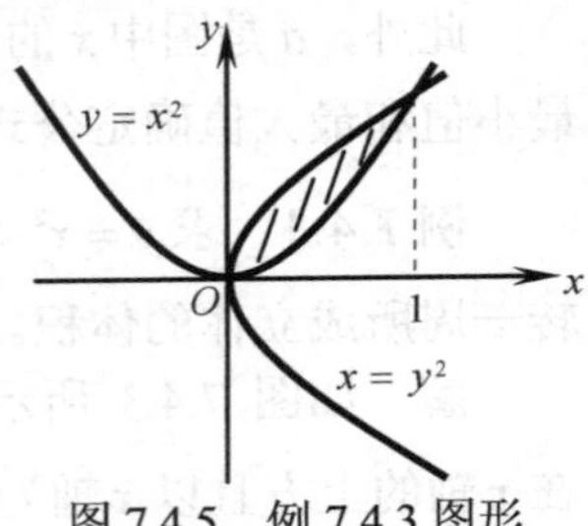

图 7.4.5 例 7.4.3 图形

由计算公式知，U_2 绕 x 轴旋转一周所成立体的体积 $V_2=\pi\int_0^1(\sqrt{x})^2\,\mathrm{d}x=\dfrac{\pi}{2}$。

从而　$V = V_2 - V_1 = \dfrac{3}{10}\pi$ 。

课堂练习 7.4.3　求下面曲线所围成的图形绕 x 轴旋转一周所成立体的体积：

(1) $y = x^2$ 、 $y = 1$ 所围图形；　　(2) $y = x^2$ 、 $y = x$ 所围图形。

7.4.2　y 型

设 $x = x(y)$ 在区间 $[c,d]$ 上非负连续，任取

$$[y, y+\mathrm{d}y] \subseteq [c,d]$$

由于 $\mathrm{d}y$ 充分小，可视图 7.4.6 中阴影部分 $\mathrm{d}A$ 为矩形，$\mathrm{d}A$ 绕 y 轴旋转一周所成立体是圆柱，其底面半径近似为 $x(y)$ 、高为 $\mathrm{d}y$ ，从而圆柱的体积

$$\mathrm{d}V_y = \pi x^2(y)\mathrm{d}y ,$$

根据微元法，即得 $V_y = \pi\int_c^d x^2(y)\mathrm{d}y$

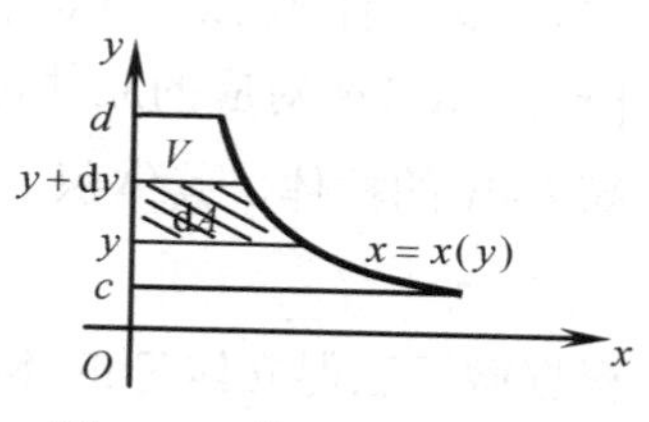

图 7.4.6　绕 y 轴旋转图示

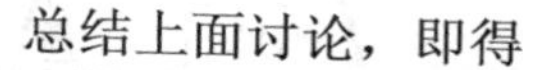

总结上面讨论，即得

> V ：连续曲线 $x = x(y)$ （$x(y) \geqslant 0$）、 $y = c$ 、 $y = d$ 、 y 轴所围图形，绕 y 轴旋转一周所成立体的体积 $V_y = \pi\int_c^d x^2(y)\mathrm{d}y$ 。

例 7.4.4　求半径为 R 的圆绕其一直径旋转一周所成立体的体积。

解　取旋转轴（“直径”）为 y 轴，建立如图 7.4.7 所示的坐标系，则右半圆周的方程为

$$x = \sqrt{R^2 - y^2} \ (-R \leqslant y \leqslant R)$$

由公式 $V_y = \pi\int_c^d x^2(y)\mathrm{d}y$ ，得

$$V_y = \pi\int_{-R}^{R} x^2(y)\mathrm{d}y \ V = \pi\int_{-R}^{R}(R^2 - y^2)\mathrm{d}y = \pi(R^2 y - \frac{y^3}{3})\Big|_{-R}^{R} = \frac{4}{3}\pi R^3$$

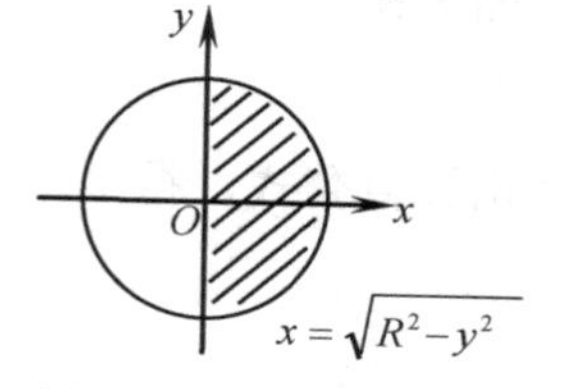

图 7.4.7　例 7.4.4 图形

课堂练习 7.4.4　求下面曲线所围成的图形绕给定坐标轴旋转一周所成立体的体积：

(1) $y = x^2$ 和 $y = 1$ 所围图形绕 y 轴；　(2) $y = \mathrm{e}^x$ 、 $y = 2$ 和 y 轴所围图形绕 y 轴。

课堂讨论 7.4.1　将图 7.4.8 所示的平面图形分别绕 y 轴旋转一周，得到圆柱体、圆锥体和圆台体，试计算其体积。

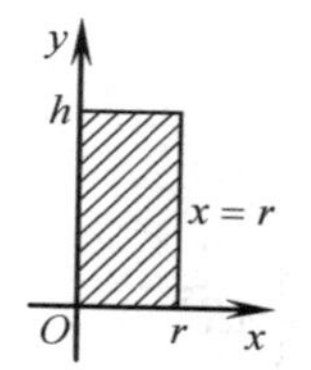

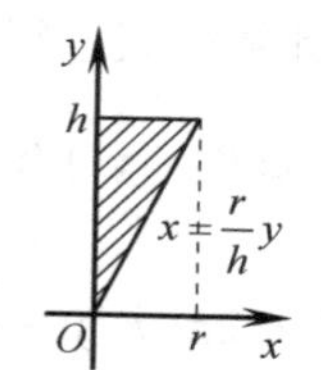

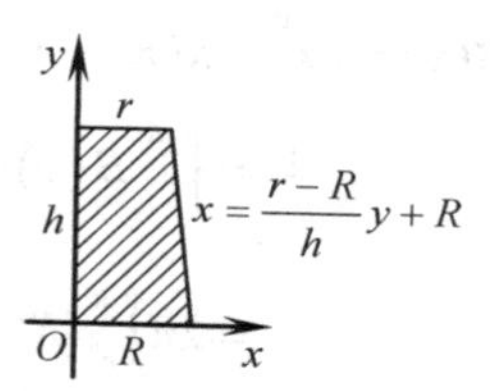

图 7.4.8　讨论 7.4.1 图形

7.5 已知截面面积的立体的体积

“已知截面面积的立体的体积”公式在二重积分化为二次积分的公式推导中会用到。

设有立体Σ，以垂直于底面的直线作为x轴建立如图 7.5.1 所示的坐标系。

设x为区间 $[a,b]$上的任意一点，在x处用垂直于x轴的平面去截立体Σ，如果截得的截面的面积$A(x)$为已知，那么任取$[x,x+\mathrm{d}x]\subseteq[a,b]$，当$\mathrm{d}x$充分小时，$[x,x+\mathrm{d}x]$所对应的立体可近似地视为底面积为$A(x)$、高为$\mathrm{d}x$的柱体，其体积

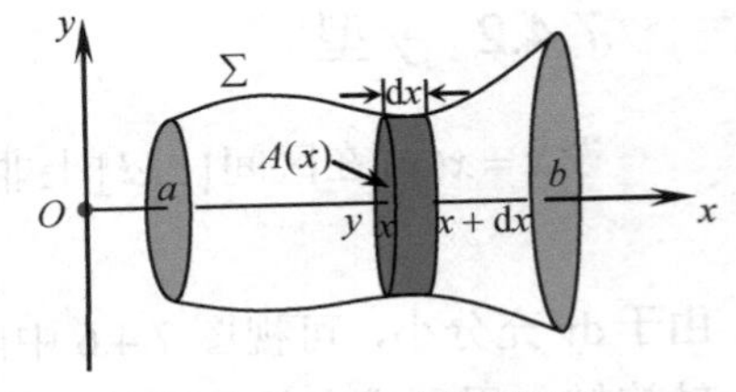

图 7.5.1 体积微元图示

$$\mathrm{d}V=A(x)\mathrm{d}x$$

根据微元法得立体Σ的体积

$$V=\int_a^b A(x)\mathrm{d}x$$

例 7.5.1 求半径为R的球的体积。

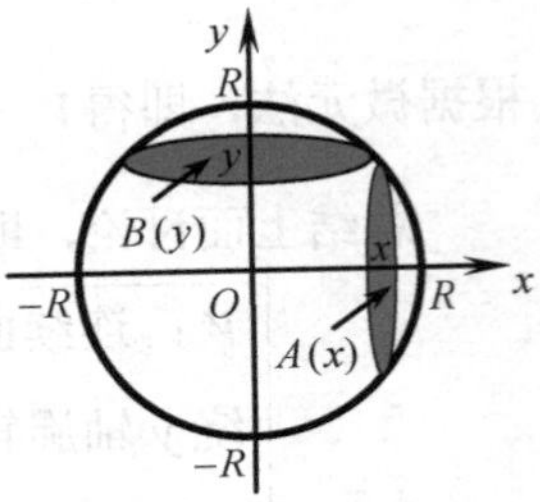

解 以球心为坐标原点、两条互相垂直的直径为坐标轴建立如图 7.5.2 所示的坐标系。

图 7.5.2 例 7.5.1 图形

在x轴的$(-R,R)$区间内任取一点x，过点$(x,0)$作垂直于x轴的平面，则截得球体的截面为圆，其半径$y=\sqrt{R^2-x^2}$，因此截面面积

$$A(x)=\pi y^2=\pi(R^2-x^2)$$

由计算公式，得

$$V=\int_{-R}^{R}A(x)\mathrm{d}x=\int_{-R}^{R}\pi(R^2-x^2)\mathrm{d}x$$

$$=2\pi\int_0^R(R^2-x^2)\mathrm{d}x=2\pi\left(R^2x-\frac{x^3}{3}\right)\Bigg|_0^R=\frac{4}{3}\pi R^3$$

例 7.5.1 中用垂直于y轴的平面去截立体也是可行的，截得球体的截面也是圆，其截口圆半径为

$$x=\sqrt{R^2-y^2}$$

因此截面面积$B(y)=\pi x^2=\pi(R^2-y^2)$，由计算公式，得

$$V=\int_{-R}^{R}B(y)\mathrm{d}y=\int_{-R}^{R}\pi(R^2-y^2)\mathrm{d}y$$

$$=2\pi\int_0^R(R^2-y^2)\mathrm{d}y=2\pi\left(R^2y-\frac{y^3}{3}\right)\Bigg|_0^R=\frac{4}{3}\pi R^3$$

课堂练习 7.5.1　求上、下底半径分别为 r 和 R，高为 h 的正圆台的体积。

例 7.5.2　求底面是半径为 R 的圆，垂直于底面上一固定直径的所有截面都是底角为 30° 的等腰三角形的立体的体积。

解　以“底面上的固定直径”为 y 轴，建立如图 7.5.3 所示的坐标系。则底圆的方程为

$$x^2+y^2=R^2$$

在 y 轴上的 $(-R,R)$ 区间内任取一点 y，则过点 $(0,y)$ 且垂直于 y 轴的截面是底角为 30° 的等腰三角形，其底边长为 $2x$、高 $h=x\tan 30°$，因而截面面积

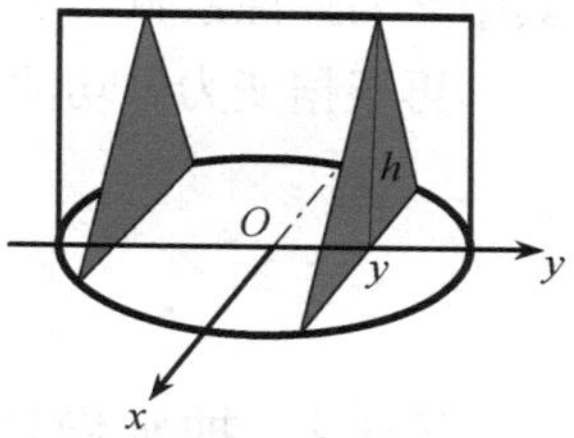

图 7.5.3　例 7.5.2 图形

$$A(y)=\frac{1}{2}\cdot 2x\cdot x\tan\frac{\pi}{6}=\frac{\sqrt{3}}{3}x^2=\frac{\sqrt{3}}{3}(R^2-y^2)$$

故所求的立体体积

$$V=\int_{-R}^{R}A(y)\mathrm{d}y=\frac{\sqrt{3}}{3}\int_{-R}^{R}(R^2-y^2)\mathrm{d}y$$
$$=\frac{2\sqrt{3}}{3}\int_{0}^{R}(R^2-y^2)\mathrm{d}y=\frac{2\sqrt{3}}{3}\left(R^2y-\frac{1}{3}y^3\right)\Big|_0^R=\frac{4\sqrt{3}}{9}R^3$$

7.6　工程应用

7.6.1　变力做功

由中学物理知识可知，常力 F 作用下的物体，若其运动轨迹为直线且位移为 s，则力 F 所做的功

$$W=Fs$$

如果物体在运动过程中所受的力是变化的，上面公式便不再适用。

如图 7.6.1 所示，设物体在变力 F 的作用下做直线运动，取其运动轨迹方向为 x 轴正向，任取

$$[x,x+\mathrm{d}x]\subseteq[a,b]$$

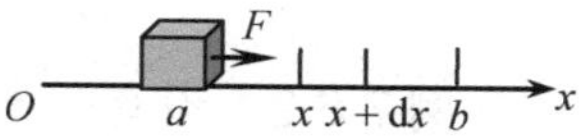

图 7.6.1　变力做功

当 $\mathrm{d}x$ 充分小时，物体从 x 移到 $x+\mathrm{d}x$ 所做的功

$$\mathrm{d}W=F(x)\mathrm{d}x,$$

由微元法知，力 F 将物体从 a 移到 b 所做的功

$$W=\int_a^b F(x)\mathrm{d}x$$

例 7.6.1　将一弹簧从平衡位置拉长 b 厘米，求为了克服弹力所做的功。

解 取平衡位置为坐标原点，建立如图 7.6.2 所示的坐标系。根据胡克定律，弹簧从平衡位置拉长 x 厘米的弹力

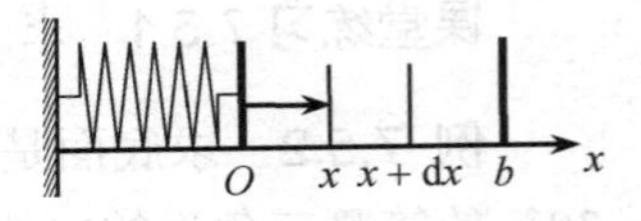

图 7.6.2 例 7.6.1 图形

$$F=-kx$$

其中 k 为弹性系数，负号表示弹力的方向与位移方向相反。

再根据变力做功的计算公式，得克服弹力所做的功

$$W=\int_0^b(-kx)\mathrm{d}x=-k\cdot\frac{1}{2}x^2\Big|_0^b=-\frac{k}{2}b^2$$

7.6.2 抽水做功

抽水做功实际上是克服水的重力做功。

设蓄水池的中心截面如图 7.6.3 所示，取中心点为坐标原点，过原点且向下的竖直线为 x 轴正向，中心截面与水平面的交线为 y 轴(右向为正向)，水平面以下的截痕曲线为 $y=f(x)$，并假设 $f(x)$ 关于 x 轴对称。

抽水过程可看作从水的表面到水池底部一层一层地将水抽出，抽出每薄层水的力的大小是水的重力，而位移则近似于每层水的深度。

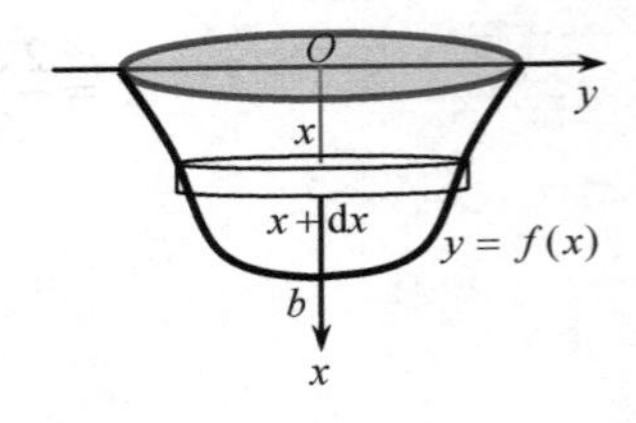

图 7.6.3 蓄水池中心截面图

任取区间 $[x,x+\mathrm{d}x]\subseteq[0,b]$，则当 $\mathrm{d}x$ 充分小时，区间 $[x,x+\mathrm{d}x]$ 所对应的薄层可近似地视为圆柱，其体积为 $\pi y^2\mathrm{d}x$，因此其重力

$$\mathrm{d}M=\gamma\cdot\pi y^2\mathrm{d}x$$

其中 γ 为水的比重。抽出 $[x,x+\mathrm{d}x]$ 所对应的薄层的水所做的功

$$\mathrm{d}W=\pi\gamma\cdot xy^2\mathrm{d}x$$

由微元法，可得抽出池内全部水所做的功

$$W=\pi\gamma\int_0^b xy^2\mathrm{d}x$$

例 7.6.2 设有一半径为 R 的半球形水池里面盛满了水，试求将水全部抽出所做的功。

解 以球心为坐标原点，过原点向下的竖直线方向作为 x 轴正向，水平面上垂直于 x 轴的右向为 y 轴正向，建立如图 7.6.4 所示的坐标系。

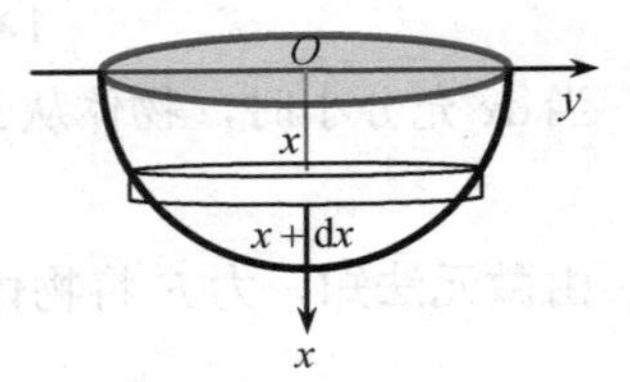

图 7.6.4 例 7.6.2 图形

易见，半球形水池与 xOy 平面的截痕方程为

$$x^2+y^2=R^2$$

由抽水做功的公式 $W=\pi\gamma\int_0^b xy^2\mathrm{d}x$，得

$$W=\pi\gamma\int_0^R x(R^2-x^2)\mathrm{d}x=\pi\gamma\left(\frac{1}{2}R^2x^2-\frac{1}{4}x^4\right)\Big|_0^R=\frac{\pi}{4}\gamma R^4$$

课堂练习 7.6.1　若盛满水的圆柱形储水池深 2m、口径 6m，问将水全部抽出做多少功？

课堂讨论 7.6.1　假设储水池的水平面离池口的距离为 h，应如何计算抽出全部水所做的功？试举例说明。

7.6.3　水压力

众所周知，水在不同深度的压强是不同的，其计算公式为

压强=比重×深度

水平放置于水中的平板，其侧面处在同一深度，所受的压力计算公式为

压力=压强×受力面积

竖直放置于水中的平板，其侧面在不同深度的水的压强是不同的，因此，整个平板所受的总压力就不能简单地利用上述公式进行计算。

参考抽水做功问题的处理方式，可以将水分为很多的薄层，当每一薄层都充分薄的时候，可以近似地认为每一薄层的水的压强是相同的，从而在每一薄层上应用公式：

压力=压强×受力面积=比重×深度×受力面积

得出整个平板所受的总压力的微分，再利用微元法便可得到整个平板所受的总压力。下面给出这个过程的数学描述。

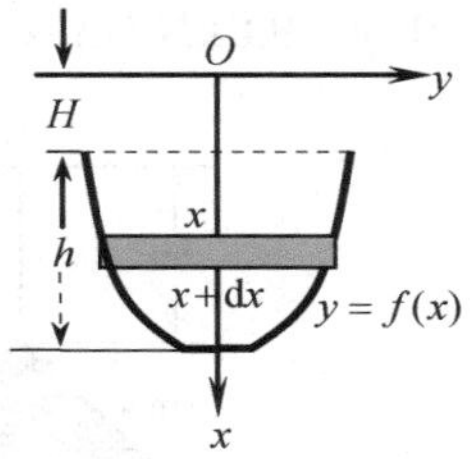

假设平板中心对称，取其对称轴的向下方向为 x 轴正向，水平面上与 x 轴垂直的直线的右向为 y 轴正向，建立如图 7.6.5 所示的坐标系。

若平板竖直地放置于水中，在水中的部分的高度为 h 米且最上端离水面 H 米，平板边缘曲线方程为

$$y = f(x)\ (f(x) \text{ 关于 } x \text{ 轴对称})$$

图 7.6.5　水压力微元图示

任取区间

$$[x, x+\mathrm{d}x] \subseteq [H, H+h]$$

则当 $\mathrm{d}x$ 充分小时，区间 $[x, x+\mathrm{d}x]$ 对应的平板所受到的水压力可近似地视为在深度为 x 的水压力，根据

压力=比重×深度×受力面积

得 $\mathrm{d}F = \gamma \cdot x \cdot 2y\,\mathrm{d}x$，即

$$\mathrm{d}F = 2\gamma x f(x)\,\mathrm{d}x$$

其中 γ 为水的比重。由微元法，得平板侧面受到的水压力

$$F = 2\gamma \int_H^{H+h} x f(x)\,\mathrm{d}x$$

例 7.6.3　有一宽 20m、高 16m 的矩形水闸门，假设闸门顶与水面齐平，求闸门上所受的水压力。

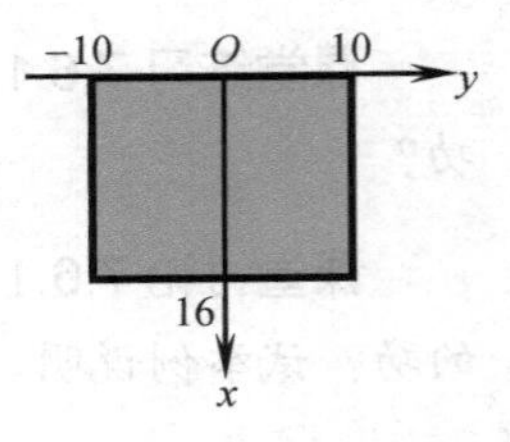

图 7.6.6 例 7.6.3 图形

解 如图 7.6.6 所示，根据假设，有

$$H=0,\quad h=16,\quad f(x)=10$$

根据计算公式，得平板侧面受到的水压力

$$F=2\gamma\int_{H}^{H+h}xf(x)\,\mathrm{d}x=2\gamma\int_{0}^{16}10x\,\mathrm{d}x$$

$$=10\gamma x^{2}\Big|_{0}^{16}=2560\gamma\approx 25088\text{（kN）}$$

其中 $\gamma=9.8\mathrm{kN/m^3}$。

例 7.6.4 如图 7.6.7 所示是一个底长 2m、高 1 m 的三角板正放于 2 m 深的水中，求三角板侧面上所受的水压力。

解 根据假设，有

$$H=2,\quad h=1$$

又三角板在第一象限的边缘曲线是过点 $(2,0)$ 和 $(3,1)$ 的直线，其方程为

$$\frac{y-0}{1-0}=\frac{x-2}{3-2}\text{，即 } y=x-2$$

亦即 $f(x)=x-2$。根据计算公式，得平板侧面受到的水压力

$$F=2\gamma\int_{H}^{H+h}xf(x)\,\mathrm{d}x=2\gamma\int_{2}^{3}x(x-2)\,\mathrm{d}x=2\gamma\left(\frac{1}{3}x^{3}-x^{2}\right)\Bigg|_{2}^{3}=\frac{8}{3}\gamma\approx 26.13\text{（kN）}$$

其中 $\gamma=9.8\mathrm{kN/m^3}$。

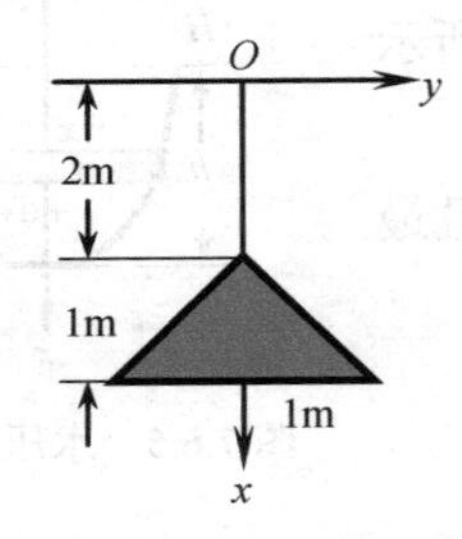

图 7.6.7 例 7.6.4 图形

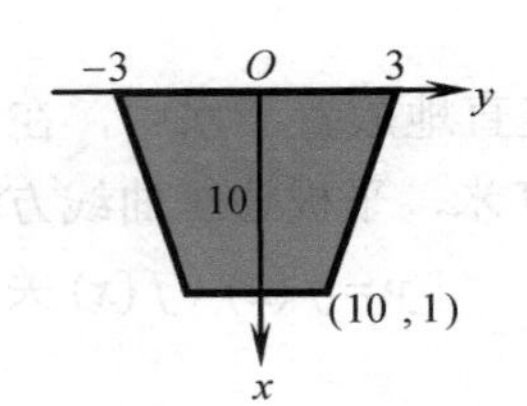

图 7.6.8 练习 7.6.2 图形

课堂练习 7.6.2 如图 7.6.8 是一与水面垂直的等腰梯形闸门，其上底为 6 m、下底为 2 m、高为 10 m，假设水灌满时闸门的上底与水面齐平，求水灌满时闸门所受的水压力。

习 题 7

1. 求下面曲线的弧长：

(1) $x=\frac{2}{3}y^{\frac{3}{2}}$（$0\leqslant y\leqslant 1$）；　　(2) $\begin{cases}x=2t\\ y=2-t\end{cases}$（$0\leqslant t\leqslant 2$）。

2. 求下面旋转曲面的面积：

(1) $2x+3y=6$（$0\leqslant x\leqslant 3$）绕 x 轴旋转一周；

(2) $y=-\dfrac{h}{R-r}(x-R)$（$r\leqslant x\leqslant R$）绕 y 轴旋转一周。

3. 求下列曲线所围的平面图形绕 x 轴旋转一周所成立体的体积：

(1) $y=x^2$、$x=2$、x 轴；　　(2) $x=y^2$、$x=1$；

(3) $y=x^3$、$x=2$、x 轴；　　(4) $y=e^x$、$x=1$、x 轴、y 轴。

4. 求下列曲线所围的平面图形绕 y 轴旋转一周所成立体的体积：

(1) $x=y^2$、$y=2$、y 轴；　　(2) $y=4-x^2$、x 轴。

5. 一开口容器的侧面由 $y=x^2-4$（$0\leqslant x\leqslant 2$）绕 y 轴旋转一周而成，坐标轴长度单位为 m，现以 $3\text{m}^3/\text{min}$ 的速度向容器内注水，试求当水面高度达到容器深度的一半时，水面上升的速度。

6. 设圆柱形容器的底圆半径为 2m、高为 3 m，问将其中盛满的水全部抽出需做多少功？

7. 设尖头在下的圆锥形储水池深 5 m、口径 10 m，将其中盛满的水全部抽出，需做多少功？

8. 有一宽 2 m、高 3 m 的矩形水闸门，假设闸门顶在水下 2 m，求闸门所受的水压力。

【数学名人】——高斯

第8章　微分方程

【名人名言】没有哪门学科能比数学更为清晰的阐明自然界的和谐性。——卡洛斯

【学习目标】了解微分方程基本概念，会求 $y^{(n)}=f(x)$ 型方程、可分离变量的微分方程、一阶线性微分方程和一、二阶常系数线性微分方程的解析解。知道微分方程在电子技术中的应用，能用 MATLAB 软件解常微分方程及其数学模型。

【教学提示】微分方程在现实生活中有着广泛的应用，微分方程的求解对不定积分的计算有着更深刻的需求，对掌握微积分知识也具有重大意义。本章的重点是求解方法的运用，可采用练习、讨论、归纳、总结、解答等方式。难点是公式的推导，可采用渐进式指导、讨论等方式。

【数学词汇】

①常微分方程（Ordinary Differential Equation，ODE），

　偏微分方程（Partial Differential Equation，PDE）。

②初始条件（Initial Condition），　　通解（General Solution）。

③线性的（Linear），　　齐次的（Homogenous）。

【内容提要】

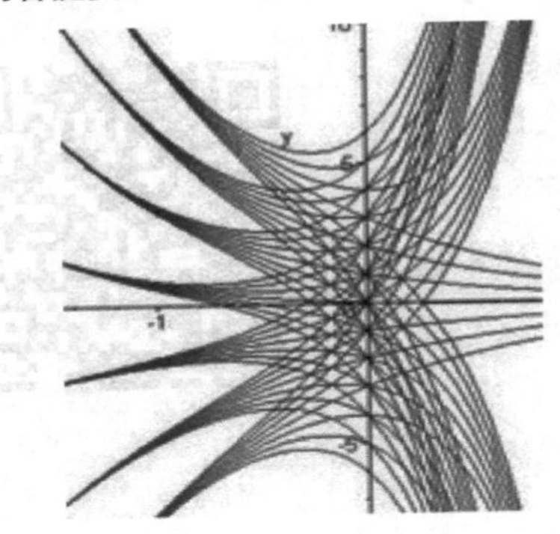

8.1　基本概念

8.2　$y^{(n)}=f(x)$ 型方程的求解

8.3　可分离变量的方程的求解

8.4　线性微分方程的解的结构

8.5　一阶线性微分方程的求解

8.6　常系数线性微分方程的求解

8.7　微分方程在电子技术中的应用

8.8　用 MATLAB 软件解常微分方程(组)

8.9　微分方程建模及其 MATLAB 求解

物质运动和它的变化规律在数学上通常是以函数关系进行描述的，实际问题的处理很难直接给出那样的关系，类似于中学数学里解方程的基本思想，综合考虑问题中的已知条件与未知函数，建立它们关系的方程再求解，也是一种很好的解决问题方式，如果方程中含有未知函数的导数或微分，那么这样的方程就叫作微分方程。

微分方程的研究来源极广，历史久远。

牛顿、莱布尼兹在创建微积分时，指出了微分运算与积分运算的互逆性，实际上解决了最简单的微分方程 $y'=f(x)$ 的求解问题。

微分方程的形成与发展和力学、天文学、物理学，以及其他科学技术的发展密切相关。牛顿利用微分方程

从理论上得到了行星运动的规律，英国天文学家亚当斯使用微分方程发现了海王星的位置。这些都使数学家深信微分方程在认识自然、改造自然方面的巨大力量。

在很长一段时间里，人们都致力于寻找微分方程的解析解。然而，即使是常微分方程，也只有少数简单的常微分方程可以得到解析解，这些微分方程主要有 $y^{(n)}=f(x)$ 型、可分离变量的微分方程、一阶线性微分方程和常系数线性微分方程。

微分方程的应用十分广泛，几乎渗透到自然、社会、生产、生活的每一个学科和领域。

在应用微分方程的过程中，人们发现，不一定非得要得到方程的通解才能解决问题，有时只需找出方程满足定解条件的解，即便无法求得定解条件的解析解，也可以利用数值计算方法，借助计算机寻求微分方程的数值解。

本章先介绍微分方程的基本概念，然后再围绕寻找常微分方程的解析解展开，着重介绍微分方程的基本知识和求解方法。

8.1　基本概念

在中学数学里，曾学习过各种各样的方程，如线性方程、二次方程、高次方程、指数方程、对数方程、三角方程等，当然也学习过方程组。

利用方程或方程组解决实际问题，一般需经过下面的步骤：

①设置未知变量；②建立方程或方程组；③求出未知变量的值。

这样所求得的未知变量的值也叫方程或方程组的解。

在现实生活中，也有许多的问题不仅只限于未知变量，例如，物体在重力作用下自由下落，要寻求下落高度随时间变化的规律；火箭在发动机推动下的空间飞行，要寻求它飞行的轨道；等等。先考察两个简单的例子。

引例 8.1.1(几何问题)　已知曲线在任一点 (x,y) 处的切线的斜率是该点横坐标的倒数，且曲线过点 $(1,2)$，求曲线方程。

解　由导数的几何意义知曲线在任意一点 (x,y) 处的切线的斜率是 y'。再由题设，得

$$y'=\frac{1}{x},\quad y\big|_{x=1}=2$$

这是一个已知导函数求原函数的问题，根据不定积分的定义，得

$$y=\int\frac{1}{x}\mathrm{d}x=\ln x+C$$

再根据 $y\big|_{x=1}=2$，得 $C=2$，故所求曲线为 $y=\ln x+2$。

案例 8.1.1(人口问题)　18 世纪末，英国人马尔萨斯(Malthus)在研究了百余年的人口统计资料后认为，人口自然增长的过程中，净相对增长率是常数。

按照 Malthus 的人口理论，设 $N(t)$ 是时刻 t 的人口总数，b 和 d 分别是出生率与死亡率，则人口的净相对增长率 $r=b-d$ 为常数；另一方面，$N'(t)$ 是时刻 t 的增长率，$\dfrac{N'(t)}{N(t)}$ 是时刻

t 的相对增长率，因此有

$$\frac{N'(t)}{N(t)}=r\text{，}\quad N'(t)=rN(t)$$

这是一个简单的微分方程模型，常称为 Malthus 模型。

不难验证：对固定常数 r 和任意常数 C，有

$$(\mathrm{e}^{rt})'=r\mathrm{e}^{rt}\text{，}\quad (C\mathrm{e}^{rt})'=r(C\mathrm{e}^{rt})$$

即 $N(t)=\mathrm{e}^{rt}$ 和 $N(t)=C\mathrm{e}^{rt}$ 都满足方程 $N'(t)=rN(t)$。

引例 8.1.1 和案例 8.1.1 建立的方程中，所含的不再是未知变量，而是未知函数的导数。此外，不论是引例 8.1.1 的计算，还是案例 8.1.1 的验证，所得到的都是确定的函数，类似于方程及其解的概念，从而诱导出下面的定义。

定义 8.1.1 (1)含有未知函数的导数(或微分)的方程叫作微分方程。

(2)使微分方程左右两边成为恒等式的函数叫作微分方程的解。

课堂练习 8.1.1 指出微分方程 $y'=\mathrm{e}^{2x}$ 的解：

(1) $y=\mathrm{e}^{2x}$；(2) $y=\frac{1}{2}\mathrm{e}^{2x}$；(3) $y=\frac{1}{2}\mathrm{e}^{2x}+C$；(4) $y=\frac{1}{2}C\mathrm{e}^{2x}$。

下面再来考察两个电学的例子。

案例 8.1.2(RC 电路) 如图 8.1.1 所示是一个 RC 串联电路，无电源且假设 $u_C(0)=u_0$，试给出在任意一时刻 t，电容的电压 $u_C(t)$ 相对于时间 t 的变化规律。

解 根据基尔霍夫电流定律(KCL)，得

$$i_C+i_R=0\text{。}$$

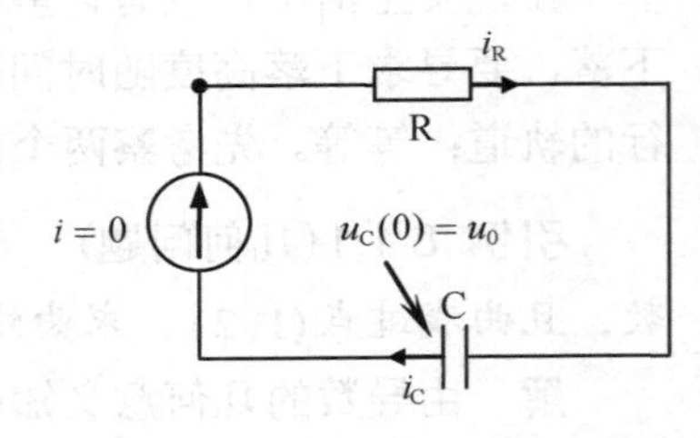

图 8.1.1 RC 串联电路

另一方面，根据电流与电压的关系：

$$i_C=C\frac{\mathrm{d}u_C}{\mathrm{d}t}\text{，}\quad i_R=\frac{u_C}{R}$$

得到电压 $u_C(t)$ 所满足的微分方程

$$\frac{\mathrm{d}u_C}{\mathrm{d}t}+\frac{1}{RC}u_C=0\text{，}\quad u_C(0)=u_0$$

不难验证，$u_C(t)=u_0\mathrm{e}^{-\frac{t}{RC}}$ 满足：

(1)条件：$u_C(0)=u_0$；

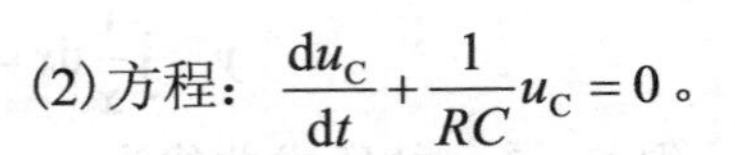
(2)方程：$\frac{\mathrm{d}u_C}{\mathrm{d}t}+\frac{1}{RC}u_C=0$。

案例 8.1.3(RLC 电路) 如图 8.1.2 所示是 RLC 并联电路。在并联电路中，各支路的电压都是同一值，设为 $u(t)$，试建立 $u(t)$ 所满足的微分方程。

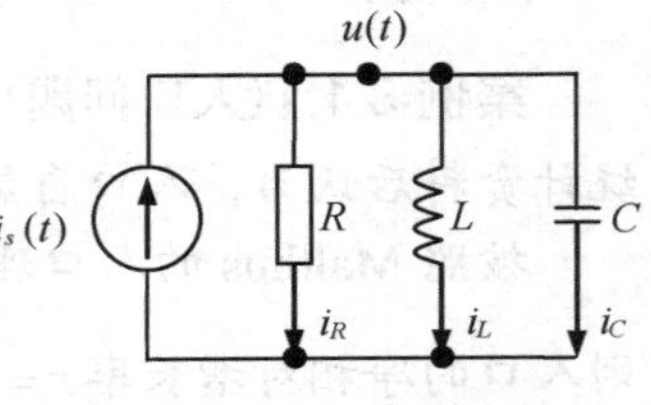

图 8.1.2 RLC 并联电路

解 根据电阻、电感、电容与电流、电压的关系可知

$$i_R=\frac{u(t)}{R}\text{，}\quad u(t)=L\frac{\mathrm{d}i_L}{\mathrm{d}t}\text{，}\quad i_C=C\frac{\mathrm{d}u(t)}{\mathrm{d}t}$$

另一方面，由基尔霍夫定律之 KCL，得

$$i_R + i_L + i_C = i_s$$

两边对 t 求导，得

$$i_R' + i_L' + i_C' = i_s',$$

即 $\frac{u'(t)}{R} + \frac{u(t)}{L} + C\left(\frac{du(t)}{dt}\right)' = i_s'$，从而得 $u(t)$ 所满足的微分方程为

$$Cu''(t) + \frac{1}{R}u'(t) + \frac{1}{L}u(t) = i_s'$$

不难看出，引例 8.1.1 和案例 8.1.1、案例 8.1.2 建立的方程：

$$y' = \frac{1}{x},\quad N'(t) = rN(t),\quad \frac{du_C}{dt} + \frac{1}{RC}u_C = 0$$

所含未知函数的导数的最高阶数都是 1，而案例 8.1.3 所建立的方程：

$$Cu''(t) + \frac{1}{R}u'(t) + \frac{1}{L}u(t) = i_s'$$

所含未知函数的导数的最高阶数是 2，从而引出下面的概念。

定义 8.1.2　微分方程中未知函数的导数(或微分)的最高阶数叫作微分方程的阶。

课堂练习 8.1.2　指出下列微分方程的阶：

(1) $(y')^3 = x^2 + y^2$；　(2) $y'' - xy' + 3y = \sin 3x$；　(3) $\frac{d^3s}{dt^3} + \frac{ds}{dt} = t^2s^2$。

上面所讨论的微分方程，其中的未知函数都只含有一个自变量，这样的微分方程又叫作常微分方程。未知函数含多个自变量的微分方程叫作偏微分方程。本章只讨论常微分方程。

引例 8.1.1 和案例 8.1.2 中的未知函数

$$y = \ln x + 2 \quad 和 \quad u_C(t) = u_0 e^{-\frac{t}{RC}}$$

除满足方程外，还分别满足条件

$$y\big|_{x=1} = 2 \quad 和 \quad u_C(0) = u_0$$

这样的条件常称为初始条件；这样的解称为特解。此外，$y = \ln x + C$ 和 $N(t) = Ce^{rt}$ 不仅分别是一阶方程

$$y' = \frac{1}{x} \quad 和 \quad N'(t) = rN(t)$$

的解，而且还含有 1 个任意常数，这样的解常称为通解。

总结上面讨论，可诱导出更一般的通解、特解概念。

定义 8.1.3　(1) n 阶微分方程含 n 个独立任意常数的解叫作通解。

(2) 由初始条件确定出通解中的任意常数所得到的解叫作特解。

课堂练习 8.1.3 指出微分方程 $y'-y=0$ 的通解：

(1) $y=\mathrm{e}^x$； (2) $y=C\mathrm{e}^x$； (3) $y=\mathrm{e}^x+C$； (D) $y=\mathrm{e}^{Cx}$ 。

习 题 8.1

1. 指出下列微分方程的阶：

(1) $y''-3y'+2y=1$； (2) $xy'+2y=\cos 2x$； (3) $\frac{\mathrm{d}^5 s}{\mathrm{d}t^5}+\frac{\mathrm{d}s}{\mathrm{d}t}=t^2 s^2$ 。

2. 验证 $y=C_1\mathrm{e}^x+C_2\mathrm{e}^{-x}$ 是方程 $y''-y=0$ 的通解，并求其满足 $y(0)=2$ 、$y'(0)=0$ 的特解。

8.2 $y^{(n)}=f(x)$ 型方程的求解

先看一个引例。

引例 8.2.1 讨论方程 $y'=f(x)$ 的解的数学表示。

讨论 前面已经介绍过，如果 $f(x)$ 已知，那么

$$y'=f(x)$$

是一个已知导函数求原函数的问题，也是一个简单的一阶微分方程。

(1) 如果 $f(x)$ 连续，那么根据不定积分的定义，得

$$y=\int f(x)\mathrm{d}x$$

注意，积分中含积分常数，即解中含有一个任意常数，所以它是一阶方程 $y'=f(x)$ 的通解。

(2) 更进一步，若 y 满足初始条件 $y\big|_{x=x_0}=y_0$，则由牛顿—莱布尼兹公式得解

$$y=y_0+\int_{x_0}^{x} f(t)\mathrm{d}t$$

注意，这个解是由条件 $y\big|_{x=x_0}=y_0$ 确定的，所以是方程 $y'=f(x)$ 的特解。

总结上面讨论，有下面的结论。

> 方程 $y'=f(x)$ 的
> (1) 通解为 $y=\int f(x)\mathrm{d}x$；
> (2) 满足初始条件 $y\big|_{x=x_0}=y_0$ 的特解为 $y=y_0+\int_{x_0}^{x} f(t)\mathrm{d}t$ 。

例 8.2.1 求方程 $y'=2x-\sin x$ 的通解。

解 方程属 $y'=f(x)$ 型，由上面的通解公式得通解

$$y=\int(2x-\sin x)\mathrm{d}x=x^2+\cos x+C$$

课堂练习 8.2.1 求方程 $y'=5x^4-3x^2+2x-1$ 的通解。

例 8.2.2　求方程 $y'=\mathrm{e}^x-3x^2-2$ 满足 $y(0)=1$ 的特解。

解　方程属 $y'=f(x)$ 型，由上面的特解公式取 $x_0=0$、$y_0=1$，从而得特解

$$y=1+\int_0^x(\mathrm{e}^t-3t^2-2)\mathrm{d}t=1+(e^t-t^3-2t)\Big|_0^x=\mathrm{e}^x-x^3-2x$$

例 8.2.2 也可先求得通解

$$y=\int(\mathrm{e}^x-3x^2-2)\mathrm{d}x=\mathrm{e}^x-x^3-2x+C$$

再代入初始条件 $y(0)=1$ 解得 $C=0$。从而得特解 $y=\mathrm{e}^x-x^3-2x$。

课堂练习 8.2.2　*求方程 $y'=\mathrm{e}^x-2\sin x+3\cos x$ 满足 $y(0)=0$ 的特解。*

类似于 $y'=f(x)$ 求通解的方式，将 $y^{(n)}=f(x)$ 恒等变形为

$$(y^{(n-1)})'=f(x)$$

再根据 $y'=f(x)$ 的通解 $y=\int f(x)\mathrm{d}x$，得

$$y^{(n-1)}=\int f(x)\mathrm{d}x$$

递推上述过程，在进行 n 次积分后，便可得到方程 $y^{(n)}=f(x)$ 的通解。

注意，n 次积分过程中，每次积分的积分常数不能用相同的字母，而是要在不同次的积分中加不同的积分常数。如第 k 次积分加积分常数 C_k（$k=1,\cdots,n$），这样所求得的通解中才会含有 n 个独立的任意常数。

例 8.2.3　求方程 $y''=12x^2-6x$ 的通解。

解　方程恒等变形为 $(y')'=12x^2-6x$，从而

$$y'=\int(12x^2-6x)\mathrm{d}x=4x^3-3x^2+C_1$$

故所求通解

$$y=\int(4x^3-3x^2+C_1)\mathrm{d}x=x^4-x^3+C_1x+C_2$$

课堂练习 8.2.3　*求方程 $y''=12x+6$ 的通解。*

例 8.2.4　求方程 $y^{(3)}=\mathrm{e}^x+24$ 满足 $y(0)=0$，$y'(0)=y''(0)=1$ 的特解。

解　方程恒等变形为 $(y'')'=\mathrm{e}^x+24$，从而

$$y''=\int(\mathrm{e}^x+24)\mathrm{d}x=\mathrm{e}^x+24x+C_1$$

由 $y''(0)=1$ 得 $C_1=0$，于是有 $(y')'=\mathrm{e}^x+24x$，从而

$$y'=\int(\mathrm{e}^x+24x)\mathrm{d}x=\mathrm{e}^x+12x^2+C_2$$

由 $y'(0)=1$ 得 $C_2=0$，于是有

$$y'=\mathrm{e}^x+12x^2,\quad y=\int(\mathrm{e}^x+12x^2)\mathrm{d}x=\mathrm{e}^x+4x^3+C$$

最后由 $y(0)=0$ 得 $C=-1$，即所求特解为 $y=\mathrm{e}^x+4x^3-1$

课堂练习 8.2.4　*求方程 $y^{(3)}=\mathrm{e}^x-\cos x$ 满足 $y(0)=1$，$y'(0)=y''(0)=0$ 的特解。*

习 题 8.2

1. 求下列方程的通解：

(1) $y''=3\sin x-6$；　　　　(2) $y^{(3)}=2\mathrm{e}^x+\cos x$。

2. 求方程 $y''=12x-4$ 满足 $y(0)=1$， $y'(0)=0$ 的特解。

8.3 可分离变量的方程的求解

先看一个引例。

引例 8.3.1 考察方程

$$y'=2x、\ y'=2xy、\ y'=2x+y$$

(1) $y'=2x$ 是已知导函数求原函数的问题，其通解为

$$y=\int 2x\,\mathrm{d}x=x^2+C$$

(2) $y'=2xy$ 和 $y'=2x+y$，因为等式右边包含有未知函数 y，不能用

$$y=\int 2xy\,\mathrm{d}x、\ y=\int (2x+y)\,\mathrm{d}x$$

得到通解。

(3) 用 $\dfrac{\mathrm{d}y}{\mathrm{d}x}$ 替换 y'，三个方程可恒等变形为

$$\frac{\mathrm{d}y}{\mathrm{d}x}=2x、\ \frac{\mathrm{d}y}{\mathrm{d}x}=2xy、\ \frac{\mathrm{d}y}{\mathrm{d}x}=2x+y$$

$$或\ \ \mathrm{d}y=2x\mathrm{d}x、\ \frac{\mathrm{d}y}{y}=2x\mathrm{d}x、\ \mathrm{d}y=(2x+y)\,\mathrm{d}x$$

其中前两个方程可以将变量 x 和变量 y 分离到等号两边，而第 3 个方程则不行。

(4) 对能分离变量的等式两边积分，得

$$\int \mathrm{d}y=\int 2x\mathrm{d}x、\ \int\frac{\mathrm{d}y}{y}=\int 2x\mathrm{d}x$$

即 $y+C_1=x^2+C_2$、 $\ln y+C_1=x^2+C_2$

分别令 $C=C_2-C_1$、 $\mathrm{e}^{C_2-C_1}$，得

$$y=x^2+C、\ y=C\mathrm{e}^{x^2}$$

显然，$y=x^2+C$ 是 $y'=2x$ 的解，$y=C\mathrm{e}^{x^2}$ 是 $y'=2xy$ 的解，它们又都含有一个任意常数，因此是相应的一阶方程的通解。

引例 8.3.1 (4) 启发了我们，能将变量 x 和变量 y 分离到等号两边的微分方程是可以求得解析解的。我们将这样的微分方程称为可分离变量的微分方程，这样求通解的方法称为分

离变量法。

不难看出，方程 $y'=2x$ 采用直接积分法和分离变量法都能得到同样的通解

$$y=x^2+C$$

而分离变量法中等式两边积分分别加积分常数的作法则显得多余。因此，此后采用分离变量法在等式两边积分时，可采用等效办法，即只在自变量 x 所在的一边加积分常数。

此外，由 $\ln y+C_1=x^2+C_2$ 和 $C=\mathrm{e}^{C_2-C_1}$ 得到的通解 $y=C\mathrm{e}^{x^2}$ 中的 $C>0$，事实上，对全体实数 C，$y=C\mathrm{e}^{x^2}$ 都满足方程 $y'=2xy$。为了规避这一矛盾，就必须对采用分离变量法进行积分时的积分常数扩充至复数范围，并且也不必刻意追求形如 $y=C\mathrm{e}^{x^2}$ 的显式通解，而改用隐函数形式的通解，即形如

$$\ln y=x^2+C$$

的通解，并称之为隐式通解。

一般形如

$$y'=f(x)g(y)$$

的微分方程，采用下面的步骤。

(1) 替换—用 $\dfrac{\mathrm{d}y}{\mathrm{d}x}$ 替换方程中的 y'。

(2) 分离变量—$\dfrac{1}{g(y)}\mathrm{d}y=f(x)\mathrm{d}x$。

(3) 两边积分—$\displaystyle\int\frac{1}{g(y)}\mathrm{d}y=\int f(x)\mathrm{d}x$。

即可得到其隐式通解。因此，

$$y'=f(x)g(y)$$

是可分离变量的微分方程的一般形式，上述步骤(1)、(2)、(3)是分离变量法的一般步骤。

下面通过具体的例子来体验上述求解过程。

例 8.3.1　求下面方程的通解：

(1) $y'=(3x^2-2x+1)y^2$；　　(2) $xy'=(1-2x)\sqrt{1-y^2}$。

解　用 $\dfrac{\mathrm{d}y}{\mathrm{d}x}$ 替换 y'，得

(1) $\dfrac{\mathrm{d}y}{\mathrm{d}x}=(3x^2-2x+1)y^2$；　　(2) $x\dfrac{\mathrm{d}y}{\mathrm{d}x}=(1-2x)\sqrt{1-y^2}$。

分离变量，得

(1) $\dfrac{1}{y^2}\mathrm{d}y=(3x^2-2x+1)\mathrm{d}x$；　　(2) $\dfrac{1}{\sqrt{1-y^2}}\mathrm{d}y=\left(\dfrac{1}{x}-2\right)\mathrm{d}x$。

两边积分，得

(1) $\displaystyle\int y^{-2}\mathrm{d}y=\int(3x^2-2x+1)\mathrm{d}x$；　　(2) $\displaystyle\int\frac{1}{\sqrt{1-y^2}}\mathrm{d}y=\int\left(\frac{1}{x}-2\right)\mathrm{d}x$。

即得其隐式通解：

(1) $-\dfrac{1}{y}=x^3-x^2+x+C$；　　(2) $\arcsin y=\ln x-2x+C$。

其中C为任意常数。

课堂练习 8.3.1 求下列方程的通解：

(1) $y'=(2x-3)y$；　　(2) $xy'=(1-2x)y^2$；

(3) $y'=(2x+1)\sqrt{1-y^2}$；　　(4) $xy'=(2x^2-1)(1+y^2)$。

例 8.3.2 求下面方程的通解：

(1) $y\cos 2x\,\mathrm{d}x+(\sin x+\cos x)\,\mathrm{d}y=0$；(2) $x\,\mathrm{d}y+2y\,\mathrm{d}x=0$。

解 两个方程都是以微分形式出现的微分方程，直接将含x和含y的式子分离到等式两边，得

(1) $\dfrac{1}{y}\mathrm{d}y=\dfrac{\cos 2x}{\cos x+\sin x}\mathrm{d}x=(\cos x-\sin x)\,\mathrm{d}x$，(2) $\dfrac{1}{y}\mathrm{d}y=-\dfrac{2}{x}\mathrm{d}x$。

再两边积分，得

(1) $\displaystyle\int\frac{1}{y}\mathrm{d}y=\int(\cos x-\sin x)\,\mathrm{d}x$；　　(2) $\displaystyle\int\frac{1}{y}\mathrm{d}y=-\int\frac{2}{x}\mathrm{d}x$。

故得其隐式通解：

(1) $\ln y=\sin x+\cos x+C$；　　(2) $\ln y=-2\ln x+C$。

其中C为任意常数。

课堂练习 8.3.2 求下面方程的通解：

(1) $x\mathrm{d}y=(x-2)y\mathrm{d}x$；　　(2) $x\mathrm{d}y+(1-2x)y^2\mathrm{d}x=0$。

例 8.3.3 求下列方程满足初始条件的特解：

(1) $xy'=(2x^2-x+3)y^2$，$y(1)=1$；(2) $\mathrm{e}^{2x}\mathrm{d}y+y\mathrm{d}x=0$，$y(0)=1$。

解 用$\dfrac{\mathrm{d}y}{\mathrm{d}x}$替换$y'$，得

(1) $x\dfrac{\mathrm{d}y}{\mathrm{d}x}=(2x^2-x+3)y^2$；　　(2) $\mathrm{e}^{2x}\mathrm{d}y+y\mathrm{d}x=0$。

分离变量，得

(1) $\dfrac{1}{y^2}\mathrm{d}y=\left(2x-1+\dfrac{3}{x}\right)\mathrm{d}x$；　　(2) $\dfrac{1}{y}\mathrm{d}y=-\mathrm{e}^{-2x}\mathrm{d}x$。

两边积分，得

(1) $\displaystyle\int\frac{1}{y^2}\mathrm{d}y=\int\left(2x-1+\frac{3}{x}\right)\mathrm{d}x$；　　(2) $\displaystyle\int\frac{1}{y}\mathrm{d}y=-\int\mathrm{e}^{-2x}\mathrm{d}x$。

故得其隐式通解：

(1) $-\dfrac{1}{y}=x^2-x+3\ln x+C$；　　(2) $\ln y=\dfrac{\mathrm{e}^{-2x}}{2}+C$。

将 $y(1)=1$、 $y(0)=1$ 代入通解，得

(1) $C=-1$；　　　　(2) $C=-\frac{1}{2}$。

故所求特解：(1) $-\frac{1}{y}=x^2-x+3\ln x-1$；　　　　(2) $\ln y=\frac{e^{-2x}-1}{2}$。

课堂练习 8.3.3　求下面方程满足初始条件的特解：

(1) $y'=2xy^3$， $y(1)=1$；　　　　(2) $y'=e^{2x-y}$， $y(0)=0$。

习 题 8.3

1. 求下面方程的通解：

(1) $y'=(5x^4-4x+3)y^3$；　　　　(2) $xy'=(4x^4-3x^3+2x)y$；

(3) $x^2y'=(3x^4-2x+2x+1)e^{y}$；　　　　(4) $(1+x^2)y'=x^2y$。

2. 求下面方程满足给定初始条件的特解：

(1) $y'=(4x-3)y$， $y(1)=1$；　　　　(2) $xy'=(x+1)y^2$， $y(1)=e$。

8.4　线性微分方程的解的结构

在中学数学里，一次函数 $y=ax+b$ 称为线性函数，三元一次方程

$$ax+by+cz=d$$

称为三元线性方程。不难看出，线性即一次，线性方程也就是未知变量都是一次的方程。

借助代数方程中的“线性”概念，如果微分方程中的未知函数及其各阶导数都是一次幂，那么该微分方程就称为线性微分方程。用数学语言描述即为下面定义。

定义 8.4.1　形如

$$a_n(x)y^{(n)}+\cdots+a_1(x)y'+a_0(x)y=f(x)\ (n\geqslant 1)$$

的微分方程称为线性微分方程。其中

(1) $f(x)\equiv 0$ 时，称为齐次线性微分方程；

(2) $f(x)$ 不恒为 0 时，称为非齐次线性微分方程；

(3) $a_n(x)$ 不恒为 0 时，称为 n 阶线性微分方程。

下面考察线性微分方程的解的结构。

假设 $y=y^*$ 是线性微分方程

$$a_n(x)y^{(n)}+\cdots+a_1(x)y'+a_0(x)y=f(x)$$

的一个解， $y=\overline{y}$ 是其对应的齐次方程

$$a_n(x)y^{(n)}+\cdots+a_1(x)y'+a_0(x)y=0$$

的解，那么根据微分方程解的定义，有

$$a_n(x)(y^*)^{(n)}+\cdots+a_1(x)(y^*)'+a_0(x)y^*=f(x),$$

$$a_n(x)(\overline{y})^{(n)}+\cdots+a_1(x)(\overline{y})'+a_0(x)\overline{y}=0$$

两式相加，注意导数的加法遵循线性规则：$(u+v)^{(k)}=u^{(k)}+v^{(k)}$，于是有

$$a_n(x)(y^*+\overline{y})^{(n)}+\cdots+a_1(x)(y^*+\overline{y})'+a_0(x)(y^*+\overline{y})=f(x)$$

此即说明 $y=y^*+\overline{y}$ 是方程

$$a_n(x)y^{(n)}+\cdots+a_1(x)y'+a_0(x)y=f(x)$$

的解。于是，若 $y=\overline{y}$ 是 n 阶线性微分方程

$$a_n(x)y^{(n)}+\cdots+a_1(x)y'+a_0(x)y=0$$

的通解，那么根据通解的定义，$\overline{y}$ 应含有 n 个独立的任意常数，从而

$$y=y^*+\overline{y}$$

也含有 n 个独立的任意常数。因此，$y=y^*+\overline{y}$ 是 n 阶非齐次线性微分方程的通解。

总结上面讨论，可得线性微分方程的解的结构如下。

定理 8.4.1 若 $y=y^*$ 是微分方程

$$a_n(x)y^{(n)}+\cdots+a_1(x)y'+a_0(x)y=f(x)$$

的一个解，$y=\overline{y}$ 是其对应齐次方程的通解，则

$$y=y^*+\overline{y}$$

是方程 $a_n(x)y^{(n)}+\cdots+a_1(x)y'+a_0(x)y=f(x)$ 的通解。

例 8.4.1 验证 $y=-1$ 是方程 $y'-y=1$ 的解，$y=Ce^x$（C 为任意常数）是其对应齐次方程

$$y'-y=0$$

的解，并写出方程 $y'-y=1$ 的通解。

解 将 $y=-1$ 代入方程 $y'-y=1$，得

$$\text{左边}=(-1)'-(-1)=1=\text{右边}$$

即 $y=-1$ 是方程 $y'-y=1$ 的解。将 $y=Ce^x$ 代入方程 $y'-y=0$，得

$$\text{左边}=(Ce^x)'-Ce^x=Ce^x-Ce^x=0=\text{右边}$$

即 $y=Ce^x$ 是方程 $y'-y=0$ 的解。再由定理 8.4.1 可知，方程 $y'-y=1$ 的通解为

$$y=-1+Ce^x$$

课堂练习 8.4.1 若 $y=x$ 是 $y'-y=1-x$ 的一个解，$y=Ce^x$ 是其对应齐次方程 $y'-y=0$ 的解，试写出方程 $y'-y=1-x$ 的通解。

习 题 8.4

1. 验证 $y=-2$ 是方程 $xy'-y=2$ 的解，$y=Cx$ 是其对应齐次方程 $xy'-y=0$ 的解，并写出方程 $xy'-y=2$ 的通解。

2. 验证 $y=1$ 是方程 $y''-3y'+2y=2$ 的解，$y=C_1\mathrm{e}^x+C_2\mathrm{e}^{2x}$ 是其对应齐次方程 $y''-3y'+2y=0$ 的解，并写出 $y''-3y'+2y=2$ 的通解。

8.5　一阶线性微分方程的求解

微分方程

$$a_1(x)y'+a_0(x)y=f(x)$$

如果是一阶的，那么 $a_1(x)$ 就不能恒为零，方程两边同除以 $a_1(x)$ 便可恒等变形为

$$y'+P(x)y=Q(x)$$

此即为一阶线性微分方程的标准形式。

8.5.1　齐次形式

当 $Q(x)\equiv 0$ 时，方程

$$y'+P(x)y=0$$

可视为可分离变量的方程，采用分离变量法。

(1) 用 $\dfrac{\mathrm{d}y}{\mathrm{d}x}$ 替换方程中的 y'：$\dfrac{\mathrm{d}y}{\mathrm{d}x}=-P(x)y$。

(2) 分离变量：$\dfrac{1}{y}\mathrm{d}y=-P(x)\mathrm{d}x$。

(3) 两边积分：$\displaystyle\int\frac{1}{y}\mathrm{d}y=-\int P(x)\mathrm{d}x$。

从而得隐式通解：

$$\ln y=-\int P(x)\mathrm{d}x+C_1$$

注意，此时 $\int P(x)\mathrm{d}x$ 已不含积分常数，其积分常数已含于 C_1 之中。

令 $C=\mathrm{e}^{C_1}$，则得显式解 $y=C\mathrm{e}^{-\int P(x)\mathrm{d}x}$（此时在实数范围内的 $C>0$）。

不难验证，对任意实数 C，

$$y=C\mathrm{e}^{-\int P(x)\mathrm{d}x}$$

都适合一阶方程 $y'+P(x)y=0$，且含有一个任意常数，所以是通解。

综上所述，有下面的结论：

> $y'+P(x)y=0$ 的通解为 $y=C\mathrm{e}^{-\int P(x)\mathrm{d}x}$
> （注意：积分常数不要带入通解公式）。

例 8.5.1 求下列方程的通解：

(1) $xy'+y=0$；　　(2) $(1+x^2)y'-x^2y=0$。

解 方程化成标准形式：

(1) $y'+\dfrac{1}{x}y=0$；　　(2) $y'+\left(-\dfrac{x^2}{1+x^2}\right)y=0$。

与 $y'+P(x)y=0$ 比较，得

(1) $P(x)=\dfrac{1}{x}$；　　(2) $P(x)=-\dfrac{x^2}{1+x^2}$。

代入通解公式 $y=C\mathrm{e}^{-\int P(x)\mathrm{d}x}$ 得通解

(1) $y=C\mathrm{e}^{-\int\frac{1}{x}\mathrm{d}x}=C\mathrm{e}^{-\ln x}=C\mathrm{e}^{\ln\frac{1}{x}}=\dfrac{C}{x}$；

(2) $y=C\mathrm{e}^{-\int-\frac{x^2}{1+x^2}\mathrm{d}x}=C\mathrm{e}^{\int\frac{1+x^2-1}{1+x^2}\mathrm{d}x}=C\mathrm{e}^{\int(1-\frac{1}{1+x^2})\mathrm{d}x}=C\mathrm{e}^{x-\arctan x}$。

课堂练习 8.5.1 求下列方程的通解：

(1) $xy'+(1-x+2x^2)y=0$；　　(2) $(1+x^2)y'=x^4y$。

8.5.2 非齐次形式

在了解了如何求一阶齐次线性微分方程的通解 $\overline{y}$ 之后，根据线性微分方程的解的结构之定理 8.4.1，如果能找到非齐次线性微分方程的某个解 y^*，那么便能得到其非齐次线性微分方程的通解

$$y=y^*+\overline{y}$$

1. 观察得出 y^* 情形

例 8.5.2 求方程 $y'-2y=2$ 的通解。

解 对应的齐次方程：

$$y'-2y=0\text{，}\quad P(x)=-2$$

齐次方程的通解

$$\overline{y}=C\mathrm{e}^{-\int P(x)\mathrm{d}x}=C\mathrm{e}^{-\int-2\mathrm{d}x}=C\mathrm{e}^{2x}$$

另一方面，注意方程 $y'-2y=2$ 的右边是常数，而常数的导数为 0，若取

$$y=k\ (k\text{ 为常数})$$

代入方程，即得 $k=-1$。通过这样的观察分析可知：$y^*=-1$ 是 $y'-2y=2$ 的一个解。

故方程 $y'-2y=2$ 的通解为 $y=y^*+\overline{y}=-1+C\mathrm{e}^{2x}$。

例 8.5.3 求方程 $y'+y=e^x$ 的通解。

解 对应的齐次方程：

$$y'+y=0, \quad P(x)=1$$

齐次方程的通解

$$\overline{y}=Ce^{-\int P(x)dx}=Ce^{-\int 1dx}=Ce^{-x}$$

另一方面，注意方程 $y'+y=e^x$ 的右边是 e^x，其任意阶导数也都为 e^x，若取

$$y=ke^x\ (k\text{为常数})$$

代入方程，得 $k=\dfrac{1}{2}$。即 $y^*=\dfrac{1}{2}e^x$ 是 $y'+y=e^x$ 的一个解。

故方程 $y'+y=e^x$ 的通解 $y=y^*+\overline{y}=\dfrac{1}{2}e^x+Ce^{-x}$。

课堂练习 8.5.2 求下列方程的通解：

(1) $y'+2y=4$；　　　　(2) $2y'-y=e^x$。

2. 常数变易求 y^* 情形

观察得出非齐次线性微分方程的特解 y^* 的方法并不总是可行的。下面介绍一种通过计算找出特解 y^* 的方法——常数变易法。

注意，一阶线性微分方程

$$y'+P(x)y=Q(x)$$

对应的齐次方程为 $y'+P(x)y=0$，通解为

$$\overline{y}=Ce^{-\int P(x)dx}$$

让 $\overline{y}$ 中的常数 C 变易为 $C(x)$，并假设

$$y^*=C(x)e^{-\int P(x)dx}$$

是 $y'+P(x)y=Q(x)$ 的解，代入方程，得

$$C'(x)e^{-\int P(x)dx}+C(x)e^{-\int P(x)dx}\left(-\int P(x)dx\right)'+P(x)\cdot C(x)e^{-\int P(x)dx}=Q(x),$$

$$C'(x)=Q(x)e^{\int P(x)dx}, \quad C(x)=\int Q(x)e^{\int P(x)dx}dx$$

故 $y^*=e^{-\int P(x)dx}\int Q(x)e^{\int P(x)dx}dx$。

总结上述过程和结论，得常数变易法求 $y'+P(x)y=Q(x)$ 的通解的步骤：

(1) 求对应齐次方程 $y'+P(x)y=0$ 的通解 $\overline{y}$；

(2) 将 $\overline{y}$ 中的积分常数 C 变易为 $C(x)$ 后代入非齐次方程，建立 $C(x)$ 的微分方程并求出 $C(x)$；

(3) 得出 y^* 及非齐次方程的通解 $y=y^*+\overline{y}$。

例 8.5.4 求方程 $xy'-y=x^2e^x$ 的通解。

解 对应的齐次方程为 $xy'-y=0$，其标准形式：

$$y'+\left(-\frac{1}{x}\right)y=0\text{，}\quad P(x)=-\frac{1}{x}$$

齐次方程的通解 $\overline{y}=C\mathrm{e}^{-\int P(x)\mathrm{d}x}=C\mathrm{e}^{\int\frac{1}{x}\mathrm{d}x}=C\mathrm{e}^{\ln x}=Cx$。

另一方面，让常数 C 变易为 $C(x)$，并假设

$$y^*=C(x)\cdot x$$

是非齐次方程的解，代入方程，得

$$x(C'(x)\cdot x+C(x)\cdot 1)-C(x)\cdot x=x^2\mathrm{e}^x\text{，}$$

$$C'(x)=\mathrm{e}^x\text{，}\quad C(x)=\mathrm{e}^x$$

即 $y^*=x\mathrm{e}^x$。故方程的通解 $y=y^*+\overline{y}=x\mathrm{e}^x+Cx$。

课堂练习 8.5.3 用常数变易法求方程 $xy'-y=x^2\cos x$ 的通解。

***3. 公式求通解情形**

由常数变易法的讨论过程不难看出，$C(x)$ 满足方程：

$$C'(x)=Q(x)\mathrm{e}^{\int P(x)\mathrm{d}x}$$

这是一个已知导函数求原函数的问题，两边积分即得

$$C(x)=\int Q(x)\mathrm{e}^{\int P(x)\mathrm{d}x}\mathrm{d}x+C$$

其中所有积分都不带积分常数，其积分常数都已含于 C 中。注意

$$y^*=C(x)\mathrm{e}^{-\int P(x)\mathrm{d}x}$$

是一阶方程 $y'+P(x)y=Q(x)$ 的解，它又含有 1 个任意常数 C，所以是通解。于是有

> 方程 $y'+P(x)y=Q(x)$ 的通解为
> $$y=\mathrm{e}^{-\int P(x)dx}\left(\int Q(x)\mathrm{e}^{\int P(x)\mathrm{d}x}\mathrm{d}x+C\right)\text{。}$$

***例 8.5.5** 求方程 $xy'+y=\mathrm{e}^x$ 满足 $y(1)=0$ 的特解。

解 方程的标准形式：

$$y'+\frac{1}{x}y=\frac{\mathrm{e}^x}{x}\text{，}\quad P(x)=\frac{1}{x}\text{，}\quad Q(x)=\frac{\mathrm{e}^x}{x}$$

代入通解公式，得

$$y=\mathrm{e}^{-\int\frac{1}{x}\mathrm{d}x}\left(\int\frac{\mathrm{e}^x}{x}\mathrm{e}^{\int\frac{1}{x}\mathrm{d}x}\mathrm{d}x+C\right)=\mathrm{e}^{-\ln x}\left(\int\frac{\mathrm{e}^x}{x}\mathrm{e}^{\ln x}\mathrm{d}x+C\right)$$

$$=\mathrm{e}^{\ln\frac{1}{x}}\left(\int\frac{\mathrm{e}^x}{x}\cdot x\mathrm{d}x+C\right)=\frac{1}{x}\left(\int\mathrm{e}^x\mathrm{d}x+C\right)=\frac{1}{x}(\mathrm{e}^x+C)$$

再由 $y(1)=0$，得 $C=-\mathrm{e}$，故所求特解为 $\overline{y}=\dfrac{\mathrm{e}^x-\mathrm{e}}{x}$。

***课堂练习 8.5.4** 用公式法求方程 $xy'+y=\cos x$ 满足 $y(\pi)=0$ 的特解。

习 题 8.5

1. 求下列方程的通解：

   (1) $y'=(1-2x+3x^2)y$；　　(2) $xy'=(1-3x+2x^2)y$。

2. 求方程 $x^2y'=(1+x^2)y$ 满足 $y(1)=0$ 的特解。

3. 求下列方程的通解：

   (1) $y'-2y=4$；　　(2) $2y'+y=3\mathrm{e}^x$。

4. 求方程 $y'+2y=2$ 满足 $y(0)=0$ 的特解。

8.6　常系数线性微分方程的求解

n阶线性微分方程

$$a_n(x)y^{(n)}+\cdots+a_1(x)y'+a_0(x)y=f(x)$$

如果所有系数 $a_k(x)$ 都为常数，那么就称为n阶常系数线性微分方程。

本节仅介绍n=1 或 2 的情形。

8.6.1　齐次形式

1. 一阶齐次的通解

一阶常系数齐次线性微分方程的一般形式为

$$ay'+by=0\ (a、b\text{为实常数，}\ a\neq 0)$$

其标准形式为 $y'+\dfrac{b}{a}y=0$，由 $P(x)=\dfrac{b}{a}$ 及通解公式 $\overline{y}=C\mathrm{e}^{-\int P(x)\mathrm{d}x}$ 得通解

$$\overline{y}=C\mathrm{e}^{-\int\frac{b}{a}\mathrm{d}x}=C\mathrm{e}^{-\frac{b}{a}x}$$

不难看出，通解中与方程有关的元素仅有 $-\dfrac{b}{a}$，它正好是方程

$$ar+b=0$$

的根，如果将 $ar+b=0$ 称为 $ay'+by=0$ 的特征方程，那么便可简单地由特征方程的特征根确定出 $ay'+by=0$ 的通解。

总结上面讨论，有一阶常系数齐次线性微分方程

$$ay'+by=0\ (a、b\text{为实常数，}\ a\neq 0)$$

的通解的求法如下。

(1) 将 y' 替换为r、y 替换为 1，建立特征方程：$ar+b=0$。

(2) 解方程求得特征根：$r=r_1=-\dfrac{b}{a}$。

(3) 由特征根即得齐次方程 $ay'+by=0$ 的通解 $\overline{y}=Ce^{r_1x}$。

例 8.6.1 求下列方程的通解：

(1) $y'+2y=0$；　　(2) $2y'-y=0$。

解 特征方程为

(1) $r+2=0$；　　(2) $2r-1=0$。

特征根：(1) $r=-2$，(2) $r=\frac{1}{2}$；对应齐次方程的通解：

(1) $\overline{y}=Ce^{-2x}$，(2) $\overline{y}=Ce^{\frac{1}{2}x}$。

课堂练习 8.6.1 求下列方程的通解：

(1) $2y'+y=0$；　　(2) $3y'-2y=0$。

2. 二阶齐次的通解

二阶常系数齐次线性微分方程的一般形式为

$$ay''+by'+cy=0\ (a,b,c \text{ 为实常数，} a\neq 0)$$

和一阶类似，二阶常系数齐次线性微分方程也可由特征根得到其通解，方法如下：

(1) 将 y'' 替换为 r^2、y' 替换为 r、y 替换为 1，建立特征方程

$$ar^2+br+c=0$$

(2) 解特征方程求得特征根。

(3) 由特征根得到齐次方程的通解(其关系见表 8.6.1)。

表 8.6.1 特征根与通解的关系

特征方程 $ar^2+br+c=0$ 的根的分布	微分方程 $ay''+by'+cy=0$ 的通解
有两个不相等的实根 r_1 和 r_2	$\overline{y}=C_1e^{r_1x}+C_2e^{r_2x}$
有两个相等的实根 $r_1=r_2=r$	$\overline{y}=(C_1x+C_2)e^{rx}$
有共轭复根 $r=\alpha\pm\beta i$	$\overline{y}=e^{\alpha x}(C_1\sin\beta x+C_2\cos\beta x)$
备注：其中 C_1、C_2 是独立的任意实常数，α、β 为实数	

下面利用通解的定义，仅证明不相等特征根情形，其他情形类推。

【证明】 将 $\overline{y}=C_1e^{r_1x}+C_2e^{r_2x}$ 代入方程 $ay''+by'+cy=0$，得

$$\begin{aligned}\text{左边}&=a(\overline{y})''+b(\overline{y})'+c\overline{y}\\&=a(C_1r_1^2e^{r_1x}+C_2r_2^2e^{r_2x})+b(C_1r_1e^{r_1x}+C_2r_2e^{r_2x})+c(C_1e^{r_1x}+C_2e^{r_2x})\\&=C_1e^{r_1x}(a\cdot r_1^2+b\cdot r_1+c)+C_2e^{r_2x}(a\cdot r_2^2+b\cdot r_2+c)\end{aligned}$$

注意 r_1 和 r_2 是特征根，即

$$ar_1^2+br_1+c=0,\quad ar_2^2+br_2+c=0$$

$$\text{从而 左边} = C_1 e^{r_1 x} \cdot 0 + C_2 e^{r_2 x} \cdot 0 = 0 = \text{右边}$$

此即说明 $\overline{y} = C_1 e^{r_1 x} + C_2 e^{r_2 x}$ 是方程 $ay'' + by' + cy = 0$ 的解。

另一方面，$\overline{y}$ 显然包含有两个独立的任意常数，根据通解的定义可知

$$\overline{y} = C_1 e^{r_1 x} + C_2 e^{r_2 x}$$

是二阶微分方程 $ay'' + by' + cy = 0$ 的通解。

利用表 8.6.1，便可由代数方程确定出二阶常系数齐次线性微分方程的通解。

例 8.6.2　求下列方程的通解：

（1）$y'' - 3y' + 2y = 0$；　　（2）$y'' - 6y' + 9y = 0$。

解　特征方程为

（1）$r^2 - 3r + 2 = 0$；　　（2）$r^2 - 6r + 9 = 0$。

解方程求得特征根：

（1）$r_1 = 1$、$r_2 = 2$；　　（2）$r_1 = r_2 = 3$。

由表 8.6.1，得方程的通解：

（1）$\overline{y} = C_1 e^x + C_2 e^{2x}$；　　（2）$\overline{y} = (C_1 x + C_2) e^{3x}$。

课堂练习 8.6.2　*求下列微分方程的通解：*

（1）$y'' + y' - 2y = 0$；　　（2）$4y'' + 4y' + y = 0$。

***例 8.6.3**　求方程 $y'' - 2y' + 2y = 0$ 的通解。

解　特征方程为

$$r^2 - 2r + 2 = 0$$

由求根公式及 $i = \sqrt{-1}$ 得特征根 $r = \dfrac{2 \pm \sqrt{-4}}{2} = 1 \pm i$，属共轭复根 $\alpha = 1$、$\beta = 1$ 的情形，由表 8-1 得方程的通解：

$$\overline{y} = e^x (C_1 \sin x + C_2 \cos x)$$

***课堂练习 8.6.3**　*求方程 $y'' + 2y' + 2y = 0$ 的通解。*

8.6.2　非齐次形式

由上面的讨论不难看出，常系数齐次线性微分方程的求解可转变为对代数特征方程的求解，这样不仅避开了繁杂的积分计算，也使求解过程变得更加简单和直接。

根据线性微分方程解的结构，如果能用观察、常数变易等方法求得非齐次的一个解 y^*，那么便能简便地得到非齐次的通解

$$y = y^* + \overline{y}$$

例 8.6.4　求下列方程的通解：

（1）$y' + y = 2$；　　（2）$y' - y = e^{2x}$。

解 对应的齐次方程：（1）$y'+y=0$； （2）$y'-y=0$。

特征方程： （1）$r+1=0$； （2）$r-1=0$。

特征根： （1）$r=-1$； （2）$r=1$。

对应齐次方程的通解：

（1）$\overline{y}=Ce^{-x}$； （2）$\overline{y}=Ce^{x}$。

下面由观察法求非齐次的一个解 y^*：显然

（1）$y^*=2$ 是 $y'+y=2$ 的解； （2）$y^*=e^{2x}$ 是 $y'-y=e^{2x}$ 的解。

由线性微分方程解的结构得方程的通解：

（1）$y=y^*+\overline{y}=2+Ce^{-x}$， （2）$y=y^*+\overline{y}=e^{2x}+Ce^{x}$。

课堂练习 8.6.4 求方程 $2y'-4y=1$ 的通解。

例 8.6.5 求下列方程的通解：

（1）$y''-3y'+2y=2$； （2）$y''+2y'+y=e^{x}$。

解 对应的齐次方程：（1）$y''-3y'+2y=0$； （2）$y''+2y'+y=0$。

特征方程：（1）$r^2-3r+2=0$； （2）$r^2+2r+1=0$。

特征根：（1）$r_1=1$，$r_2=2$； （2）$r_1=r_2=-1$。

从而对应齐次方程的通解：（1）$\overline{y}=C_1e^{x}+C_2e^{2x}$； （2）$\overline{y}=(C_1x+C_2)e^{-x}$。

另一方面，由观察法可知：

（1）$y^*=1$ 是 $y''-3y'+2y=2$ 的解； （2）$y^*=\frac{1}{4}e^{x}$ 是 $y''+2y'+y=e^{x}$ 的解。

再根据线性微分方程解的结构得方程的通解：

（1）$y=1+C_1e^{x}+C_2e^{2x}$； （2）$y=\frac{1}{4}e^{x}+(C_1x+C_2)e^{-x}$。

课堂练习 8.6.5 求下列方程的通解：

（1）$y''-5y'+6y=3$； （2）$4y''+4y'+y=e^{x}$。

8.6.3 由初始条件确定的特解

例 8.6.6 求方程 $y''-2y'+y=0$ 满足 $y(0)=1$，$y'(0)=2$ 的特解。

解 特征方程为

$$r^2-2r+1=0$$

特征根为两相等实根：$r_1=r_2=1$，由表 8-1，得方程的通解：

$$\overline{y}=(C_1x+C_2)e^{x}$$

注意

$$(\overline{y})'=C_1e^{x}+(C_1x+C_2)e^{x}，\quad (\overline{y})'\big|_{x=0}=C_1+C_2$$

从而由 $y(0)=1$，$y'(0)=2$，得

$$\begin{cases} C_2 = 1, \\ C_1 + C_2 = 2 \end{cases}$$

即 $C_1 = C_2 = 1$，故所求特解为 $y = (x+1)e^x$。

课堂练习 8.6.6　求下列方程满足初始条件的特解：

(1) $y'' - 2y' + 3y = 0$，$y(0) = 1$，$y(1) = 0$；

(2) $y'' + 2y' + y = 0$，$y(0) = 1$，$y'(0) = 2$。

***例 8.6.7**　求方程 $y' - y = e^x$ 满足 $y(0) = 1$ 的特解。

解　对应的齐次方程为

$$y' - y = 0$$

特征方程为 $r - 1 = 0$，特征根为 $r = 1$，从而对应齐次方程的通解：

$$\overline{y} = Ce^x$$

注意，$y' - y = e^x$ 不可能有 $y^* = ke^x$ 形式的解，因为这样形式的解都已在对应齐次方程的通解之中，下面采用常数变易法。

让 C 变易为 $C(x)$，并设 $y^* = C(x)e^x$ 是 $y' - y = e^x$ 的解，代入方程，得

$$C'(x)e^x + C(x)e^x - C(x)e^x = e^x$$

$$即\quad C'(x) = 1,\quad C(x) = x$$

从而 $y^* = xe^x$，$y' - y = e^x$ 的通解为

$$y = y^* + \overline{y} = (x + C)e^x$$

再由 $y(0) = 1$ 得 $C = 1$，故所求特解为 $y = (x+1)e^x$。

***课堂练习 8.6.7**　求方程 $y' - 2y = e^{2x}$ 满足 $y(0) = -1$ 的特解。

***例 8.6.8**　求方程 $y'' + y' = 1$ 满足 $y(0) = 1$，$y'(0) = 0$ 的特解。

解　对应的齐次方程为 $y'' + y' = 0$，特征方程为

$$r^2 + r = 0$$

特征根为两不相等的实根 $r_1 = 0$，$r_2 = -1$，从而得对应齐次方程的通解 $\overline{y} = C_1 + C_2e^{-x}$。

另一方面，不难看出：$y^* = x$ 是方程

$$y'' + y' = 1$$

的一个解，因此，方程 $y'' + y' = 1$ 的通解为

$$y = \overline{y} + y^* = x + C_1 + C_2e^{-x}$$

注意，$y' = 1 - C_2e^{-x}$，$y'(0) = 1 - C_2$，由 $y(0) = 1$、$y'(0) = 0$，得

$$C_1 + C_2 = 1、1 - C_2 = 0，即 C_1 = 0，C_2 = 1$$

故所求特解为 $y = x + e^{-x}$。

***课堂练习 8.6.8**　求方程 $y'' - 2y' + y = 2$ 满足条件 $y(0) = 1$，$y'(0) = 2$ 的特解。

对二阶常系数非齐次线性微分方程中 $f(x)$ 更为复杂的情形，求 y^* 的方法一般有待定系数法、常数变易法、算子法或采用拉普拉斯变换等，总之，其计算过程也更为复杂，在此不进行更深入的讨论，有志于进阶学习者，可参考同济大学的本科《高等数学》教材的相关内容。

对于含参变量的方程，如 $y''-a^2y=0$，由于 a 的不同取值可能会使特征方程有不同类型的特征根，因此，求通解时需分别进行讨论。

习 题 8.6

1. 求下列方程的通解：

(1) $y'-3y=1$；　　(2) $y'-2y=e^x$。

2. 求方程 $2y'-4y=1$ 满足条件 $y(0)=2$ 的特解。

3. 求下列方程的通解：

(1) $y''+3y'+4y=0$；　　(2) $y''-4y'+4y=0$。

4. 求下列微分方程的通解：

(1) $y''-6y'+5y=10$；　　(2) $y''-2y'=6$。

5. 求方程 $y''+y'-2y=0$ 满足条件 $y(0)=0$，$y'(0)=1$ 的特解。

8.7 微分方程在电子技术中的应用

电子技术是 19 世纪末、20 世纪初开始发展起来的新兴技术，20 世纪发展最为迅速，应用也最广泛，是近代科学技术发展的一个重要标志。

进入 21 世纪，人们面临的是以微电子技术、电子计算机和因特网为标志的信息社会。现代电子技术在国防、科学、工业、医学、通信等各个领域中都起着巨大的作用，也分分秒秒地存在于现实生活之中。

8.7.1 电路基础知识

电路(Circuits)是供电子流动的回路。电路中的元件有串联和并联之分，逐个按顺次首尾串接于一线的叫串联，首首相接同时尾尾相连的方式叫并联。

电流(Current)由导体中的自由电荷在电场力的作用下做有规则的定向运动所形成，电流的强度由“单位时间内通过导体横截面的电荷量”来确定，满足：$i=\dfrac{dq}{dt}$。

电压(Voltage)是衡量单位电荷在静电场中由于电势不同所产生的能量差的物理量。其大小等于单位正电荷因受电场力作用从一点移动到另一点所做的功，电压的方向为从高电位指向低电位的方向。

电阻(Resistor)是一个限制电流的元件。理想的电阻器是线性的，即通过电阻器的瞬时电流与外加瞬时电压成正比，计算公式为$R=\dfrac{v(t)}{i(t)}$。

电容器(Capacitor)即“容纳电荷的容器”，其容纳电荷的能力称为电容，用字母C表示，单位为法拉(F)。电容器上所储存的电荷q与其端电压v成正比，即$q=Cv$。再由$i=\dfrac{\mathrm{d}q}{\mathrm{d}t}$，即可得到电容器中电压与电流的关系：$i=C\dfrac{\mathrm{d}v}{\mathrm{d}t}$。

电感器(Inductor)是将导线绕成线圈形状从而将电能转化为磁能而存储起来的元件。电感器用于阻碍电流的变化。电感器上的磁通量ϕ与其电流成正比，即

$$N\cdot\phi=L\cdot i$$

其中N是线圈的匝数；L为电感量。再根据电磁感应原理，电感器两端产生的电压

$$v=N\frac{\mathrm{d}\phi}{\mathrm{d}t}=L\frac{\mathrm{d}i}{\mathrm{d}t}$$

动态电路指的是含有动态储能元件电容或电感的电路。

在电路中，一个元件的电流、电压、电阻之间遵循欧姆定律，即若电压$v(t)$加在电阻R的两端，并有电流$i(t)$通过R，当电压的从高至低极性方向与电流方向一致时，有

$$v(t)=i(t)R$$

多个元件的电流和电压遵循基尔霍夫定律(Kirchhoff laws)，包括下面的定律。

(1) 电流定律(KCL)：所有进入某节点的电流的总和等于所有离开该节点的电流的总和；

(2) 电压定律(KVL)：在任何环路上，所有从正端到负端的电压之和等于所有从负端到正端的电压之和。

此外还遵循下面的规则。

(1) 串联电路：

①通过各用电器的电流都是相等的；

②总电压等于各部分电路两端电压之和；

③总电阻等于各部分电路电阻之和。

(2) 并联电路：

①各支路两端电压相同，都等于电源电压，

②干路上的电流等于各支路电流之和；

③总电阻的倒数等于各并联电阻的倒数之和。

8.7.2　一阶电路

一阶电路指的是仅含一个储能元件——电容或电感的电路。

RC 和 RL 串联电路是最简单的一阶电路。

1. 零输入响应

动态电路中无外施激励电源，仅由动态元件初始储能作用于电路产生的响应叫作零输

入响应。

如图 8.7.1 所示的电路，当开关 K 与节点 1 相连时，电容器处于充电状态，当开关 K 与节点 2 相连时，电容器通过电阻开始放电而形成零输入响应。

例 8.7.1(RC 电路) 如图 8.7.2 所示是一个 RC 串联电路，无外施激励电源且假设 $u_C(0)=u_0$，试给出在任意一时刻 t，电容的电压 $u_C(t)$ 随时间 t 变化的规律。

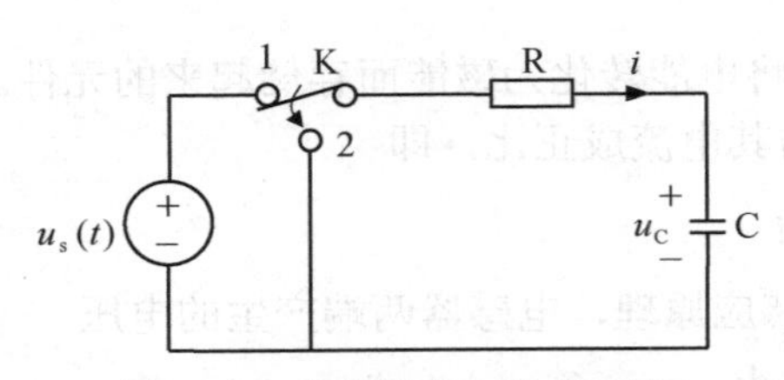

图 8.7.1 电容器充、放电电路

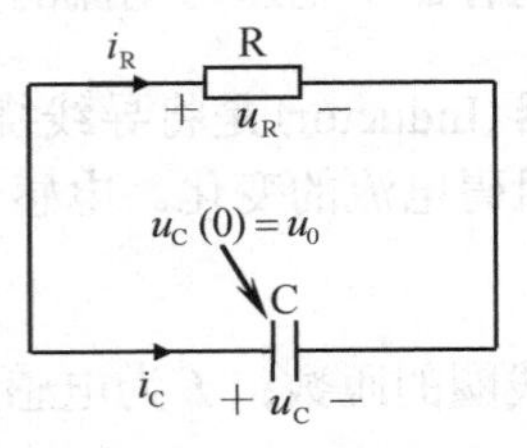

图 8.7.2 RC 串联电路

解 根据两个元件的电压-电流关系，有

$$u_R = R\cdot i_R\,,\ u_C(0)=u_0\,,\ i_C = C\frac{du_C}{dt}$$

另一方面，根据基尔霍夫定律，得

$$u_R = u_C\,,\quad i_C + i_R = 0$$

再注意到 $i_C + i_R = C\frac{du_C}{dt}+\frac{u_R}{R}=C\frac{du_C}{dt}+\frac{u_C}{R}$，从而得到电容的电压 $u_C(t)$ 所满足的微分方程和初始条件：

$$RC\frac{du_C}{dt}+u_C=0\,,\quad u_C(0)=u_0$$

这是一个一阶常系数的齐次线性微分方程，其特征方程为

$$RCr+1=0$$

特征根 $r=-\frac{1}{RC}$，方程的通解 $u_C(t)=A\mathrm{e}^{-\frac{t}{RC}}$。

再由初始条件 $u_C(0)=u_0$，得 $A=u_0$，从而

$$u_C(t)=u_0\mathrm{e}^{-\frac{t}{RC}}$$

由例 8.7.1 不难看出：电压随时间按指数规律衰减；响应与初始状态呈线性关系，其衰减快慢与 $\tau = RC$ 有关，τ 值越大，电容放电的时间就越长。

课堂练习 8.7.1(RL 电路) 如图 8.7.3 所示是一个 RL 串联电路，无外施激励电源且假设 $i_L(0)=I_0$，试给出在任意一时刻 t，电感的电流 $i_L(t)$ 随时间 t 变化的规律。

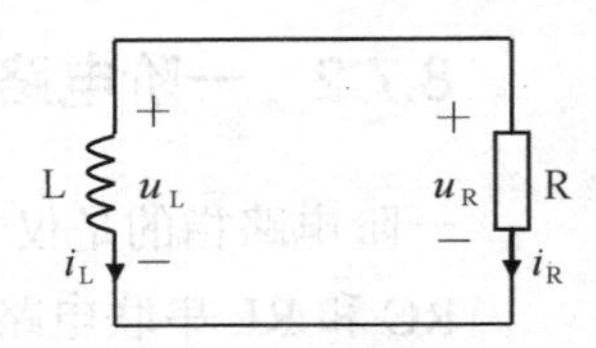

图 8.7.3 RL 串联电路

2. 零状态响应

零状态响应指的是动态元件初始储能为零，电路中外加输入激励作用所产生的响应。

例 8.7.2（RC 电路）　如图 8.7.4 所示是一 RC 串联电路，假设电源电压 u_s 为常数，当开关 K 断开时，电容电压为 0，当开关 K 合上后电容器开始充电。试给出在任意一时刻 t，电容的电压 $u_C(t)$ 和电流 $i_C(t)$ 随时间 t 变化的规律。

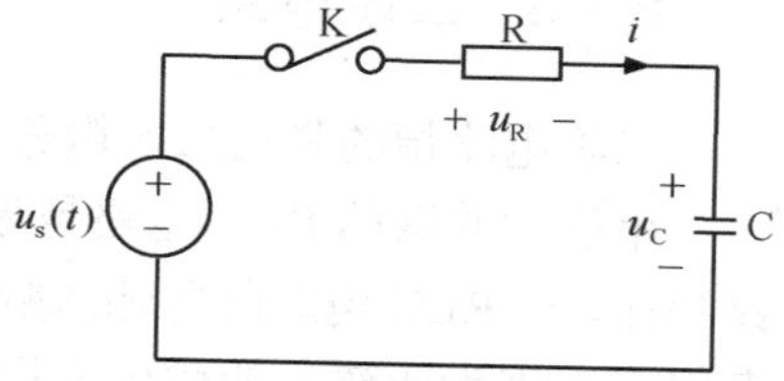

图 8.7.4　RC 串联电路

解　根据基尔霍夫定律，得

$$u_R + u_C = u_s$$

再根据串联电路各元件的电流相等，即 $i_R = i_C$，得

$$u_R = R \cdot i_R = R \cdot i_C = RC\frac{\mathrm{d}u_C}{\mathrm{d}t}$$

从而得到电容的电压 $u_C(t)$ 所满足的微分方程和初始条件

$$RC\frac{\mathrm{d}u_C}{\mathrm{d}t} + u_C = u_s，\quad u_C(0) = 0$$

这是一个一阶常系数的非齐次线性微分方程，其特征方程为

$$RCr + 1 = 0$$

特征根 $r = -\dfrac{1}{RC}$，故方程 $RC\dfrac{\mathrm{d}u_C}{\mathrm{d}t} + u_C = 0$ 的通解

$$u_C(t) = A\mathrm{e}^{-\frac{t}{RC}}$$

又显然 $u_C{}^* = u_s$ 是非齐次方程的特解，从而得 $RC\dfrac{\mathrm{d}u_C}{\mathrm{d}t} + u_C = u_s$ 的通解

$$u_C(t) = u_s + A\mathrm{e}^{-\frac{t}{RC}}$$

再由初始条件 $u_C(0) = 0$，得 $A = -u_s$，从而

$$u_C(t) = u_s(1 - \mathrm{e}^{-\frac{t}{RC}})，\quad i_C = C\frac{\mathrm{d}u_C}{\mathrm{d}t} = \frac{u_s}{R}\mathrm{e}^{-\frac{t}{RC}}$$

由例 8.7.2 不难看出，RC 电路的零状态响应中，电容电压由稳定分量和暂态分量两部分构成，响应与外加激励呈线性关系，响应变化的快慢，由时间常数 $\tau = RC$ 决定，τ 大充电慢，τ 小充电快。

课堂练习 8.7.2　如图 8.7.4 所示。若 $u_s = 100\ \mathrm{V}$、$R = 500\ \Omega$、$C = 10\ \mu\mathrm{F}$，求 $u_C = 80\ \mathrm{V}$ 时的充电时间。

课堂练习 8.7.3（RL 电路）　如图 8.7.5 所示是一个 RL 串联电路，假设电源电压 u_s 为常数，当开关 K 断开时，电感器中的电流为 0，求开关 K 合上后电感器中的电流 $i_L(t)$ 和电压 $u_L(t)$ 随时间 t 变化的规律。

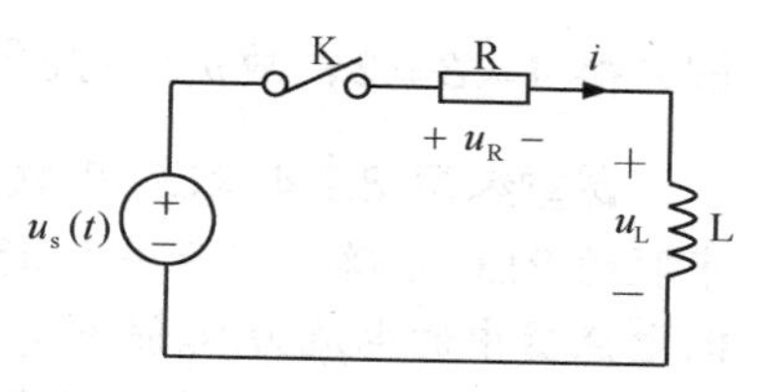

图 8.7.5　RL 串联电路

8.7.3 二阶电路

二阶电路指的是用二阶微分方程描述的动态电路。

串联和并联的 RLC 电路是最简单的二阶电路。和一阶电路相比，对 RLC 电路的零输入响应或零状态响应的讨论要复杂很多，因为所建立的微分方程是一个二阶常系数的线性微分方程，其特征方程是一元二次方程，不像一元一次方程能简单地得到特征根，下面仅举例介绍其计算方法。

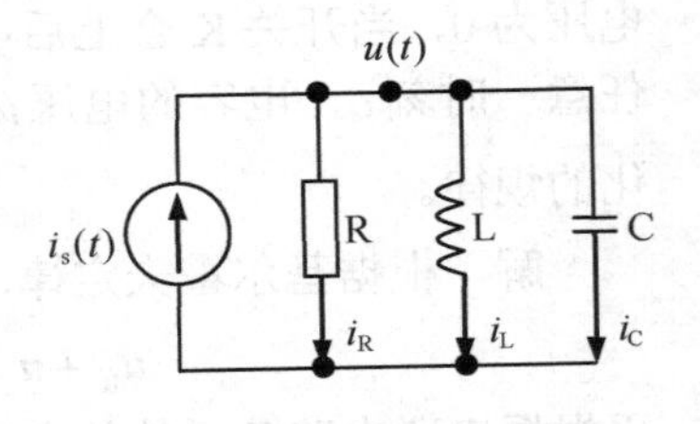

图 8.7.6 RLC 并联电路

例 8.7.3(RLC 并联电路) 如图 8.7.6 所示是并联的 RLC 电路，电路中各支路的电压都是同一值 $u(t)$，假设无外施激励电源且 $i_L(0)=-1A$、$u_C(0)=4V$、$R=2\Omega$、$L=5H$、$C=0.2F$，试给出 $u(t)$ 随时间 t 变化的规律。

解 根据电阻、电感、电容与电流、电压的关系可知

$$i_R=\frac{u(t)}{2}, \quad u(t)=5\frac{di_L}{dt}, \quad i_C=0.2\frac{du(t)}{dt}$$

另一方面，由 KCL，得

$$i_R+i_L+i_C=0$$

两边对 t 求导，得

$$i_R'+i_L'+i_C'=0$$

$$\text{即} \quad \frac{u'(t)}{2}+0.2u(t)+0.2u''(t)=0$$

从而得 $u(t)$ 所满足的微分方程

$$2u''(t)+5u'(t)+2u(t)=0$$

这是一个二阶常系数齐次线性微分方程，特征方程为

$$2r^2+5r+2=0$$

特征根 $r_1=-2$、$r_2=-0.5$，方程的通解

$$u(t)=Ae^{-2t}+Be^{-0.5t}$$

注意 $i_L(0)=-1A$，于是有

$$u'(0)=5i_C(0)=5(-i_R-i_L)=5\times(-\frac{4}{2}+1)=-5$$

再结合 $u(0)=4V$ 建立方程

$$A+B=4, \quad -2A-0.5B=-5$$

解之得 $A=B=2$，故 $u(t)=2e^{-2t}+2e^{-0.5t}$。

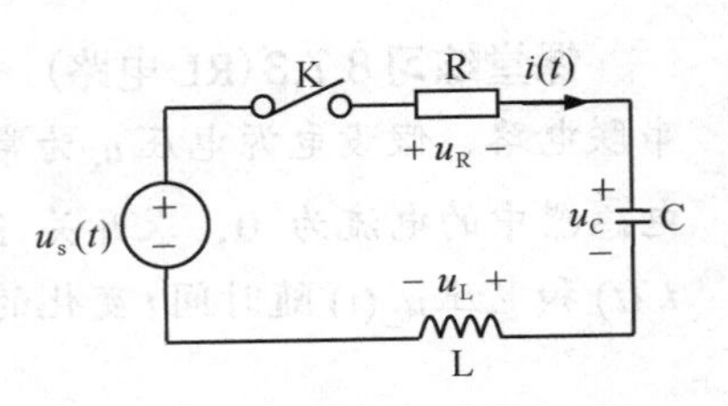

图 8.7.7 RLC 串联电路

课堂练习 8.7.4(RLC 串联电路) 如图 8.7.7 所示是串联的 RLC 电路。当开关 K 断开时，电容器中的电压为 0，电感器中的电流为 0。假设 $u_s=30V$、$R=5\Omega$、$L=2H$、$C=0.5F$，求开关 K 合上后电感器中的电流 $i_L(t)$ 和电容器中的电压 $u_C(t)$ 随时间 t 变化的规律。

习 题 8.7

1. 如图 8.7.8 所示。设开关 K 断开时 $u_C(0)=0$，假设 $u_s=100\text{ V}$、$R=500\,\Omega$、$C=10\,\mu\text{F}$，求开关 K 闭合后电容的电压 $u_C(t)$ 和电流 $i_C(t)$。

2. 如图 8.7.9 是一并联的 RL 电路。假设 $i_s=10\text{A}$、$L=2\text{H}$、$R=200\,\Omega$，求电感器中的电流 $i_L(t)$ 和电压 $u_L(t)$ 随时间 t 变化的规律。

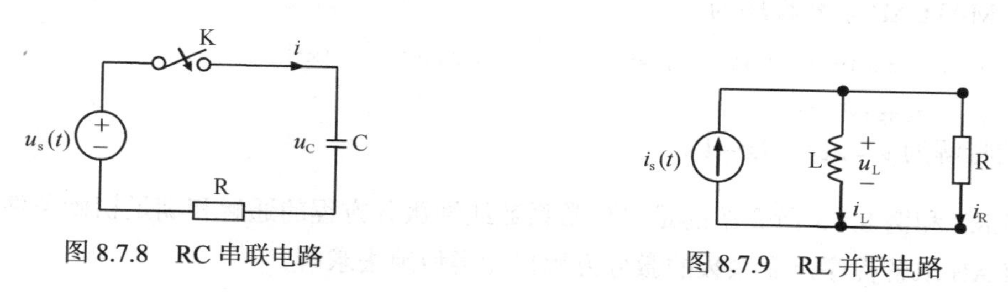

图 8.7.8 RC 串联电路　　图 8.7.9 RL 并联电路

8.8 用 MATLAB 软件解常微分方程(组)

和人工求解微分方程类似，用 MATLAB 软件求解常微分方程或方程组，也有解析解和数值解之分。数值求解方式是一种通过近似计算而得到近似解的方式，通常需要用到相应的数值计算方法，也需要编写较长的计算程序，在此不作更深入的探讨。

用 MATLAB 软件能求得解析解的常微分方程或方程组的范围也是非常有限的，不过人工能求得解析解的微分方程用 MATLAB 软件也必定能求得解析解，所采用的是符号求解方式，求解程序如下。

```
>> y = dsolve('方程', 'var')                                    % 求通解
>> y = dsolve('方程', '条件 1, 条件 2, … ', 'var')              % 求特解
```

其中 d 取自 differential、solve 意即解；var 取自 variable——程序输入的是自变量的字母。

此外，程序输入还需注意下面事项。

① y' 的输入为 Dy，$y^{(n)}$ 的输入为 Dny（n 为大于 1 的整数），且 D 必须大写。

② MATLAB 默认的自变量是时间变量 t，因此 var 默认时所求得的解的表达式中的自变量为 t。例如，求

$$y''-y'=\cos x$$

的通解，若输入 MATLAB 命令：

```
>> y=dsolve('D2y - Dy =cos(x)')
y = C1 - cos(x)+C2*exp(t) - t*cos(x)
```

不难看出，$\cos x$ 被当成了常数，这显然不是所要的结果。

下面通过具体的例子来了解如何利用 dsolve 求解常微分方程和方程组。

例 8.8.1 求方程 $y''-3y'+2y=\mathrm{e}^x$ 的通解。

解 MATLAB 求解程序为

```
>> y = dsolve('D2y－3*Dy+2*y = exp(x)', 'x')
y =－exp(x)－x*exp(x)+C1*exp(x)+C2*exp(2*x)
```

即方程的通解为 $y=-(1+x)\mathrm{e}^x+C_1\mathrm{e}^x+C_2\mathrm{e}^{2x}$。

例 8.8.2 求方程 $y''+y'-2y=4x$ 满足 $y(0)=1$，$y'(0)=0$ 的特解。

解 MATLAB 求解程序为

```
>> y = dsolve('D2y+Dy-2*y=4*x', 'y(0)=1, Dy(0)=0', 'x')
y = 2*exp(x)-2*x-1
```

即方程的特解为 $y=2\mathrm{e}^x-2x-1$。

例 8.8.1 和例 8.8.2 所介绍的是二阶常系数线性微分方程的通解和满足初始条件的特解的 MATLAB 求解程序，变系数的微分方程也能类似地去求解。

例 8.8.3 求下列方程的通解：

(1) $xy'-y=x^2\mathrm{e}^{2x}$； (2) $x^3y'''-x^2y''+2xy'-2y=1$。

解 MATLAB 求解程序：

```
(1)>> y=dsolve('x*Dy-y=x^2*exp(2*x)', 'x')
y =(x*exp(2*x))/2+C*x
```

即通解为 $y=\dfrac{1}{2}x\mathrm{e}^{2x}+Cx$。

```
(2)>> y=dsolve('(x^3)*D3y-(x^2)*D2y+2*x*Dy-2*y=1', 'x')
y =C1*x+C2*x^2+C3*x*log(x)-1/2
```

即方程的通解为 $y=-\dfrac{1}{2}+C_1x+C_2x^2+C_3x\ln x$。

MATLAB 解微分方程组的程序如下。

```
>> [y1, …, yn] =dsolve('方程1, …, 方程n', 'var')                    % 求通解
>> [y1, …, yn] = dsolve('方程1, …, 方程n', '条件1, …, 条件m', 'var')   % 求特解
```

即所有方程用一对单引号引起来，所有条件也用一对单引号引起来，方程和方程、条件和条件之间用逗号分隔。

***例 8.8.4** 求 $\begin{cases}x''+y=0\\y''-4x=0\end{cases}$。满足 $x(0)=y(0)=0$，$x'(0)=1$，$y'(0)=2$ 的特解。

解 MATLAB 求解程序为

```
>> [x, y] =dsolve('D2x+y=0, D2y-4*x=0', ….  % ….为续行
' x(0)=0, y(0)=0, Dx(0)=1, Dy(0)=2')
x =(exp(t)*cos(t))/2-(exp(-t)*cos(t))/2
y =exp(t)*sin(t)+exp(-t)*sin(t)
```

即方程组的特解为$\begin{cases} x=\dfrac{1}{2}(e^t-e^{-t})\cos t \\ y=(e^t+e^{-t})\sin t \end{cases}$。

习 题 8.8

1. 写出求下列方程的通解的MATLAB计算程序：

   (1) $y''+y'-2y=xe^x$；　　(2) $y''+3y'+2y=e^{-2x}$。

2. 写出求下列方程的特解的MATLAB计算程序：

   (1) $xy'+y=xe^{3x}$， $y(1)=0$；

   (2) $y''-2y'+y=2xe^x$， $y(0)=1$， $y'(0)=0$。

3. 写出求下列方程的通解的MATLAB计算程序：

   (1) $x^3y'''+x^2y''-4xy'=4x$；　　(2) $y''-(y')^3=y'$。

8.9　微分方程建模及其MATLAB求解

在建模与求解之前首先需要了解什么叫作数学建模，它与数学应用有什么差别。

直观地说，将生活中的实际问题用数学符号或语言作出描述、建立问题的数学关系表达式(即模型)、利用数学方法和工具等得出模型的数学结论、利用结论回答或解释提出的问题、检验或评价所建立的模型、推广应用模型解决其他类似问题，这样的整个过程就叫作数学建模。

于是建模的第1步就是提出和分析问题。因为问题描述需引入数学符号，所以第2步通常需进行符号说明。建立问题的数学关系表达式可能会做出某些条件限制，因此第3步通常为模型假设。第4步便是建模的主体：模型的建立、模型的求解、问题解答或解释、模型的检验或评价、模型的应用与推广等。

通过上面地讨论，总结如下。

数学建模的一般步骤：	
(1)提出和分析问题；	(2)符号说明；
(3)模型假设；	(4)模型的建立；
(5)模型的求解；	(6)问题解答或解释；
(7)模型的检验或评价；	(8)模型的应用与推广等。

不难看出，数学应用只是数学建模中的前一部分。顾名思义，微分方程建模即为利用微分方程所进行的数学建模。

例 8.9.1　假设镭的衰变速度与它的存量R成正比，科学实验测算镭经过1600年后的存量为原始量的一半，求镭衰变的存量R与随时间t变化的规律。

解 假设镭在$t=0$时的存量为R_0，根据题意，得

$$R'(t)=-kR(t)\text{，}\quad R(0)=R_0\text{，}\quad R(1600)=\frac{1}{2}R_0$$

其中k为比例系数，且因为镭的衰变限定$k>0$。

MATLAB 求解程序：

```
>> R=dsolve( 'DR=-k*R',  'R(0)=R0' )
R = R0*exp(-k*t)
>>syms t, R0
>> R1=subs(R, t, 1600), k=solve(R1-R0/2)
k = log(2)/1600
```

即得镭衰变的存量R与随时间t变化的规律为$R=R_0\mathrm{e}^{-\frac{\ln 2}{1600}t}$。

不难看出，上述过程有假设、微分方程的建立、方程的 MATLAB 求解，然而它仅限定在解决这一问题，因此，属数学应用范畴。

案例 8.9.1(醉酒驾车问题) 2016 年，执行国家《车辆驾驶人员血液、呼气酒精含量阈值与检验》规定：车辆驾驶人员 100 ml(毫升)血液中酒精含量达到 20～79 mg(毫克)的为酒后驾车，80 mg 及以上的为醉酒驾车。

问题的提出 有一起交通事故，在事故发生 1 小时后交警才赶到现场，测得肇事司机血液中酒精含量为 62 mg/100ml，为了弄清事故发生时肇事司机是否为醉酒驾车，又过了 1 小时，测得肇事司机血液中酒精含量为 46 mg/100ml，试确定事故发生时肇事司机是否为醉酒驾车。

符号说明 $x(t)$为t时刻人体血液中的酒精含量(单位：mg/100ml)，$t=0$为事故时刻。

模型假设 人体血液中的酒精被吸收的速率与当时血液中的酒精含量成正比。

模型的建立 由模型假设，建立微分方程模型：

$$x'(t)=-k\,x(t)\ (k\text{为比例常数，}\ k>0)$$

模型的求解 MATLAB 求解程序：

①求$x'(t)=-k\,x(t)$满足$x(1)=62$的特解。

```
>> x=dsolve('Dx=-k*x', 'x(1)=62')
x=62*exp(-k*t)*exp(k)
```

②由$x(2)=46$求k值。

```
>> syms t
>> x1=subs(x, t, 2), k=solve(x1-46)
k =
-log(23/31)
```

③求$x(0)$的值。

```
>> x0=62*exp(k), double(x0)
```

```
ans =

    83.5652
```

问题的回答　事故发生时肇事司机血液中的酒精含量约为 83.57 mg/100ml，大于 80 mg/100ml 的醉酒驾车标准，所以是醉酒驾车。

案例 8.9.1 虽然不具有前面所介绍的数学建模的完整结构，也基本能算是一个解决现实生活问题的简单结构的微分方程建模。

例 8.9.2　将温度为 150℃的物体放置于室外的常温空气之中，10 分钟后测得它的温度为 100℃，试确定半小时后物体的温度。

解　设 t 时刻物体的温度

$$F = F(t)\ (℃),$$

注意，室外空气的通常温度一般取为 20℃，根据牛顿冷却定律：温度高于周围环境的物体向周围媒质传递热量，其冷却速度与该物体和周围环境的温度差成正比，建立微分方程：

$$\begin{cases} F'(t) = -k\,(F(t) - 20) \\ F(0) = 150, F(10) = 100 \end{cases}$$

MATLAB 求解程序：

①求 $F'(t) = -k\,(F(t) - 20)$ 满足 $F(0) = 150$ 的特解。

```
>> F=dsolve('DF+k*(F-20)=0', 'F(0)=150')
F =130*exp(-k*t)+20
```

②由 $F(10) = 100$ 求 k 值。

```
>> syms t, F1=subs(F, t, 10), k=solve(F1-100)
k =-log(8/13)/10
```

③求 $F(30)$ 的值。

```
>> t=30, k=-log(8/13)/10, F=130*exp(-k*t)+20
F= 50.2959
```

即半小时后物体的温度约为 50.3℃。

和例 8.9.1 类似，例 8.9.2 也只属于数学应用的范畴。

案例 8.9.2(法医鉴定问题)　刑事杀人案件常需要法医进行尸检。

问题的提出　凌晨 1 时许，警察接到报案并赶至凶案现场，测得现场环境的温度是 21℃，尸体的温度是 29℃。为了确定案发时间，1 小时后，重新测量发现尸体的温度是 27℃。试确定案发时间。

符号说明　$T = T(t)$ 为 t 时刻尸体的温度（单位：℃），$t = 0$ 为案发时刻。

模型假设　人的正常体温是 37℃。

模型的建立　根据牛顿冷却定律，建立模型

$$T'(t) = -k(T - 21),\quad T(0) = 37\ 。$$

模型的求解 MATLAB 求解程序：

①求 $T'(t)=-k(T-21)$ 满足 $T(0)=37$ 的特解。

```
>> T=dsolve('DT+k*(T-21)=0', 'F(0)=37')

T = 16*exp(-k*t)+21
```

②由 $T(t)=29$，$T(t+1)=27$ 求 k 和 t 值。

```
>> [t, k] = solve('16*exp(-k*t)+21=29', ....
                  ' 16*exp(-k*(t+1))+21=27', 't, k')

t = 2.4094
```

即案发时间为凌晨 1 时的前 2.4094 小时。

注意，$0.4094\times 60\approx 25$ 分钟，因此从案发至凌晨 1 时约为 2 小时 25 分钟，也就是说，案发时间是上半夜的 10 点 35 分。

和案例 8.9.1 类似，案例 8.9.2 也是一种简单结构的微分方程建模。

案例 8.9.1 和案例 8.9.2 都是以解决实际问题为目的的微分方程建模，下面再来考察两个不断拓展模型从而解决实际问题的微分方程建模的例子。

案例 8.9.3(人口预测问题) 人口问题是全世界各个国家和地区普遍关注的热点问题，它不仅关系到国民经济的发展，也会影响到自然和社会资源的分配与利用，以及环境保护、医疗保健、养老保险等诸多方面，是关系到国计民生的大事。

根据以往的人口数据，对未来人口进行预测，是控制人口、发展经济的有效举措。

(1) Malthus 人口模型。

问题的提出 18 世纪末，英国人马尔萨斯(Malthus)对百余年的人口统计资料进行研究，试图用数学方法对 19 世纪前欧洲的人口发展做出描述。

符号说明 b 和 d 分别为出生率和死亡率，$N(t)$ 是时刻 t 的人口总数。

模型假设 人口在自然增长的过程中，净相对增长率 $r=b-d$ 是常数。

模型的建立 注意，$N'(t)$ 是时刻 t 的人口增长率，$\dfrac{N'(t)}{N(t)}$ 是时刻 t 的人口相对增长率，因此有 $\dfrac{N'(t)}{N(t)}=r$，于是便建立了人口问题的指数增长模型：

$$N'(t)=rN(t)$$

常称为 Malthus 模型。

模型的求解 MATLAB 求解程序：

```
>> N = dsolve('DN=r*N')

N = C*exp(r*t)
```

即 $N=Ce^{rt}$。

模型的评价 人口的指数增长模型，即 Malthus 人口模型，能很好地吻合 19 世纪以前欧洲一些地区的人口统计数据。

(2) Logistic 模型。

问题的提出 19 世纪，随着医疗条件的改善，欧洲人口的净相对增长率 $r=b-d$ 已不是常数，因此，Malthus 人口模型已不符合 19 世纪的人口增长规律。并且人口数量也不能无限地指数增长至无穷，当它增长到一定的数量时就会受到资源、环境等因素的阻滞作用，试考虑人口数量阻滞增长情况下的变化规律。

符号说明 r 为的净相对增长率，N_m 为人口的最大容量，$N(t)$ 是时刻 t 的人口总数。

模型假设 人口在时刻 t 的阻滞增长比例为 $1-\dfrac{N}{N_m}$。

模型的建立 $N'(t)=r(1-\dfrac{N(t)}{N_m})N(t)$ ——称为 Logistic 模型。

模型的求解 MATLAB 求解程序：

```
>> N = dsolve('DN=r*(1-N/Nm)*N')
N = Nm/(exp(-Nm*(C1+(r*t)/Nm))+1)
```

即 $N=\dfrac{N_m}{1+Ce^{-rt}}$ (C=exp(−C1*Nm))。

模型的应用 Logistic 模型可广泛应用于种群的繁殖、工资的增长预测、疾病的传播、以及经济、管理等，具体内容可参考相关的数学建模资料。

案例 8.9.4(病毒传播问题) 传染病毒如 SAS、Ebola 等不仅危害人们的健康，也能引起极大的社会恐慌，对国计民生造成巨大的影响。

问题的提出 科学预测和有效预防也是控制病毒传播的重要手段，请用数学模型描述病毒的传播过程、分析受感染人数的变化规律、预报传染病高潮到来的时刻等。

模型 1 描述病毒传播过程的数学模型。

设 $t=0$ 时的病人数为 I_0，t 时刻已感染人(病人)数为 $I(t)$，每个病人每天的有效接触比例为 λ，于是每天病人增加的速度为 $\lambda I(t)$，从而得到微分方程模型：

$$I'(t)=\lambda I(t)、\ I(0)=I_0$$

即病毒传播过程中的病人数 $I(t)=I_0 e^{\lambda t}$。

问题 1 若有效接触的是病人，则不能使病人数增加，因此，必须区分已感染者(病人)和未感染者(健康人)。

模型 2 区分病人与健康人的病毒传播过程描述。

设总人数为 N，其中病人的比例为 $i(t)$，$t=0$ 时的病人的比例为 i_0，从而 t 时刻的病人数为 $N\cdot i(t)$、健康人数为

$$N\cdot(1-i(t))$$

$t+\Delta t$ 时刻的病人数为 $N\cdot i(t+\Delta t)$，$[t, t+\Delta t]$ 时段增加的病人数

$$N\cdot i(t+\Delta t)-N\cdot i(t)=\lambda N\cdot(1-i(t))\cdot i(t)\ \Delta t$$

令 $\Delta t\to 0$，得

$$i'(t)=\lambda i(t)(1-i(t))\text{、}\ i(0)=i_0$$

这是一个 Logistic 模型，其特解 $i(t)=\dfrac{1}{1+\left(\dfrac{1}{i_0}-1\right)\mathrm{e}^{-\lambda t}}$.

由 $i'(t)=\lambda i(t)(1-i(t))$ 知，$i=\dfrac{1}{2}$ 是曲线 $i=i(t)$ 的拐点，换言之，当 $i=\dfrac{1}{2}$ 时，病毒传播进入快速增长时期，解方程：

$$\frac{1}{1+\left(\dfrac{1}{i_0}-1\right)\mathrm{e}^{-\lambda t}}=\frac{1}{2}$$

得 $t_m=\dfrac{1}{\lambda}\ln(\dfrac{1}{i_0}-1)$。此即为传播高潮到来的时刻。

问题 2 注意 $t\to\infty$ 时，$i\to 1$。自然会问，病人是否可以治愈？

模型 3 病人治愈后的再感染描述。

假设病人每天治愈的比例为 μ，则 $[t, t+\Delta t]$ 时段增加的病人数

$$N\cdot i(t+\Delta t)-N\cdot i(t)=\lambda N\cdot(1-i(t))\cdot i(t)\ \Delta t\ -\mu N\cdot i(t)\Delta t$$

令 $\Delta t\to 0$，得

$$\begin{cases} i'(t)=\lambda i(t)(1-i(t))-\mu\cdot i(t) \\ i(0)=i_0 \end{cases}$$

这是一个可分离变量的方程，下面不再进行进一步的讨论。

以上主要以探讨指数增长和阻滞增长模型为手段，介绍了数学建模的基本方法和步骤。我们已经看到，建立常微分方程模型，可以利用变化率或导数，如 $N'(t)=rN(t)$，也可以利用已知定律或公式，如牛顿冷却定律。在实际应用时，在建立模型后也可直接应用其结果，如 Logistic 模型应用到经济、医学领域时通常直接利用其通解

$$N=\frac{N_m}{1+C\mathrm{e}^{-rt}}$$

对问题进行解释或说明。

习 题 8.9

1. 假设一容器内装有 10 升的纯水，若浓度为 3 千克/升的盐水以 2 升/分钟的速度流入容器中，经过充分混合后以同样的速度从容器中流出，求任意一时刻容器中的盐量。

2. 设有一质量为 m（千克）的跳伞员从高度为 h_0 米的高空开始跳伞，若下降过程中所受到的空气阻力（单位：牛顿）与其下降的速度成正比，比例系数为 k，跳伞员跳伞 30 秒后的高度为 h_1 米，求跳伞员跳伞后的高度与时间之间的关系。

3. 当一次谋杀发生后，尸体的温度从原来的 37℃按照牛顿冷却定律开始下降，如果

两个小时后尸体温度变为 35℃，并且假定周围空气的温度保持 20℃不变，试求出尸体温度 H 随时间 t 的变化规律。又如果尸体发现时的温度是 30℃，时间是下午 4 点整，那么谋杀是何时发生的？

4. 据统计，2002 年北京的年人均收入为 12464 元。中国政府提出到 2020 年，中国的新小康目标为年人均收入为 3000 美元。若按 1 美元 =8 元(人民币)计，北京每年应保持多高的年相对增长率才能实现新小康？

【数学名人】——欧拉

第9章　多元微积分基础

【名人名言】问题是数学的心脏——P. R. Halmos。

若想预见数学的将来，适当的途径是研究它的历史和现状。——庞加莱

【经典语录】人生最精彩的不是实现梦想的瞬间，而是坚持梦想的过程。

【学习目标】了解多元函数及其偏导数的概念，会求二元函数的二阶偏导数。

理解多元函数极值的必要条件，会用拉格朗日乘数法解多元条件极值问题。

【教学提示】现实生活中的函数，更多情形是多自变量的，将一元计算扩充至多元情形，不只是知识的拓广，也是生产和生活需求。本章的重点是计算方法的运用，可采用练习、讨论、讲解等方式。难点是对概念和公式的理解，可采用类比、图示、讨论等方式。其中多元微分法则和二重积分为进阶自主学习内容，可依课时或学生状况恰当取舍。

【数学词汇】

①多元函数（Multivariate Function）。　②偏导数（Partial Derivative）。

③条件极值（Conditional Extremum）。　④重积分（Multiple Integral）。

【内容提要】

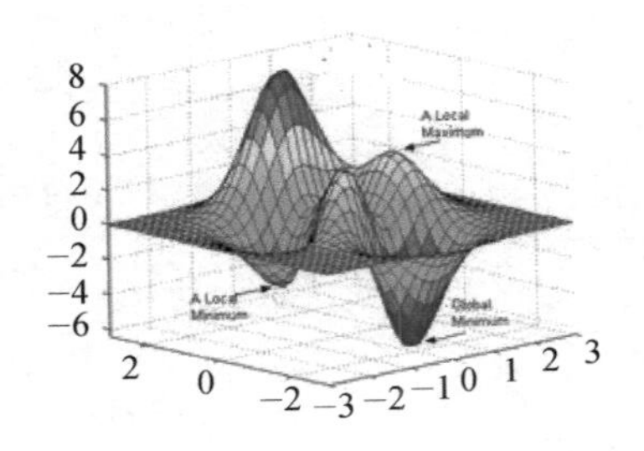

现实生活所遇到的量通常会与很多因素有关，例如，商品的利润与收益和成本有关，产品的质量与材料和技术有关，人的身高与先天遗传和后天营养有关，矩形的面积与它的长和宽有关，并联的RLC电路中的电压和串联的RLC电路中的电流与电路中的电阻、电感和电容值有关。这些例子告诉我们，生活中仅有一元是不够的，数学探讨有必要引入更多自变量的函数。

本章将先通过案例诱导多元函数的定义，介绍绘制二元函数图形的MATLAB程序。然后引入偏导数的定义，通过实例了解一、二阶偏导数的计算方法，以及求条件极值问题的拉格朗日乘数法。

作为进阶学习内容，本章将给出全微分的计算公式、复合函数求偏导数的链式规则、隐函数求导规则，以及二重积分的直角坐标和极坐标计算与应用等。

9.1　多元函数及其图像

9.1.1　多元函数的定义

先看几个引例。

引例 9.1.1　众所周知：矩形的面积＝长×宽。若矩形的长为 x、宽为 y，则其面积

$$S = xy$$

就是 2 个自变量的函数。

引例 9.1.2　在中学数学里，我们知道：

长方体的体积＝长×宽×高

如果设长方体的长为 x、宽为 y、高为 z，那么长方体的体积

$$V = xyz$$

就是 3 个自变量的函数。

引例 9.1.3　设 20 人参与射击，若第 k 个人的成绩为 x_k 环，则其平均成绩

$$\overline{U} = \frac{1}{20}(x_1 + \cdots + x_{20})$$

构成一个 20 个自变量的函数。

称 $S = xy$ 为二元函数、$V = xyz$ 为三元函数，从而引出 n 元函数的概念如下：

定义 9.1.1　如果对于变量 $x_1, \cdots, x_n$ 在 D 内的每一组取值，经关系 f，有确定的 u 值与之对应，则称 u 为 $x_1, \cdots, x_n$ 的函数，记为 $u = f(x_1, \cdots, x_n)$。

和一元函数相类似，定义 9.1.1 中的 D 也叫作函数的定义域。例如，二元函数

$$z = \sqrt{1 - x^2 - y^2}$$

的定义域为 $x^2 + y^2 \leqslant 1$，这是一个由圆 $x^2 + y^2 = 1$ 所围成的圆盘，不仅包括边界，也包含圆内的所有点(见图 9.1.1)。

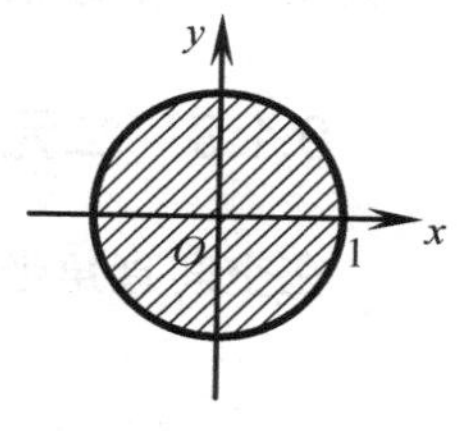

图 9.1.1　圆盘

9.1.2　空间直角坐标系

为了介绍二元函数的几何表示，先引入空间直角坐标系。

从空间的一点 O，引 3 条互相垂直的直线，并在这 3 条直线上规定正向和单位长。

O 称为坐标原点；3 条互相垂直的直线叫作坐标轴；任意两条坐标轴构成的平面叫作坐标平面。其中 3 条坐标轴分别标记为 x 轴、y 轴和 z 轴，其正向符合右手规则，即右手 4 指绕向为从 x 轴正向到 y 轴正向的方向，则大拇指所指方向为 z 轴正向；x 轴和 y 轴构成

的平面称为 xOy 平面，y 轴和 z 轴构成的平面称为 yOz 平面，z 轴和 x 轴构成的平面称为 zOx 平面。从而构成空间直角坐标系 $O-xyz$（见图 9.1.2）。

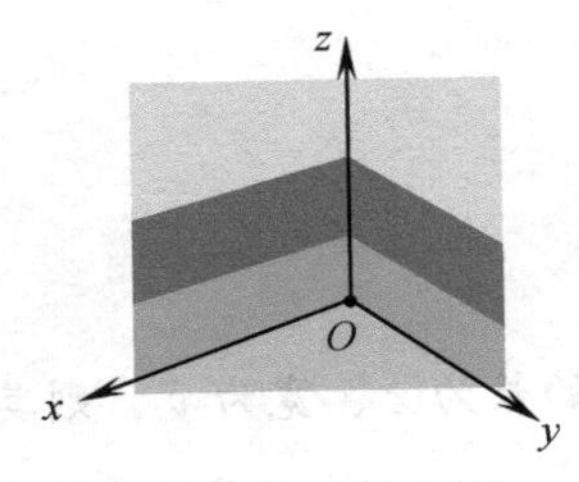

图 9.1.2 直角坐标系

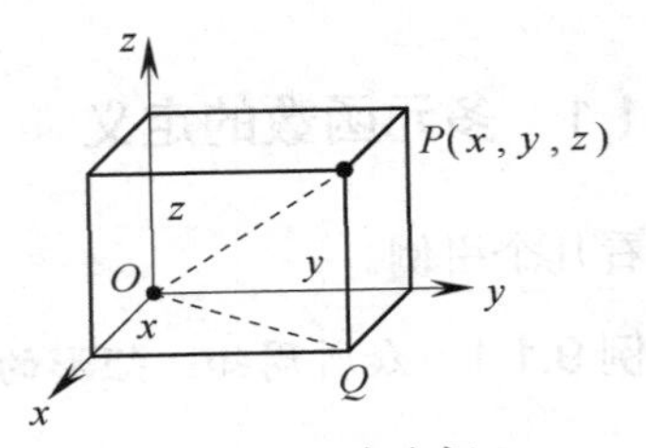

图 9.1.3 P 点坐标

如图 9.1.3 所示，设 P 为空间的一点，过 P 点分别作垂直于 3 条坐标轴的平面，设在 x 轴、y 轴、z 轴上的截距(可以为负数)分别为 x、y、z，则 P 点可用坐标表示为 $P(x,y,z)$。

不难看出：

(1) $P(x,0,0)$ 在 x 轴上、$P(0,y,0)$ 在 y 轴上、$P(0,0,z)$ 在 z 轴上；

(2) $P(x,y,0)$ 在 xOy 平面上，$P(0,y,z)$ 在 yOz 平面上，$P(x,0,z)$ 在 zOx 平面上。

此外，由勾股定理，有

$$|OP|=\sqrt{|OQ|^2+z^2}=\sqrt{x^2+y^2+z^2}$$

例 9.1.1 判断下面点的特殊位置：

(1) (0，0，0)； (2) (−2，0，0)； (3) (0，3，4)；

(4) (0，2，0)； (5) (0，0，3)； (6) (2，3，0)。

解 (1) 坐标原点； (2) 在 x 轴上； (3) 在 yOz 平面上；

(4) 在 y 轴上； (5) 在 z 轴上； (6) 在 xOy 平面上。

总结上面的结果，不难看出：如果仅 1 个分量不为 0，那么哪个位置上的分量不为 0，点就在哪个坐标轴上；如果仅两个分量不为 0，那么点在对应的坐标平面上。

9.1.3 二元函数的图形

在空间直角坐标系 $O-xyz$ 中，二元函数

$$z=f(x,y)$$

的几何图形叫作曲面(见图 9.1.4)。

下面来考察一些特殊的曲面。

1. 平面： $\dfrac{x}{a}+\dfrac{y}{b}+\dfrac{z}{c}=1$

分别让其中两个变量取 0 值可知，平面过点 $(a,0,0)$、$(0,b,0)$ $(0,0,c)$（见图 9.1.5），因此，方程 $\dfrac{x}{a}+\dfrac{y}{b}+\dfrac{z}{c}=1$ 又称为**平面的截距式方程**。

由图 9.1.5 不难看出，平面 $\dfrac{x}{a}+\dfrac{y}{b}+\dfrac{z}{c}=1$ 在 xOy 平面上的垂直投影由 xOy 平面上的直线

$\frac{x}{a}+\frac{y}{b}=1$、$x$ 轴和 y 轴所围成(见图 9.1.6)。

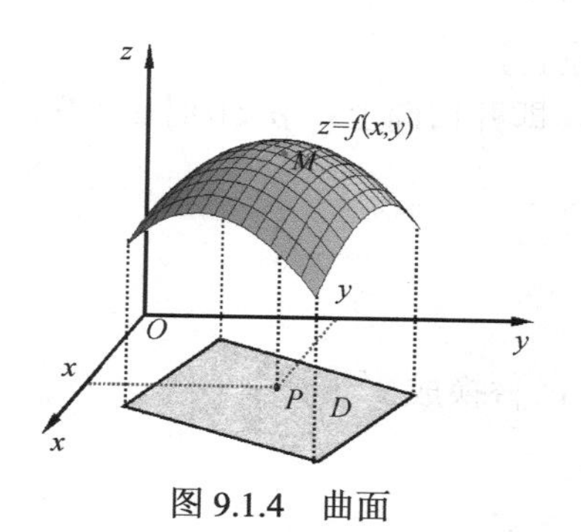

图 9.1.4　曲面

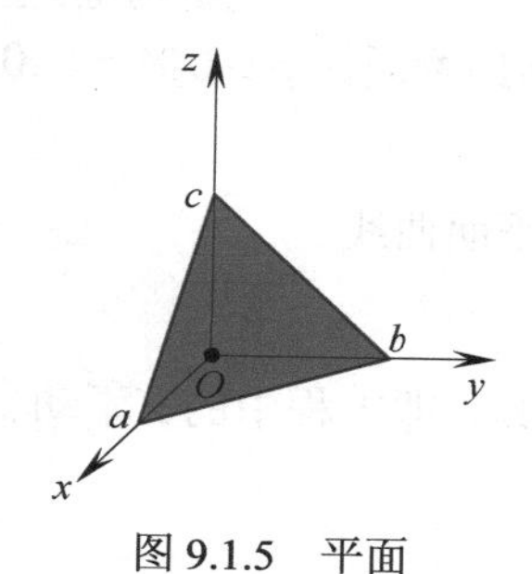

图 9.1.5　平面

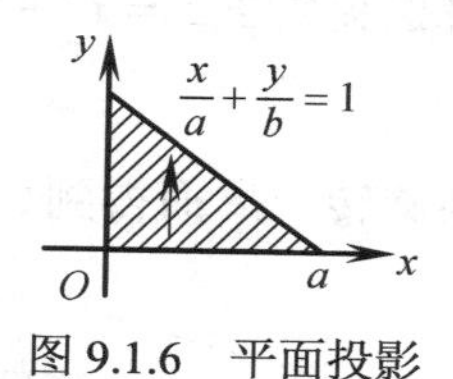

图 9.1.6　平面投影

2. **球面：** $x^2+y^2+z^2=R^2$

在图 9.1.3 中，让 $|OP|=R$，即得 P 点的轨迹方程：

$$x^2+y^2+z^2=R^2$$

易见，P 点的轨迹是一个球面，其 MATLAB 作图程序为

```
>> [x y z]=sphere(30), surf(x, y, z)
```

图形见图 9.1.7。

球面 $x^2+y^2+z^2=R^2$ 也可看作图 9.1.8 中半径为 R 的圆周

$$x^2+y^2=R^2$$

绕 x 或 y 轴旋转一周所得到的曲面。

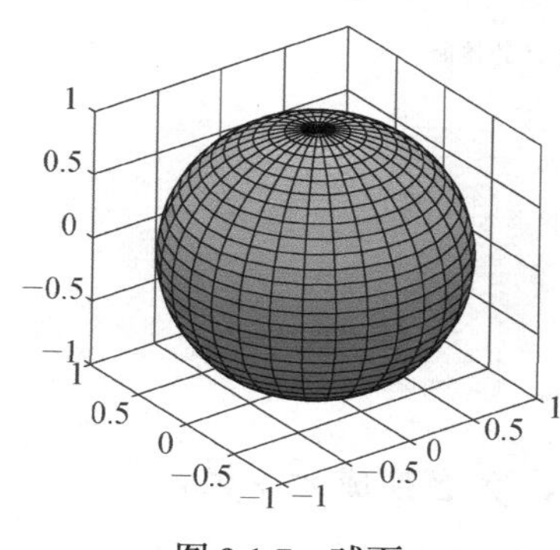

图 9.1.7　球面

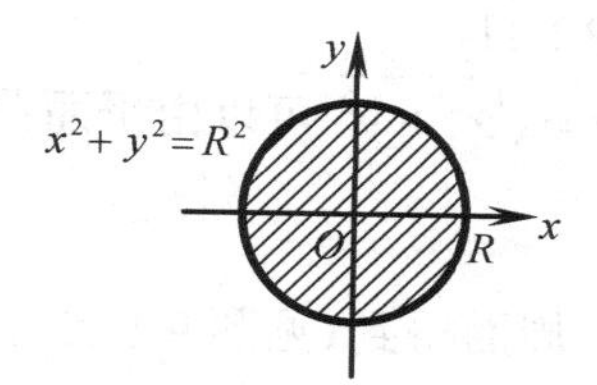

图 9.1.8　半径为 R 的圆周

比较球面和平面曲线圆的方程，不难看出，圆

$$x^2+y^2=R^2$$

绕 x 轴旋转时方程中的 x 不动、y^2 替换成 y^2+z^2，或绕 y 轴旋转时方程中的 y 不动、x^2 替换成 x^2+z^2 即可得到球面方程 $x^2+y^2+z^2=R^2$。

3. **椭圆抛物面：** $z=x^2+y^2$

$z=x^2+y^2$ 的 MATLAB 作图程序为

```
>> x =-5:0.5:5, y =-5:0.5:5            % 给 x, y 按步长 0.5 赋值
```

```
>> [x, y] = meshg rid(x, y)          % 以 x 为行 y 为列生成二维矩阵
>> z = x.^2+y.^2                     % 确定曲面上的点
>> su rf(x, y, z)                    % 绘制曲面图见图 9.1.9
```

$z = p(x^2 + y^2)$ 是更一般的椭圆抛物面。$p > 0$ 时 $z \geqslant 0$，即开口向上；$p < 0$ 时 $z \leqslant 0$，即开口向下。

椭圆抛物面 $z = x^2 + y^2$ 可以由平面曲线

$$z = y^2$$

绕 z 轴旋转一周而得到(见图 9.1.10)。即方程中的 z 不动、y^2 替换成 $x^2 + y^2$。

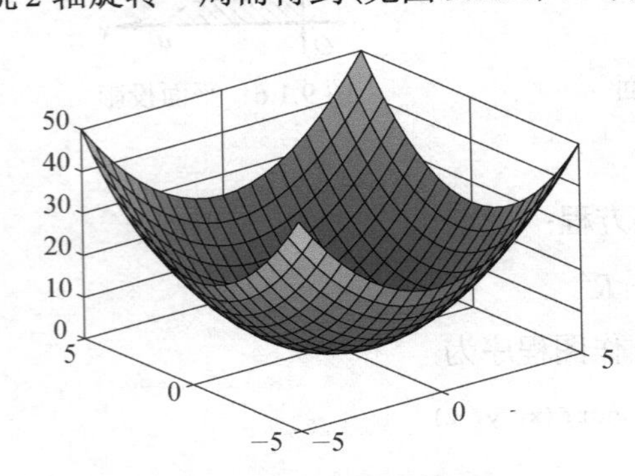

图 9.1.9 椭圆抛物面

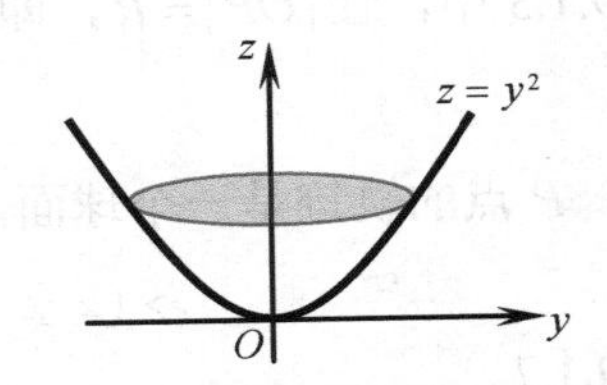

图 9.1.10 椭圆抛物面母线

4. 上半圆锥面： $z = \sqrt{x^2 + y^2}$

$z = \sqrt{x^2 + y^2}$ 的 MATLAB 作图程序为

```
>> t = 0: 0.01: tan(45/180*pi)      % 画仰角为 45°的锥面
>> [x, y, z] = cylinder(t)
>>surf(x, y, z)
```

图形见图 9.1.11。

锥面 $z = \sqrt{x^2 + y^2}$ 可以由平面曲线

$$z = \sqrt{y^2}$$

绕 z 旋转一周而得到(见图 9.1.12)，即方程中的 z 不动、y^2 替换成 $x^2 + y^2$。

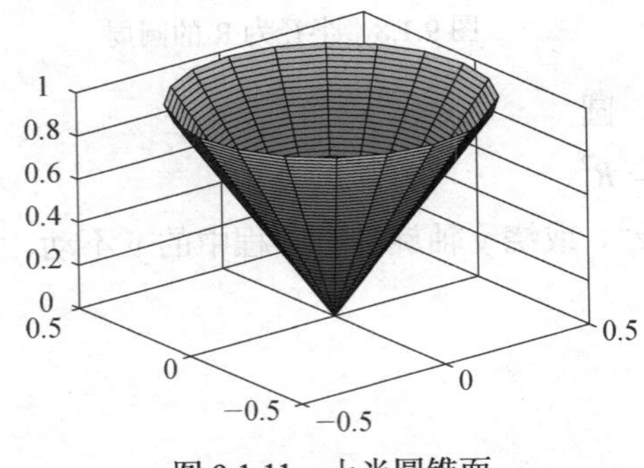

图 9.1.11 上半圆锥面

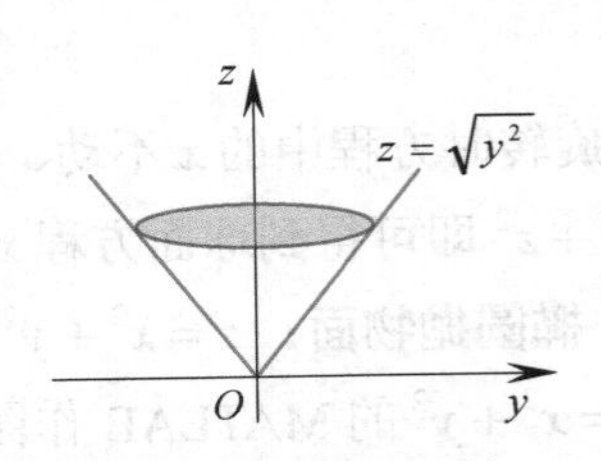

图 9.1.12 锥面母线

5. 圆柱面：$x^2+y^2=R^2\ (0\leqslant z\leqslant h)$

$x^2+y^2=R^2\ (0\leqslant z\leqslant h)$的 MATLAB 作图程序为

```
>>[x, y, z]= cylinder(2)      % 取 R=2
>>surf(x, y, z)
```

图形见图 9.1.13。

圆柱面$x^2+y^2=R^2\ (0\leqslant z\leqslant h)$可以由平面曲线

$$y=R\ (0\leqslant z\leqslant h)$$

绕 z 旋转一周而得到(见图 9.1.14)，方程中 z 不动(实际没有)，而 y 替换成

$$\pm\sqrt{x^2+y^2}$$

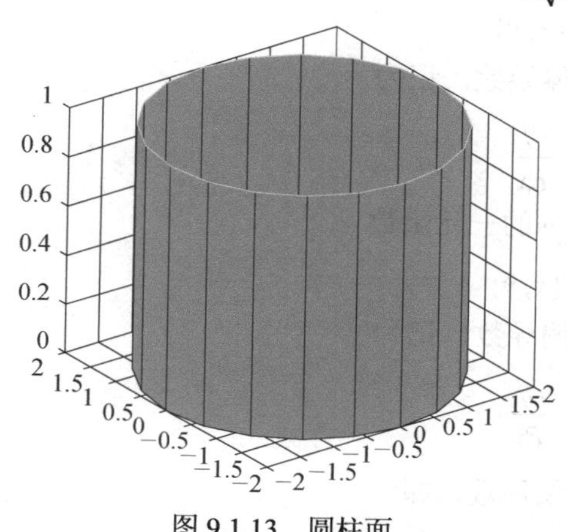

图 9.1.13　圆柱面

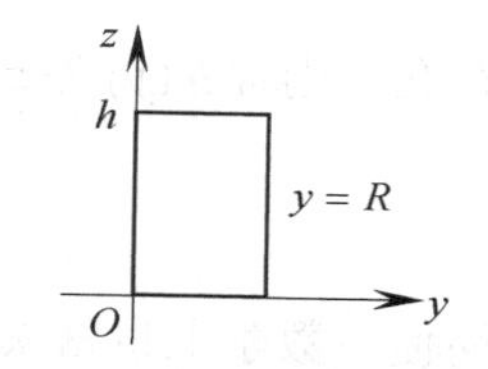

图 9.1.14　圆柱面母线

比较上面旋转曲面的方程，不难发现：平面曲线 $f(y,z)=0$ 绕 y 或 z 轴中的哪个轴转，方程 $f(y,z)=0$ 中的哪个字母就不变，另一字母变为

$$\pm\sqrt{该字母^2+第三字母^2}$$

所得到的方程即为旋转曲面方程。

课堂练习 9.1.1　写出下面旋转曲面的方程：

(1) $y=x^2$ 绕 y 轴旋转 1 周；　　(2) $\dfrac{x^2}{a^2}+\dfrac{y^2}{b^2}=1$ 绕 x 轴旋转 1 周。

习 题 9.1

1. 写出函数 $y=\dfrac{\sqrt{x^2+y^2-1}}{\sqrt{4-x^2-y^2}}$ 的定义域。

2. 若 $f(x,y)=x^4-2x^2y+y^4$，求 $f(-1,1)$ 和 $f(2,0)$。

3. 画出平面 $\dfrac{x}{2}+\dfrac{y}{1}+\dfrac{z}{2}=1$ 的空间图形。

4. 找出球面$x^2+y^2+z^2-2z+4y=6$的球心和半径。

5. 写出下面旋转曲面的方程：

(1) $z=x^2$绕z轴旋转1周；　　(2) $y=2x$绕y轴旋转1周。

9.2 偏导数的计算

9.2.1 二元函数的偏导数

设有二元函数$z=f(x,y)$，让y固定不动，将$f(x,y)$视为x的一元函数

$$g(x)=f(x,y)$$

若其导数存在，则称$g'(x)$为$z=f(x,y)$对x的偏导数，记为

$$\frac{\partial z}{\partial x} \text{ 或 } \frac{\partial f}{\partial x}$$

与此类似，让x固定不动，将$f(x,y)$视为y的一元函数

$$h(y)=f(x,y)$$

若其导数存在，则称$h'(y)$为$z=f(x,y)$对y的偏导数，记为

$$\frac{\partial z}{\partial y} \text{ 或 } \frac{\partial f}{\partial y}$$

为了简便，数学上也常采用脚标形式书写偏导数，即

$$\frac{\partial z}{\partial x}=z'_x，\frac{\partial z}{\partial y}=z'_y \text{ 或 } \frac{\partial f}{\partial x}=f'_x，\frac{\partial f}{\partial y}=f'_y$$

总结上面的定义，可得到计算方法。

> 偏导数的计算方法：
>
> (1)求$\frac{\partial f}{\partial x}$时，视$y$为常数，将$f$对$x$求导；
>
> (2)求$\frac{\partial f}{\partial y}$时，视$x$为常数，将$f$对$y$求导。

下面通过实例来了解偏导数的计算。

例 9.2.1 设$z=x^4+y^4-4x^3y+2xy-3y$，求$\frac{\partial z}{\partial x}$和$\frac{\partial z}{\partial y}$。

解 视y为常数，对x求导得 $\frac{\partial z}{\partial x}=4x^3-12x^2y+2y$；

视x为常数，对y求导得 $\frac{\partial z}{\partial y}=4y^3-4x^3+2x-3$。

函数$z=x^4+y^4-xy$的字母x、y互换时方程不变，这类函数常称为是关于x、y对称的函数，其偏导数为

$$\frac{\partial z}{\partial x}=4x^3-y,\quad \frac{\partial z}{\partial y}=4y^3-x$$

不难看出，将$\frac{\partial z}{\partial x}$中的字母$x$、$y$互换即可得到$\frac{\partial z}{\partial y}$。

关于x、y对称的函数的偏导数计算通常都可利用上述方式简化计算。

例 9.2.2 设$z=\ln(1+x^2+y^2)$，求$\frac{\partial z}{\partial x}$和$\frac{\partial z}{\partial y}$。

解 视y为常数，对x求导得

$$\frac{\partial z}{\partial x}=\frac{2x}{1+x^2+y^2}$$

注意，$z=\ln(1+x^2+y^2)$关于x、y对称，将$\frac{\partial z}{\partial x}$中的$x$、$y$互换，得

$$\frac{\partial z}{\partial y}=\frac{2y}{1+y^2+x^2}$$

课堂练习 9.2.1 求下列函数的偏导数：

(1) $z=x^3+y^3-3x^2y$； (2) $z=x^2y+xy^2-2xy$。

和一元函数的导数计算相类似，函数$z=f(x,y)$在点(a,b)的偏导数的计算也可先求出偏导数，再代入$x=a$和$y=b$的值。

例 9.2.3 设$z=x^2y+xy^2-2x+1$，求$z'_x(0,1)$，$z'_y(0,1)$。

解 $\because$ $z'_x=2xy+y^2-2$，$z'_y=x^2+2xy$

$\therefore$ $z'_x(0,1)=(2xy+y^2-2)\Big|_{\substack{x=0\\y=1}}=-1$，$z'_y(0,1)=(x^2+2xy)\Big|_{\substack{x=0\\y=1}}=0$

与一元函数的导数计算不同的是，求$z'_x(a,b)$时不仅可以视y为常数，而且可直接先取$y=b$，从而

$$z'_x(a,b)=z'_x(x,b)\big|_{x=a}$$

求$z'_y(a,b)$时不仅可以视x为常数，而且可直接先取$x=a$，从而

$$z'_y(a,b)=z'_y(a,y)\big|_{y=b}$$

于是例 9.2.3 可以这样来计算：

(1) 固定$y=1$，有

$$z(x,1)=x^2-x+1,\quad (z(x,1))'_x=2x-1$$

从而$z'_x(0,1)=(z(x,1))'_x\big|_{x=0}=-1$。

(2) 固定$x=0$，得

$$z(0,y)=1,\quad (z(0,y))'_y=0$$

从而$z'_y(0,1)=(z(0,y))'_y\big|_{y=1}=0$。

课堂练习 9.2.2

(1) 求 $z=x^2+y^2-2xy+x-3y+1$ 在 $x=1$、$y=-1$ 时的偏导数。

(2) 若 $z=2x+(y-1)\arctan\sqrt{x^2+y^2}$，求 $z'_x(0,1)$。

9.2.2 二阶偏导数的计算

先看一个引例。

引例 9.2.1 $z=x^2y+xy^2$ 的偏导数

$$z'_x=2xy+y^2,\quad z'_y=x^2+2xy$$

仍然是 x 和 y 的函数，因此，可以继续求偏导数：

$$(z'_x)'_x=2y,\quad (z'_x)'_y=2x+2y$$

$$(z'_y)'_x=2x+2y,\quad (z'_y)'_y=2x$$

再继续求偏导，即引出高阶偏导数。

一般 $z=f(x,y)$ 的一阶偏导数 z'_x 和 z'_y 仍然是 x 和 y 的函数，可在其基础上继续对 x 或 y 求偏导，为了简便，常引入下面的记号：

$$(z'_x)'_x=z''_{xx}=\frac{\partial^2 z}{\partial x^2},\quad (z'_x)'_y=z''_{xy}=\frac{\partial^2 z}{\partial x\partial y}$$

$$(z'_y)'_x=z''_{yx}=\frac{\partial^2 z}{\partial y\partial x},\quad (z'_y)'_y=z''_{yy}=\frac{\partial^2 z}{\partial y^2}$$

并合称为 $z=f(x,y)$ 的二阶偏导数，其中 $\frac{\partial^2 z}{\partial x\partial y}$ 和 $\frac{\partial^2 z}{\partial y\partial x}$ 又称为二阶混合偏导数。

在引例 9.2.1 中，两个二阶混合偏导数相等。一般当两个二阶混合偏导数连续时，有

$$\frac{\partial^2 z}{\partial x\partial y}=\frac{\partial^2 z}{\partial y\partial x}$$

对 x 求 m 次偏导后再对 y 求 n 次偏导的 $m+n$ 阶偏导数常记为 $\frac{\partial^{m+n} f}{\partial^m x\partial^n y}$。

例 9.2.4 求 $z=xy+\mathrm{e}^x\cos y$ 的二阶偏导数。

解 先求一阶偏导数：

$$z'_x=y+\mathrm{e}^x\cos y,\quad z'_y=x-\mathrm{e}^x\sin y$$

再继续求一次偏导数，得

$$\frac{\partial^2 z}{\partial x^2}=(z'_x)'_x=\mathrm{e}^x\cos y,\quad \frac{\partial^2 z}{\partial y^2}=(z'_y)'_y=-\mathrm{e}^x\cos y$$

$$\frac{\partial^2 z}{\partial x\partial y}=(z'_x)'_y=1-\mathrm{e}^x\sin y=\frac{\partial^2 z}{\partial y\partial x}$$

课堂练习 9.2.3　求 $z=x^4+y^4-2x^2y$ 的二阶偏导数。

注意，$z=f(x,y)$ 在点 (a,b) 的二阶偏导数的计算不能先固定 $x=a$ 或 $y=b$，必须先求出二阶偏导函数后再代入点的值。

例 9.2.5　求 $z=x^2+y^2+y\ln x$ 在点 $(1,0)$ 的二阶偏导数。

解　先求一阶偏导数：

$$z'_x=2x+\frac{y}{x},\quad z'_y=2y+\ln x$$

再继续求一次偏导数，得

$$\frac{\partial^2 z}{\partial x^2}=(z'_x)'_x=2-\frac{y}{x^2},\quad \frac{\partial^2 z}{\partial y^2}=(z'_y)'_y=2,\quad \frac{\partial^2 z}{\partial x\partial y}=(z'_x)'_y=\frac{1}{x}=\frac{\partial^2 z}{\partial y\partial x}$$

故

$$\left.\frac{\partial^2 z}{\partial x^2}\right|_{\substack{x=1\\y=0}}=2,\quad \left.\frac{\partial^2 z}{\partial y^2}\right|_{\substack{x=1\\y=0}}=2,\quad \left.\frac{\partial^2 z}{\partial x\partial y}\right|_{\substack{x=1\\y=0}}=1=\left.\frac{\partial^2 z}{\partial y\partial xy}\right|_{\substack{x=1\\y=0}}$$

课堂练习 9.2.4　求 $z=x^4+2y^4-4x^2y$ 在 $(x,y)=(0,1)$ 的二阶偏导数。

关于 x、y 对称的函数求二阶偏导时，也可利用 x、y 互换简便地得到计算结果。

***例 9.2.6**　求 $z=\ln(x^2+y^2)$ 的二阶偏导数。

解　先求一阶偏导数

$$z'_x=\frac{2x}{x^2+y^2}$$

再继续求一次偏导数，得

$$\frac{\partial^2 z}{\partial x^2}=(z'_x)'_x=\frac{2(y^2-x^2)}{(x^2+y^2)^2},\quad \frac{\partial^2 z}{\partial x\partial y}=(z'_x)'_y=-\frac{4xy}{(x^2+y^2)^2}$$

注意，$z=\ln(x^2+y^2)$ 关于 x、y 对称，将 z'_x、$\frac{\partial^2 z}{\partial x^2}$、$\frac{\partial^2 z}{\partial x\partial y}$ 中的 x、y 互换，得

$$z'_y=\frac{2y}{x^2+y^2},\quad \frac{\partial^2 z}{\partial y^2}=\frac{2(x^2-y^2)}{(x^2+y^2)^2},\quad \frac{\partial^2 z}{\partial y\partial xy}=-\frac{4xy}{(x^2+y^2)^2}$$

课堂练习 9.2.5　求 $z=1+x^2y+xy^2$ 的二阶偏导数。

9.2.3　三元函数偏导数的计算

和二元函数偏导数的计算相类似，三元函数

$$u=f(x,y,z)$$

对某一变量求偏导时，另外的两个变量也都视为常数。

例 9.2.7　求 $u=x^2+y^2+z^2-xyz$ 的二阶偏导数。

解　先求一阶偏导数：

$$u'_x = 2x - yz\text{，}\quad u'_y = 2y - xz\text{，}\quad u'_z = 2z - xy$$

再求一次偏导数，得

$$\frac{\partial^2 u}{\partial x^2} = (u'_x)'_x = 2\text{，}\quad \frac{\partial^2 u}{\partial x \partial y} = (u'_x)'_y = -z\text{，}\quad \frac{\partial^2 u}{\partial x \partial z} = (u'_x)'_z = -y$$

$$\frac{\partial^2 u}{\partial y^2} = (u'_y)'_y = 2\text{，}\quad \frac{\partial^2 u}{\partial y \partial x} = (u'_y)'_x = -z\text{，}\quad \frac{\partial^2 u}{\partial y \partial z} = (u'_y)'_z = -x$$

$$\frac{\partial^2 u}{\partial z^2} = (u'_z)'_z = 2\text{，}\quad \frac{\partial^2 u}{\partial z \partial x} = (u'_z)'_x = -y\text{，}\quad \frac{\partial^2 u}{\partial z \partial y} = (u'_z)'_y = -x$$

由例 9.2.7 不难看出，更多元的混合偏导也存在相等的特性。

课堂练习 9.2.6 设 $u = x^2 y + y^2 z + z^2 x$，求 $\dfrac{\partial^3 u}{\partial x \partial y \partial z}$。

习 题 9.2

1. 求下列函数的偏导数：

   (1) $z = x^2 + y^2 - xy$；　　(2) $z = x^2 y + xy^2 - 2x + 3y$。

2. 若 $z = 2xy + (y-1)\ln\sqrt{x^2 + y^2}$，求 $z'_x(0,1)$。

3. 求下列函数的二阶偏导数：

   (1) $z = x^4 + y^4 - 2xy$；　　(2) $z = x^2 y - xy^2$。

4. 求 $z = x^2 + 2y^2 - xy$ 在 $(x, y) = (0,1)$ 的二阶偏导数。

5. 设 $u = x^2 y + y^2 z + z^2 x$，求 $\dfrac{\partial^3 u}{\partial x^2 \partial y}$。

9.3 条件极值

在第 4 章里，曾学习过求一元函数的最值，例如

(1) 求 $y = x^2$ 的最小值；　　(2) 求周长为 100 m 的矩形的最大面积。

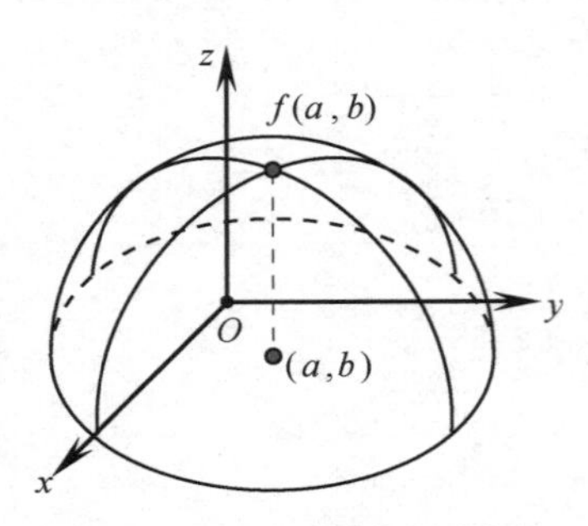

图 9.3.1　二元极值示意图

前者无条件约束，其最值点需从 $y' = 0$ 的点中去寻找；后者受周长为 100m 的条件约束，其目标函数是二元函数，但可由约束条件化为一元函数，然后再从导数为 0 的点中去找最值点。

对于二元函数 $z = f(x,y)$，由图 9.3.1 不难看出，若 $f(a, b)$ 为极大值，则

$$g(x) = f(x,b) \quad 和 \quad h(y) = f(a,y)$$

分别在 $x = a$ 和 $y = b$ 取得极大值；进一步，若导数存在，则根

据一元函数极值的必要条件，有

$$g'(a)=0\text{，}\quad h'(b)=0$$

此即 $f_x'(a,b)=f_y'(a,b)=0$ 。

极小值情形也有相同的结论，于是可建立二元函数极值的必要条件。

定理 9.3.1　*若 $f(x,y)$ 在点 $(a\,,b)$ 的偏导数存在，且 $f(a,b)$ 为极值，则*

$$f_x'(a,b)=f_y'(a,b)=0$$

解多元函数的条件极值问题所用方法通常为拉格朗日(Lagrange)乘数法。例如，求

$$u=f(x_1,\cdots,x_n)\ \text{满足条件}\ \varphi=0$$

的最大值或最小值，计算方法如下：

(1) 做辅助函数 $F=f+\lambda\varphi$（λ 为待定常数）；

(2) 解方程组 $\begin{cases}\dfrac{\partial F}{\partial x_k}=0\\ \varphi=0\end{cases}$（$k=1,\cdots,n$），求得驻点；

(3) 计算驻点的函数值。

这种方法的缺点是不能判断是最大还是最小，不过根据经验，如果求得的是唯一驻点，那么该驻点的函数值便是所求的最大或最小值。

下面通过具体例子来了解拉格朗日乘数法。

例 9.3.1　若矩形的周长为 $2L$（L 为常数），问矩形的长 x 和宽 y 为多少时面积最大？

解　由矩形的周长为 $2L$ 得约束条件：

$$x+y=L$$

要求面积的最大值，即目标函数为面积

$$S=xy$$

下面采用拉格朗日乘数法：令 $F=xy+\lambda(x+y-L)$ ，解方程组

$$\begin{cases}\dfrac{\partial F}{\partial x}=y+\lambda=0\\ \dfrac{\partial F}{\partial y}=x+\lambda=0\\ x+y=L\end{cases}$$

得 $x=y=\dfrac{L}{2}$。即矩形的长和宽都为 $\dfrac{L}{2}$ 时面积最大。

例 9.3.2　欲做一个容积为 8π 的圆柱形开口容器，问底半径 r 和高 h 为多少时，用材最省？

解　由圆柱形容器的容积为 8π 得约束条件：

$$\pi r^2 h=8\pi\text{，}\quad\text{即}\quad r^2h-8=0$$

由用材最省，并注意到是开口容器，得目标函数：表面积

$$S=\pi r^2+2\pi rh=\pi(r^2+2rh)$$

下面采用拉格朗日乘数法，注意S最小与$\dfrac{S}{\pi}$最小等价，因此，目标函数可以不带常系数π。令

$$F=r^2+2rh+\lambda(r^2h-8)$$

解 方程组：

$$\begin{cases}F_r'=2r+2h+\lambda\cdot 2rh=0 & (9.3.1)\\ F_h'=2r+\lambda\cdot r^2=0 & (9.3.2)\\ r^2h=8 & (9.3.3)\end{cases}$$

由式(9.3.2)得$\lambda r=-2$并代入式(9.3.1)，得

$$r=h$$

再代入式(9.3.3)得$r=h=2$，即底半径和高都为2时用材最省。

课堂练习 9.3.1

(1) 欲做一个容积为16π的圆柱形罐头筒，问底半径r和高h为多少时，所用材料最省？

(2) 欲做一个底面为正方形、容积为 $108\,\text{m}^3$ 的长方体开口容器，问底面边长和高为多少时所用材料最省？

下面再来看3个变量的条件极值问题。

例 9.3.3 欲做一个容积为 $216\,\text{m}^3$ 的封闭长方体容器，问长、宽、高为多少时，用材最省？

解 设长方体的长为x、宽为y、高为z，由长方体容积为$216\,\text{m}^3$得约束条件：

$$xyz=216$$

由用材最省，并注意到是封闭容器，得目标函数：表面积

$$S=2xy+2xz+2yz$$

下面采用拉格朗日乘数法，注意S最小与$\dfrac{S}{2}$最小等价，因此，目标函数可以不带常系数2。令

$$F=xy+xz+yz+\lambda(xyz-216)$$

解方程组：

$$\begin{cases}F_x'=y+z+\lambda\cdot yz=0 & (9.3.4)\\ F_y'=x+z+\lambda\cdot xz=0 & (9.3.5)\\ F_z'=x+y+\lambda\cdot xy=0 & (9.3.6)\\ xyz=216 & (9.3.7)\end{cases}$$

式(9.3.4)乘以x、式(9.3.5)乘以y、式(9.3.6)乘以z，得

$$x(y+z)=y(x+z)=z(x+y)=-\lambda xyz$$

从而$x=y=z$，代入式(9.3.7)，得

$$x=y=z=6$$

即长、宽、高均为6m时用材最省。

课堂练习 9.3.2　欲做一个容积为108 m^3的长方体开口容器，问长、宽、高为多少时，用材最省？

三元函数$u=f(x,y,z)$具有两个约束条件：

$$\varphi(x,y,z)=0\ ,\quad \psi(x,y,z)=0$$

其最大值或最小值问题也可采用拉格朗日乘数法：

(1)做辅助函数$F=f+\lambda\varphi+\mu\psi$（$\lambda$、$\mu$为待定常数）；

(2)解方程组：$\begin{cases}F'_x=0\\F'_y=0\\F'_z=0\\\varphi=0,\psi=0\end{cases}$　求得驻点；

(3)计算驻点的函数值。

拉格朗日乘数法除用于求解多元条件极值问题外，还可用于证明不等式，看一个例子。

***例 9.3.4**　证明：$xyz^3\leqslant 27\left(\dfrac{x+y+z}{5}\right)^5$（$x$、$y$、$z$为正数）。

证明　令$x+y+z=5R$（R为正常数）。问题转化为求$u=xyz^3$满足条件

$$x+y+z=5R$$

的最大值。下面采用拉格朗日乘数法：令

$$F=xyz^3+\lambda(x+y+z-5R)$$

解方程组：

$$\begin{cases}F'_x=yz^3+\lambda=0 & (9.3.8)\\F'_y=xz^3+\lambda=0 & (9.3.9)\\F'_z=3xyz^2+\lambda=0 & (9.3.10)\\x+y+z=5R & (9.3.11)\end{cases}$$

由式(9.3.8)和式(9.3.9)得$x=y$；由式(9.3.9)和式(9.3.10)得

$$z=3y$$

再代入式(9.3.11)，得

$$x=y=R,\quad z=3R$$

即$u=xyz^3$的最大值为$27R^5$，于是有

$$xyz^3\leqslant 27R^5=27\left(\frac{x+y+z}{5}\right)^5$$

习 题 9.3

1. 若矩形的面积a为常数，问矩形的长x和宽y为多少时周长最小？

2. 欲做一个底面为正方形，容积为 125m^3 的封闭长方体容器，问底面边长和高为多少时所用材料最省？

3. 欲做一个容积为 64m^3 的封闭长方体容器，问长、宽、高为多少时，用材最省？

4. 将周长为 $2a$ 的矩形绕其一边旋转一周得到一个圆柱体，问矩形的长和宽为多少时，圆柱体的体积最大？

*5. 用拉格朗日乘数法证明：$ab+bc+ca \leqslant a^2+b^2+c^2$。

*9.4 多元微分法则

9.4.1 全增量与全微分

在第 3 章里，曾学习过一元函数的微分法则，若函数 $y=f(x)$ 可导，则其增量

$$\Delta y = f(x+\Delta x) - f(x)$$

微分 $\mathrm{d}y = f'(x)\mathrm{d}x$、$\mathrm{d}y\big|_{x=x_0} = f'(x_0)\mathrm{d}x$，其中对于自变量 x，其增量 $\Delta x = \mathrm{d}x$。

为了引出多元函数的全增量与全微分，先考察一个引例。

引例 9.4.1 设矩形的长为 x、宽为 y，若其长改变 Δx、宽改变 Δy，试讨论其面积的改变值。

解 矩形的面积

$$S = S(x,y) = xy$$

当矩形的长 x 改变为 $x+\Delta x$、宽 y 改变为 $y+\Delta y$ 时，其面积的改变量为

$$\begin{aligned}\Delta S &= S(x+\Delta x, y+\Delta y) - S(x,y)\\ &= (x+\Delta x)(y+\Delta y) - xy = y\Delta x + x\Delta y + \Delta x\Delta y\end{aligned}$$

当 Δx 与 Δy 同时趋向于 0 时，$\Delta x\Delta y$ 会“更快地”趋向于 0，因此 ΔS 主要依赖 $y\Delta x + x\Delta y$。

称

$$\Delta S = S(x+\Delta x, y+\Delta y) - S(x,y)$$

为面积 $S=S(x,y)$ 的全增量；称 $y\Delta x + x\Delta y$ 为 ΔS 的主部，也叫作面积函数

$$S = S(x,y) = xy$$

的全微分，并记为 $\mathrm{d}S$。注意，$S'_x = y$，$S'_y = x$，若记 $\Delta x = \mathrm{d}x$，$\Delta y = \mathrm{d}y$，则

$$\mathrm{d}S = S'_x\Delta x + S'_y\Delta y = S'_x\mathrm{d}x + S'_y\mathrm{d}y$$

一般对于多元函数 $u = f(x_1,\cdots,x_n)$，其全增量

$$\Delta u = f(x_1+\Delta x_1, \cdots, x_n+\Delta x_n) - f(x_1, \cdots, x_n)$$

全微分

$$\mathrm{d}u = f'_{x_1}\mathrm{d}x_1 + \cdots + f'_{x_n}\mathrm{d}x_n$$

和一元函数相类似，如果是求 u 在某一点处的全微分，只需将上式中 f 的各个偏导数代入该点的值即可。

例 9.4.1　若 $z=x^2+y^2-xy$，求 $\mathrm{d}z$ 及 $\mathrm{d}z\big|_{\substack{x=1\\y=-1}}$。

解　先求一阶偏导数：

$$z'_x=2x-y，\quad z'_y=2y-x$$

根据全微分的计算公式，得

$$\mathrm{d}z=z'_x\mathrm{d}x+z'_y\mathrm{d}y=(2x-y)\mathrm{d}x+(2y-x)\mathrm{d}y$$

另外，将两个偏导数代入点 $(1,-1)$，得

$$z'_x(1,-1)=3，\quad z'_y(1,-1)=-3$$

故

$$\mathrm{d}z\big|_{\substack{x=1\\y=-1}}=3\mathrm{d}x-3\mathrm{d}y$$

课堂练习 9.4.1　若 $z=x^3+y^3-3xy$，求 $\mathrm{d}z$ 及 $\mathrm{d}z\big|_{\substack{x=1\\y=0}}$。

9.4.2　复合函数微分法则

一元复合函数

$$y=f(u)，\quad u=u(x)$$

的变量之间的关系见图 9.4.1，其微分法则(也称为链式规则)为

$$y'_x=y'_u\cdot u'_x$$

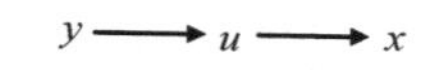

图 9.4.1　一元复合关系图

推广上述结果，考察二元复合函数

$$z=f(u,v)，\quad u=u(x,y)，\quad v=v(x,y)$$

其变量间的关系见图 9.4.2。

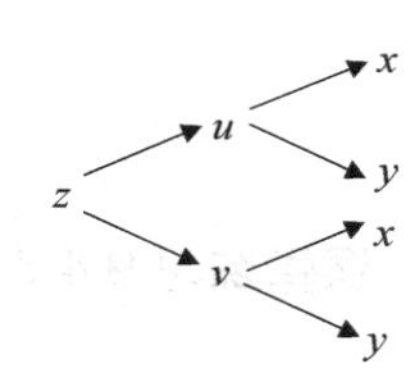

图 9.4.2　二元复合关系图

与此类似，由图 9.4.2 可得到其偏导数计算的链式规则：

$$z'_x=z'_u\cdot u'_x+z'_v\cdot v'_x，\quad z'_y=z'_u\cdot u'_y+z'_v\cdot v'_y$$

计算方式如下。先确定起始变量 z 到终端变量 x 或 y 的路径，然后依下面规则计算。

(1) 箭头对应：$s\to t$ 对应 s'_t；(2) 同一路径对应：$u\to v\to w$ 对应 $u'_v\cdot v'_w$

最后将每一路径上对应的关系式相加即为起始变量 z 对终端变量 x 或 y 的偏导数。

例 9.4.2　若 $z=uv$，$u=xy$，$v=x-y$，求 z'_x 和 z'_y。

解　直接复合出函数

$$z=xy(x-y)=x^2y-xy^2$$

求偏导数，得

$$z'_x=2xy-y^2，\quad z'_y=x^2-2xy$$

受例 9.4.2 的启发，如果直接复合出来的函数比较容易计算偏导数，那么就不必采用链式规则去计算。

例 9.4.3 若$z=u\ln v$，$u=xy$，$v=x-y$，求z'_y。

解 变量之间的关系见图 9.4.2。根据链式规则，得

$$z'_y=z'_u\cdot u'_y+z'_v\cdot v'_y$$

注意，$z'_u=\ln v$，$z'_v=\dfrac{u}{v}$；$u'_y=x$，$v'_y=-1$。故

$$z'_y=\ln v\cdot x+\frac{u}{v}\cdot(-1)=x\ln(x-y)-\frac{xy}{x-y}$$

例 9.4.3 也可以直接复合出函数$z=xy\ln(x-y)$进行求偏导计算，但其求导需用到一元复合函数的换元求导，不如上面直接用公式计算简单、直接。

课堂练习 9.4.2 若$z=u^2\ln v$，$u=xy$，$v=\dfrac{x}{y}$，求z'_x。

例 9.4.4 若$z=(x^2+y^2)^y$，求z'_x和z'_y。

解 将$z=(x^2+y^2)^y$做如下分解：

$$z=u^v\text{，}u=x^2+y^2\text{，}v=y$$

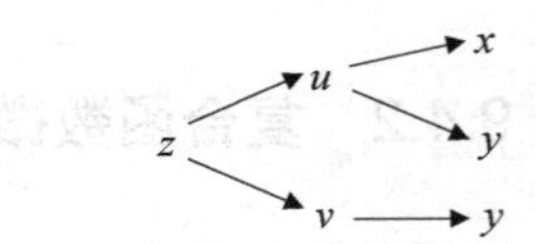

图 9.4.3 例 9.4.4 复合关系图

变量之间的关系见图 9.4.3。根据链式规则，得

$$z'_x=z'_u\cdot u'_x=vu^{v-1}\cdot 2x=\frac{2xy}{x^2+y^2}(x^2+y^2)^x$$

$$z'_y=z'_u\cdot u'_y+z'_v\cdot v'_y=vu^{v-1}\cdot 2y+u^v\ln u\cdot 1$$

$$=(x^2+y^2)^x\left[\frac{2y^2}{x^2+y^2}+\ln(x^2+y^2)\right]$$

课堂练习 9.4.3 若$z=(x+2y)^x$，求z_x和z_y。

9.4.3 隐函数的求导法则

在第 3 章里已经知道，方程

$$F(x,y)=0$$

所确定的函数$y=y(x)$称为隐函数，其求导方法为等式两边对x求导。

如果将$F(x,y)$看作一个二元函数，并将其分解为

$$z=F(u,v)\text{，}u=x\text{，}v=y(x)$$

变量之间的关系见图 9. 4.4。根据多元链式规则，得

$$z'_x=z'_u\cdot u'_x+z'_v\cdot v'_x=F'_u\cdot 1+F'_v\cdot y'(x)$$

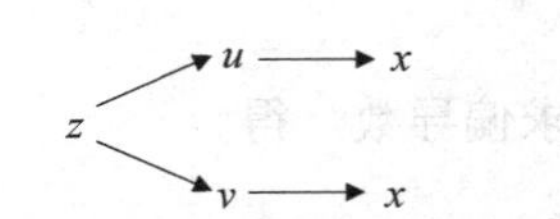

图 9.4.4 单变量隐函数分解图示

注意，$F'_u=F'_x$，$F'_v=F'_y$，因此，由

$$z=F(x,y)=0$$

两边对x求导，得$z'_x=0$，即$F'_x\cdot 1+F'_y\cdot y'(x)=0$，于是有

方程 $F(x,y)=0$ 确定的函数 $y=y(x)$ 的导数：$y'(x)=-\dfrac{F'_x}{F'_y}$。

例 9.4.5　若 $y=y(x)$ 由方程 $x^2+y^2-xe^y=x-2y+1$ 所确定，求 $y'(x)$。

解　令 $F=x^2+y^2-xe^y-x+2y-1$，则

$$F'_x=2x-e^y-1,\quad F'_y=2y-xe^y+2$$

$$\text{故}\quad y'(x)=-\frac{F'_x}{F'_y}=-\frac{2x-e^y-1}{2y-xe^y+2}$$

课堂练习 9.4.4　*若 $y=y(x)$ 由方程 $x^3+y^3-x\cos y=2xy+1$ 所确定，求 $y'(x)$。*

例 9.4.6　若 $y=y(x)$ 由方程 $2xy-\dfrac{x}{y}=2x-y+1$ 所确定，求 $y'(0)$。

解　注意 $x=0$ 时，由方程 $2xy-\dfrac{x}{y}=2x-y+1$ 解得 $y=1$。令

$$F=2xy-\frac{x}{y}-2x+y-1$$

得 $F'_x=2y-\dfrac{1}{y}-2$，$F'_y=2x+\dfrac{x}{y^2}+1$，故

$$y'(x)=-\frac{F'_x}{F'_y}=-\frac{2y-\dfrac{1}{y}-2}{2x+\dfrac{x}{y^2}+1},\quad y'(0)=1$$

课堂练习 9.4.5　*若 $y=y(x)$ 由方程 $x^2+2y-xe^y=xy+2$ 所确定，求 $y'(0)$。*

更多元隐函数的偏导数计算，也可采用上面方法进行类似处理。

例如，若 $z=z(x,y)$ 由方程

$$G(x,y,z)=0$$

所确定，将 $G(x,y,z)$ 看作一个三元函数，并构建复合分解：

$$S=G(u,v,w),\quad u=x,\quad v=y,\quad w=z(x,y)$$

变量之间的关系见图 9.4.5。根据链式规则，得

$$\begin{aligned}S'_x&=S'_u\cdot u'_x+S'_v\cdot v'_x+S'_w\cdot w'_x\\&=G'_u\cdot 1+G'_v\cdot 0+G'_w\cdot z'_x\end{aligned}$$

注意到 $G'_u=G'_x$，$G'_v=G'_y$，$G'_w=G'_z$。因此，由

$$S=G(u,v,w)=0$$

两边对 x 求导，得 $S'_x=0$，即得 $z'_x=-\dfrac{G'_x}{G'_z}$。

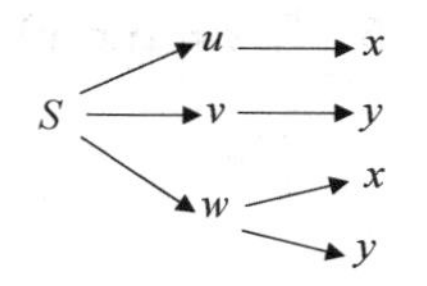

图 9.4.5　二元函数分解图示

同理，$z'_y=-\dfrac{G'_y}{G'_z}$。总结上面的讨论，有下面结果：

> 方程 $G(x,y,z)=0$ 所确定的函数 $z=z(x,y)$ 的偏导数：
> $$z'_x=-\frac{G'_x}{G'_z}，\quad z'_y=-\frac{G'_y}{G'_z}$$

例 9.4.7　若 $z=z(x,y)$ 由方程 $x^2+y^2+z^2=xyz+1$ 所确定，求 z'_x 和 z'_y。

解　令 $G=x^2+y^2+z^2-xyz-1$，则

$$G'_x=2x-yz，\quad G'_y=2y-xz，\quad G'_z=2z-xy$$

$$故\quad z'_x=-\frac{G'_x}{G'_z}=-\frac{2x-yz}{2z-xy}，\quad z'_y=-\frac{G'_y}{G'_z}=-\frac{2y-xz}{2z-xy}$$

课堂练习 9.4.6　*若 $z=z(x,y)$ 由方程 $x^3+y^3+z^3=\mathrm{e}^z-x+y$ 所确定，求 z'_x 和 z'_y。*

隐函数偏导数的计算也可按方程两边同时对某个变量求导的方式进行。

例 9.4.8　若 $z=(x+2y)^x$，求 z'_x。

解　两边取对数得 $\ln z=x\ln(x+2y)$，然后方程两边对 x 求导，得

$$\frac{1}{z}z'_x=1\cdot\ln(x+2y)+x\cdot\frac{1}{x+2y}$$

即 $z'_x=z\left(\ln(x+2y)+\dfrac{x}{x+2y}\right)$。

习 题 9.4

1. 求 $z=x^2y+xy^2-2x+y+1$ 的全微分。
2. 求 $z=x^2+y^4-2xy$ 在点 $(1,1)$ 处的全微分。
3. 若 $z=u\ln v$，$u=x$，$v=x-2y$，求 z'_x 和 z'_y。
4. 若 $y=y(x)$ 由方程 $x^4+y^4-x\sin y=2xy+2$ 所确定，求 $y'(x)$。
5. 若 $y=y(x)$ 由方程 $x^3+y^3-x\mathrm{e}^y=2xy+1$ 所确定，求 $y'(0)$。
6. 若 $z=z(x,y)$ 由方程 $x^2+y^2+z^2=xy\mathrm{e}^z-y+1$ 所确定，求 z'_x 和 z'_y。

*9.5　二重积分的计算与应用

9.5.1　平面区域的数学描述

先进行一个课堂讨论。

课堂讨论 9.5.1 若$a<b$，$c<d$，问直线$x=a$、$x=b$、$y=c$、$y=d$所围成的矩形区域D如何进行数学描述？

[讨论] 先画出图形，用几何方式直观描述(见图9.5.1)。

此外，注意x介于$x=a$和$x=b$之间，即$a\leqslant x\leqslant b$；y介于$y=c$和$y=d$之间，即$c\leqslant y\leqslant d$。于是D可以用不等式表示为

$$\begin{cases} a\leqslant x\leqslant b \\ c\leqslant y\leqslant d \end{cases}$$

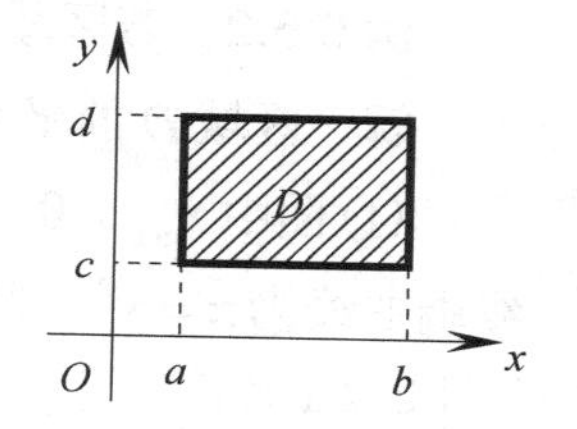

图9.5.1 矩形区域

借鉴上面的做法，一般xOy平面上的有界区域D，首先可以通过几何方式直观描述(见图9.5.2和图9.5.3)。下面考察其不等式表示。

(1)如图9.5.2所示，先找出D的最大x值x_{max}和最小x值x_{min}；再在D内画↑，找出箭头起端曲线的y值$y_1(x)$和终端曲线的y值$y_2(x)$，则x介于x_{min}和x_{max}之间，y介于$y_1(x)$和$y_2(x)$之间，于是有$\begin{cases} x_{min}\leqslant x\leqslant x_{max} \\ y_1(x)\leqslant y\leqslant y_2(x) \end{cases}$，称为$D$的$x$型表示。

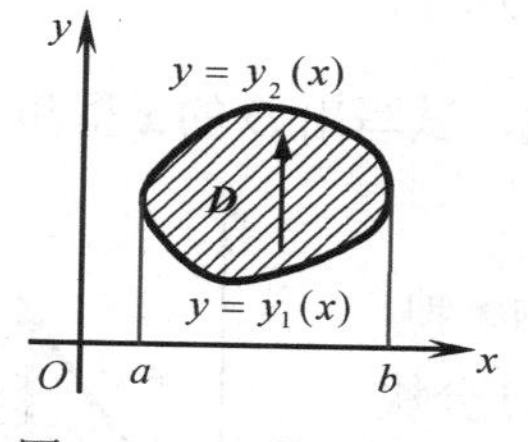

图9.5.2 D的x型表示

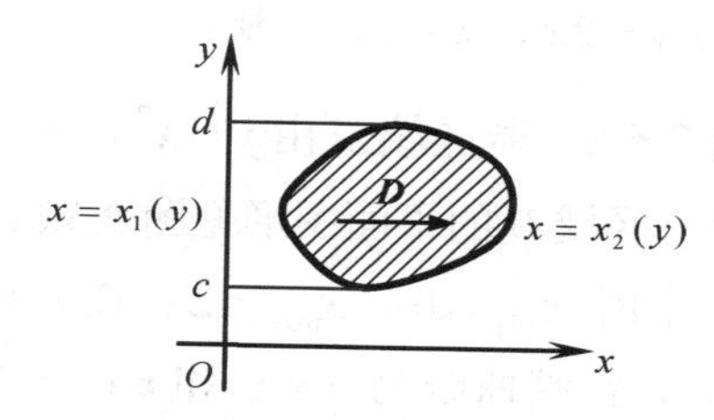

图9.5.3 D的y型表示

(2)如图9.5.3所示，先找出D的最大y值y_{max}和最小y值y_{min}；再在D内画→，找出箭头起端曲线的x值$x_1(y)$和终端曲线的x值$x_2(y)$，则y介于y_{min}和y_{max}之间，x介于$x_1(y)$和$x_2(y)$之间，于是有$\begin{cases} y_{min}\leqslant y\leqslant y_{max} \\ x_1(y)\leqslant x\leqslant x_2(y) \end{cases}$，称为$D$的$y$型表示。

(3)当箭头↑或→的起端或终端在两条或两条以上的曲线上时，可分块表示。

下面通过具体例子来理解上述步骤。

例 9.5.1 若区域D由$y=x^2$、$x=1$和x轴所围，试写出D的x型和y型表示。

解 区域D的平面图形见图9.5.4。

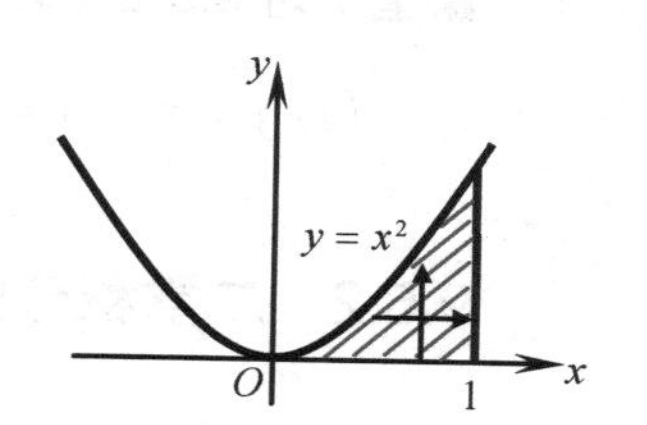

图9.5.4 D的平面图形1

(1)图中$x_{min}=0$，$x_{max}=1$；在D内画↑，起端曲线为x轴，即$y=0$，终端曲线为抛物线$y=x^2$，从而$0\leqslant y\leqslant x^2$，即得区域$D$的$x$型表示为$\begin{cases} 0\leqslant x\leqslant 1, \\ 0\leqslant y\leqslant x^2 \end{cases}$。

(2)图中$y_{min}=0$，$y_{max}=1$；在D内画→，起端曲线为$y=x^2$，即$x=\sqrt{y}$，终端曲线为直线$x=1$，从而$\sqrt{y}\leqslant x\leqslant 1$，即得区域$D$的$y$型表示为

$\begin{cases}0\leqslant y\leqslant 1\\ \sqrt{y}\leqslant x\leqslant 1\end{cases}$。

例 9.5.2 若区域D由$y=x^2$、$x=y^2$所围成，试写出D的x型和y型表示。

解 区域D的平面图形见图 9.5.5。

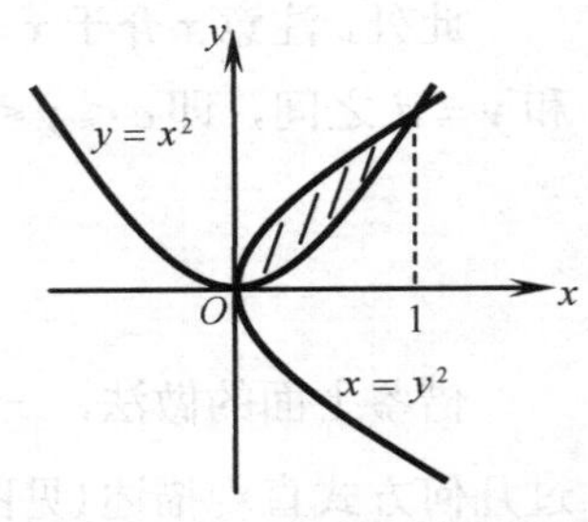

图 9.5.5 D的平面图形 2

(1) 图中$x_{\min}=0$，$x_{\max}=1$；在D内画 ↑，起端曲线为$y=x^2$，终端曲线为$x=y^2$，从而$x^2\leqslant y\leqslant\sqrt{x}$，即得区域$D$的$x$型表示为

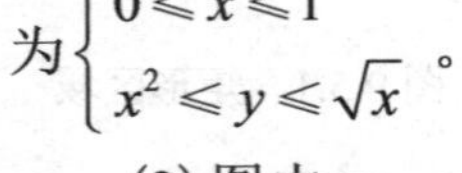

$\begin{cases}0\leqslant x\leqslant 1\\ x^2\leqslant y\leqslant\sqrt{x}\end{cases}$。

(2) 图中$y_{\min}=0$，$y_{\max}=1$；在D内画 →，起端曲线为$x=y^2$，终端曲线为$y=x^2$，从而$y^2\leqslant x\leqslant\sqrt{y}$，即得区域$D$的$y$型表示为$\begin{cases}0\leqslant y\leqslant 1\\ y^2\leqslant x\leqslant\sqrt{y}\end{cases}$。

课堂练习 9.5.1 若区域D由下面曲线所围成，试写出区域D的x和y型表示。

(1) $y=2x$，$x=1$，x轴； (2) $y=x^2$，$y=x$。

例 9.5.3 若区域D由$y=x^2$，$x+y=2$，x轴所围成，试写出D的x型和y型表示。

解 区域D的平面图形见图 9.5.6。

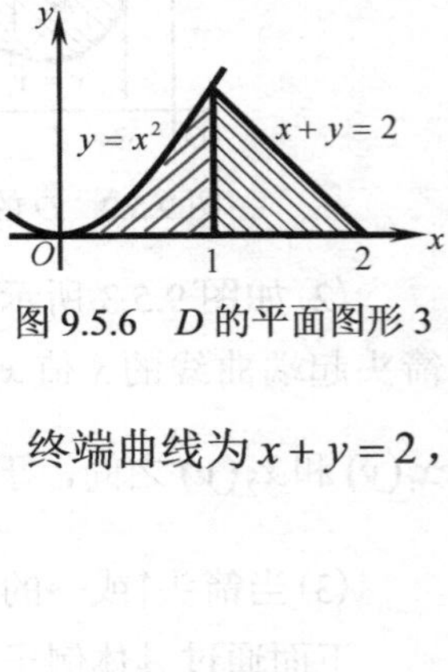

图 9.5.6 D的平面图形 3

(1) 图中$x_{\min}=0$，$x_{\max}=2$；在D内画 ↑，起端曲线为x轴，即$y=0$，终端曲线为$y=x^2$和$x+y=2$，因此，需以$x=1$分块表示，即得D的x型表示为

$$\begin{cases}0\leqslant x\leqslant 1\\ 0\leqslant y\leqslant x^2\end{cases}+\begin{cases}1\leqslant x\leqslant 2\\ 0\leqslant y\leqslant 2-x\end{cases}$$

(2) 图中$y_{\min}=0$，$y_{\max}=1$；在D内画 →，起端曲线为$y=x^2$，终端曲线为$x+y=2$，从而得x的取值范围：$\sqrt{y}\leqslant x\leqslant 2-y$，即得$D$的$y$型表示为

$$\begin{cases}0\leqslant y\leqslant 1\\ \sqrt{y}\leqslant x\leqslant 2-y\end{cases}$$

课堂练习 9.5.2 若区域D由下面曲线所围成，试写出D的x和y型表示。

(1) $y=x$，$y=2x$，$y=2$； (2) $y=\dfrac{1}{x}$，$y=x$，$y=2$。

9.5.2 二重积分的定义

先看两个引例。

引例 9.5.1（曲顶柱体的体积） 若$f(x,y)$非负连续，如图 9.5.7 所示，求以曲面

$z=f(x,y)$ 为顶、以 $z=f(x,y)$ 在 xOy 平面上的垂直投影区域 D 为底的曲顶柱体的体积 V。

分析　在中学数学里，曾学习过

平顶柱体的体积=底面积×高

对于曲顶柱体，下面采用“分割、求和、取极限”的思想。

(1) 将 D 分割成 n 个小区域：D_1，…，D_n。

(2) 当分割非常细时，D_k 所对应的曲顶柱体可近似地视为平顶柱体，假设 D_k 的面积为 $\Delta\sigma_k$，任取一点 $(c_k,d_k)\in D_k$，并以 $f(c_k,d_k)$ 作为平顶柱体的高，则其体积 $V_k\approx f(c_k,d_k)\Delta\sigma_k$，从而

$$V\approx\sum_{k=1}^{n}f(c_k,d_k)\Delta\sigma_k$$

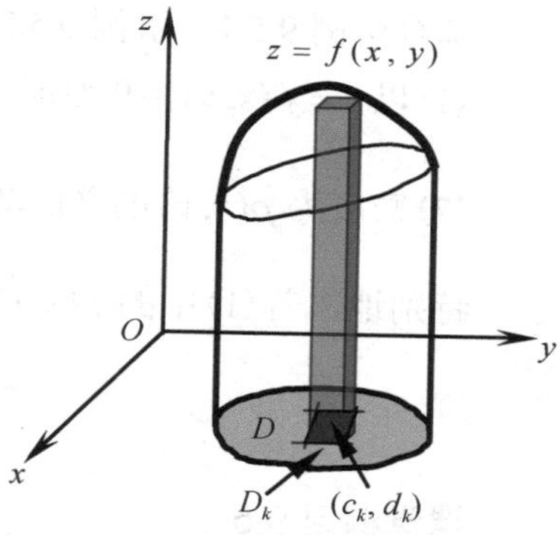

图 9.5.7　曲顶柱体

(3) 令 $\lambda=\max\limits_{1\leqslant k\leqslant n}\lambda_k$，其中 λ_k 为 D_k 中任意两点间的最大距离，则

$$V=\lim_{\lambda\to 0}\sum_{k=1}^{n}f(c_k,d_k)\Delta\sigma_k$$

引例 9.5.2（平面薄片的质量）　如图 9.5.8 所示，若平面薄片所形成的区域 D 的面密度——单位面积上的质量为 $\rho(x,y)$，求 D 的质量 m。

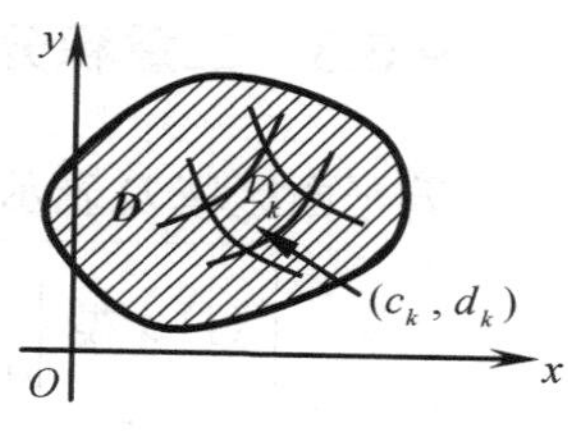

图 9.5.8　平面薄片

分析　在中学物理里曾学习过

均匀薄片的质量=密度×面积

对于非均匀薄片，下面采用“分割、求和、取极限”的思想。

(1) 将 D 分割成 n 个小区域：D_1，…，D_n。

(2) 当分割非常细时，D_k 所对应的薄片可近似地视为均匀薄片，假设 D_k 的面积为 $\Delta\sigma_k$，任取一点 $(c_k,d_k)\in D_k$，并以 $\rho(c_k,d_k)$ 作为 D_k 的密度，则其质量 $m_k\approx\rho(c_k,d_k)\Delta\sigma_k$，从而

$$m\approx\sum_{k=1}^{n}\rho(c_k,d_k)\Delta\sigma_k$$

(3) 令 $\lambda=\max\limits_{1\leqslant k\leqslant n}\lambda_k$，其中 λ_k 为 D_k 中任意两点间的最大距离，则

$$m=\lim_{\lambda\to 0}\sum_{k=1}^{n}\rho(c_k,d_k)\Delta\sigma_k$$

引例 9.5.1 和引例 9.5.2 一个是几何问题，一个是物理问题，却都归结为相同结构的和式的极限，将这类问题抽象成数学概念便引出了二重积分。

定义 9.5.1　称

$$\iint\limits_{D}f(x,y)\,\mathrm{d}\sigma=\lim_{\lambda\to 0}\sum_{k=1}^{n}f(c_k,d_k)\Delta\sigma_k$$

为 $z=f(x,y)$ 在区域 D 上的二重积分，其中 D 叫作积分区域，$f(x,y)$ 叫作被积函数，$\mathrm{d}\sigma$ 为

面积微元。

综合引例 9.5.1、引例 9.5.2 和定义 9.5.1，有

(1) 以 $z=f(x,y)\geqslant 0$ 为顶、以区域 D 为底的曲顶柱体的体积 $V=\iint\limits_D f(x,y)\,\mathrm{d}\sigma$。

(2) 密度为 $\rho(x,y)$ 的平面薄片 D 的质量 $m=\iint\limits_D \rho(x,y)\,\mathrm{d}\sigma$。

特别地，若 (1) 中的 $f(x,y)=1$，则 $V=D$ 的面积×1，从而有

$$\text{区域}D\text{的面积}=\iint\limits_D \mathrm{d}\sigma$$

课堂练习 9.5.3

(1) 若区域 D 由直线 $x=1$、$x=3$、$y=2$、$y=5$ 所围成，则 $\iint\limits_D \mathrm{d}\sigma=($　　　　$)$。

(2) 若区域 D 为 $x^2+y^2\leqslant 4$，则 $\iint\limits_D \mathrm{d}\sigma=($　　　　$)$。

9.5.3　二重积分的直角坐标计算

若平面区域 D 表示如下：

(1) x 型 $\begin{cases} a\leqslant x\leqslant b \\ y_1(x)\leqslant y\leqslant y_2(x) \end{cases}$	(2) y 型 $\begin{cases} c\leqslant y\leqslant d \\ x_1(y)\leqslant x\leqslant x_2(y) \end{cases}$

则对于在包含边界的有界闭区域 $\overline{D}$ 上连续的函数 $f(x,y)$，有下面的计算公式：

$$\iint\limits_D f(x,y)\mathrm{d}\sigma=\int_a^b \mathrm{d}x\int_{y_1(x)}^{y_2(x)} f(x,y)\,\mathrm{d}y=\int_c^d \mathrm{d}y\int_{x_1(x)}^{x_2(x)} f(x,y)\mathrm{d}x$$

其中后面两个式子叫作二次积分。

积分时先计算最后面的那个定积分，然后将积分结果作为前一个积分的被积函数进行二次定积分计算，即

$$\int_a^b \mathrm{d}x\int_{y_1(x)}^{y_2(x)} f(x,y)\,\mathrm{d}y=\int_a^b\left(\int_{y_1(x)}^{y_2(x)} f(x,y)\mathrm{d}y\right)\mathrm{d}x$$

$$\int_c^d \mathrm{d}y\int_{x_1(x)}^{x_2(x)} f(x,y)\mathrm{d}x=\int_c^d\left(\int_{x_1(y)}^{x_2(y)} f(x,y)\mathrm{d}x\right)\mathrm{d}y$$

由于二次积分具有线性性质和可加性，因此二重积分也具有下面的性质。

(1) 线性性质：$\iint\limits_D(\alpha f+\beta g)\,\mathrm{d}\sigma=\alpha\iint\limits_D f\mathrm{d}\sigma+\beta\iint\limits_D g\mathrm{d}\sigma$（$\alpha$、$\beta$ 为常数）。

(2) 可加性：若 $D=D_1+D_2$，且 $D_1\cap D_2$ 的面积为 0，则 $\iint\limits_D f\mathrm{d}\sigma=\iint\limits_{D_1} f\mathrm{d}\sigma+\iint\limits_{D_{12}} f\mathrm{d}\sigma$。

例 9.5.4　计算 $\iint\limits_D 2xy\,\mathrm{d}\sigma$，其中 D 由 $y=x^2$、$x=1$ 和 x 轴所围成。

解　如图 9.5.9 所示，选择区域 D 的 x 型表示：

$$\begin{cases} 0 \leqslant x \leqslant 1, \\ 0 \leqslant y \leqslant x^2 \end{cases}$$

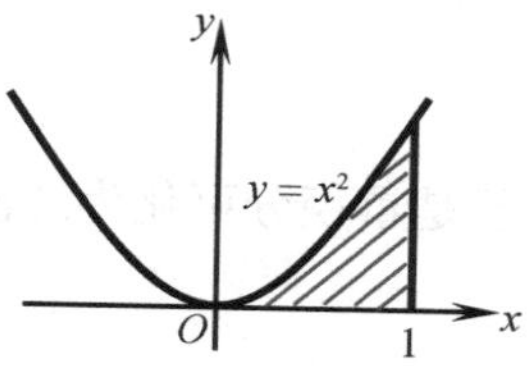

图 9.5.9　例 9.5.4 图形

于是重积分可化为二次积分：

$$\iint_D 2xy\,\mathrm{d}\sigma = \int_0^1 \mathrm{d}x \int_0^{x^2} 2xy\,\mathrm{d}y$$

先计算后面的积分(其中 x 看作常数)：

$$\int_0^{x^2} 2xy\,\mathrm{d}y = x \cdot y^2 \Big|_0^{x^2} = x^5$$

将积分结果作为前一积分的被积函数，得

$$\iint_D 2xy\,\mathrm{d}\sigma = \int_0^1 x^5 \mathrm{d}x = \frac{1}{6}x^6 \Big|_0^1 = \frac{1}{6}$$

课堂练习 9.5.4　计算 $\iint_D xy\,\mathrm{d}\sigma$，其中 D 由 $y=2x$、$x=1$ 和 x 轴所围成。

例 9.5.5　计算 $\iint_D (\sqrt{x}+2y)\mathrm{d}\sigma$，其中 D 由 $y=x^2$、$x=y^2$ 所围成。

解　如图 9.5.10 所示，选择区域 D 的 x 型表示

$$\begin{cases} 0 \leqslant x \leqslant 1 \\ x^2 \leqslant y \leqslant \sqrt{x} \end{cases}$$

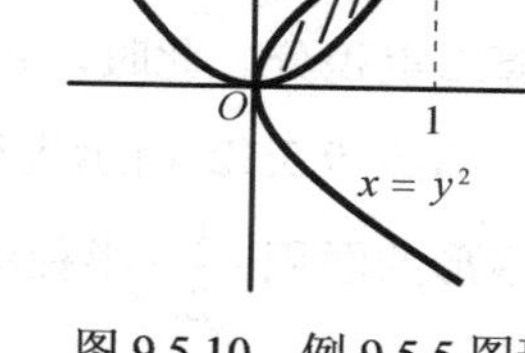

图 9.5.10　例 9.5.5 图形

于是重积分可化为二次积分：

$$\iint_D (\sqrt{x}+2y)\mathrm{d}\sigma = \int_0^1 \mathrm{d}x \int_{x^2}^{\sqrt{x}} (\sqrt{x}+2y)\mathrm{d}y$$

先计算后面的积分(其中 x 看作常数)：

$$\int_{x^2}^{\sqrt{x}} (\sqrt{x}+2y)\mathrm{d}y = (\sqrt{x}\cdot y + y^2)\Big|_{x^2}^{\sqrt{x}} = 2x - x^{5/2} - x^4$$

将积分结果作为前一积分的被积函数，得

$$\iint_D (\sqrt{x}+2y)\mathrm{d}\sigma = \int_0^1 (2x - x^{5/2} - x^4)\mathrm{d}x = \frac{18}{35}$$

课堂练习 9.5.5　计算 $\iint_D (x+2y)\mathrm{d}\sigma$，其中 D 由 $y=x^2$、$y=x$ 所围成。

例 9.5.6　计算 $\iint_D y\,\mathrm{d}\sigma$，其中 D 由 $y=x^2$、$x+y=2$、x 轴所围成。

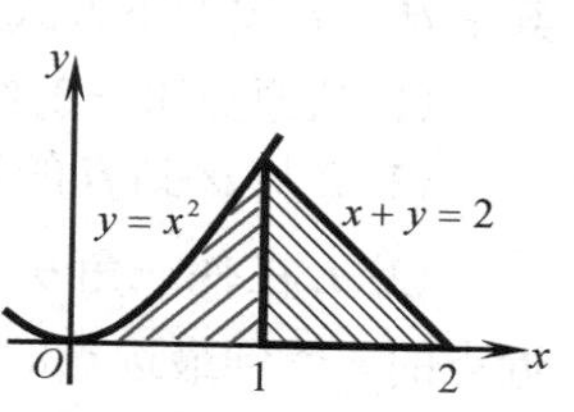

图 9.5.11　例 9.5.6 图形

解　如图 9.5.11 所示，注意区域 D 的 x 型表示需分块，故选择 y 型表示：

$$\begin{cases} 0 \leqslant y \leqslant 1 \\ \sqrt{y} \leqslant x \leqslant 2-y \end{cases}$$

于是重积分可化为二次积分：

$$\iint_D y\,\mathrm{d}\sigma = \int_0^1 \mathrm{d}y \int_{\sqrt{y}}^{2-y} y\,\mathrm{d}x$$

先计算后面的积分(其中 y 看作常数)：

$$\int_{\sqrt{y}}^{2-y} y\,\mathrm{d}x = y(2-y-\sqrt{y}) = 2y - y^2 - y^{3/2}$$

将积分结果作为前一积分的被积函数，得

$$\iint_D y\,\mathrm{d}\sigma = \int_0^1 (2y - y^2 - y^{3/2})\,dy = \left(y^2 - \frac{y^3}{3} - \frac{2}{5}y^{5/2}\right)\Bigg|_0^1 = \frac{4}{15}$$

课堂练习 9.5.6 计算 $\iint_D y^2 \mathrm{d}\sigma$，其中 D 由 $y=2x$、$y=x$、$y=2$ 所围成。

9.5.4 二重积分的极坐标计算

当积分区域 D 为圆形或扇形时，一般采用极坐标变换

$$\begin{cases} x = r\cos\theta \\ y = r\sin\theta \end{cases}$$

计算二重积分。此时，$r = \sqrt{x^2 + y^2}$。

如图 9.5.12 所示进行扇形分割并设阴影部分的面积为 $\mathrm{d}\sigma$，根据扇形的面积$=\frac{1}{2}\times$半径$\times$弧长，得

$$\mathrm{d}\sigma = \frac{1}{2}(r+dr)^2\mathrm{d}\theta - \frac{1}{2}r^2\mathrm{d}\theta = r\cdot \mathrm{d}r\mathrm{d}\theta + \frac{1}{2}(\mathrm{d}r)^2\mathrm{d}\theta$$

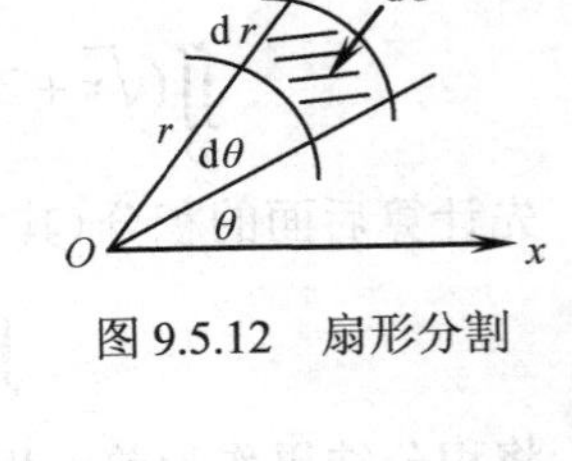

图 9.5.12 扇形分割

注意，$\frac{1}{2}(\mathrm{d}r)^2\mathrm{d}\theta$ 和 $r\cdot \mathrm{d}r\mathrm{d}\theta$ 相比趋向 0 的速度更快，因此

$$\mathrm{d}\sigma = r\mathrm{d}r\mathrm{d}\theta$$

于是有

$$\iint_D f(x,y)\,\mathrm{d}\sigma = \iint_U f(r\cos\theta, r\sin\theta)\,r\mathrm{d}\theta\mathrm{d}r$$

其中 θ、r 按如下方式确定(见图 9.5.13)：

(1) 从原点引一射线 L 扫过区域 D。

(2) L 从 α 到 β 的转动角即为 θ 的范围。

(2) L 在任一角 θ 处，L 与 D 的交集 $L \cap D$ 中离原点的最近点的 r 值到最远点的 r 值

$$r = r_1(\theta) \to r = r_2(\theta)$$

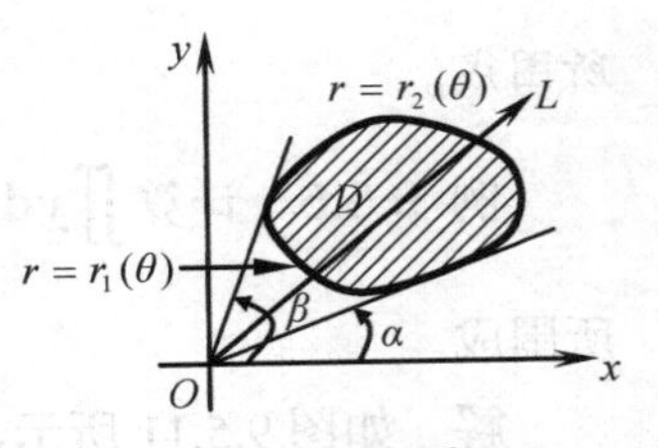

图 9.5.13 确定 θ、r

即为 r 的范围。

例 9.5.7　计算 $\iint\limits_D \sqrt{x^2+y^2}\,\mathrm{d}\sigma$，其中 D 为单位圆盘：$x^2+y^2\leqslant 1$。

解　如图 9.5.14 所示，从原点引一射线 L 扫过区域 D，知

$$0\leqslant\theta\leqslant 2\pi$$

$L\cap D$ 中离原点最近的点为原点，即 $r=0$，最远的点在圆周 $x^2+y^2=1$ 上，其 $r=1$，即 $0\leqslant r\leqslant 1$。再注意被积函数为

$$\sqrt{x^2+y^2}=\sqrt{r^2}=r$$

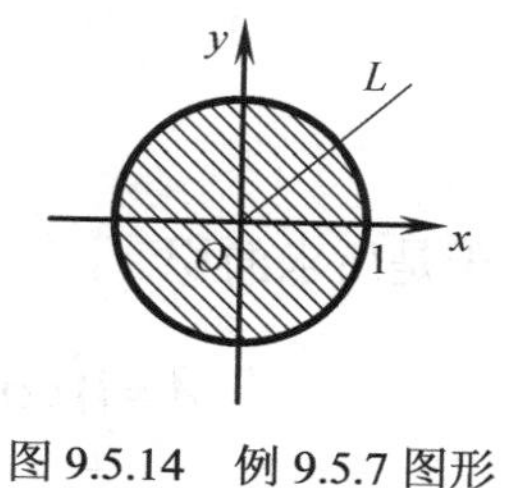

图 9.5.14　例 9.5.7 图形

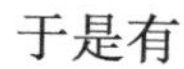
于是有

$$\iint\limits_D \sqrt{x^2+y^2}\,\mathrm{d}\sigma=\int_0^{2\pi}\mathrm{d}\theta\int_0^1 r\cdot r\,\mathrm{d}r=\int_0^{2\pi}\left(\frac{1}{3}r^3\right)\Big|_0^1\mathrm{d}\theta=\int_0^{2\pi}\frac{1}{3}\mathrm{d}\theta=\frac{2\pi}{3}$$

课堂练习 9.5.7　计算下面各题：

(1) $\iint\limits_D (x^2+y^2)\,\mathrm{d}\sigma$，其中 D 为圆盘：$x^2+y^2\leqslant 4$。

(2) $\iint\limits_D \sqrt{x^2+y^2}\,\mathrm{d}\sigma$，其中 D 为右半圆盘：$x^2+y^2\leqslant 1$，$x\geqslant 0$。

(3) $\iint\limits_D (x^2+y^2)^2\,\mathrm{d}\sigma$，其中 D 为上半圆盘：$x^2+y^2\leqslant R^2$，$x\geqslant 0$。

(4) $\iint\limits_D \sqrt{x^2+y^2}\,\mathrm{d}\sigma$，其中 D 为圆盘 $x^2+y^2\leqslant R^2$ 在第一象限的部分。

例 9.5.8　计算 $\iint\limits_D y\,\mathrm{d}\sigma$，其中 D 为右半圆盘：$x^2+y^2\leqslant R^2$，$x\geqslant 0$。

解　如图 9.5.15 所示，从原点引一射线 L 扫过区域 D，可知

$$-\frac{\pi}{2}\leqslant\theta\leqslant\frac{\pi}{2}$$

$L\cap D$ 中离原点最近的点为原点，即 $r=0$，最远的点在圆周 $x^2+y^2=R^2$ 上，其 $r=R$，即 $0\leqslant r\leqslant R$。再注意被积函数

$$y=r\sin\theta$$

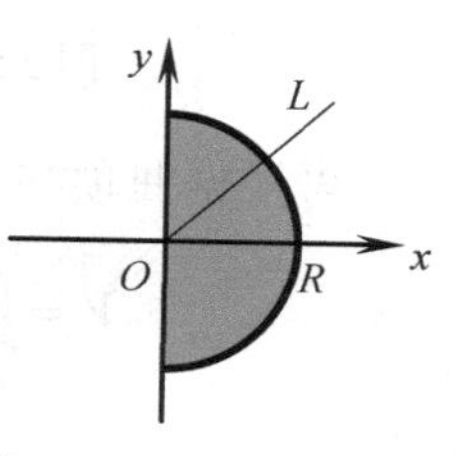

图 9.5.15　例 9.5.8 图形

于是有

$$\iint\limits_D y\,\mathrm{d}\sigma=\int_{-\frac{\pi}{2}}^{\frac{\pi}{2}}\mathrm{d}\theta\int_0^R r\sin\theta\cdot r\,\mathrm{d}r=\int_{-\frac{\pi}{2}}^{\frac{\pi}{2}}\sin\theta\cdot\left(\frac{1}{3}r^3\right)\Big|_0^R\mathrm{d}\theta=\frac{R^3}{3}\int_{-\frac{\pi}{2}}^{\frac{\pi}{2}}\sin\theta\,\mathrm{d}\theta=0$$

课堂练习 9.5.8　计算 $\iint\limits_D x\,\mathrm{d}\sigma$，其中 D 为上半圆盘：$x^2+y^2\leqslant R^2$，$y\geqslant 0$。

9.5.5　二重积分的应用

下面仅讨论利用二重积分求面积、体积和质量。

例 9.5.9 求 $y=x$、$y=2x$、$y=2$ 所围图形的面积。

解 如图 9.5.16 所示，注意区域 D 的 x 型表示需分块，故选择 y 型表示：

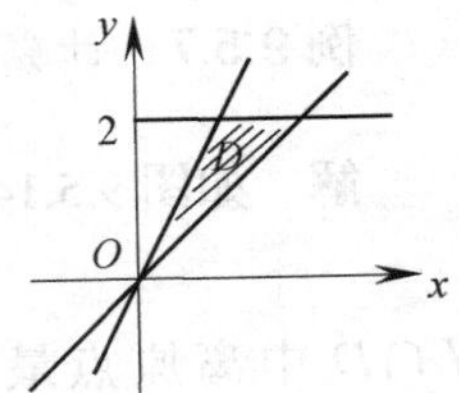

图 9.5.16 例 9.5.9 图形

$$\begin{cases} 0\leqslant y\leqslant 2 \\ \dfrac{y}{2}\leqslant x\leqslant y \end{cases}$$

于是所求面积

$$A=\iint_D \mathrm{d}\sigma=\int_0^2 \mathrm{d}y\int_{\frac{y}{2}}^{y}\mathrm{d}x=\int_0^2\frac{y}{2}\mathrm{d}y=\frac{1}{2}\cdot\frac{y^2}{2}\bigg|_0^2=1$$

例 9.5.10 求平面 $2x+3y+z=6$ 与 3 个坐标平面所围立体的体积。

分析 平面 $2x+3y+z=6$ 在 3 个坐标轴上的截距分别为 $x=3$，$z=6$，它与 3 个坐标平面所围立体是锥体，其体积可用中学所学的体积计算公式得到：

$$V=\frac{1}{3}\times\frac{1}{2}\times 3\times 2\times 6=6$$

下面采用二重积分进行计算。

解 先画出立体图及其在 xOy 平面上的垂直投影图(见图 9.5.17 和图 9.5.18)。

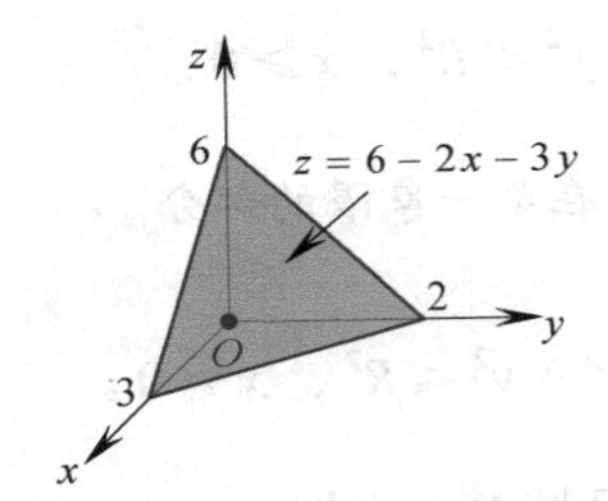

图 9.5.17 例 9.5.10 立体图

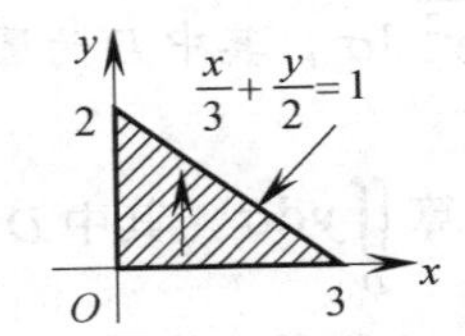

图 9.5.18 例 9.5.10 投影图

再根据曲顶柱体的体积计算公式得

$$V=\iint_D z\,\mathrm{d}\sigma=\iint_D(6-2x-3y)\,\mathrm{d}\sigma=\int_0^3\mathrm{d}x\int_0^{2(1-\frac{x}{3})}(6-2x-3y)\,\mathrm{d}y$$

$$=\int_0^3\left((6-2x)y-\frac{3}{2}y^2\right)\bigg|_0^{2(1-\frac{x}{3})}\mathrm{d}x=\frac{2}{3}\int_0^3(x-3)^2\mathrm{d}x=\frac{2}{9}(x-3)^3\bigg|_0^3=6$$

从表面上看，例 9.5.10 用二重积分计算要复杂许多，但它是一般的计算方法。由于立体的垂直投影区域不是圆形区域，计算时一般都是以直角坐标计算为优先。

例 9.5.11 求 $z=x^2+y^2$ 和 $z=2-x^2-y^2$ 所围立体的体积 V。

解 先求两个曲面的交线：由方程 $z=x^2+y^2$、$z=2-x^2-y^2$ 消去 z，得

$$x^2+y^2=1$$

将其垂直投影到 xOy 平面，不难看出，整个立体在 xOy 平面的投影区域为 D：$x^2+y^2\leqslant 1$，如图 9.5.19 和图 9.5.20 所示。

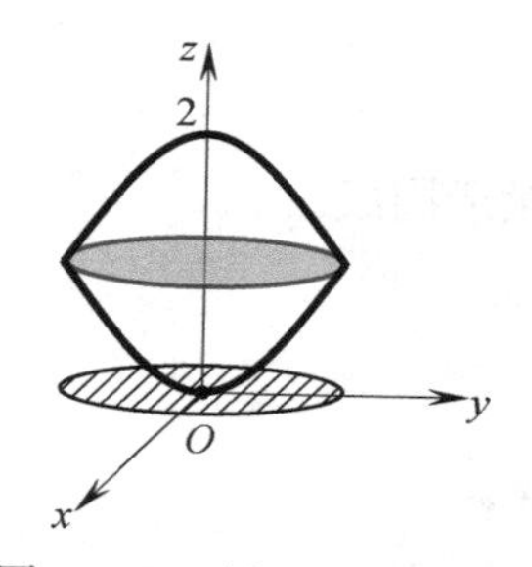

图 9.5.19　例 9.5.11 立体图

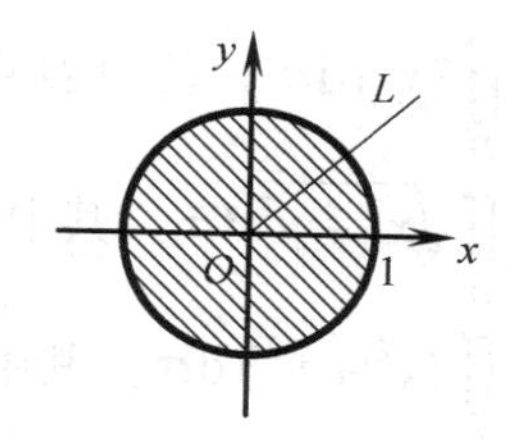

图 9.5.20　例 9.5.11 投影图

注意，立体并不以 xOy 平面上的区域为底，但可以化为两个以区域 D 为底的曲顶柱体相减，从而得所求体积为

$$V=\iint\limits_{D} z_{上}\,\mathrm{d}\sigma-\iint\limits_{D} z_{下}\,\mathrm{d}\sigma$$

$$=\iint\limits_{D}(2-x^2-y^2)\,\mathrm{d}\sigma-\iint\limits_{D}(x^2+y^2)\,\mathrm{d}\sigma=2\iint\limits_{D}(1-x^2-y^2)\,\mathrm{d}\sigma$$

因 D 为圆形区域，采用极坐标计算，得

$$V=2\int_0^{2\pi}\mathrm{d}\theta\int_0^1(1-r^2)\cdot r\,\mathrm{d}r=2\int_0^{2\pi}\left(\frac{1}{2}r^2-\frac{1}{4}r^4\right)\Big|_0^1\,\mathrm{d}\theta=\pi$$

例 9.5.12　求面密度 $\rho=x^2+y^2$ 的上半圆盘 D：$x^2+y^2\leqslant R^2$，$y\geqslant 0$ 的质量，如图 9.5.21 所示。

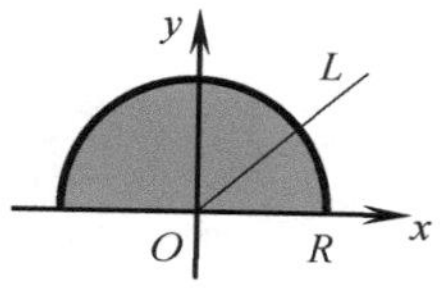

解　由引例 9.5.2 可知，D 的质量

$$m=\iint\limits_{D}\rho(x,y)\,\mathrm{d}\sigma=\iint\limits_{D}(x^2+y^2)\,\mathrm{d}\sigma$$

图 9.5.21　例 9.5.12 图形

注意，D 为圆形区域，采用极坐标计算，得

$$m=\int_0^{\pi}\mathrm{d}\theta\int_0^R r^2\cdot r\,\mathrm{d}r=\int_0^{\pi}\frac{1}{4}r^4\Big|_0^R\,\mathrm{d}\theta=\frac{\pi}{4}R^4$$

习 题 9.5

1. 若区域 D 由直线 $y=x$、$y=2$、y 轴所围成，则 $\iint\limits_{D}\mathrm{d}\sigma=$（　　　）。

2. 若区域 D 为 $1\leqslant x^2+y^2\leqslant 4$，则 $\iint\limits_{D}\mathrm{d}\sigma=$（　　　）。

3. 若区域 D 为 $x^2+y^2\leqslant R^2$，则 $\iint\limits_{D}\sqrt{R^2-x^2-y^2}\,\mathrm{d}\sigma=$（　　　）。

4. 计算 $\iint\limits_{D}xy\mathrm{d}\sigma$，其中 D 由 $y=x^2$、$y=x$ 所围成。

5. 计算$\iint\limits_{D}(2x+4y)\mathrm{d}\sigma$，其中$D$由$y=x^2$、$y=1$围成。

6. 计算$\iint\limits_{D}3x^2y\mathrm{d}\sigma$，其中$D$由$y=x^2$、$x+y=2$、$x$轴所围成。

7. 计算$\iint\limits_{D}\sqrt{x^2+y^2}\mathrm{d}\sigma$，其中$D$为$1\leqslant x^2+y^2\leqslant 4$。

8. 计算$\iint\limits_{D}(x^2+y^2)\mathrm{d}\sigma$，其中$D$为$x^2+y^2\leqslant 1$，$y\geqslant x$。

9. 求$z=2x^2+y^2$和$z=12-x^2-2y^2$所围立体的体积。

10. 求面密度$\rho=\sqrt{x^2+y^2}$的右圆盘D：$x^2+y^2\leqslant R^2$，$x\geqslant 0$的质量。

【数学名人】——拉格朗日

第10章　概率论基础

【名人名言】数学是上帝描述自然的符号。——黑格尔

良好的开端，等于成功的一半。——柏拉图

【经典语录】拥有梦想只是一种智力，实现梦想才是一种能力。

【学习目标】了解事件的概率与概率公理，会用加法和乘法公式求事件的概率。

理解全概率公式和贝叶斯公式，能应用公式计算错码率。

知道随机变量的分布，会用定义和公式求随机变量的分布、密度、期望和方差。

【教学提示】本章内容应通信、移动、网络等专业对错码率的计算要求展开教学。教学重点是公式的运用，可采用练习、讨论、讲解等方式。教学难点是公式的推导及理解，可采用案例诱导、图示讲解、讨论等方式。教学中对随机变量的分布和数字特征部分可因专业要求或课时规划选择是否讲解。

【数学词汇】

①随机事件（Random Event）。　样本空间（Sample Space）。

②概率（Probability）。　统计（Statistics）。

③分布（Distribution）。　密度（Density）。

④期望（Expectation）。　方差（Variance）。

【内容提要】

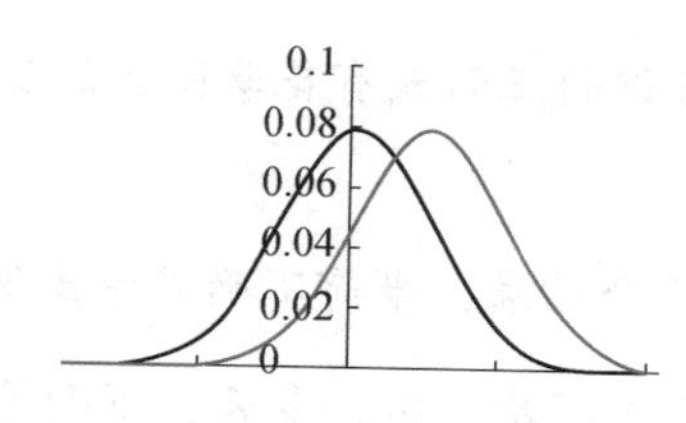

概率是对随机事件发生的可能性的度量，起源于17世纪中叶欧洲贵族们的赌博游戏，因为要给赌徒建议而开始推算概率，也因为想解决赌博中遇到的问题，帕斯卡和费尔马在来往的一系列信件的讨论中开始了对概率的系统研究。

1933年，前苏联科学院院士柯尔莫哥洛夫(Колмогоров)将概率公理化，概率论才得以成为一门严格的演绎科学，并通过集合论与其他数学分支密切关联，从而被公认为一门严格的数学学科。

半个多世纪以来，概率论和以它为基础的数理统计学一起，在自然科学、社会科学、工程技术、军事科学及生产、生活实际等诸多领域中都起着不可替代的作用。

本章将先以古典概型为基础介绍概率公理及其计算公式，然后再介绍随机变量的分布与经典数字特征——期望和方差。

10.1 事件的概率与概率公理

在现实生活中，有些现象事前可以预言。例如，在一个标准大气压下给水加热到100℃便会沸腾，这类现象称为确定性现象，研究这类现象的数学工具有分析、几何、代数、微分方程等。

在现实生活中，有些现象的事物本身的含义不确定。例如，情绪稳定与不稳定、身体健康与不健康、人年轻与年老等，这类现象称为模糊现象，研究这类现象的数学工具有模糊数学。

在现实生活中，也有些现象事前不可以预言，即使是在相同条件下重复进行试验，每次实验的结果也未必相同。例如，抛硬币、掷骰子、预报天气等，这类现象称为随机现象，研究这类现象的数学工具就是概率论和统计学。

确定性现象与随机现象的共同特点是“事物本身的含义”确定，随机现象与模糊现象的共同特点则是“不确定”：随机现象中事件的结果不确定，模糊现象中事物本身的定义不确定。

模糊数学是将数学的应用范围从清晰确定扩大到模糊现象的领域，而概率论与统计学则是将数学的应用从必然现象扩大到随机现象的领域。

10.1.1 随机事件

在随机现象中，每次可能的结果一般都不止一个，并且事先也都不能确定哪一个结果会出现，看几个例子。

引例 10.1.1 抛硬币可能会出现有数字标识的正面或有花草图案的反面两个结果，事前不确定会出现正面还是反面。

引例 10.1.2 掷骰子可能会出现1～6点6个结果，事前不确定会出现几点。

引例 10.1.3 城市天气预报中，可能的天气有晴、阴、多云、下雨等多个结果，事前也不能确定会出现哪种天气。

引例 10.1.4 购买彩票可能会出现中奖和不中奖两个结果，也可能会出现中一、二、三等奖等多个结果，事前也不能确定是否会中奖或中几等奖。

引例 10.1.1～引例 10.1.4 诱导出下面的概念。

定义 10.1.1 在对随机现象的观察或试验中，如果每次可能的结果都不止一个，并且事先不能确定哪一个结果会出现，那么这样的观察或试验就称为随机试验。

定义 10.1.2 在随机试验中，可能出现也可能不出现的事件叫作随机事件，常用大写的英文字母表示。

例如：

(1) 在掷 1 枚钱币的随机试验中，事件 $A=\{$出现正面$\}$、$B=\{$出现反面$\}$；

(2) 在掷 1 颗骰子的随机试验中，事件 $A_k=\{出现\ k\ 点\}(k=1,\cdots,6)$；

(3) 在摸奖的随机试验中，事件 $A=\{中\}$、$B=\{不中\}$、$A_k=\{中\ k\ 等奖\}(k=1,2,3)$。

定义 10.1.3 随机试验中的随机事件又叫作样本点，样本点的全体称为样本空间。

10.1.2 事件的概率

在随机试验中，随机事件可能出现，也可能不出现，对这种不确定性应如何进行数学刻画呢？

先看一个案例。

案例 10.1.1(有奖促销) 某商场的促销广告宣称，年终活动的中奖率为100%，其中一等奖的中奖率是20%，购买超过￥2000 元的顾客每1 万人产生特等奖￥10 万1 名，如果用事件来表示：

$$A=\{中奖\},\ B=\{中一等奖\},\ C=\{不中奖\},\ D=\{中特等奖\}$$

那么商场的促销广告告诉人们的是：

(1) A 是必然会发生的事，其发生的可能性是100%；

(2) B 可能发生也可能不发生，发生的可能性为20%；

(3) C 是不可能发生的事，换言之其发生的可能性为0；

(4) D 是1 万人中产生1 名，即在购买超过￥2000 元的顾客中，D 发生的可能性是万分之一。

从案例 10.1.1 不难看出，现实生活中描述事件的发生或不发生是以“可能性”进行度量的。我们将随机试验 Ω 中，随机事件 A 发生的可能性大小叫作概率，记为 $P(A)$。于是对案例 10.1.1，有

$$P(A)=1,\ P(B)=0.2,\ P(C)=0,\ P(D)=0.0001$$

式中，A 叫作必然事件；C 叫作不可能事件；而 D 这种概率很小的事件则常称为小概率事件。

10.1.3 事件之间的关系

在案例 10.1.1 中，中奖不一定会中一等奖，但中一等奖必定是中奖。不难看出，正如客观世界的事物之间相互关联一样，随机事件之间也存在一定的联系。为了能更好地进行数学演绎，下面将随机事件之间的联系的文字表述改为以数学符号进行描述。

定义 10.1.4 设 A、B 为随机事件，Ω 为必然事件，$\varnothing$ 为不可能事件，定义：

(1)“由 A 发生能推得 B 发生”为 $A\subset B$；

(2)“由 A 发生推出 B 发生，且由 B 发生也推得 A 发生”为 $A=B$；

(3)“A、B 至少有一个发生”为 $A+B$；

(4)“A 发生，B 不发生”为 $A-B$；

(5) “A、B 同时发生”为 AB；

(6) “A 不发生”为 $\overline{A}$。

注意，“A 发生，B 不发生”等价于“A、$\overline{B}$ 同时发生”，因此有

$$A-B=A\overline{B}$$

此外，事件 A 只有发生或不发生两种可能，因此，在整个随机试验中，A、$\overline{A}$ 至少有一个发生，且不能同时发生，于是有

$$A\overline{A}=\varnothing, \quad A+\overline{A}=\Omega$$

即 A、$\overline{A}$ 互为对立事件，从而 $\overline{\overline{A}}=A$。

总结上面的讨论，有事件间关系的如下数学计算公式：

(1) $A-B=A\overline{B}$；

(2) $A\overline{A}=\varnothing$，$A+\overline{A}=\Omega$，$\overline{\overline{A}}=A$。

由定义 10.1.4，“A、B 同时发生”记为 AB，那么若“A、B 不同时发生”，则 AB 为不可能事件，所以有

$$AB=\varnothing$$

此时也称 A、B 互不相容(或互斥)。

课堂练习 10.1.1 在城市天气预报中，

$$A=\{晴\}, \quad B=\{阴\}, \quad C=\{雨\}$$

试用数学式子表示下面的事件：

(1) 晴天有雨；　(2) 阴天有雨；　(3) 晴转阴；　(4) 无雨。

课堂练习 10.1.2 从一批商品中随机地抽取 3 件，

$$A_k=\{第k件合格\}\ (k=1,2,3)$$

试用数学式子表示下列事件：

(1) 3 件都合格；　(2) 只有第 1 件合格；

(3) 至少有 1 件合格；　(4) 3 件都不合格。

10.1.4 概率的定义

1. 古典概率

最早的概率研究是从抛硬币、掷骰子、摸球等赌博游戏中开始的。这类游戏有两个共同特点：一是试验的结果只有有限个；二是每个结果的出现都是等可能的且互不相容。由此，法国数学家拉普拉斯(Laplace)给出了古典概型的定义。

定义 10.1.5 如果随机试验的结果只有有限个，每个事件发生的可能性相等且互不相容，这样的随机试验称为拉普拉斯试验，这种条件下的概率模型叫作古典概型。

古典概型是概率论中最直观和最简单的模型，它具有有限性、等可能性和互斥性 3 个特点，概率的许多运算规则也都首先是在这种模型下得到的。

由古典概型的等可能性，假设随机试验 Ω 的样本点总数 n 为有限，事件 A 在试验中发生的次数为 m，则 A 在试验中发生的可能性(概率)为

$$P(A)=\frac{m}{n}$$

这种概率又称为古曲概率。

下面通过具体例子来了解古典概型中事件的概率的计算。

例 10.1.1　抛 1 枚均匀的硬币 2 次，若 $A=\{$恰有 1 次是反面$\}$，求 $P(A)$。

解　抛 1 枚均匀的硬币 2 次的随机试验 Ω 的所有事件有

(正，正)、(正，反)、(反，正)、(反，反)

即样本点总数 $n=4$。在这 4 个样本中，恰有 1 次是反面的有

(正，反)和(反，正)

即 A 出现的次数 $m=2$，故 $P(A)=\frac{2}{4}=0.5$。

例 10.1.2　掷 2 颗均匀骰子 1 次，若 $B=\{$点数之和为 7$\}$，求 $P(B)$。

解　掷 2 颗均匀骰子的随机试验 Ω 的样本点总数为

$$C_6^1\cdot C_6^1=6\times6=36$$

点数和为 7 的事件有

(1，6)、(2，5)、(3，4)、(4，3)、(5，2)、(6，1)

可能出现 6 次，故 $P(B)=\frac{6}{36}=\frac{1}{6}$。

例 10.1.2 中的 C_6^1 表示从 6 个中取 1 个作为 1 组，由于有 6 种取法，因此 $C_6^1=6$。

一般从 n 个不同的元素中任取 m 个元素并成一组的个数 C_n^m 的计算公式为

$$C_n^m=\frac{n!}{m!(n-m)!}$$

课堂练习 10.1.3

1. 抛 1 枚均匀的硬币 2 次，若 $A=\{$恰有一次是正面$\}$，求 $P(A)$。
2. 掷 2 颗均匀骰子 1 次，若 $B=\{$点数之和为 8$\}$，求 $P(B)$。
3. 袋中有 5 个白球、3 个红球，现从中随机地取出 2 球，求下面事件的概率：
   (1)取出的是 2 只白球；　　　　(2)取出的是 1 白 1 红。

古典概率的计算虽然精确，但其假想世界是不存在的。因为对于那些不能肯定发生，却有可能发生的事情，古典概率没有考虑。例如，硬币落地后并没有平正地出现正面或反面，而是直立地站在那里，这种事情极其罕见，但并非不可能发生。

此外，古典概率还假定周围世界对事件的干扰是均匀的。也就是说，虽然按照古典概率的定义，抛硬币出现正面的概率等于0.5，但谁敢保证无论什么时候抛10 次一定有5 次出现正面呢？在实际生活中无次序的、靠不住的因素是经常存在的，为使概率具有使用价值，有必要用其他方法去定义概率。

2. 几何概率

古典概型的样本点个数只能为有限，下面介绍一种样本点个数为无穷的概率模型——几何概型。

定义 10.1.6 如果每个事件发生的概率只与构成该事件区域的长度或面积或体积成比例，那么这样的概率模型称为几何概型。

几何概型的特点有

(1) 无限性：一次试验中，所有可能出现的结果有无穷多个。

(2) 等可能性：每个单位事件发生的可能性都相等。

由定义 10.1.6，设Ω是几何点集，μ是它的一个度量指标，$G\subset\Omega$。若随机地向Ω中投放一点M，M落在G中的概率只与μ成正比，而与G的形状和位置无关，则根据几何概型的等可能性得M落在G中的概率为

$$P=\frac{\mu(G)}{\mu(\Omega)}$$

式中，$\mu(G)$是G关于μ的度量，P为几何概率。

下面通过具体例子看几何概率的计算。

案例 10.1.2(射箭比赛) 奥运会射箭比赛的箭靶涂有 5 个彩色分环，从外到内分别为白、黑、蓝、红色，靶心为金色——也叫黄心(见图 10.1.1)；靶面直径为 122cm，靶心直径为 12.2cm，运动员站在离靶 70m 远的位置。假设射箭都能中靶，且射中靶面任意一点都是等可能的，问射中黄心的概率有多大？

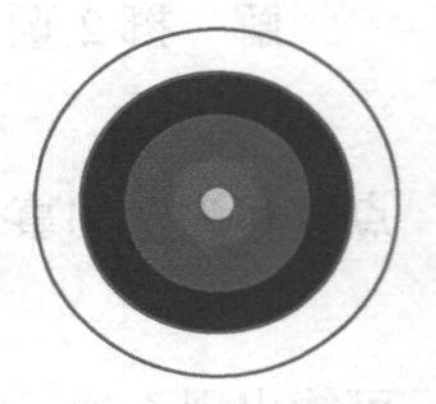

图 10.1.1 箭靶

解 如图 10.1.1 所示，设Ω为靶面、G为靶心，取μ为面积，则

(1) 靶面的面积 $\mu(\Omega)=\pi\cdot(\frac{122}{2})^2$；

(2) 靶心面的面积 $\mu(G)=\pi\cdot(\frac{12.2}{2})^2$。

从而射中黄心的概率 $P=\frac{\mu(G)}{\mu(\Omega)}=0.01$。

案例 10.1.3(等待报时) 某人午睡醒来，发现手表已经停了，他打开收音机，想听电台报时，求他等待时间不超过 10 分钟的概率。

解 注意，电台是 1 小时报一次时间，因此，$\Omega=[0,60]$。“等待时间不超过 10 分钟”表明打开收音机的时刻在$G=[50,60]$时段内，取μ为时段长度，则

$$\mu(\Omega)=60，\ \mu(G)=60-50=10$$

从而等待时间不超过 10 分钟的概率 $P=\frac{\mu(G)}{\mu(\Omega)}=\frac{1}{6}\approx0.167$。

课堂练习 10.1.4

(1) 某公共汽车站每隔 15 分钟有一辆汽车到达，并且出发前在车站停靠 3 分钟。乘客到达车站的时刻是任意的，求一个乘客到达车站后候车时间大于 10 分钟的概率。

(2)《广告法》对插播广告的时间有一定的规定，某人对某台的电视节目做了长期的统计后得出结论，他任意时间打开电视机看该台节目，看到广告的概率为 0.1，那么该台每小时约有多少分钟的广告？

3. 统计概率

根据古典概率和几何概率的计算公式：

$$P(A)=\frac{m}{n}, \quad P=\frac{\mu(G)}{\mu(\Omega)}$$

式中，n 是样本点总数；m 是事件 A 在试验中出现的次数；$P(A)=\frac{m}{n}$ 也就是 A 出现的频率。同样的道理，$P=\frac{\mu(G)}{\mu(\Omega)}$ 也是一种频率，只是样本点为有限与无穷的差异。这样的频率“稳定”必须是以“ A 或 $\overline{A}$ ”及“ M 或 $\overline{M}$ ”在 Ω 中为前提，如“抛硬币”硬币站立、“射箭”箭脱靶等都会制造出频率的不稳定。

为了规避上面的问题，英国逻辑学家约翰(John Venn，1834—1923)和奥地利数学家理查德(Richard Von Mises，1883—1953)提出，获得一个事件的概率值的唯一方法是通过对该事件进行大量前后相互独立的随机试验，针对每次试验均记录下绝对频率值和相对频率值 $h_n(A)$，随着试验次数 n 的增加，会出现如下事实：相对频率值会趋于稳定，它在一个特定的值上下浮动，即相对频率值趋向于一个固定值 $P(A)$，这个极限值称为统计概率，即

$$P(A)=\lim_{n\to\infty} h_n(A)$$

由于随机现象的结果具有不确定性，因此，随机现象不能呈现事物的必然规律。那么大量前后相互独立的随机试验是否呈现出事物的规律呢？看下面例子。

案例 10.1.4(高尔顿钉板试验)　高尔顿钉板试验由英国生物统计学家高尔顿设计：板上第 1 行钉 2 颗，…，第 10 行钉 11 颗；第 10 行下方是 10 个竖直的格槽。自最上端放入小球，任其自由下落，小球碰到钉子时，从左边和从右边落下的机会是相等的。碰到下一排钉子时也是如此，最后落入某一格槽。对于一个球，落入哪一个格槽是不确定的，但当大量的球落下后，便形成了一种规律，如图 10.1.2 所示。

图 10.1.2　钉板试验

如案例 10.1.4 那样，我们把在一定的条件下，对某种现象的大量观测中所表现出来的规律称为统计规律。

上述相对频率的经验值是频率理论学家定义概率的基础。然而骰子不能无限地掷下去，因此统计概率也就很难在实践中实施。

10.1.5 概率公理

概率论最早是一门混合了经验的数学学科，并没有严格的用语。因此，概率论在数学的精密架构下，显得有些异类。许多名词，如“概率”等，一定程度上是按照人们的直觉来定义的。

1933 年，俄国数学家柯尔莫哥洛夫(Kolmogorov)基于集合论建立了概率论的公理化体系：设 A 、B 为随机事件，Ω 为样本空间，$\varnothing$ 为不可能事件，则概率 P 满足：

公理 1 $0 \leqslant P(A) \leqslant 1$。

公理 2 $P(\Omega)=1$。

公理 3 若 $AB=\varnothing$，则 $P(A+B)=P(A)+P(B)$。

不难看出，上述公理适用于古典概率、几何概率和统计概率。实际上，利用上述公理可衍生出整个概率论体系。

习 题 10.1

1. 设 A、B、C 是同一随机试验中的 3 个事件，用数学式子表示下列事件：

(1) A、B 发生，C 不发生；　　(2) A、B、C 都发生；

(3) A、B、C 至少有一个发生；　　(4) A、B、C 都不发生。

2. 某小组有 7 男 3 女，需选 2 名代表参加辩论赛，求当选者为 1 男 1 女的概率。

3. 某公共汽车站每隔 15 分钟有一辆汽车到达，乘客到达车站的时刻是任意的，求一个乘客到达车站后候车时间小于 10 分钟的概率？

4. 甲、乙两人对讲机的接收范围是 25km，下午 3: 00 甲在基地正东 30km 内部处向基地行驶，乙在基地正北 40km 内部处向基地行驶，试问下午 3: 00 他们可以交谈的概率。

10.2 加法公式与乘法公式

10.2.1 加法公式

设 Ω 为样本空间，$\varnothing$ 为不可能事件，A 是 Ω 中的随机事件，则

$$A\overline{A}=\varnothing，\ A+\overline{A}=\Omega，\ \overline{\Omega}=\varnothing，$$

从而 $P(A+\overline{A})=P(\Omega)$，$P(\varnothing)=P(\overline{\Omega})$。

由概率公理 2 可知：$P(\Omega)=1$；由概率公理 3 可知：$P(A+\overline{A})=P(A)+P(\overline{A})$。从而

(1) $P(A)+P(\overline{A})=1$，即 $P(\overline{A})=1-P(A)$； (2) $P(\varnothing)=P(\overline{\Omega})=1-P(\Omega)=0$。

即有对立事件和不可能事件的概率计算公式：

(1) $P(\overline{A})=1-P(A)$； (2) $P(\varnothing)=0$。

此外，利用数学归纳法还可将概率公理3推广至n个事件的情形。

定理 10.2.1 设n为正整数，A_1、…、A_n是试验Ω中两两互不相容的随机事件，即

$$A_iA_j=\varnothing\ (i\neq j)$$

则 $P(A_1+\cdots+A_n)=P(A_1)+\cdots+P(A_n)$。

【证明】 $n=2$即为概率公理3，论断成立。假设

$$P(A_1+\cdots+A_k)=P(A_1)+\cdots+P(A_k)$$

并令 $A_1+\cdots+A_k=B$，则由概率公理3，有

$$P(B+A_{k+1})=P(B)+P(A_{k+1})$$

即 $P(A_1+\cdots+A_{k+1})=P(A_1+\cdots+A_k)+P(A_{k+1})$。

再由归纳假设即得结论。

例 10.2.1(对弈问题) 两人下棋，甲获胜的概率为0.5，乙获胜的概率为0.4，求两人下成和棋的概率。

解 设A={甲获胜}，B={乙获胜}，C={下成和棋}，则

$$P(A)=0.5,\quad P(B)=0.4,\quad A+B=\overline{C}$$

从而 $P(C)=1-P(\overline{C})=1-P(A+B)=1-P(A)-P(B)=0.1$。

课堂练习 10.2.1 一次射击游戏规则规定，击中9环或10环为优秀。已知某射手击中9环的概率为0.52，击中10环的概率为0.43，问该射手

(1)取得优秀的概率有多大？ (2)达不到优秀的概率是多少？

利用概率公理3和定理10.2.1即可建立概率加法公式：

> 对于试验Ω中的任意随机事件A、B，有
> (1) $P(A-B)=P(A)-P(AB)$；
> (2) $P(A+B)=P(A)+P(B)-P(AB)$。

【证明】 如图10.2.1所示，不难看出：

$$A=(A-B)+(AB),$$

$$A+B=(A-B)+AB+(B-A)$$

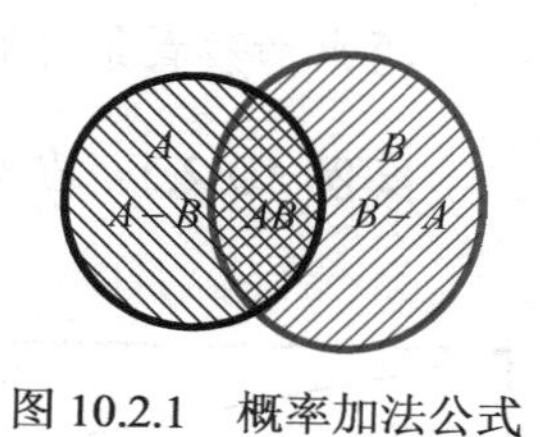

图 10.2.1 概率加法公式

从而由公理3与定理10.2.1，得

$$P(A)=P(A-B)+P(AB)$$

$$P(A+B)=P(A-B)+P(AB)+P(B-A)$$

即得

$$P(A-B)=P(A)-P(AB)$$

$$P(A+B)=P(A)-P(AB)+P(AB)+P(B)-P(BA)$$
$$=P(A)-P(AB)+P(AB)+P(B)-P(AB)=P(A)+P(B)-P(AB)$$

例 10.2.2(熔断问题)　某电路板上装有甲、乙两根熔丝，已知甲熔丝熔断的概率为0.85，乙熔丝熔断的概率为0.76，甲、乙熔丝同时熔断的概率为0.62，问该电路板上甲、乙熔丝至少有一根熔断的概率有多大?

解　设 $A=\{$甲熔丝熔断$\}$，$B=\{$乙熔丝熔断$\}$，则

$$P(A)=0.85,\quad P(B)=0.76,\quad P(AB)=0.62$$

该电路板上甲、乙熔丝至少有一根熔断的事件为 $A+B$，由概率加法公式，得

$$P(A+B)=P(A)+P(B)-P(AB)=0.85+0.76-0.62=0.99$$

课堂练习 10.2.2

(1) 从 1～100 的整数中任取一个数，求取到的数能被 5 或 9 整除的概率。

(2) 某旅行社有 30 名翻译，其中英语翻译 12 名、日语翻译 10 名、既会英语又会日语翻译的有 3 名、其余的人是其他语种的翻译。现从中任选 1 名去带旅行团，求选出的是英语翻译或日语翻译的概率。

10.2.2　条件概率

先看一个例子。

引例 10.2.1　设100 件产品中有98 件合格、2 件不合格，其中98 件合格品中有60 件优等品、28 件一级品。现从中任取一件，若取到的是合格品，那么它是优等品的概率有多大?

分析　题设100 件产品中有98 件合格，从这100 件产品中任取一件取到的是合格品，因此，选取就只能在98 件合格品中进行，即样本点总数为98 而不是100。

进一步讲，若取出的是优等品，则选取只能在60 件优等品中进行，于是所求概率

$$P=\frac{60}{98}\approx 0.6122$$

引例 10.2.1 所求的是“在取得的是合格品的条件下，产品为优等品”的概率。像这种“事件 A 发生的条件下，事件 B 发生”的概率称为条件概率，并记为

$$P(B|A)$$

再来考察看条件概率 $P(B|A)$ 如何计算。看下面的案例。

案例 10.2.1　在对1000 人的问卷调查中，其饮酒人数和高血压人数见表 10. 2. 1。

表 10.2.1　问卷调查数据表　　(单位：人)

血压 \ 饮酒	饮	不饮	总计
正常	120	780	900
高	80	20	100
总计	200	800	1000

现随机地抽出一份问卷，A 表示此被访者是饮酒者，B 表示此被访者是高血压，求概率 $P(A)$、$P(B)$、$P(AB)$、$P(B|A)$。

分析　首先由题设知样本点总数为 1000。

其次，饮酒人数为200 人，高血压人数为100 人，既饮酒又是高血压的人数为80 人。因此，随机地抽出一份问卷：

(1) A 发生就只能是从 200 份中取 1 份，有 200 种可能，$P(A)=\dfrac{200}{1000}$；

(2) B 发生就只能是从 100 份中取 1 份，有 100 种可能，$P(B)=\dfrac{100}{1000}$；

(3) AB 发生就只能是从 80 份中取 1 份，有 80 种可能，$P(AB)=\dfrac{80}{1000}$。

下面再来考察 $P(B|A)$。

当 A 发生后，这时不需要考虑不饮酒的人数，因此，样本点的总数为饮酒总人数200 人而不是1000 人。此外，再注意在饮酒的条件下患高血压的人数为80 人，于是

$$P(B|A)=\frac{80}{200}=\frac{80/1000}{200/1000}=\frac{P(AB)}{P(A)}$$

案例 10.2.1 诱导的是条件概率的计算公式：

$$P(B|A)=\frac{P(AB)}{P(A)}$$

例 10.2.3　已知一批产品中有 1%的不合格品，而合格品中优等品占 90%，现从这批产品中任取一件，求取得的是优等品的概率。

解　设 $A=\{$取得的是优等品$\}$，$B=\{$取得的是合格品$\}$，则

$$P(A|B)=0.9\text{，}\quad P(\overline{B})=0.01$$

从而 $P(B)=1-P(\overline{B})=1-0.01=0.99$。

另外，由 $A\subset B$ 知：$A=AB$，再由条件概率计算公式，得

$$P(A)=P(AB)=P(A|B)P(B)=0.9\times0.99=0.891$$

课堂练习 10.2.3

(1) 盒中有 6 个白球 4 个黑球，从中不放回地任取 2 次，每次 1 球，若

$$A=\{\text{第 1 次取到的是白球}\}\text{，}\quad B=\{\text{第 2 次取到的是白球}\}$$

求 $P(B|A)$。

(2) 某年级有男生 80 人和女生 20 人，其中免修英语的 40 人中有男生 32 人和女生 8 人，若 $A=\{$男生$\}$，$B=\{$免修英语$\}$，求 $P(B|A)$。

10.2.3　乘法公式

由条件概率的计算公式，得

$$P(B|A)=\frac{P(AB)}{P(A)}, \quad P(A|B)=\frac{P(BA)}{P(B)}$$

注意，$P(AB)=P(BA)$，于是便得到了乘法公式：

$$P(AB)=P(A)P(B|A)=P(B)P(A|B)$$

例 10.2.4 设有一个雷达探测设备，在监视区域有飞机出现的条件下雷达会以 0.99 的概率正确报警，在监视区域没有飞机出现的条件下雷达也会以 0.1 的概率错误报警。假定飞机出现在监视区域的概率为 0.05，问：

(1) 飞机没有出现但雷达却有报警的概率有多大？

(2) 飞机有出现而雷达却不报警的概率有多大？

解 设 $A=\{$飞机出现$\}$，$B=\{$雷达报警$\}$，则

$$P(A)=0.05, \quad P(B|A)=0.99, \quad P(B|\overline{A})=0.1$$

从而

$$P(\overline{A})=1-P(A)=0.95, \quad P(\overline{B}|A)=1-P(B|A)=0.01$$

(1) 飞机没有出现但雷达却有报警的事件为 $\overline{A}B$，由概率乘法公式，得

$$P(\overline{A}B)=P(\overline{A})P(B|\overline{A})=0.95\times 0.1=0.095$$

(2) 飞机有出现而雷达却不报警的事件为 $A\overline{B}$，由概率乘法公式，得

$$P(A\overline{B})=P(A)P(\overline{B}|A)=0.05\times 0.01=0.0005$$

课堂练习 10.2.4 设有一个透镜，第 1 次落下时打破的概率为 0.5；若第 1 次落下没打破，则第 2 次落下时打破的概率为 0.7；若前 2 次落下没打破，则第 3 次落下时打破的概率为 0.9，求：

(1) 透镜落下 2 次没被打破的概率；

(2) 透镜落下 3 次没被打破的概率。

10.2.4 事件的独立性

若事件 A 与事件 B 独立，则 A 发生或不发生与 B 无关、B 发生或不发生也与 A 无关。用数学式子描述，即

$$P(A|B)=P(A) \text{ 或 } P(B|A)=P(B)$$

再根据条件概率的计算公式，得

$$\frac{P(AB)}{P(B)}=P(A|B)=P(A) \text{ 或 } \frac{P(AB)}{P(A)}=P(B|A)=P(B)$$

即 $P(AB)=P(A)P(B)$。

总结上面的讨论，有

A、B 独立当且仅当下面条件之一成立： (1) $P(A\|B)=P(A)$，$P(B\|A)=P(B)$； (2) $P(AB)=P(A)P(B)$。

例 10.2.5　两人独立地破译一个密码，甲能译出的概率为 0.8，乙能译出的概率为 0.9，求密码能被破译的概率。

解　设 $A=\{$密码被甲破译$\}$，$B=\{$密码被乙破译$\}$，则 A、B 独立，且

$$P(A)=0.8\text{，}\quad P(B)=0.9$$

密码能被破译的事件为 $A+B$，由概率加法公式和事件的独立性，得

$$\begin{aligned}P(A+B)&=P(A)+P(B)-P(AB)\\&=P(A)+P(B)-P(A)P(B)=0.8+0.9-0.8\times0.9=0.98\end{aligned}$$

课堂练习 10.2.5

1. 两人射击，甲中靶的概率为 0.8，乙中靶的概率为 0.7，求靶被打中的概率。
2. 设甲，乙两批种子的发芽率分别为 0.92 和 0.87，现从中各取一粒，求
   (1) 两粒都发芽的概率；　　　　(2) 至少一粒发芽的概率。

课堂练习 10.2.6　证明若 A、B 相互独立，则 A 与 $\overline{B}$、$\overline{A}$ 与 B、$\overline{A}$ 与 $\overline{B}$ 也都相互独立。

案例 10.2.2(可靠度问题)　设有一部分电路由 n 个元件构成，每个元件独立工作，且能正常工作的概率为 r $(0<r<1)$，求下面情形下电路能正常工作的概率：

(1) n 个元件组成的是串联电路(见图 10.2.2)；

(2) n 个元件组成的是并联电路(见图 10.2.3)。

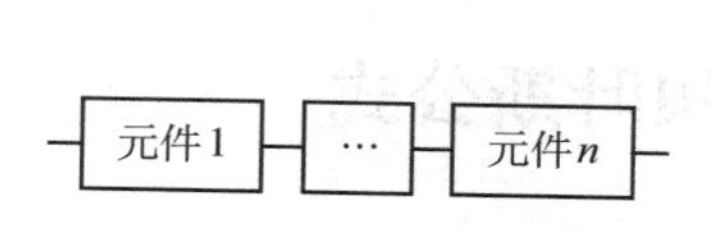

图 10.2.2　串联电路

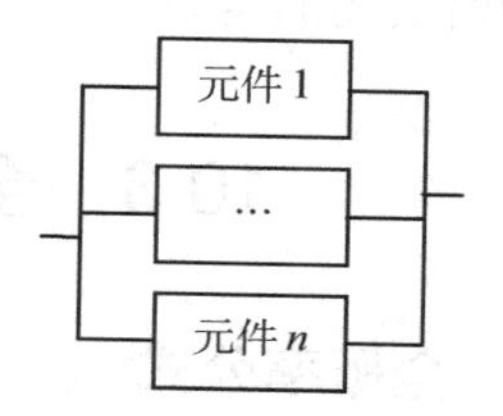

图 10.2.3　并联电路

分析　设 $A_k=\{$元件 k 正常工作$\}$ $(k=1，\cdots，n)$，$B=\{$电路能正常工作$\}$，则

$$P(A_1)=\cdots=P(A_n)=r$$

(1) 因为元件串联在电路中，仅当所有元件都正常工作时电路才正常工作，即

$$B=A_1\cdots A_n$$

注意，A_1，…，A_n 相互独立，故

$$P(B)=P(A_1)\cdots P(A_n)=r^n$$

(2) 因为元件并联在电路中，至少有一个元件能正常工作时电路才正常工作，即

$$B=A_1+\cdots+A_n\text{，}\quad \overline{B}=\overline{A_1}\cdots\overline{A_n}$$

从而 $P(B)=1-P(\overline{B})=1-P(\overline{A}_1\cdots\overline{A}_n)$。

注意，$A_1,\cdots,A_n$ 相互独立能推得 $\overline{A}_1,\cdots,\overline{A}_n$ 也相互独立，故

$$P(B)=1-P(\overline{A}_1)\cdots P(\overline{A}_n)=1-(1-r)^n$$

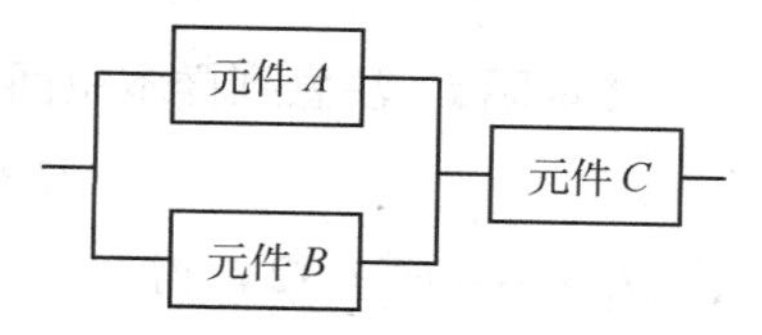

图 10.2.4　课堂练习 10.2.7 电路

课堂练习 10.2.7　已知电路由并联元件 A、B 与元件 C 串联而成(见图 10.2.4)，假设每个元件工作独立，且能正常工作的概率分别为 0.6、0.7 和 0.9，求电路能正常工作的概率。

习 题 10.2

1. 甲、乙等4人参加4×100接力赛，每个人跑第几棒都是等可能的，求甲跑第1棒或乙跑第4棒的概率。

2. 已知100个产品中，93个长度合格，90个质量合格，其中长度和质量都合格的有85个，现从中任意选取1个产品，求长度、质量至少有一个合格的概率。

3. 有两台机床加工同一种零件，第一台机床加工的零件中有95件合格，5件不合格，第二台机床加工的零件中有142件合格，8件不合格，现从中任取一件，设

$$A=\{取出的零件是第一台机床加工的\}，B=\{取出的零件是合格品\}$$

求$P(A)$、$P(AB)$和$P(B|A)$。

4. 两人独立地解一道题，甲能解答的概率为0.6，乙能解答的概率为0.5，求该题能被甲或乙解答的概率。

5. 如图10.2.5所示，开关a、b、c开或关的概率都是0.5，且各开关是否关闭相互独立。求灯亮的概率，以及若已见灯亮，开关a、b同时关闭的概率。

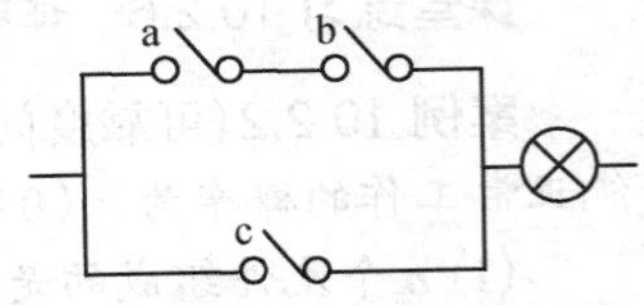

图10.2.5 习题5电路

10.3 全概率公式与贝叶斯公式

10.3.1 全概率公式

现实生活中的问题常常会涉及各种类型的概率计算，由于条件限制或样本空间复杂，其直接计算往往会较为繁杂。分割样本空间，将求复杂事件的概率转变为对多个简单事件的概率的计算，是全概率公式的核心所在。

全概率公式是概率论中的一个重要公式，它主要展示“化整为零”的数学思想，即将复杂问题分割为多个简单的问题进行分析处理。

定理10.3.1(全概率公式) *若试验Ω中的随机事件H_k $(k=1,\cdots,n)$满足：*

$$H_iH_j=\varnothing\ (i\neq j)，\ H_1+\cdots+H_n=\Omega$$

则$P(A)=\sum_{k=1}^{n}P(A|H_k)P(H_k)$。

【证明】 注意到样本空间Ω的分割：

$$H_iH_j=\varnothing\ (i\neq j)，\ H_1+\cdots+H_n=\Omega$$

由$H_1+\cdots+H_n=\Omega$，得

$$A=A\Omega=A(H_1+\cdots+H_n)=AH_1+\cdots+AH_n$$

由$AH_i\subseteq H_i$、$AH_j\subseteq H_j$及$H_iH_j=\varnothing\ (i\neq j)$，得

$$(AH_i)(AH_j)=\varnothing\ (i\neq j)$$

从而由定理 10.2.1，得

$$P(A)=P(AH_1)+\cdots+P(AH_n)$$

再根据乘法公式：$P(AH_k)=P(H_k)P(A|H_k)\ (k=1,\cdots,n)$，即得全概率公式。

例 10.3.1　某厂有 4 条流水线生产同一种产品，且生产互不相容，其产量分别占总产量的 15%、25%、20%和 35%，次品率也分别为 0.4%、0.2%、0.3%和 0.1%。现从该产品中任取一件，问取出的是次品的概率是多少？

解　设 $A_k=\{$第 k 条流水线生产的$\}\ (1\leqslant k\leqslant 4)$，$B=\{$取出的是次品$\}$，则

$$P(A_1)=0.15,\ P(A_2)=0.25,\ P(A_3)=0.2,\ P(A_4)=0.35;$$

$$P(B|A_1)=0.004,\ P(B|A_2)=0.002,\ P(B|A_3)=0.003,\ P(B|A_4)=0.001$$

注意，所检测的产品仅由这 4 条流水线生产，且生产互不相容，即

$$A_iA_j=\varnothing\ (i\neq j),\ A_1+A_2+A_3+A_4=\Omega$$

根据全概率公式，得

$$\begin{aligned}P(B)&=P(A_1)P(B|A_1)+P(A_2)P(B|A_2)+P(A_3)P(B|A_3)+P(A_4)P(B|A_4)\\&=0.15\times0.004+0.25\times0.002+0.2\times0.003+0.35\times0.001=0.00205\end{aligned}$$

课堂练习 10.3.1　某人欲参加毕业 30 周年同学聚会，他乘火车、轮船、汽车、飞机的概率分别为 0.3、0.2、0.1、0.4，迟到的概率相应为 0.25、0.3、0.1、0，求他能准时参加同学聚会的概率。

10.3.2　贝叶斯公式

人们根据不确定性信息做出推理和决策需要对各种结论的概率做出估计，这类推理称为概率推理。

贝叶斯公式推理的问题是条件概率推理问题。例如，投资决策分析中已知相关项目 B 的资料，而缺乏论证项目 A 的直接资料时，可通过对 B 项目的有关状态及发生概率分析推导 A 项目的状态及发生概率。

大数据、人工智能、海难搜救、生物医学、邮件过滤，这些看起来彼此不相关的领域在推理或决策时往往都会用到同一个数学公式——贝叶斯公式。

贝叶斯(Thomas Bayes，1702—1761)是英国数学家，贝叶斯公式主要用于已知先验概率求后验概率，即根据已发生事件的概率来预测事件将来发生可能性的大小。看几个例子。

案例 10.3.1(安全问题)　一座别墅在过去的 3 个月里 2 次被盗，别墅里养着一条狗，狗平均每周晚上叫 4 次，在盗贼入侵的情况下狗叫的概率预计为 0.98，问狗叫的情况下发生盗贼入侵的概率是多少？

解　设 $A=\{$盗贼入侵$\}$，$B=\{$狗叫$\}$，每月以 30 天计算，则由题设有

$$P(A)=\frac{2}{90},\ P(B)=\frac{4}{7},\ P(B|A)=0.95$$

由乘法公式

$$P(AB)=P(A)P(B|A)=P(B)P(A|B)$$

即得狗叫的情况下发生盗贼入侵的概率为

$$P(A|B)=\frac{P(A)P(B|A)}{P(B)}=\frac{\frac{2}{90}\times 0.95}{\frac{4}{7}}=0.0369$$

案例 10.3.2(感冒发烧问题) 记随机事件 $A=\{感冒\}$，$B=\{发烧\}$。假设

(1) 正常人感冒的概率是$\frac{1}{10}$，即 $P(A)=\frac{1}{10}$；

(2) 感冒的条件下发烧的概率是$\frac{1}{2}$，即 $P(B|A)=\frac{1}{2}$；

(3) 不感冒的条件下发烧的概率是$\frac{1}{50}$，即 $P(B|\overline{A})=\frac{1}{50}$。

现在来了一个人，这个人发烧了，那么他患感冒的可能性有多大呢？

根据乘法公式，得

$$(1)\ P(A|B)=\frac{P(A)P(B|A)}{P(B)}=\frac{\frac{1}{10}\cdot\frac{1}{2}}{P(B)}=\frac{1}{20\cdot P(B)};$$

$$(2)\ P(\overline{A}|B)=\frac{P(\overline{A})P(B|\overline{A})}{P(B)}=\frac{\frac{9}{10}\cdot\frac{1}{50}}{P(B)}=\frac{9}{500\cdot P(B)}。$$

注意，$\frac{1}{20}>\frac{9}{500}$，从而

$$P(A|B)>P(\overline{A}|B)$$

因此可以认为一个发烧的人很可能也同时感冒了。

案例 10.3.3(邮件过滤问题) 邮箱需要过滤垃圾邮件，邮件里面有一些关键字比如“促销”，令

$$A=\{垃圾邮件\},\ B=\{邮件里出现词汇“促销”\}$$

根据已有的数据分别计算：

(1) 出现垃圾邮件的概率 $P(A)$ (用垃圾邮件数除以邮件总数)；

(2)“促销”在邮件里面出现的概率 $P(B)$ (用“促销”在邮件里出现的次数除以邮件总数)；

(3)“促销”在垃圾邮件里面出现的概率 $P(B|A)$ (用“促销”在垃圾邮件里出现的次数除以垃圾邮件总数)。

再由乘法公式得概率

$$P(A|B)=\frac{P(A)P(B|A)}{P(B)}$$

给概率 $P(A|B)$ 设置一个阈值，可大可小，大于阈值就判断为垃圾邮件进行过滤。

类似的更多关键词，也就使过滤的准确率更高。

案例 10.3.1、案例 10.3.2、案例 10.3.3 都用到了乘法公式：

$$P(AB)=P(A)P(B|A)=P(B)P(A|B)$$

如果 $P(B|A)$ 叫作先验概率，那么 $P(A|B)$ 就是后验概率。因此，案例 10.3.1、案例 10.3.2、案例 10.3.3 实际上是已知先验概率求后验概率的问题。

另外，由乘法公式

$$P(AB)=P(A)P(B|A)=P(B)P(A|B)$$

得

$$P(A|B)=\frac{P(A)P(B|A)}{P(B)}$$

注意，$A\overline{A}=\varnothing$，$A+\overline{A}=\Omega$，再根据全概率公式：

$$P(B)=P(A)P(B|A)+P(\overline{A})P(B|\overline{A})$$

于是有两个事件的贝叶斯公式为

$$P(A|B)=\frac{P(A)P(B|A)}{P(A)P(B|A)+P(\overline{A})P(B|\overline{A})}$$

例 10.3.2（通信问题）　有一个通信系统，假设信源发射 0、1 两个状态信号（编码过程省略），其中发 0 的概率为 0.58，发 1 的概率为 0.42，信源发 0 时接收端分别以 0.92 和 0.08 的概率收到 0 和 1，信源发 1 时接收端分别以 0.94 和 0.06 的概率收到 1 和 0，求接收端收到 0 的条件下，信源所发的确是 0 的概率。

解　设 $A=\{$信源发的是0$\}$，$B=\{$接收端收到0$\}$，由贝叶斯公式，得

$$P(A|B)=\frac{P(A)P(B|A)}{P(A)P(B|A)+P(\overline{A})P(B|\overline{A})}$$

注意

$$P(A)=0.58,\quad P(\overline{A})=0.42;$$
$$P(B|A)=0.92,\quad P(B|\overline{A})=0.06$$

于是有

$$P(A|B)=\frac{P(A)P(B|A)}{P(A)P(B|A)+P(\overline{A})P(B|\overline{A})}=\frac{0.58\times 0.92}{0.58\times 0.92+0.42\times 0.06}=0.9549$$

课堂练习 10.3.2　在例 10.3.2 的假设下，求接收端收到 0 的条件下信源发的却是 1 的概率。

课堂练习 10.3.3　设有 10 箱同规格的产品，其中甲厂生产了 5 箱、乙厂生产了 3 箱、丙厂生产了 2 箱。已知这 3 个厂生产这种产品的不合格率分别为 0.02、0.03 和 0.05。现从中任取一箱，再从该箱中任取一件，若取到的是合格品，求该产品是从甲厂生产的箱子中取出的概率。

一般下面更广泛的贝叶斯公式也成立。

定理 10.3.2 若试验 Ω 中的随机事件 H_k（$k=1,\cdots,n$）满足

$$H_iH_j=\varnothing\,(i\neq j),\quad H_1+\cdots+H_n=\Omega$$

则对 $k=1$，…，n 下式成立：

$$P(H_k\mid B)=\frac{P(H_k)P(B\mid H_k)}{P(H_1)P(B\mid H_1)+\cdots+P(H_n)P(B\mid H_n)}=\frac{P(H_k)P(B\mid H_k)}{\sum\limits_{i=1}^{n}P(H_i)P(B\mid H_i)}$$

【证明】 根据乘法公式：

$$P(H_kB)=P(H_k)P(B\mid H_k)=P(B)P(H_k\mid B)$$

得

$$P(H_k\mid B)=\frac{P(H_k)P(B\mid H_k)}{P(B)}$$

再根据全概率公式 $P(B)=\sum\limits_{k=1}^{n}P(H_k)P(B\mid H_k)$ 即得结论。

习 题 10.3

1. 某厂用3 台机床进行生产，其产量分别占总产量的25%、35%和40%，次品率分别为5%、4%和2%。现从出厂产品中任取一件，问取出次品的概率是多少？

2. 某地成人肥胖者中，重度肥胖占 10%、中度肥胖占 82%、轻度肥胖占 8%，他们患高血压的概率分别为 0.2、0.1、0.05，求该地成人肥胖者患高血压的概率。

3. 某地区胃癌患者的人数占地区总人口数的 0.5%，假设该地区胃癌患者对一种检测呈阳性的概率为 0.95，非胃癌患者对这种检测呈阳性的概率为 0.04，现在抽查了一个人，检测结果为阳性，问此人是胃癌患者的概率有多大？

4. 已知某公司有0.5%的员工吸毒，公司高层决定对全体员工进行一次吸毒情况的检测。假设一个常规的检测结果的敏感度与可靠度均为99%，也就是说，对吸毒的被检者检测呈阳性(+)的概率为99%，对不吸毒被检者检测呈阴性(-)的概率为99%，误诊率为1%。如果某人的检测结果为阳性，问此人吸毒的概率有多大？

5. 某地成人肥胖者中，重度肥胖占 10%、中度肥胖占 82%、轻度肥胖占 8%，他们患高血压的概率分别为 0.2、0.1、0.05。已知某成人肥胖者患有高血压，那么他的肥胖是重度、中度还是轻度？

6. 假设 5 支手枪中有 2 支旧枪、3 支新枪，一个枪手用旧枪射击的中靶率为 0.4、用新枪射击的中靶率为 0.9。

(1) 若枪手任取一支枪射击，问他中靶的概率是多少？

(2) 若枪手任取一支枪射击，结果没有中靶，问该枪是旧枪的概率有多大？

*10.4　随机变量的分布

随机事件是随机试验中的结果，其概率的计算，无论是用加法、乘法公式，还是用全概率、贝叶斯公式，都仅局限在简单的数学推导和计算的范畴。将随机试验中的结果用变量的取值表示，例如，

(1)抛钱币：$X=1$ 表示{出现正面}，$X=0$ 表示{出现反面}；

(2)掷骰子：$X=k$ 表示{出现 k 点}。

即建立起了随机事件与实数轴上点的对应关系，这种对应不仅以数量直观表现了随机事件，也可借助变量与函数进行分析和演绎。

上述以数量取值表示随机试验中的结果的变量就称为随机变量(Random Variable)。

随机变量可能是自变量，也可能是因变量或函数。随机变量的取值可能是一系列离散的实数值，如某一时段内公共汽车站等车的乘客人数；也可能是一单值实函数，如家用电器的寿命随使用时间而呈指数衰减。

在不同的条件下，由于偶然因素的影响，随机变量的取值也具有随机性和不确定性，例如，抛钱币的结果有出现正面和出现反面，可让 $X=1$ 和 0，也可以让 $X=1$ 和 -1，但这些取值落在某个范围的概率则是一定的。因此，对于随机变量，重要的不是它的取值，而是它的概率分布。为此，引入下面的定义。

定义 10.4.1　设 X 是随机变量，x 为实数，称

$$F(x)=P(X\leqslant x)$$

为 X 的概率分布函数(其中 $P(X\leqslant x)$ 是事件 $\{X\leqslant x\}$ 的概率)。

注意 $X\leqslant -\infty$ 是不可能事件，其概率为0；$X\leqslant +\infty$ 是必然事件，其概率为1。再综合概率公理，有

$$F(-\infty)=0,\quad F(+\infty)=1,\quad 0\leqslant F(x)\leqslant 1$$

10.4.1　离散型随机变量的分布

若随机变量 X 的取值只有有限或可数个，则称 X 为离散型随机变量。

由于离散型随机变量取值的可数性，因此，其概率分布状况也就可以通过列表或矩阵精确描述。

定义 10.4.2　若概率 $P(X=x_k)=p_k$ $(k=1,2,\cdots)$，则

X	x_1	x_2	…	x_n	…
P	p_1	p_2	…	p_n	…

称为离散型随机变量 X 的概率分布律当且仅当 $\sum\limits_k p_k=1$。

离散型随机变量 X 的概率分布律也可等价地采用矩阵形式

$$X \sim \begin{pmatrix} x_1 & x_2 & \cdots & x_n & \cdots \\ p_1 & p_2 & \cdots & p_n & \cdots \end{pmatrix}$$

进行描述。

例 10.4.1 若 $X \sim \begin{pmatrix} 0 & 1 & 2 \\ 0.2 & 0.3 & 0.5 \end{pmatrix}$，求 X 的概率分布函数。

解 注意 X 只取0、1、2 三个值，考察事件 $\{X \leqslant x\}$：

(1) $x<0$ 时，0、1、$2 \leqslant x$ 都是不可能的，因此 $\{X \leqslant x\}$ 是不可能事件，于是

$$P(X \leqslant x)=0$$

(2) $0 \leqslant x<1$ 时，$\{X \leqslant x\}$ 等价于 $\{X=0\}$，因此

$$P(X \leqslant x)=P(X=0)=0.2$$

(3) $1 \leqslant x<2$ 时，$\{X \leqslant x\}$ 等价于 $\{X=0\}+\{X=1\}$，因此

$$P(X \leqslant x)=P(X=0)+P(X=1)=0.2+0.3=0.5$$

(4) $x \geqslant 2$ 时，$\{X \leqslant x\}$ 等价于 $\{X=0\}+\{X=1\}+\{X=2\}$，因此

$$P(X \leqslant x)=P(X=0)+P(X=1)+P(X=2)=1$$

综合上面的计算，可得 X 的概率分布函数 $P(X \leqslant x)=\begin{cases} 0, & x<0 \\ 0.2, & 0 \leqslant x<1 \\ 0.5, & 1 \leqslant x<2 \\ 1, & x \geqslant 2 \end{cases}$。

课堂练习 10.4.1 若 $X \sim \begin{pmatrix} 0 & 1 \\ 0.3 & 0.7 \end{pmatrix}$，求 X 的概率分布函数。

10.4.2 连续型随机变量的分布

现实生活中的随机变量的取值不都是有限或可数的。例如，电脑的寿命、乘客在公共汽车站的等车时间等，这些随机变量就可以在某一区间范围连续取值。

若随机变量 X 可在某一区间范围连续取值，则称 X 为连续型随机变量。

连续型随机变量如何求概率分布函数呢？先看下面的案例。

案例 10.4.1 如图 10.4.1 所示，假设射击靶是一个半径为50cm 的圆盘，某人射击总能中靶，但他击中靶圆中心的概率为0，若以 X 表示中靶点到圆心的距离，则 X 的取值范围为区间 $(0,50]$，因此，X 是一个连续型随机变量。考察事件 $\{X \leqslant x\}$：

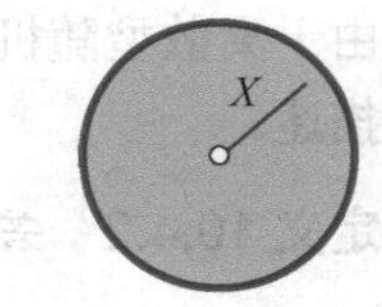

图 10.4.1 案例 10.4.1 图形

(1) $x \leqslant 0$ 时，因为 X 是距离，所以 $X \leqslant x<0$ 是不可能事件，而 $P(X=0)=0$，于是有

$$P(X \leqslant x)=0$$

(2) $x>50$ 时，$X \leqslant 50<x$ 是必然事件，所以

$$P(X \leqslant x)=1$$

(3)假设$0<x\leqslant 50$时$P(0<X\leqslant x)=kx^2$，那么

$$P(X\leqslant x)=P(X\leqslant 0)+P(0<X<x)=kx^2$$

且由于射击总中靶，可知：

$$P(0<X\leqslant 50)=k\cdot 50^2=1,\quad k=\frac{1}{2500}$$

综合上面的讨论，可得到X的概率分布函数为

$$F(x)=P(X\leqslant x)=\begin{cases}0, & x\leqslant 0\\ \dfrac{1}{2500}x^2, & 0<x\leqslant 50\\ 1, & x>50\end{cases}$$

若令$f(t)=\begin{cases}\dfrac{t}{1250}, & 0<t\leqslant 50\\ 0, & 其他\end{cases}$，则有

(1) $f(t)\geqslant 0$，$\int_{-\infty}^{+\infty}f(t)\mathrm{d}t=\int_0^{50}\dfrac{t}{1250}\mathrm{d}t=\dfrac{1}{2500}t^2\Big|_0^{50}=1$；

(2) $F'(x)=f(x)$（$x\neq 50$），$F(x)=\int_{-\infty}^{x}f(t)\mathrm{d}t$。

案例10.4.1诱导出下面的定义。

定义10.4.3 若存在非负函数$f(t)$，使得

$$F(x)=P(X\leqslant x)=\int_{-\infty}^{x}f(t)\mathrm{d}t$$

则称X为连续型随机变量，$f(t)$为X的概率密度。

由于$F(+\infty)=1$，因此概率密度除满足$f(t)\geqslant 0$外，还必须符合下面的条件：

$$\int_{-\infty}^{+\infty}f(t)\mathrm{d}t=1$$

例10.4.2 若连续型随机变量X的概率密度$f(x)=\begin{cases}kx, & 0\leqslant x\leqslant 1\\ 0, & 其他\end{cases}$，求$k$。

解 由$\int_{-\infty}^{+\infty}f(x)\mathrm{d}x=1$，得

$$\int_{-\infty}^{+\infty}f(x)\mathrm{d}x=\int_0^1 kx\,\mathrm{d}x=k\frac{x^2}{2}\Big|_0^1=\frac{k}{2}=1$$

故$k=2$。

课堂练习10.4.2 若连续型随机变量X的概率密度$f(x)=\begin{cases}kx^2, & 0\leqslant x\leqslant 1\\ 0, & 其他\end{cases}$，求$k$。

1. 利用分布函数求概率

若已知连续型随机变量X的概率分布函数$F(x)=P(X\leqslant x)$，则

$$P(X \leqslant b)=F(b),\quad P(X>a)=1-P(X \leqslant a)=1-F(a);$$
$$P(a<X \leqslant b)=P(X \leqslant b)-P(X \leqslant a)=F(b)-F(a)$$

于是便建立起了利用概率分布函数求概率的计算公式：

$$P(X \leqslant b)=F(b),\quad P(X>a)=1-F(a);$$
$$P(a<X \leqslant b)=F(b)-F(a)$$

例 10.4.3 若连续型随机变量 X 的概率分布函数为

$$F(x)=\begin{cases}0, & x<0 \\ x^2, & 0 \leqslant x \leqslant 1 \\ 1, & x>1\end{cases}$$

求概率 $P(X \leqslant 0.4)$，$P(X>0.5)$ 和 $P(0.2<X \leqslant 0.6)$。

解 注意：$F(x)=P(X \leqslant x)$。

(1) 由公式 $P(X \leqslant b)=F(b)$，得

$$P(X \leqslant 0.4)=F(0.4)=0.4^2=0.16$$

(2) 由公式 $P(X>a)=1-F(a)$，得

$$P(X>0.5)=1-F(0.5)=1-0.5^2=0.75$$

(3) 由公式 $P(a<X \leqslant b)=F(b)-F(a)$，得

$$P(0.2 \leqslant X \leqslant 0.6)=F(0.6)-F(0.2)=0.36-0.04=0.32$$

课堂练习 10.4.3 若连续型随机变量 X 的概率分布函数为

$$F(x)=\begin{cases}0, & x<0 \\ x^3, & 0 \leqslant x \leqslant 1 \\ 1, & x>1\end{cases}$$

求概率 $P(X \leqslant 0.3)$、$P(X>0.7)$ 和 $P(0.2<X \leqslant 0.8)$。

2. 利用密度函数求概率

若已知连续型随机变量 X 的密度函数 $f(t)$，则

$$P(a<X \leqslant b)=F(b)-F(a)=\int_{-\infty}^{b} f(t)\,\mathrm{d}t-\int_{-\infty}^{a} f(t)\,\mathrm{d}t=\int_{a}^{b} f(t)\,\mathrm{d}t$$

$$P(X \leqslant b)=P(-\infty<X \leqslant b)=\int_{-\infty}^{b} f(t)\,\mathrm{d}t$$

$$P(X>a)=P(a<X \leqslant +\infty)=\int_{a}^{+\infty} f(t)\,\mathrm{d}t$$

于是便建立起了用密度函数求概率的计算公式：

$$P(a<X \leqslant b)=\int_{a}^{b} f(t)\,\mathrm{d}t$$
$$P(X \leqslant b)=\int_{-\infty}^{b} f(t)\,\mathrm{d}t,\quad P(X>a)=\int_{a}^{+\infty} f(t)\,\mathrm{d}t$$

例 10.4.4　若连续型随机变量 X 的概率密度为

$$f(x)=\begin{cases}3x^2, & 0\leqslant x\leqslant 1\\ 0, & \text{其他}\end{cases}$$

求概率 $P(X\leqslant 0.6)$、$P(X>0.8)$ 和 $P(0.2<X\leqslant 2)$。

解　由计算公式，得

$$P(X\leqslant 0.6)=\int_{-\infty}^{0.6}f(x)\,\mathrm{d}x=\int_{0}^{0.6}3x^2\mathrm{d}x=x^3\Big|_0^{0.6}=0.216$$

$$P(X>0.8)=\int_{0.8}^{1}3x^2\mathrm{d}x=x^3\Big|_{0.8}^{1}=0.488$$

$$P(0.2<X\leqslant 2)=\int_{0.2}^{2}f(t)\,\mathrm{d}t=\int_{0.2}^{1}3x^2\mathrm{d}x=x^3\Big|_{0.2}^{1}=0.92$$

课堂练习 10.4.4　若连续型随机变量 X 的概率密度为

$$f(x)=\begin{cases}2x, & 0\leqslant x\leqslant 1\\ 0, & \text{其他}\end{cases}$$

求概率 $P(X\leqslant 0.3)$、$P(X>0.2)$、$P(0.1<X\leqslant 1.5)$。

3. 概率分布与密度的关系

若 $F(x)$ 为概率分布函数，则在 $f(t)$ 的连续点 x 有

$$F'(x)=\lim_{h\to 0}\frac{F(x+h)-F(x)}{h}=\lim_{h\to 0}\frac{\int_{x}^{x+h}f(t)\,\mathrm{d}t}{h}=f(x)$$

即得概率分布函数 $F(x)$ 与概率密度 $f(x)$ 的关系：

$$F'(x)=f(x)$$

其中 x 是 $f(t)$ 的连续点。

例 10.4.5　若连续型随机变量 X 的概率分布函数为

$$F(x)=\begin{cases}0, & x<0\\ x^2, & 0\leqslant x\leqslant 1\\ 1, & x>1\end{cases}$$

求 X 的概率密度 $f(x)$。

解　由 $F'(x)=f(x)$，得 $f(x)=F'(x)=\begin{cases}2x, & 0<x<1\\ 0, & \text{其他}\end{cases}$。

课堂练习 10.4.5　若连续型随机变量 X 的概率分布函数 $F(x)=A+B\arctan x$，

(1) 由 $F(-\infty)=0$ 和 $F(+\infty)=1$，求 A、B；

(2) 求 X 的概率密度 $f(x)$。

4. 随机变量取固定值的概率

对于离散型随机变量，如 $X\sim\begin{pmatrix}0 & 1\\ 0.2 & 0.8\end{pmatrix}$，易见：

$$P(X=0)=0.2\neq 0$$

而$\{X=2\}$是不可能事件，从而$P(X=2)=0$。因此，离散型随机变量X取某个固定值的概率可能是0，也可能不是0。

如果X是连续型随机变量，设其概率密度为$f(x)$，c为任一固定值，则

$$0\leqslant P(X=c)\leqslant P(c-r<X\leqslant c)=\int_{c-r}^{c}f(t)\,\mathrm{d}t$$

令$r\to 0$即得下面结论：

若X为连续型随机变量，则$P(X=c)=0$。

即连续型随机变量取单个点的值的概率都是0。于是，对于连续型随机变量X，有

$$P(X\leqslant b)=P(X<b)，\ P(X>a)=P(X\geqslant a)$$

$$P(a<X\leqslant b)=P(a\leqslant X<b)=P(a\leqslant X\leqslant b)=P(a<X<b)$$

课堂讨论 10.4.1 不可能事件的概率为0。反过来，概率为0的事件是否就一定是不可能事件呢？举例说明你的结论。

10.4.3 常见的离散型随机变量的分布

下面是几种常见的离散型随机变量的分布。

1. 单点分布(One-Point Distribution)

定义 10.4.4 若$X\sim\begin{pmatrix}c\\1\end{pmatrix}$($c$为实常数)，则称$X$服从单点分布。

服从单点分布的X的取值不再是随机的，这是随机变量的退化情形，看一个例子。

案例 10.4.2 正常情况下骰子的每个面上的点数分别为1～6点。现在庄家在骰子上做了手脚，使得骰子的每个面上的点数都是5，此时掷一次这种骰子出现的点数X便服从单点分布，即$X\sim\begin{pmatrix}5\\1\end{pmatrix}$。

2. 0-1 分布

定义 10.4.5 若$X\sim\begin{pmatrix}0 & 1\\1-p & p\end{pmatrix}$($0<p<1$)，则称$X$服从参数为$p$的0-1分布，记为

$$X\sim(0-1)$$

0-1分布又叫两点分布，生活中服从0-1分布的例子如抛钱币、射击、产品检测等。

案例 10.4.3 某人1次射击，打中10环的概率为0.4，如果以$Y=1$表示打中10环，则

$$Y\sim\begin{pmatrix}0 & 1\\0.6 & 0.4\end{pmatrix}$$

3. 几何分布(Geometric Distribution)

定义 10.4.6 设$0<p<1$，$q=1-p$，若

$$X \sim \begin{pmatrix} 1 & 2 & 3 & \cdots & n & \cdots \\ p & pq & pq^2 & \cdots & pq^{n-1} & \cdots \end{pmatrix}$$

则称 X 服从参数为 p 的几何分布，记为 $X \sim G(p)$。

假设某随机试验只有两个结果，在同样的条件下相互独立地进行该试验 n 次，这样的试验称为 n 重贝努利(Bernoulli)试验。

在 n 重贝努利试验中，若以 $\{X=k\}$ 记事件 A 在 k 次试验中的前 $k-1$ 次不发生、第 k 次才首次发生，且 $P(A)=p$，则

$$P(X=k)=(P(\overline{A}))^{k-1}P(A)=pq^{k-1}, \quad X \sim G(p)$$

案例 10.4.4　某人1次射击的中靶率为0.8，假设他每次射击相互独立，$\{X=k\}$ 表示他在前 $k-1$ 次不中靶而第 k 次才中靶，则

$$P(X=k)=0.8\times 0.2^{k-1}$$

于是有 $X \sim G(0.8)$。

4. 二项分布(Binomial Distribution)

定义 10.4.7　设 $0<p<1$，$q=1-p$，若

$$X \sim \begin{pmatrix} x_1 & \cdots & x_n \\ p_1 & \cdots & p_n \end{pmatrix}, \quad p_k = C_n^k p^k q^{n-k}$$

则称 X 服从参数为 n、p 的二项分布，记为 $X \sim B(n,p)$。

若一次随机试验的结果只有2个，且事件 A 发生的概率为 p，X 是该试验在 n 重贝努利试验中事件 A 发生的次数，则

$$P(X=k)=C_n^k p^k q^{n-k}, \quad X \sim B(n,p)$$

案例 10.4.5　假设产妇生男生女的概率都是0.5，妇产医院现有3名产妇要分娩3名新生儿，求所生男孩数 $X=0$，1，2，3 的概率。

分析　产妇生男生女是两个结果的随机试验，其中生男生女的概率 $p=q=0.5$。
3名产妇分娩就相当于3重贝努利试验，因此，所生男孩数 $X \sim B(3,0.5)$，其概率

$$P(X=k)=C_3^k p^k q^{3-k} \ (k=0, 1, 2, 3)$$

5. 泊松分布(Poisson Distribution)

定义 10.4.8　若

$$X \sim \begin{pmatrix} 0 & 1 & \cdots & n & \cdots \\ p_1 & p_2 & \cdots & p_n & \cdots \end{pmatrix}, \quad p_k = \frac{\lambda^n}{n!}e^{-\lambda} \ (\lambda>0)$$

则称 X 服从参数为 λ 的泊松分布，记为 $X \sim P(\lambda)$。

当 n 很大、p 很小、np 大小适中时，取 $\lambda=np$，可以证明：

$$C_n^k p^k (1-p)^{n-k} \approx \frac{\lambda^k}{k!}e^{-\lambda}$$

因此，泊松分布是二项分布的近似，其优点是只需知道一个参数 λ，而二项分布却需要知道 n 和 p 两个参数。实际应用时，当 $n \geqslant 10$、$p \leqslant 0.1$ 时，即可利用上述近似关系。

案例 10.4.6 某地新生儿先天性心脏病的发病概率为8‰，那么该地120名新生儿中有4人患先天性心脏病的概率有多大？

分析 $p = 0.008$，$n = 120$，从而 $\lambda = np = 0.96$。

记 X 为该地新生儿先天性心脏病的发病人数，并采用泊松分布 $X \sim P(0.96)$，得

$$P(X = 4) = \frac{0.96^4}{4!}\mathrm{e}^{-4} \approx 0.0136$$

即该地120名新生儿中有4人患先天性心脏病的概率约为0.0136。

10.4.4 常见的连续型随机变量的分布

常见的连续型随机变量的分布如下。

1. 均匀分布

定义 10.4.9 如果随机变量 X 的概率密度

$$f(x) = \begin{cases} \dfrac{1}{b-a}, & a < x < b \\ 0, & \text{其他} \end{cases}$$

则称 X 服从区间 $[a, b]$ 上的均匀分布，记为 $X \sim U(a,b)$。

不难推得，若 $X \sim U(a,b)$，则其概率分布函数 $F(x) = \begin{cases} 0, & x < a \\ \dfrac{x-a}{b-a}, & a \leqslant x < b \\ 1, & x \geqslant b \end{cases}$

下面是生活中服从均匀分布的一个例子。

案例 10.4.7 设电阻值 R 是均匀分布在900～1100Ω范围内的随机变量，求 R 的概率密度及 R 落在950～1050Ω范围内概率。

分析 由题设知：$R \sim U(900, 1100)$，因此，R 的概率密度

$$f(r) = \begin{cases} \dfrac{1}{200}, & 900 < r < 1100 \\ 0, & \text{其他} \end{cases}$$

R 落在950～1050Ω范围内概率为

$$P(950 < R < 1050) = \int_{950}^{1050} \frac{1}{200}\mathrm{d}r = 0.5$$

2. 指数分布

定义 10.4.10 如果随机变量 X 的概率密度为

$$f(x) = \begin{cases} \lambda \mathrm{e}^{-\lambda x}, & x \geqslant 0 \\ 0, & x < 0 \end{cases} \quad (\lambda > 0)$$

则称 X 服从参数为 λ 的指数分布，记为 $X \sim E(\lambda)$。

不难推得，若 $X \sim E(\lambda)$，则其概率分布函数 $F(x)=\begin{cases}1-\mathrm{e}^{-\lambda x}, & x \geqslant 0 \\ 0, & x<0\end{cases}$

下面是生活中服从指数分布的一个例子。

案例 10.4.8　假设某种电子元件的寿命 X（年）服从参数为 0.5 的指数分布，求该种电子元件寿命超过 2 年的概率。

分析　由题设知：$X \sim E(1.5)$，因此，X 的概率分布函数为

$$F(x)=\begin{cases}1-\mathrm{e}^{-0.5 x}, & x \geqslant 0 \\ 0, & x<0\end{cases}$$

故 $P(X>2)=1-F(2)=\mathrm{e}^{-1} \approx 0.3679$。

课堂练习 10.4.6　若某种日光灯管的使用寿命 X（小时）服从参数为 $\dfrac{1}{2000}$ 的指数分布，求该种日光灯管能正常使用 1000 小时的概率。

3. 标准正态分布

定义 10.4.11　如果随机变量 X 的概率密度为

$$f(x)=\frac{1}{\sqrt{2\pi}} \mathrm{e}^{-\frac{x^2}{2}} \quad (-\infty<x<+\infty)$$

则称 X 服从标准正态分布，记为 $X \sim N(0,1)$。

标准正态分布的概率密度曲线如图 10.4.2 所示，其分布函数常记为 $\Phi(x)$，具有下面的性质。

$$\Phi(-x)=1-\Phi(x)$$

$$P(|x| \leqslant a)=2\Phi(a)-1, \quad P(|x|>a)=2(1-\Phi(a))$$

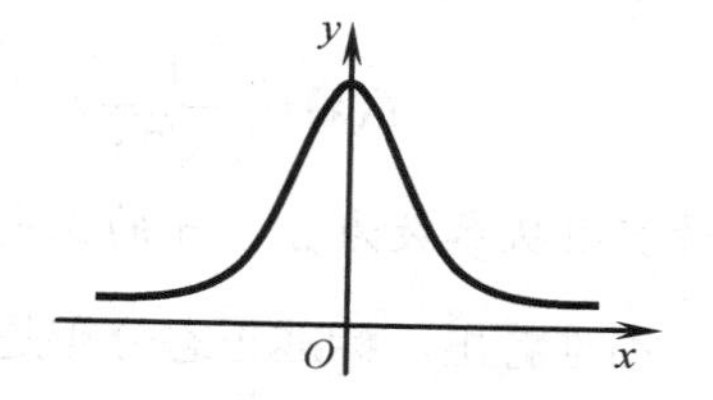

图 10.4.2　标准正态分布的概率密度曲线

10.4.5　随机变量函数的分布

先看一个引例。

引例 10.4.1　若 $X \sim \begin{pmatrix}-2 & -1 & 0 & 1 & 2 & 3 \\ 0.1 & 0.05 & 0.2 & 0.15 & 0.2 & 0.3\end{pmatrix}$，求 $Y=X^2$ 的分布律。

解　注意

$$X=-2,-1,0,1,2,3 \Rightarrow Y=4,1,0,1,4,9$$

事件 $\{Y=1\}$ 等价于事件 $\{x=-1\}$ 与事件 $\{x=1\}$ 的和，$\{Y=4\}$ 等价于事件 $\{x=-2\}$ 与事件 $\{x=2\}$ 的和，因此，

$$P(Y=1)=P(X=-1)+P(X=1)=0.2, \quad P(Y=4)=P(X=-2)+P(X=2)=0.3$$

故

$$Y \sim \begin{pmatrix}0 & 1 & 4 & 9 \\ 0.2 & 0.2 & 0.3 & 0.3\end{pmatrix}$$

由引例10.4.1可以看出，若$X \sim \begin{pmatrix} x_1 & x_2 & \cdots & x_n & \cdots \\ p_1 & p_2 & \cdots & p_n & \cdots \end{pmatrix}$，则

$$Y = g(X) \sim \begin{pmatrix} g(x_1) & g(x_2) & \cdots & g(x_n) & \cdots \\ p_1 & p_2 & \cdots & p_n & \cdots \end{pmatrix}$$

其中当某些$g(x_i)$为相同值时，事件$Y = g(x_i)$的概率为对应$X = x_i$的所有概率相加。

课堂练习 10.4.7 若$X \sim \begin{pmatrix} -1 & 0 & 1 & 2 & 3 \\ 0.1 & 0.1 & 0.2 & 0.25 & 0.35 \end{pmatrix}$，求$Y = 2X^2 - 1$的分布律。

对于连续型随机变量X，如果其概率分布函数为$F(x)$，那么当$g(x)$严格单调且有连续导数时，其反函数存在，于是$Y = g(X)$的概率分布

$$G(y) = P(Y \leqslant y) = P(g(X) \leqslant y) = P(X \leqslant g^{-1}(y)) = F(g^{-1}(y))$$

由于求$y = g(x)$反函数的复杂性，因此，其探讨远比离散情形要复杂。

下面仅考察线性随机变量函数

$$Y = aX + b\text{（}a\text{、}b\text{为常数，}a \neq 0\text{）}$$

的概率分布

$$G(y) = P(aX + b \leqslant y) = P(X \leqslant \frac{y-b}{a}) = F(\frac{y-b}{a})$$

定义 10.4.12 如果随机变量Y的概率密度为

$$f(x) = \frac{1}{\sigma\sqrt{2\pi}} \mathrm{e}^{-\frac{1}{2}(\frac{x-\mu}{\sigma})^2}\text{（}\mu\text{、}\sigma\text{为常数且}\sigma > 0\text{，}-\infty < x < +\infty\text{）}$$

则称Y服从参数为μ、σ的正态分布，记为$Y \sim N(\mu, \sigma^2)$。

不难看出，标准正态分布是一般正态分布中$\mu = 0$、$\sigma = 1$时的特殊情形。

正态分布$N(\mu, \sigma^2)$及其概率分布函数$F(x)$与标准正态分布$N(0,1)$及其概率分布函数$\Phi(x)$有如下关系：

$$F(x) = \Phi(\frac{x-\mu}{\sigma})$$

$$X \sim N(\mu, \sigma^2) \Leftrightarrow Y = \frac{X-\mu}{\sigma} \sim N(0,1)$$

例 10.4.6 已知$\Phi(0.5) = 0.6915$、$\Phi(1) = 0.8413$，连续型随机变量$X \sim N(3,4)$，求$P(2 < X \leqslant 5)$。

解 由$X \sim N(3,4)$知，$Y = \dfrac{X-3}{2} \sim N(0,1)$，故

$$\begin{aligned} P(2 < X \leqslant 5) &= P(\frac{2-3}{2} < \frac{X-3}{2} \leqslant \frac{5-3}{2}) \\ &= P(-0.5 < \frac{X-3}{2} \leqslant 1) = \Phi(1) - \Phi(-0.5) \\ &= \Phi(1) - (1 - \Phi(0.5)) = 0.8413 + 0.6915 - 1 = 0.5328 \end{aligned}$$

课堂练习 10.4.8　已知$\Phi(0)=0.5$，若$X\sim N(1,4)$，求$P(1<X\leqslant 3)$。

案例 10.4.9　已知$\Phi(0.83)=0.7967$，假设某地区18岁女青年的血压(收缩压)

$$X\sim N(110,12^2)$$

在该地区任选一位18岁女青年，求她的血压在100～120mmHg的概率。

解　注意

$$X\sim N(110,12^2)\Leftrightarrow Y=\frac{X-110}{12}\sim N(0,1)$$

故
$$\begin{aligned}P(100<X<120)&=P(\frac{100-110}{12}<\frac{X-110}{12}\leqslant\frac{120-110}{12})\\&=P(\left|\frac{X-110}{12}\right|\leqslant 0.83)=2\Phi(0.83)-1=0.5934\end{aligned}$$

案例 10.4.10　已知$\Phi(1.29)=0.9$，某项竞赛成绩$X\sim N(65,10^2)$，若按参赛人数的10%发奖，问获奖分数线应定为多少？

解　假设获奖最低分数线为b，则

$$P(X>b)=0.1$$

另外，由$X\sim N(65,10^2)$知$Y=\dfrac{X-65}{10}\sim N(0,1)$，所以

$$P(X>b)=P(\frac{X-65}{10}>\frac{b-65}{10})=1-\Phi(\frac{b-65}{10})$$

$$\text{从而}\quad \Phi(\frac{b-65}{10})=0.9$$

再由$\Phi(1.29)=0.9$，得

$$\frac{b-65}{10}=1.29,\quad b=77.9$$

故分数线可定为78分。

习 题 10.4

1. 若$X\sim\begin{pmatrix}0 & 1 & 2\\0.1 & 0.5 & 0.4\end{pmatrix}$，求$X$的概率分布函数。

2. 若连续型随机变量X的概率密度$f(x)=\begin{cases}kx^3, & 0\leqslant x\leqslant 1\\0, & \text{其他}\end{cases}$，求$k$。

3. 若X的概率分布函数$F(x)=P(X\leqslant x)=\begin{cases}0, & x<0\\x^4, & 0\leqslant x\leqslant 1\\1, & x>1\end{cases}$，求概率$P(0.2<X\leqslant 0.8)$。

4. 若 X 的概率密度 $f(x)=\begin{cases}3x^2, & 0\leqslant x\leqslant 1\\ 0, & 其他\end{cases}$，求 $P(0.2<X\leqslant 1.5)$。

5. 如果 X 的分布函数 $F(x)=\begin{cases}1-\mathrm{e}^{-2x}, & x>0\\ 0, & x\leqslant 0\end{cases}$，求 X 的概率密度 $f(x)$。

6. 若 X 的概率分布函数 $F(x)=\begin{cases}0, & x<0\\ Ax^2, & 0\leqslant x\leqslant 1\\ 1, & x>1\end{cases}$，求 X 的概率密度及 A 值。

7. 若 $X\sim\begin{pmatrix}-2 & -1 & 0 & 1 & 2\\ 0.2 & 0.1 & 0.2 & 0.2 & 0.3\end{pmatrix}$，求随机变量函数 $Y=X^2+1$ 的分布律。

*10.5 随机变量的数字特征

概率分布函数是对随机变量概率的一种整体描述，知道一个随机变量的概率分布函数，也就掌握了这个随机变量的统计规律性，但求得一个随机变量的概率分布函数并不是一件很容易的事情。

现实生活中的很多事例告诉我们，了解一个事物的本质不一定非要弄清它的所有细节，有时只需知道事物的某些特征就能对事物进行有效描述。

例如，准确确定明天每一时刻的气温基本上是不可能的事，气象台通常的做法是通过预报最高气温、最低气温、平均气温来对明天的气温进行刻画。像这种以数字表现事物特征的指标就叫作数字特征。

本节只介绍随机变量的两个典型的数字特征，即反映随机变量概率分布的平均与分散程度的指标——期望和方差。

10.5.1 数学期望

为了引出数学期望的定义，先看一个引例。

引例 10.5.1 某班有20人，某次测验成绩按分数段分组取中值(即组中值)的人数分布，如表10.5.1所示，试估计该班该次测验的平均成绩。

表 10.5.1 组中值的人数分布

成绩	65	75	85	95	100
人数	1	4	8	5	2

分析 将测验成绩乘人数后相加，然后再除以总人数，即得该班该次测验的平均成绩

$$\overline{U}=\frac{65\times 1+75\times 4+85\times 8+95\times 5+100\times 2}{20}=86$$

上式也可将分子拆项后进行计算：

$$\overline{U}=65\times\frac{1}{20}+75\times\frac{4}{20}+85\times\frac{8}{20}+95\times\frac{5}{20}+100\times\frac{2}{20}=86$$

如果记测验成绩

$$X\sim\begin{pmatrix}65 & 75 & 85 & 95 & 100\\ 1/20 & 4/20 & 8/20 & 5/20 & 2/20\end{pmatrix}$$

上式说明平均值$\overline{U}$的计算可用X的取值与它出现的频率相乘后求和，从而诱导下面的定义。

定义 10.5.1　设$X\sim\begin{pmatrix}x_1 & x_2 & \cdots & x_n & \cdots\\ p_1 & p_2 & \cdots & p_n & \cdots\end{pmatrix}$，若$\sum\limits_{n=1}^{\infty}|x_n|p_n$为有限值，则称

$$E(X)=\sum_{n=1}^{\infty}x_n p_n$$

为离散型随机变量X的数学期望(或概率平均值，简称为均值)。

在定义 10.5.1 中，让$x_{n+1}=x_{n+2}=\cdots=0$，便得到下面的计算式：

若$X\sim\begin{pmatrix}x_1 & \cdots & x_n\\ p_1 & \cdots & p_n\end{pmatrix}$，则$E(X)=\sum\limits_{k=1}^{n}x_k p_k$

例 10.5.1　假设甲、乙两人的月生产量相同，X和Y分别是甲和乙在 1 月中所生产的不合格产品件数，其不合格产品率的分布律为

$$X\sim\begin{pmatrix}1 & 2 & 3\\ 0.5 & 0.3 & 0.2\end{pmatrix},\quad Y\sim\begin{pmatrix}1 & 2 & 3\\ 0.55 & 0.25 & 0.1\end{pmatrix}$$

试比较两人技术的好坏。

解　根据平均值的计算公式，得

$$E(X)=1\times0.5+2\times0.3+3\times0.2=1.1$$
$$E(Y)=1\times0.55+2\times0.25+3\times0.1=1.35$$

因为甲在 1 月中所生产的不合格产品的平均值小于乙在 1 月中所生产的不合格产品的平均值，因此，甲的技术比乙略好一点。

课堂练习 10.5.1　若$X\sim\begin{pmatrix}0 & 1 & 2 & 3 & 4\\ 0.2 & 0.15 & 0.25 & 0.3 & 0.1\end{pmatrix}$，求$E(X)$。

若X是连续型随机变量，其概率密度为$f(x)$，则

$$P(x_k\leqslant X\leqslant x_{k+1})=\int_{x_k}^{x_{k+1}}f(x)\,\mathrm{d}x$$

其中$-\infty<x_1<x_2<\cdots<x_n<x_{n+1}<+\infty$。

当$f(x)$连续且$\Delta x_k=x_{k+1}-x_k$充分小时，有

$$\int_{x_k}^{x_{k+1}}f(x)\,\mathrm{d}x\approx f(c_k)\int_{x_k}^{x_{k+1}}\mathrm{d}x=f(c_k)\Delta x_k\ (x_k\leqslant c_k\leqslant x_{k+1})$$

视X在$[x_k,x_{k+1}]$上的概率$P(x_k\leqslant X\leqslant x_{k+1})$为$X=c_k$的概率，有

$$X\sim\begin{pmatrix}c_1 & \cdots & c_n\\ f(c_1)\Delta x_1 & \cdots & f(c_n)\Delta x_n\end{pmatrix}$$

其数学期望

$$E(X) \approx \sum_{k=1}^{n} c_k f(c_k) \Delta x_k$$

令 $\lambda = \max\limits_{1 \leqslant k \leqslant n} \Delta x_k \to 0$，根据积分的定义，有 $E(X) = \int_{-\infty}^{+\infty} x f(x)\,\mathrm{d}x$。

上述讨论诱导连续型随机变量 X 的数学期望的定义如下。

定义 10.5.2 设 $f(x)$ 是连续型随机变量 X 的概率密度，若

(1) $\int_{-\infty}^{+\infty} |x| f(x)\,dx$ 为有限值，则称

$$E(X) = \int_{-\infty}^{+\infty} x f(x)\,\mathrm{d}x$$

为 X 的数学期望(或概率平均值，简称为均值)。

(2) $\int_{-\infty}^{+\infty} |g(x)| f(x)\,\mathrm{d}x$ 为有限值，则称

$$E(g(X)) = \int_{-\infty}^{+\infty} g(x) f(x)\,\mathrm{d}x$$

为 $g(X)$ 的数学期望。

下面举例说明随机变量或随机变量函数的数学期望的计算式运用。

例 10.5.2 若连续型随机变量 X 的概率密度

$$f(x) = \begin{cases} 3x^2, & 0 \leqslant x \leqslant 1 \\ 0, & \text{其他} \end{cases}$$

求 $E(X)$ 和 $E(X^2)$。

解 由定义 10.5.2，得

$$E(X) = \int_{-\infty}^{+\infty} x f(x)\,\mathrm{d}x = \int_0^1 x \cdot 3x^2\,\mathrm{d}x = \frac{3}{4} x^4 \Big|_0^1 = \frac{3}{4}$$

$$E(X^2) = \int_{-\infty}^{+\infty} x^2 f(x)\,\mathrm{d}x = \int_0^1 x^2 \cdot 3x^2\,\mathrm{d}x = \frac{3}{5} x^5 \Big|_0^1 = \frac{3}{5}$$

课堂练习 10.5.2 若 X 的概率密度 $f(x) = \begin{cases} 2x, & 0 \leqslant x \leqslant 1 \\ 0, & \text{其他} \end{cases}$，求 $E(X)$ 和 $E(4X+1)$。

随机变量的数学期望具有下列性质(证明从略)。

性质 1 若 a、b 为常数，则 $E(aX+b) = aE(X) + b$。

性质 2 对于任意随机变量 X、Y，有 $E(X+Y) = E(X) + E(Y)$。

性质 3 若 X、Y 相互独立，则 $E(X \cdot Y) = E(X) \cdot E(Y)$。

由性质 1，取 $b=0$ 得 $E(aX) = aE(X)$；取 $a=0$ 得 $E(b) = b$。

10.5.2 方差

例 10.5.1 中利用均值比较得出了两人技术水平的优劣，在现实生活中，这样的均值比

较也可能会成为一种欺骗。

例如，A、B 两公司的员工都是 10 人，A 公司每人的月工资为 5000 元，B 公司经理的月工资为 32 000 元、其他人的月工资均为 2000 元，那么 A、B 两公司的月平均工资都是 5000 元。很明显，这样的比较对 B 公司的非经理人员来说就是一种不公正的“被平均”。

数学上应怎样刻画 B 公司非经理人员的那种不公呢？下面再来看另一个事例。

某人用 20 万元投资 5 只股票，他预期的收益(即期望值)是 30 万元，那他最后是否能达到这样预期呢？他的投资结果有可能只剩下 10 万元，这就是他的投资风险。很明显，这种风险是以投资结果偏离预期的程度在进行描述的。

假设随机变量 X 的期望值为 $E(X)$，那么结果偏离预期的程度就可用

$$|X-E(X)|$$

进行描述。对于连续型随机变量 X，$|X-E(X)|$ 的期望值是一个被积函数含有绝对值的积分，那样的积分计算一般都会比较复杂，因此，可等价地考虑 $\{X-E(X))^2$ 的均值，并引出下面的概念。

定义 10.5.3　*设 $E(X)$ 是随机变量 X 的数学期望，若*

$$D(X)=E((X-E(X))^2)<+\infty$$

则称 $D(X)$ 为 X 的方差(Variance)；$\sqrt{D(X)}$ *为 X 的标准差*(Standard Deviation)。

方差的意义在于描述随机变量稳定与波动、集中与分散的状况，而标准差则体现随机变量的取值与其期望值的偏差。

由定义 10.5.3 不难看出，方差实际上是一个随机变量函数的数学期望，因此，利用数学期望的性质，可推出方差的下列性质。

性质 4　$D(X)=E(X^2)-(E(X))^2$。

性质 5　*若 a、b 为常数，则* $D(aX+b)=a^2D(X)$。

性质 6　*若 X、Y 相互独立，则* $D(X+Y)=D(X)+D(Y)$。

【证明】　下面只证明性质 4，其他类推。设 $E(X)=m$，$E(Y)=n$，则由定义 10.5.3，得

$$D(X)=E((X-E(X))^2)=E((X-m)^2)=E(X^2-2mX+m^2)\text{；}$$

再由性质 1，得

$$D(X)=E(X^2)-2m\cdot E(X)+m^2=E(X^2)-m^2=E(X^2)-(E(X))^2$$

方差除利用定义计算外，也可利用性质 4 进行计算，看下面的例子。

例 10.5.3　若 $X\sim\begin{pmatrix}0 & 1 & 2\\ 0.5 & 0.3 & 0.2\end{pmatrix}$，求 $D(X)$。

解　注意到

$$X\sim\begin{pmatrix}0 & 1 & 2\\ 0.5 & 0.3 & 0.2\end{pmatrix},\quad X^2\sim\begin{pmatrix}0 & 1 & 4\\ 0.5 & 0.3 & 0.2\end{pmatrix}$$

根据数学期望的定义，得

$$E(X)=0\times0.5+1\times0.3+2\times0.2=0.7$$

$$E(X^2)=0\times0.5+1\times0.3+4\times0.2=1.1$$

由性质4，得

$$D(X)=E(X^2)-(E(X))^2=1.1-0.7^2=0.61$$

课堂练习 10.5.3 若 $X\sim\begin{pmatrix}1 & 2 & 3\\ 0.2 & 0.6 & 0.2\end{pmatrix}$，求 $D(X)$。

例 10.5.4 若 X 的概率密度 $f(x)=\begin{cases}2x, & 0\leqslant x\leqslant 1\\ 0, & \text{其他}\end{cases}$，求 $D(X)$。

解 由定义 10.5.2，得

$$E(X)=\int_{-\infty}^{+\infty}xf(x)\,\mathrm{d}x=\int_0^1 xf(x)\,\mathrm{d}x=\int_0^1 x\cdot 2x\,\mathrm{d}x=\frac{2}{3}x^2\Big|_0^1=\frac{2}{3}$$

$$E(X^2)=\int_{-\infty}^{+\infty}x^2f(x)\,\mathrm{d}x=\int_0^1 x^2f(x)\,\mathrm{d}x=\int_0^1 2x^3\,\mathrm{d}x=\frac{2}{4}x^4\Big|_0^1=\frac{1}{2}$$

再由性质4，得

$$D(X)=E(X^2)-(E(X))^2=\frac{1}{2}-\frac{4}{9}=\frac{1}{18}$$

课堂练习 10.5.4 若 X 的概率密度 $f(x)=\begin{cases}3x^2, & 0\leqslant x\leqslant 1\\ 0, & \text{其他}\end{cases}$，求 $D(X)$。

10.5.3 常见分布的期望和方差

前面介绍了几种常见的分布：0-1 分布、几何分布、二项分布、泊松分布、均匀分布、指数分布和正态分布，它们的期望和方差见表 10.5.2，其中表内 $q=1-p$。

表 10.5.2 常见分布的期望和方差

名 称	记 号	期 望	方 差
0-1 分布	$X\sim(0-1)$	p	pq
几何分布	$X\sim G(p)$	$\frac{1}{p}$	$\frac{q}{p^2}$
二项分布	$X\sim B(n,p)$	np	npq
泊松分布	$X\sim P(\lambda)$	λ	λ
均匀分布	$X\sim U(a,b)$	$\frac{a+b}{2}$	$\frac{(b-a)^2}{12}$
指数分布	$X\sim E(\frac{1}{\lambda})$	λ	λ^2
正态分布	$X\sim N(\mu,\sigma^2)$	μ	σ^2

10.5.4　应用

案例 10.5.1　某保险公司设计一款一日游健康保险产品，根据市场调查，产品设计为：轻伤赔付 500 元(平均发生比例 1%)，重伤赔付 10000 元(平均发生比例 0.1%)，死亡赔付 200000(平均发生比例 0.01%)，问按照盈亏平衡原则的收费最少为多少？

分析　设 X 为理赔值，则

$$X \sim \begin{pmatrix} 0 & 500 & 10000 & 200000 \\ 98.89\% & 1\% & 0.1\% & 0.01\% \end{pmatrix}$$

其理赔均值

$$E(X) = 0 \times 98.89\% + 500 \times 1\% + 10000 \times 0.1\% + 200000 \times 0.01\% = 35$$

依据产品价格不能低于理赔额，因此，保单价格应为 35 元再加上管理、销售成本等。

案例 10.5.1 是数学期望的应用。在现实生活中，当两个随机变量的期望值相同或比较接近时，常用方差进行比较。方差值越大，其取值的离散程度越高，反之则表明取值较为集中。同样，标准差的值越大，则表明该随机变量的取值与其期望值的偏差越大，反之，则表明偏差较小。

案例 10.5.2　设有 A、B 两种手表，其日走时误差分别为 X 和 Y，已知

$$X \sim \begin{pmatrix} -1 & 0 & 1 \\ 0.25 & 0.5 & 0.25 \end{pmatrix}, \quad Y \sim \begin{pmatrix} -2 & -1 & 0 & 1 & 2 \\ 0.1 & 0.1 & 0.6 & 0.1 & 0.1 \end{pmatrix}$$

试比较它们的优劣。

解　由随机变量函数的概率分布律计算式，得

$$X^2 \sim \begin{pmatrix} 0 & 1 \\ 0.5 & 0.5 \end{pmatrix}, \quad Y^2 \sim \begin{pmatrix} 0 & 1 & 4 \\ 0.6 & 0.2 & 0.2 \end{pmatrix}$$

由离散型随机变量的数学期望的计算式，得

$$E(X) = 0, \quad E(Y) = 0;$$

$$E(X^2) = 0 \times 0.5 + 1 \times 0.5 = 0.5, \quad E(Y^2) = 0^2 \times 0.6 + 1 \times 0.2 + 4 \times 0.2 = 1$$

再根据性质4，得

$$D(X) = E(X^2) - (E(X))^2 = 0.5, \quad D(Y) = E(Y^2) - (E(Y))^2 = 1$$

由于 $E(X) = E(Y)$，$D(X) < D(Y)$，因此，A 种手表优于 B 种手表。

习 题 10.5

1. 若离散型随机变量 X 的概率分布律 $Y \sim \begin{pmatrix} 1 & 2 & 4 \\ 0.4 & 0.5 & 0.1 \end{pmatrix}$，求 $E(X)$。

2. 若连续型随机变量 X 的概率密度 $f(x)=\begin{cases}5x^4, & 0\leqslant x\leqslant 1\\ 0, & 其他\end{cases}$，求 $E(X)$ 和 $E(X^2)$。

3. 若 $X\sim\begin{pmatrix}1 & 3 & 5\\ 0.1 & 0.6 & 0.3\end{pmatrix}$，求 $E(2X-1)$ 和 $E(2X^2-1)$。

4. 若 $Y\sim\begin{pmatrix}0 & 1 & 2 & 3 & 4\\ 0.15 & 0.25 & 0.3 & 0.1 & 0.1\end{pmatrix}$，求 $D(Y)$ 和 $\sqrt{D(Y)}$。

5. 若 $X\sim\begin{pmatrix}0 & 1 & 4\\ 0.2 & 0.6 & 0.1\end{pmatrix}$，求 $D(2X+3)$。

6. 已知甲、乙两台机床每日生产的不合格品的分布律为

$$X\sim\begin{pmatrix}0 & 1 & 2 & 3\\ 0.4 & 0.3 & 0.2 & 0.1\end{pmatrix}，\quad Y\sim\begin{pmatrix}0 & 1 & 2 & 3\\ 0.3 & 0.5 & 0.2 & 0\end{pmatrix}$$

其中 X 和 Y 分别表示甲和乙每日所生产的不合格品的件数，试比较两台机床的好坏。

7. 设有 A、B 两种手表，其日走时误差分别为 X 和 Y，已知

$$X\sim\begin{pmatrix}-1 & 0 & 1\\ 0.1 & 0.8 & 0.1\end{pmatrix}，\quad Y\sim\begin{pmatrix}-2 & -1 & 0 & 1 & 2\\ 0.1 & 0.2 & 0.4 & 0.2 & 0.1\end{pmatrix}$$

试比较它们的优劣。

【数学名人】——帕斯卡＆贝叶斯

第11章　Fourier级数

【名人名言】 上帝创造了整数，所有其余的数都是人造的。——克罗内克

业精于勤，荒于嬉；行成于思，毁于随。——韩愈

【经典语录】 瞩目远方，你才会加快步伐；观赏风景，你才会步履轻盈。

结伴同行，你才能欢歌笑语；风雨兼程，你才能成功登顶。

【学习目标】 了解级数的概念，知道级数的收敛和发散；了解信号及其表示，知道常见信号的函数表达及图像表示；知道 Fourier 级数和系数，能对简单周期信号做 Fourier 展开和进行频谱分析。

【教学提示】 本章内容应通信、移动、网络等专业在信号、图像处理方面的专业需求展开教学。教学重点是频谱分析，可采用练习、讨论、讲解等方式。教学难点是公式的推导和理解，可采用案例引导、图示讲解、讨论等方式。

【数学词汇】

①级数（Series），　　求和（Summation）。

②收敛（Convergence），　　发散（Divergency）。

③波形图（Oscillograph），　　频谱图（Spectrogram）。

④振幅（Amplitude），　　相位（Phase）。

【内容提要】

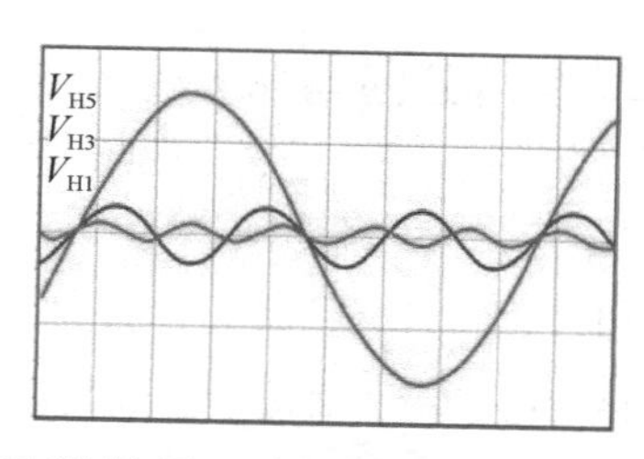

11.1　级数

11.2　信号及其表示

11.3　Fourier 级数

11.4　周期信号频谱分析

级数是研究函数的另一个重要工具，它与微积分一起，共同以极限理论为基础，分别从离散和连续两个方面揭示变量之间的依赖关系。一方面级数可以通过求导、积分等得到其和为一个函数，另一方面常用的非初等函数、微分方程的解等也可以展开成为级数，这样借助级数便可以探讨更为复杂的函数。

Fourier 级数是信号、图像处理的重要工具。利用 Fourier 级数，可以将连续信号转换成离散信号进行传输，并通过滤波舍弃过于高频的部分即噪声，使较为复杂的连续信号变为有限个不同频率的正弦信号的叠加。

本章将先介绍数项级数及其收敛和发散，然后再给出信号的表示，最后将介绍函数的 Fourier 展开，以及利用 Fourier 级数的简单周期信号的频谱分析。

11.1 级数

在中学数学里，曾学习过数列，例如，

(1) 等差数列：1，2，…，n，…；

(2) 等比数列：1，r，…，r^{n-1}，…。

一般一串数$\{a_n\}$排成的一个列

$$a_1,\ a_2,\ \cdots,\ a_n,\ \cdots$$

叫做数列，a_n叫做数列的通项。将数列的所有项相加后的式子：

$$a_1+\cdots+a_n+\cdots=\sum_{n=1}^{+\infty}a_n$$

就叫做级数。这样的无穷多个项相加，其和可能是有限值，也可能不是有限值，从而引出下面的定义。

定义 11.1.1 设级数$\sum\limits_{n=1}^{+\infty}a_n$的前$n$项和$S_n=a_1+\cdots+a_n$，若

$$\lim_{n\to\infty}S_n=S<+\infty$$

则称级数$\sum\limits_{n=1}^{+\infty}a_n$收敛于$S$，记为$\sum\limits_{n=1}^{+\infty}a_n=S$。否则就称级数$\sum\limits_{n=1}^{+\infty}a_n$发散。

例如，

(1) 等差级数$1+\cdots+n+\cdots$的前n项和

$$A_n=1+\cdots+n=\frac{n(n+1)}{2}\to+\infty\ (n\to\infty)$$

从而是发散的。

(2) 等比级数$1+r+\cdots+r^{n-1}+\cdots$的前$n$项和

$$B_n=1+r+\cdots+r^{n-1}$$

当$r=1$时，$B_n=n\to\infty$（$n\to\infty$）；当$r\neq1$时，$B_n=\dfrac{1-r^n}{1-r}$：

- $r=-1$时，因为$(-1)^n$始终在-1和1两点振动，所以$\lim\limits_{n\to\infty}(-1)^n$不存在，从而$\lim\limits_{n\to\infty}B_n$不存在。
- $|r|>1$时，因为$\lim\limits_{n\to\infty}r^n=\infty$不存在，从而$\lim\limits_{n\to\infty}B_n$也不存在。
- $|r|<1$时，因为$\lim\limits_{n\to\infty}r^n=0$，从而$\lim\limits_{n\to\infty}B_n=\dfrac{1}{1-r}$，即$\sum\limits_{n=0}^{+\infty}r^n$收敛于$\dfrac{1}{1-r}$。

综上所述，有下面的结论成立：

(1) $|r|\geqslant1$时，$\sum\limits_{n=0}^{+\infty}r^n$发散；　　(2) $|r|<1$时，$\sum\limits_{n=0}^{+\infty}r^n=\dfrac{1}{1-r}$。

课堂练习 11.1.1 判断下面级数的敛散性：

(1) $\sum_{n=1}^{+\infty} 2^n$； (2) $\sum_{n=1}^{+\infty} \frac{1}{3^n}$。

例 11.1.1 判断调和级数 $\sum_{n=1}^{+\infty} \frac{1}{n}$ 的敛散性。

解 注意 $x>0$ 时有 $e^x > 1+x$，两边取对数，得

$$x > \ln(1+x)$$

令 $x=\frac{1}{k}$（k 为正整数)，得

$$\frac{1}{k} > \ln\left(1+\frac{1}{k}\right) = \ln\frac{k+1}{k}$$

让 $k=1$、2、$\cdots$、n，得

$$S_n = 1+\frac{1}{2}+\frac{1}{3}+\cdots+\frac{1}{n} > \ln\frac{2}{1}+\ln\frac{3}{2}+\cdots+\ln\frac{n+1}{n}$$
$$= \ln\left(\frac{2}{1}\cdot\frac{3}{2}\cdots\frac{n+1}{n}\right) = \ln(n+1)$$

当 $n\to\infty$ 时有 $\ln(n+1)\to+\infty$，从而 $\lim\limits_{n\to\infty} S_n = +\infty$，故调和级数 $\sum_{n=1}^{+\infty}\frac{1}{n}$ 发散。

例 11.1.2 判断级数 $\sum_{n=1}^{+\infty} \frac{1}{n(n+1)}$ 的敛散性。

解 注意对于正整数 k，有 $\frac{1}{k(k+1)} = \frac{1}{k}-\frac{1}{k+1}$，从而

$$S_n = \sum_{k=1}^{n}\frac{1}{k(k+1)} = \sum_{k=1}^{n}\left(\frac{1}{k}-\frac{1}{k+1}\right)$$
$$= \left(1-\frac{1}{2}\right)+\left(\frac{1}{2}-\frac{1}{3}\right)+\cdots+\left(\frac{1}{n}-\frac{1}{n+1}\right) = 1-\frac{1}{n+1}$$

当 $n\to\infty$ 时有 $S_n\to 1$，从而 $\sum_{n=1}^{+\infty}\frac{1}{n(n+1)} = 1$。

例 11.1.1 和例 11.1.2 一个在估值，一个在求和，一般级数 $\sum_{n=1}^{+\infty} a_n$ 由估值得到其敛散性都比较困难，更别说求和了。下面的结论常用于判断级数的发散。

定理 11.1.1（级数收敛的必要条件） 若 $\sum_{n=1}^{+\infty} a_n$ 收敛，则 $\lim\limits_{n\to\infty} a_n = 0$。

【证明】 若 $\sum_{n=1}^{+\infty} a_n$ 收敛，设 $\sum_{n=1}^{+\infty} a_n = S$，$S_n = a_1+\cdots+a_n$，则

$$\lim_{n\to\infty} S_n = \lim_{n\to\infty} S_{n-1} = S$$

从而 $\lim\limits_{n\to\infty} a_n = \lim\limits_{n\to\infty}(S_n - S_{n-1}) = S - S = 0$。

定理 11.1.1 的逆命题不成立。例如，$\lim\limits_{n\to\infty}\frac{1}{n}=0$，而调和级数$\sum\limits_{n=1}^{+\infty}\frac{1}{n}$却发散。

例 11.1.3 判断下面级数的敛散性：

(1) $\sum\limits_{n=1}^{+\infty}\sqrt{n}$；　　(2) $\sum\limits_{n=1}^{+\infty}\frac{n+1}{n}$。

解 依据级数收敛的必要条件：

(1) 因为$\lim\limits_{n\to\infty}\sqrt{n}=\infty\neq 0$，所以$\sum\limits_{n=1}^{+\infty}\sqrt{n}$发散。

(2) 因为$\lim\limits_{n\to\infty}\frac{n+1}{n}=1\neq 0$，所以$\sum\limits_{n=1}^{+\infty}\frac{n+1}{n}$发散。

课堂练习 11.1.2 判断下面级数的敛散性：

(1) $\sum\limits_{n=1}^{+\infty}\frac{1}{2^n}$；　　(2) $\sum\limits_{n=1}^{+\infty}\frac{1}{n}$；

(3) $\sum\limits_{n=1}^{+\infty}\frac{\mathrm{e}^n}{2^n}$；　　(4) $\sum\limits_{n=1}^{+\infty}\frac{2n-1}{n}$。

11.2 信号及其表示

11.2.1 信号的描述

在现实生活中，无论是含情脉脉，还是微信传情，都只是在以不同的方式传递信息，类似的例子，如时钟报时、汽车发出喇叭声、电台发射无线电波、路口交通灯指示等，无不在向人们传递着信息。我们把这种含有物理系统信息或表示物理系统的状态或行为，随时间变化的物理量叫作信号。

信号从物理上进行描述，它是信息寄寓变化的形式。图 11.2.1 是一段鸟鸣信号，从形态上描述，它是一种波形。

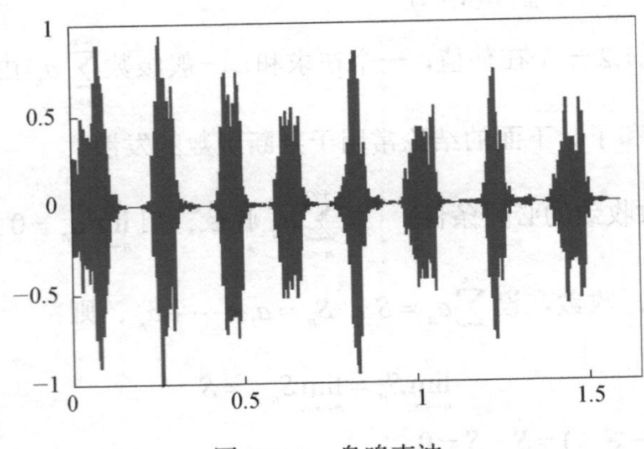

图 11.2.1 鸟鸣声波

这种波在数学上可用函数表示，其自变量通常是时间变量，而函数则有振幅、频率、周期和相位。

综上所述，信号在数学上的表示通常为函数及其图形(波形)。

11.2.2　信号的分类

信号从不同的角度有很多种分类，通常的分类可按确定性、连续性、分析域等进行。

1. 按确定性分类

信号从描述的角度，可分为确定性信号和非确定性信号。

若信号可以用确定的函数或图形准确描述，则该信号称为确定性信号；若信号不遵循确定性规律，具有某种不确定性，则该信号称为不确定性信号或随机信号。如电路中的噪声，其强度因时因地而异，无法准确预测，因此它是随机信号。随机信号是客观存在的信号，它服从统计规律。

信号按确定性分类见表 11.2.1。

表 11.2.1　信号按确定性分类

<table>
<tr><th>Ⅰ 级</th><th>Ⅱ 级</th><th>Ⅲ 级</th></tr>
<tr><td rowspan="4">确定性信号</td><td rowspan="2">周期信号</td><td>简单周期信号</td></tr>
<tr><td>复杂周期信号</td></tr>
<tr><td rowspan="2">非周期信号</td><td>准周期信号</td></tr>
<tr><td>瞬态信号</td></tr>
<tr><td rowspan="2">非确定性信号</td><td>平稳随机信号</td><td></td></tr>
<tr><td>非平稳随机信号</td><td></td></tr>
</table>

确定性信号示例如图 11.2.2 所示。

非确定性信号示例如图 11.2.3 所示。

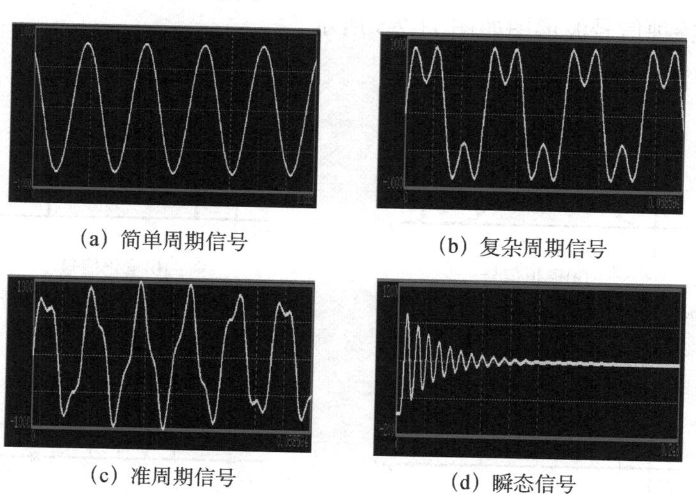

(a) 简单周期信号　(b) 复杂周期信号　(c) 准周期信号　(d) 瞬态信号

图 11.2.2　确定性信号示例

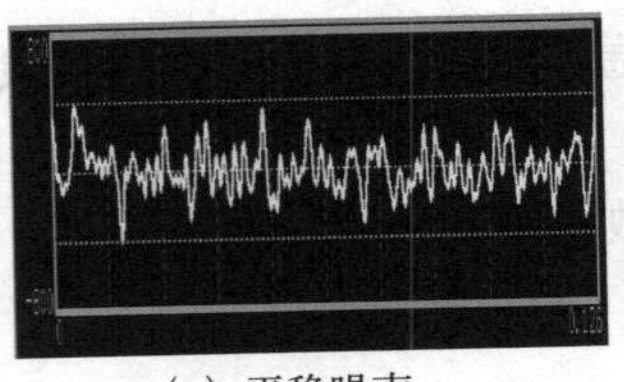

(a) 平稳噪声

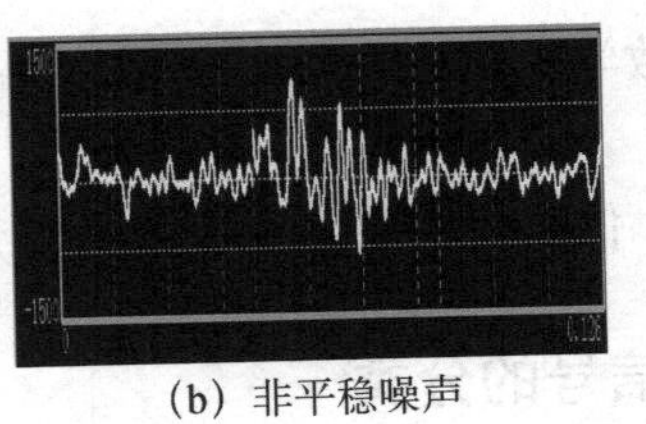

(b) 非平稳噪声

图 11.2.3　随机信号示例

2. 按连续性分类

信号是传递信息的函数，其自变量多为时间。依据自变量是连续取值还是离散取值，信号可分为连续时间信号和离散时间信号(见图 11.2.4)。

信号按连续性分类见表 11.2.2。

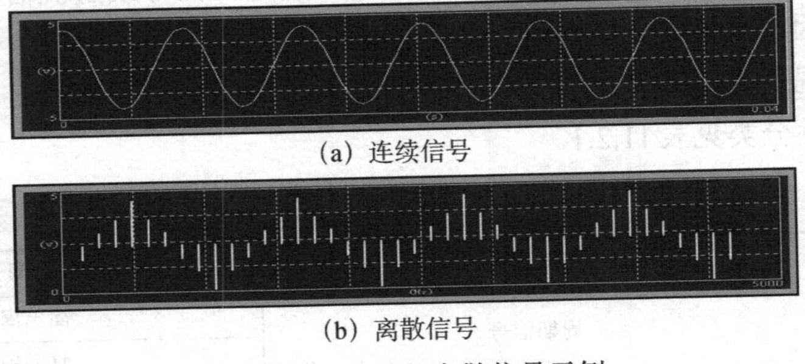

(a) 连续信号

(b) 离散信号

图 11.2.4　连续与离散信号示例

表 11.2.2　信号按连续性分类

自变量 t	函数 $f(t)$	信号分类
连续	连续	模拟信号
	离散	量化信号
离散	连续	抽样信号
	离散	数字信号

表 11.2.2 中各种信号波形图如图 11.2.5 所示。

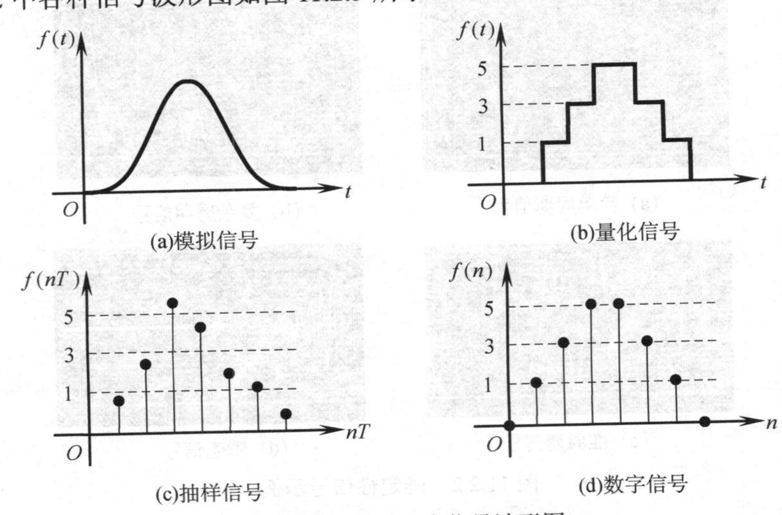

(a)模拟信号　(b)量化信号

(c)抽样信号　(d)数字信号

图 11.2.5　各种分类信号波形图

常见的模拟信号如无线电与电视广播中的电磁波信号、电话传输中的音频电压信号等。在计算机、计算机局域网与城域网中均使用二进制数字信号。目前在计算机广域网中实际传送的既有二进制数字信号，也有由数字信号转换而得到的模拟信号，但更具发展前景的则是数字信号。

3. 按分析域分类

表示信号的时间函数，包含了信号的全部信息，信号的特性首先表现为它的时间特性，即以时间为独立变量，反映信号的幅值随时间变化的规律，所制作的描述信号的图像称为时域图，所进行的信号分析称为时域分析。

除单频率分量的简谐波外，时域分析很难明确揭示信号的频率组成和各频率分量的大小。因此，信号除时域分析外，还需揭示它的频率特性。信号的频率特性常以频谱函数进行描述，包括信息幅值与频率的关系(称为幅谱)和相位与频率的关系(称为相位谱)。以频谱描述信号的图像称为频域图，在频域上分析信号称为频域分析。

综上所述，信号按分析域分类可分时域信号和频域信号。

信号的分类还可按实际用途分为电视信号、广播信号、通信信号、雷达信号等，也可按空间分为一维信号(如语音信号)和多维信号(如图像信号)，或者按能量形式分为电信号(如电压信号、电流信号)和非电信号(如光信号、声信号)等。

11.2.3　常见的连续信号

1. 衰减指数信号

衰减指数信号的函数表达式为 $f(t)=\begin{cases} 0 & t<0 \\ \mathrm{e}^{-\frac{t}{\tau}} & t\geqslant 0 \end{cases}$ （$\tau>0$），其波形见图 11.2.6。

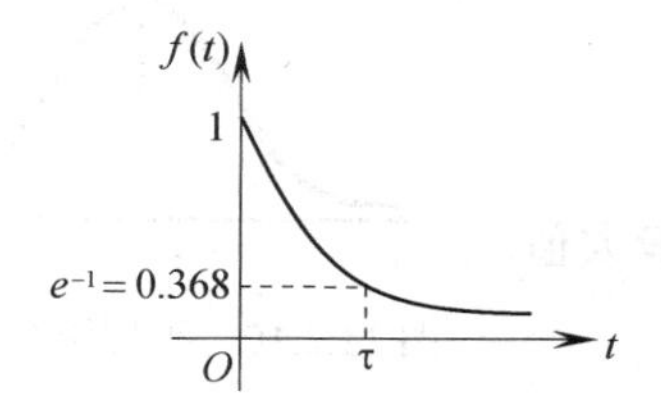

图 11.2.6　衰减指数信号波形

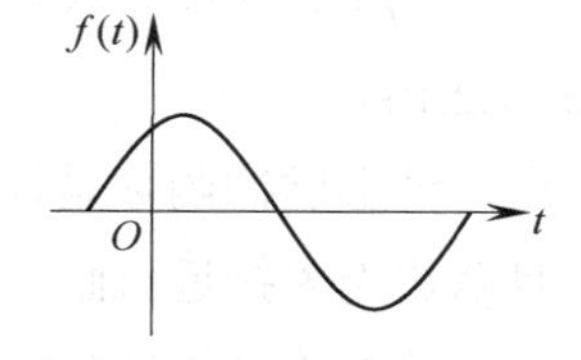

图 11.2.7　正弦信号波形

2. 正弦信号

正弦信号的函数表达式为：

$$f(t)=K\sin(\omega t+\varphi)$$

式中，K 叫振幅；φ 叫初相位。此外还有

周期：$T=\dfrac{2\pi}{\omega}$；频率：$f=\dfrac{1}{T}=\dfrac{\omega}{2\pi}$；角频率：$\omega=2\pi f$ 。

其波形见图 11.2.7。

3. 抽样信号 $S_a(t)$

抽样信号 $S_a(t)$ 的函数表达式为

$$S_a(t) = \frac{\sin t}{t}$$

其波形见图 11.2.8。

不难看出，$S_a(t)$ 是一个偶函数。

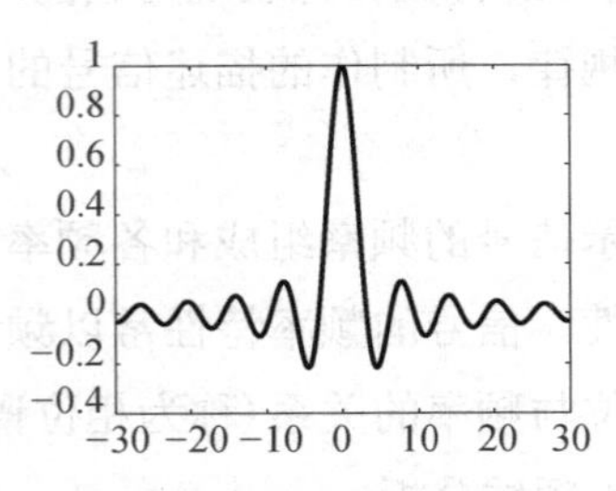

图 11.2.8 抽样信号波形

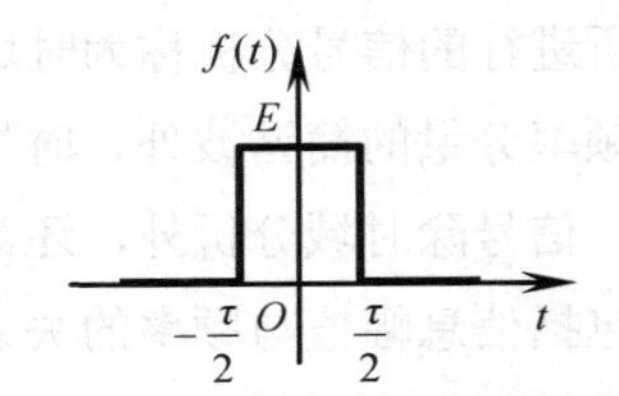

图 11.2.9 矩形脉冲信号波形

4. 矩形脉冲信号

矩形脉冲信号的函数表达式为

$$f(t) = \begin{cases} E, & |t| < \dfrac{\tau}{2} \\ 0, & |t| \geqslant \dfrac{\tau}{2} \end{cases}$$

其波形见图 11.2.9。

5. 钟形脉冲信号

钟形脉冲信号的函数表达式为

$$f(t) = E\mathrm{e}^{-\left(\frac{t}{\tau}\right)^2} \quad (E、\tau > 0)$$

其波形见图 11.2.10。

不难看出，钟形脉冲函数是偶函数，在 $t=0$ 达到最大值 E，无零点且两边无限接近 t 轴。

钟形脉冲函数在随机信号分析中占有非常重要地位。

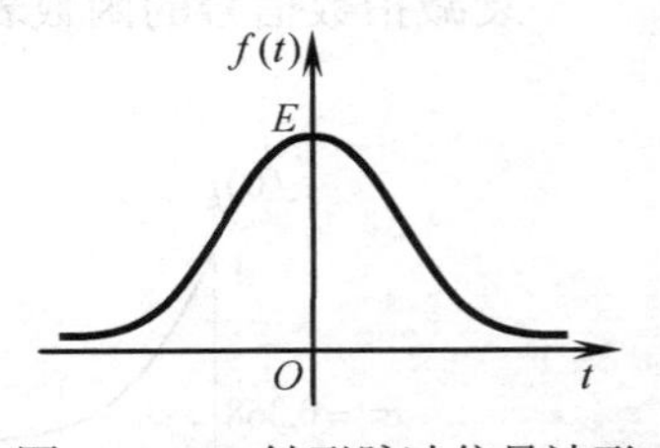

图 11.2.10 钟形脉冲信号波形

11.3 Fourier 级数

17 世纪，微积分诞生之后，级数作为一种工具对数学的发展也起到了巨大的推动作用。18 世纪，稍微复杂一点的代数函数和超越函数展开成三角级数的工作已开始出现，1822 年，法国数学家傅里叶(Fourier)出版了他的专著《热的解析理论》，在书中傅里叶应用三角级数求解热传导方程，将前人特殊情形下应用的三角级数方法发展成为了内容丰富的一般理论，导出了傅里叶积分，修正了函数的概念，指出任何周期函数都可以用正弦、余弦函数构成的无穷级数来表示，因此有限区间上的任意一个函数做周期延拓以后，也就都可以展开成为三角级数。为了纪念傅里叶的伟大成就，后世将傅里叶方法所建立的三角级数称为傅里叶级数。

11.3.1　三角函数系的正交性

定理 11.3.1　三角函数序列

$$\sin x，\cos x，\cdots，\sin nx，\cos nx，\cdots$$

中，任何两个不同函数的乘积在$[-\pi,\pi]$上的积分都为0。

分析　先看三角函数序列与 sin 和 cos 的正交性：

① $\int_{-\pi}^{\pi} 1\cdot\sin nx\,\mathrm{d}x = 0$（奇函数在对称区间上的积分为0）

② $\int_{-\pi}^{\pi} 1\cdot\cos nx\,\mathrm{d}x = \left.\dfrac{\sin nx}{n}\right|_{-\pi}^{\pi} = 0$（$\sin n\pi = 0$）

再看 sin 与 cos 的正交性：

③ $\int_{-\pi}^{\pi} \cos mx\cdot\sin nx\,\mathrm{d}x = 0$（奇函数在对称区间上的积分为0）

最后再探讨 sin 与 sin 及 cos 与 cos 的正交性：先建立恒等式

④ $2\sin mx\cdot\sin nx = \cos(m-n)x - \cos(m+n)x$

⑤ $2\cos mx\cdot\cos nx = \sin(m-n)x + \sin(m+n)x$

再由三角函数序列与 sin 及 cos 的正交性，当$m\neq n$时，即得

$$\int_{-\pi}^{\pi}\sin mx\cdot\sin nx\,\mathrm{d}x = 0，\quad \int_{-\pi}^{\pi}\cos mx\cdot\cos nx\,\mathrm{d}x = 0$$

当$m=n$时，同样由 1 与 cos 的正交性，有

$$\int_{-\pi}^{\pi}\sin^2 nx\,\mathrm{d}x = \frac{1}{2}\int_{-\pi}^{\pi}(1-\cos 2nx)\,\mathrm{d}x = \pi - \frac{1}{2}\int_{-\pi}^{\pi}1\cdot\cos 2nx\,\mathrm{d}x = \pi$$

$$\int_{-\pi}^{\pi}\cos^2 nx\,\mathrm{d}x = \frac{1}{2}\int_{-\pi}^{\pi}(1+\cos 2nx)\,\mathrm{d}x = \pi + \frac{1}{2}\int_{-\pi}^{\pi}1\cdot\cos 2nx\,\mathrm{d}x = \pi$$

即得结论

$$\int_{-\pi}^{\pi}\sin^2 nx\,\mathrm{d}x = \int_{-\pi}^{\pi}\cos^2 nx\,\mathrm{d}x = \pi$$

11.3.2　傅里叶系数和傅里叶级数

假设$f(x)$可以展开成三角级数

$$f(x) = \frac{a_0}{2} + \sum_{n=1}^{\infty}(a_n\cos nx + b_n\sin nx) \tag{11.3.1}$$

逐项积分，得

$$\int_{-\pi}^{\pi} f(x)\mathrm{d}x = \int_{-\pi}^{\pi} \frac{a_0}{2}\mathrm{d}x + \sum_{n=1}^{\infty}\left(a_n\int_{-\pi}^{\pi} 1\cdot\cos nx\,\mathrm{d}x + b_n\int_{-\pi}^{\pi} 1\cdot\sin nx\,\mathrm{d}x\right)$$

再根据定理11.3.1中三角函数序列与 $\sin nx$ 和 $\cos nx$ 的正交性，得

$$\int_{-\pi}^{\pi} 1\cdot\sin nx\,\mathrm{d}x = 0\text{，}\quad \int_{-\pi}^{\pi} 1\cdot\cos nx\,\mathrm{d}x = 0$$

从而 $a_0 = \frac{1}{\pi}\int_{-\pi}^{\pi} f(x)\mathrm{d}x$。

将式(11.3.1)两边同乘以 $\sin mx$，得

$$f(x)\sin mx = \frac{a_0}{2}\sin mx + \sum_{n=1}^{\infty}(a_n \sin mx\cos nx + b_n \sin mx\sin nx)$$

然后逐项积分

$$\int_{-\pi}^{\pi} f(x)\sin mx\,\mathrm{d}x = \frac{a_0}{2}\int_{-\pi}^{\pi} 1\cdot\sin mx\,\mathrm{d}x,$$

$$+\sum_{n=1}^{\infty}\left(a_n\int_{-\pi}^{\pi}\sin mx\cdot\cos nx\,\mathrm{d}x + b_n\int_{-\pi}^{\pi}\sin mx\cdot\sin nx\,\mathrm{d}x\right)$$

再根据定理11.3.1中的正交性知，在 Σ 和中仅当 $n=m$ 的项不是0，于是有

$$\int_{-\pi}^{\pi} f(x)\sin mx\,\mathrm{d}x = b_m\int_{-\pi}^{\pi}\sin^2 mx\,\mathrm{d}x = \pi b_m$$

即　$b_m = \frac{1}{\pi}\int_{-\pi}^{\pi} f(x)\sin mx\,\mathrm{d}x$。

将式(11.3.1)两边同乘以 $\cos mx$，类似可得

$$a_m = \frac{1}{\pi}\int_{-\pi}^{\pi} f(x)\cos mx\,\mathrm{d}x$$

总结上面讨论，引出下面的定义。

定义 11.3.1　设 n 为正整数，称系数

$$a_0 = \frac{1}{\pi}\int_{-\pi}^{\pi} f(x)\mathrm{d}x\text{，}\quad a_n = \frac{1}{\pi}\int_{-\pi}^{\pi} f(x)\cos nx\,\mathrm{d}x$$

$$b_n = \frac{1}{\pi}\int_{-\pi}^{\pi} f(x)\sin nx\,\mathrm{d}x$$

为 $f(x)$ 在 $[-\pi,\pi]$ 上的傅里叶系数，级数

$$\frac{a_0}{2} + \sum_{n=1}^{\infty}(a_n\cos nx + b_n\sin nx)$$

为 $f(x)$ 在 $[-\pi,\pi]$ 上的傅里叶级数。

11.3.3　函数在 $[-\pi,\pi]$ 上的傅里叶展开

函数的傅里叶展开指的是将函数展开成傅里叶级数，即

$$f(x)=\frac{a_0}{2}+\sum_{n=1}^{\infty}(a_n\cos nx+b_n\sin nx)$$

注意，右边是无穷多项的和，自然会涉及级数的收敛与发散。是否对所有的 x 它都收敛于 $f(x)$ 呢？一般有下面狄利克雷(Dirichlet)收敛定理。

定理 11.3.2 若 $f(x)$ 在 $[-\pi,\pi]$ 上除可能有有限个第一类间断点和极值点外处处连续，则其傅里叶级数在 $[-\pi,\pi]$ 上收敛，且在 $f(x)$ 的连续点 x 处成立

$$\frac{a_0}{2}+\sum_{n=1}^{\infty}(a_n\cos nx+b_n\sin nx)=f(x)$$

根据狄利克雷收敛定理，$f(x)$ 在其连续点处可以展开成傅里叶级数。

例 11.3.1 写出

$$f(t)=\begin{cases}-1, & -\pi\leqslant t<0\\ 1, & 0\leqslant t<\pi\end{cases}$$

的傅里叶级数的前 3 项。

解 如图 11.3.1 所示，根据奇、偶函数在对称区间上的积分的性质，得

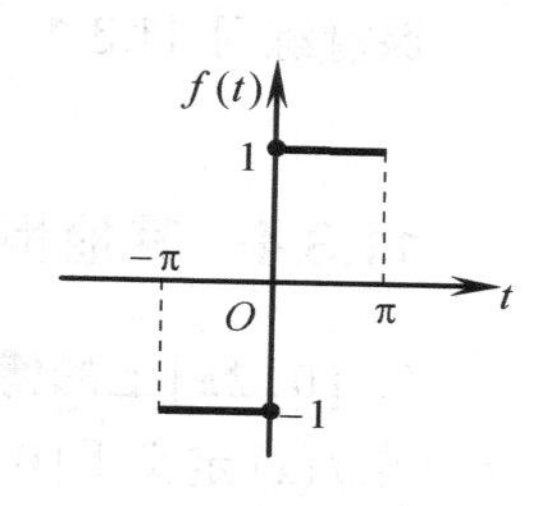

图 11.3.1 例 11.3.1 图形

(1) $a_0=0$，$a_n=0$；

(2) $b_n=\frac{1}{\pi}\int_{-\pi}^{\pi}f(t)\sin nt\,\mathrm{d}t=\frac{2}{\pi}\int_0^{\pi}\sin nt\,\mathrm{d}t=-\frac{2}{n\pi}\cos nt\Big|_0^{\pi}$

$=\frac{2}{n\pi}(1-(-1)^n)$。

即 $b_1=\frac{4}{\pi}$，$b_2=0$，$b_3=\frac{4}{3\pi}$，$b_4=0$，$b_5=\frac{4}{5\pi}$。

再注意 $f(t)$ 在 $(-\pi,\pi)$ 内除 $x=0$ 外都连续，故有

$$f(t)=\frac{4}{\pi}\left(\sin t+\frac{1}{3}\sin 3t+\frac{1}{5}\sin 5t+\cdots\right)\ (-\pi<t<0\text{ 或 }0<t<\pi)$$

由例 11.3.1 不难看到，因为 $\sin nt|_{x=0}=0$，所以 $f(t)$ 的傅里叶级数在 $t=0$ 收敛于 0，而 $f(0)=1$，因此 $f(t)$ 在不连续的点 $t=0$ 不能进行傅里叶展开。

此外，$f(t)$ 展开成傅里叶级数实际上是一种不同频率正弦波的叠加逼近，例如，在例 11.3.1 中舍弃过于高频的噪声，可用 3 个正弦波叠加：

$$\frac{4}{\pi}\left(\sin t+\frac{1}{3}\sin 3t+\frac{1}{5}\sin 5t\right)$$

去逼近矩形信号 $f(t)=\begin{cases}-1, & -\pi\leqslant t<0\\ 1, & 0\leqslant t<\pi\end{cases}$。不同频率正弦波的叠加逼近效果见图 11.3.2。

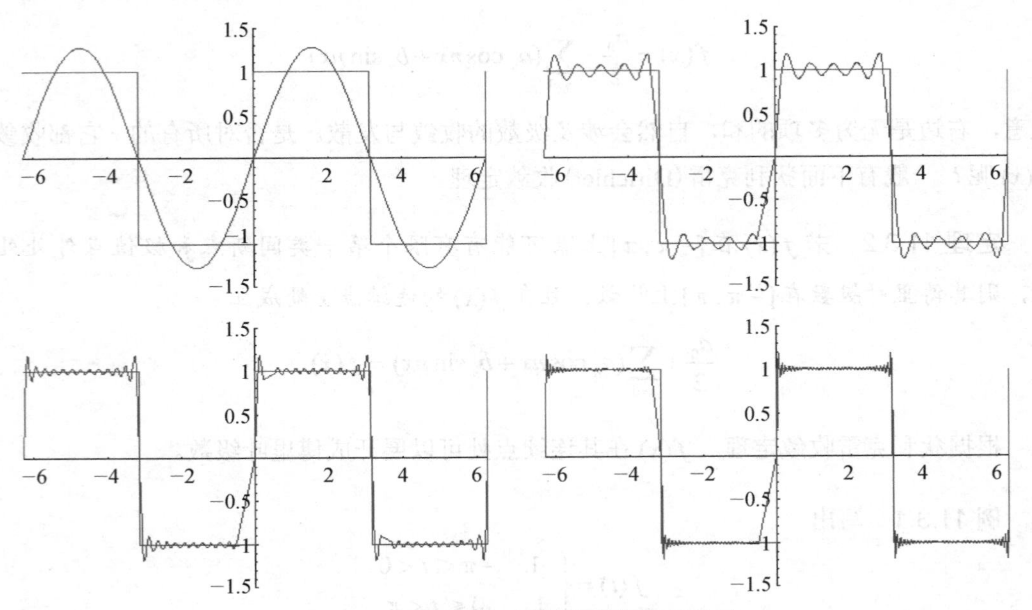

图11.3.2 不同频率正弦波的叠加逼近效果

课堂练习 11.3.1 写出 $f_{(x)}=\begin{cases}0 & -\pi\leqslant x<0\\ 1 & 0\leqslant x<\pi\end{cases}$ 在 $[-\pi,\ \pi]$ 上的傅里叶级数的前3项。

11.3.4 其他情形的三角级数展开

1. $[0,2\pi]$上的傅里叶展开

若 $f(x)$ 定义于$[0,2\pi]$，利用图形的平移将其延拓为 2π 周期函数(见图11.3.3)。

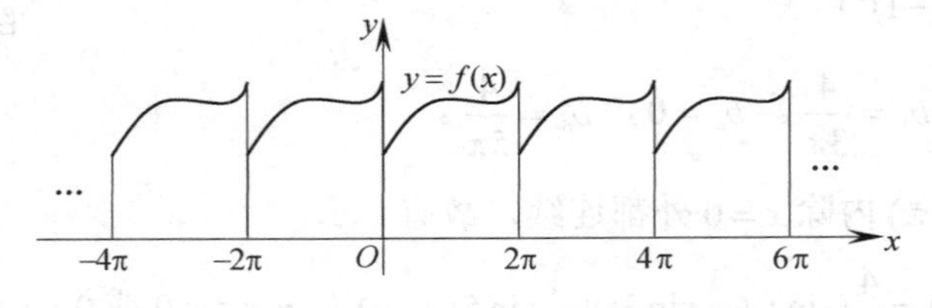

图11.3.3 延拓为 2π 周期函数

然后再根据以T为周期的周期函数在长度为T的区间上的积分都相等，建立三角函数系

$$\sin x,\ \cos x,\ \cdots,\ \sin nx,\ \cos nx,\ \cdots$$

在区间$[0,2\pi]$上的正交性，类似于 $f(x)$ 在$[-\pi,\pi]$上的傅里叶系数和傅里叶级数的获得，可得到

(1) $f(x)$ 在$[0,2\pi]$上的傅里叶系数：

$$c_0=\frac{1}{\pi}\int_0^{2\pi}f(x)\,\mathrm{d}x,\quad c_n=\frac{1}{\pi}\int_0^{2\pi}f(x)\cos nx\,\mathrm{d}x,\quad d_n=\frac{1}{\pi}\int_0^{2\pi}f(x)\sin nx\,\mathrm{d}x$$

(2) $f(x)$ 在$[0,2\pi]$上的傅里叶级数：

$$\frac{c_0}{2}+\sum_{n=1}^{\infty}(c_n\cos nx+d_n\sin nx)$$

2. $[0,\pi]$上的正、余弦展开

若 $f(x)$ 定义于$[0,\pi]$，将 $f(x)$ 分别延拓为 2π 周期的奇函数 $F(x)$（见图11.3.4）和偶函数 $G(x)$（见图11.3.5）：

$$F(x)=\begin{cases} f(x), & 0\leqslant x<\pi \\ 0, & x=0 \\ -f(-x), & -\pi\leqslant x<0 \end{cases},\quad G(x)=\begin{cases} f(x), & 0\leqslant x<\pi \\ f(0), & x=0 \\ f(-x), & -\pi\leqslant x<0 \end{cases}$$

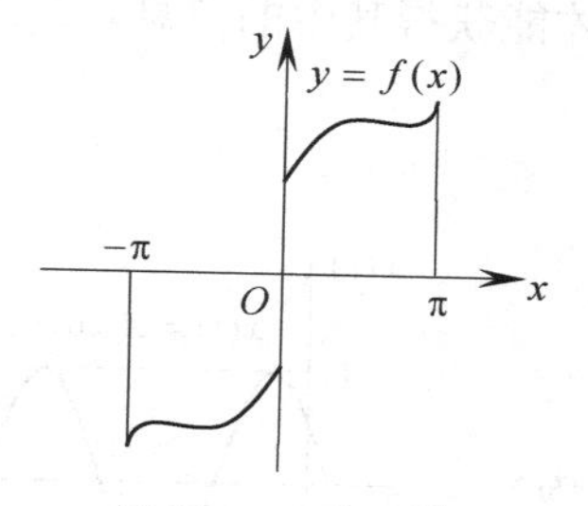

图11.3.4　奇函数

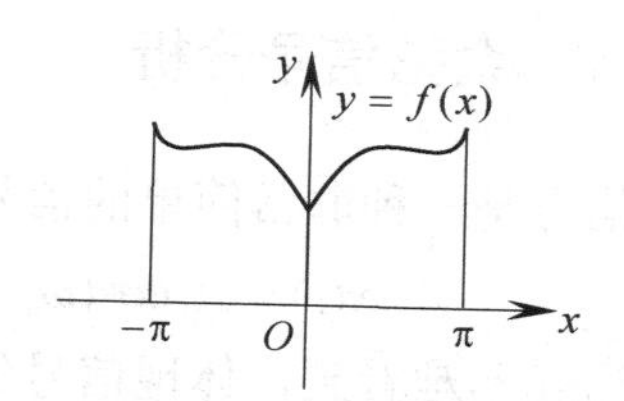

图11.3.5　偶函数

然后再在$[-\pi,\pi]$上做傅里叶展开，得

(1) $F(x)$：$a_0=a_n=0$（奇函数在对称区间上的积分为0），

$$b_n=\frac{1}{\pi}\int_{-\pi}^{\pi}F(x)\sin nx\,\mathrm{d}x=\frac{2}{\pi}\int_0^{\pi}F(x)\sin nx\,\mathrm{d}x=\frac{2}{\pi}\int_0^{\pi}f(x)\sin nx\,\mathrm{d}x$$

(2) $G(x)$：$b_n=0$（奇函数在对称区间上的积分为0），

$$a_n=\frac{1}{\pi}\int_{-\pi}^{\pi}G(x)\cos nx\,\mathrm{d}x=\frac{2}{\pi}\int_0^{\pi}G(x)\cos nx\,\mathrm{d}x=\frac{2}{\pi}\int_0^{\pi}f(x)\cos nx\,\mathrm{d}x$$

即得

(1) $f(x)$ 在$[0,\pi]$上的正弦展开：$b_n=\frac{2}{\pi}\int_0^{\pi}f(x)\sin nx\,\mathrm{d}x$，

$f(x)=\sum_{n=1}^{\infty}b_n\sin nx$（$x$ 为 $f(x)$ 在$(0,\pi)$内的连续点）。

(2) $f(x)$ 在$[0,\pi]$上的余弦展开：$a_n=\frac{2}{\pi}\int_0^{\pi}f(x)\cos nx\,\mathrm{d}x$，

$f(x)=\frac{a_0}{2}+\sum_{n=1}^{\infty}a_n\cos nx$（$x$ 为 $f(x)$ 在$[0,\pi)$内的连续点）。

例 11.3.2　将 $f(x)=1$（$x\in[0,\pi]$）展开成为正弦级数。

解　$b_n=\frac{2}{\pi}\int_0^{\pi}f(x)\sin nx\,\mathrm{d}x=\frac{2}{\pi}\int_0^{\pi}\sin nx\,\mathrm{d}x$

$$=-\frac{2}{\pi}\cdot\frac{\cos nx}{n}\bigg|_0^{\pi}=\frac{2}{\pi}\cdot\frac{1-(-1)^n}{n}$$

其中 $\cos n\pi=(-1)^n$，从而

$$b_{2k}=0\,,\quad b_{2k-1}=\frac{4}{\pi}\cdot\frac{1}{2k-1}\ (k=1,\ 2,\ \cdots)$$

即

$$1=\frac{4}{\pi}(\sin x+\frac{1}{3}\sin 3x+\frac{1}{5}\sin 5x+\cdots+\frac{1}{2k-1}\sin(2k-1)x+\cdots)\ (x\in(0\,,\pi))$$

11.4 周期信号频谱分析

信号是信息的载体，只有对信号进行分析和处理，才能获得其中的信息。

11.4.1 余弦信号分析

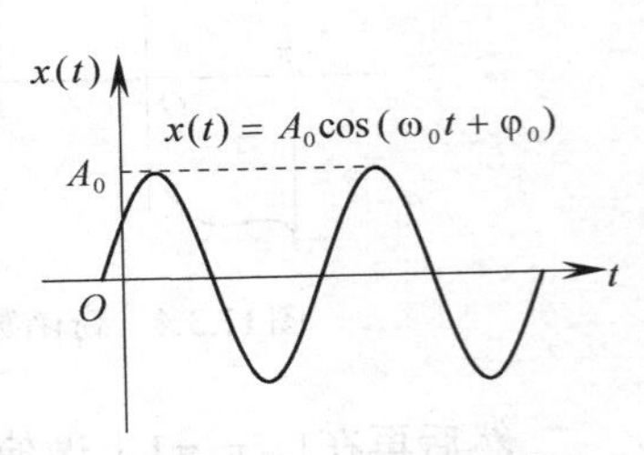

图 11.4.1 余弦信号波形图

余弦信号是一种非常简单的信号，其函数表达式为

$$x(t)=A_0\cos(\omega_0 t+\varphi_0)$$

由函数表达式不难看到，体现信号的特征参数——振幅 A_0、角频率 ω_0 和相位 φ_0，同时也可做出反映幅值随时间变化的波形图(见图 11.4.1)。

另外，如果能够确定振幅 A_0、角频率 ω_0 和相位 φ_0，那么表示信号的函数或波形也就唯一确定。于是采用图 11.4.2 和图 11.4.3 所示的线图。

不难看出，图 11.4.2 和图 11.4.3 只用了两条线或两个点便表示了时域波形图 11.4.1 所示的信号，也反映了信号所有的特征信息——振幅、角频率和相位。这样的分析方法叫作频域分析，表示的结果叫作频谱，且对应于纵轴的振幅或相位分别称为幅谱或相位谱。

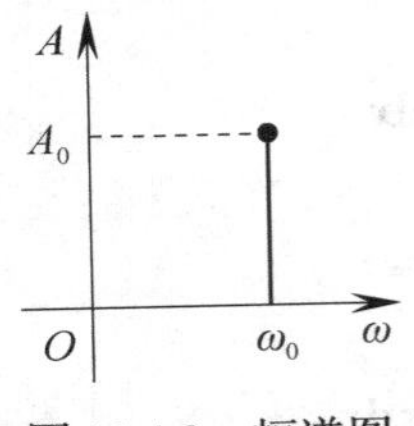

图 11.4.2 幅谱图

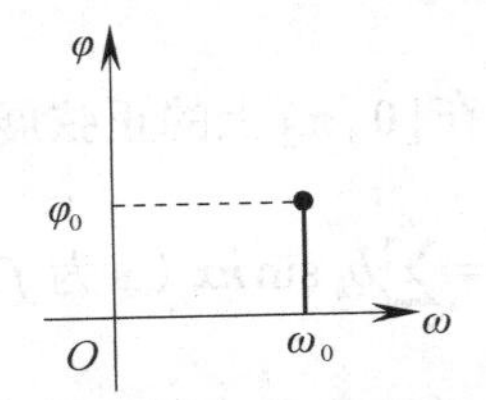

图 11.4.3 相位谱图

11.4.2 复杂信号频谱分析

由余弦信号分析的例子可以看出，常用的分析方法有时域分析和频域分析两种。

时域分析以波形为基础，以时间为横轴坐标表示动态信号的关系；频域分析(也叫频谱分析)则是将时域信号变换到频域之中，把信号的振幅和相位以频率(或角频率)为横轴坐标表示出来进行分析。一般来说，时域的表示较为形象与直观，而频域分析则更为简练，剖析问题更为深刻和方便。

信号分析就是将复杂的信号分解为若干简单分量的叠加，并以这些分量的组成情况对信号的特性进行考察。周期信号最基本的分析方法是将信号分解为不同频率的正(余)弦分量的叠加，即利用傅里叶级数进行分析。

现实生活中的信号一般以时间为自变量，即使是周期信号，一般很少有可能是 2π 周期的。假设表示信号的函数 $f(t)$ 以 T 为周期，其角频率 $\omega=\dfrac{2\pi}{T}$。类似地，可得到三角函数系

$$\sin\omega t,\quad \cos\omega t,\quad \cdots,\quad \sin n\omega t,\quad \cos n\omega t,\quad \cdots$$

在 $[t_0, t_0+T]$ 上的正交性，于是有

$f(t)$ 在 $[t_0, t_0+T]$ 上的傅里叶级数为 $\dfrac{a_0}{2}+\sum\limits_{n=1}^{\infty}(a_n\cos n\omega t+b_n\sin n\omega t)$，其中

傅里叶系数：$a_0=\dfrac{2}{T}\int_{t_0}^{t_0+T}f(t)\mathrm{d}t$，$a_n=\dfrac{2}{T}\int_{t_0}^{t_0+T}f(t)\cos n\omega t\,\mathrm{d}t$，$b_n=\dfrac{2}{T}\int_{t_0}^{t_0+T}f(t)\sin n\omega t\,\mathrm{d}t$。

同样，对于 $f(t)$ 在 $[t_0, t_0+T]$ 内的连续点 t 成立傅里叶展开

$$f(t)=\frac{a_0}{2}+\sum_{n=1}^{\infty}(a_n\cos n\omega t+b_n\sin n\omega t)$$

令 $A_0=\dfrac{a_0}{2}$，$A_n=\sqrt{(a_n)^2+(b_n)^2}$，$\cos\varphi_n=\dfrac{a_n}{A_n}$，$\sin\varphi_n=-\dfrac{b_n}{A_n}$，则

$$\tan\varphi_n=-\frac{b_n}{a_n},\quad f(t)=A_0+\sum_{n=1}^{\infty}A_n\cos(n\omega t+\varphi_n)$$

在频谱分析中，A_0 称为直流分量，$A_1\cos(\omega t+\varphi_1)$ 称为基波分量；$n>1$ 时，

$$A_n\cos(n\omega t+\varphi_n)$$

称为 n 次谐波分量，而 a_n 称为余弦分量、b_n 称为正弦分量。频谱图是单边频谱，即幅谱：$A_n\sim n\omega$，相位谱：$\varphi_n\sim n\omega$。

例 11.4.1　求周期为 T 的矩形脉冲信号 $f(t)=\begin{cases}-E, & -\dfrac{T}{2}\leqslant t<0\\ E, & 0\leqslant t<\dfrac{T}{2}\end{cases}$ 的频谱。

解　取 $t_0=-\dfrac{T}{2}$，由奇、偶函数在对称区间上的积分的性质，得

$$a_0=a_n=0$$

$$b_n=\frac{2}{T}\int_{-T/2}^{T/2}f(t)\sin n\omega t\,\mathrm{d}t=\frac{4}{T}\int_0^{T/2}f(t)\sin n\omega t\,\mathrm{d}t$$

$$=\frac{4}{T}\int_0^{T/2}E\cdot\sin n\omega t\,\mathrm{d}t=-\frac{4E}{T}\cdot\frac{\cos n\omega t}{n\omega}\bigg|_0^{\frac{T}{2}}=\frac{2E}{n\pi}(1-(-1)^n)$$

从而对于正整数 k，$b_{2k}=0$，$b_{2k-1}=\dfrac{4E}{\pi}\cdot\dfrac{1}{2k-1}$。

再根据狄利克雷收敛定理，得

$$f(t)=\frac{4E}{\pi}\sum_{k=1}^{\infty}\frac{1}{2k-1}\sin(2k-1)\omega t=\frac{4E}{\pi}\sum_{k=1}^{\infty}\frac{1}{2k-1}\cos((2k-1)\omega t-\frac{\pi}{2})$$

$$=\frac{4E}{\pi}\left(\cos(\omega t-\frac{\pi}{2})+\frac{1}{3}\cos(3\omega t-\frac{\pi}{2})+\frac{1}{5}\cos(5\omega t-\frac{\pi}{2})+\cdots\right)(t\in(-T,T)/\{0\})$$

频谱图见图 11.4.4 和图 11.4.5。

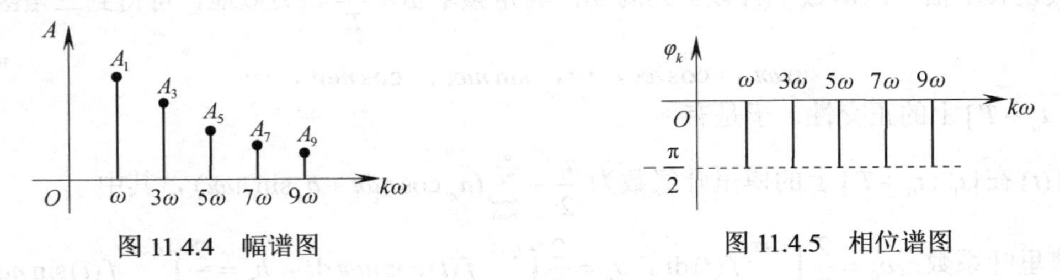

图 11.4.4 幅谱图　　　　图 11.4.5 相位谱图

例 11.4.2 求周期信号

$$f(t)=2+\cos(\frac{1}{2}t+\varphi_1)+3\cos(\frac{2}{3}t+\varphi_2)+5\cos(\frac{1}{6}t+\varphi_3)$$

的最小正周期、基波角频率和谐波次数。

解 注意 $f(t)$ 的第 2、3、4 项的角频率分别为

$$\omega_2=\frac{1}{2}、\ \omega_3=\frac{2}{3}、\ \omega_4=\frac{1}{6}$$

由 $T=\frac{2\pi}{\omega}$ 知它们的最小正周期分别为

$$T_2=\frac{2\pi}{1/2}=4\pi、\ T_3=\frac{2\pi}{2/3}=6\pi、\ T_4=\frac{2\pi}{1/6}=12\pi$$

取最小公倍即得 $f(t)$ 的最小正周期 $T=12\pi$，基波角频率 $\omega_1=\frac{2\pi}{T}=\frac{2\pi}{12\pi}=\frac{1}{6}$。

再由 $\frac{\omega_k}{\omega_1}$ 当 $k=2、3、4$ 时即得 $f(t)$ 的第 2、3、4 项的谐波次数分别为

$$\frac{\omega_2}{\omega_1}=3、\ \frac{\omega_3}{\omega_1}=4、\ \frac{\omega_4}{\omega_1}=1$$

即第 4 项为基波、第 2 项为 3 次谐波、第 3 项为 4 次谐波。

习 题 11

1. 求下面级数的和：

(1) $\sum_{n=1}^{\infty}\frac{1}{3^n}$；　　(2) $\sum_{n=1}^{\infty}\frac{1}{(2n-1)\cdot(2n+1)}$。

2. 判断级数 $\sum_{n=1}^{+\infty}\frac{n}{n+1}$ 的敛散性。

3. 写出 $f(x)=\begin{cases}0, & -1\leqslant x<0\\ 1, & 0\leqslant x<1\end{cases}$ 在$[-1,1]$上的傅里叶级数的前3项。

4. 已知

$$f(t)=1+\sin\omega t+2\cos\omega t+\cos\left(2\omega t+\frac{\pi}{4}\right)$$

试将其化为余弦形式，并画出它的幅谱图和相位谱图。

【数学名人】——傅里叶

第 12 章　积分变换

【名人名言】灵感并不是在逻辑思考的延长线上产生，而是在破除逻辑或常识的地方才有灵感。——爱因斯坦

【经典语录】鸟欲高飞先振翅，人求上进先读书。

【学习目标】了解复数及其三角和指数表示，知道复数的四则运算。

知道 Fourier 变换的定义，会用 Fourier 变换对非周期信号进行频谱分析。

知道 Laplace 变换及其逆变换，能用它们解常微分方程和进行电路分析。

【教学提示】Fourier 变换是通信、移动、网络等专业在信号、图像处理方面的专业需求，教学重点是频谱分析，可采用练习、讨论、讲解等方式；Laplace 变换是电子、物联等专业的专业需求，教学重点是解微分方程，教学难点是做电路分析，可采用案例诱导、讨论、练习、讲解等方式。

【数学词汇】

①复数（Complex number），变换（Transform）。

②频谱分析（Frequency Spectrum Analysis）。

③时域电路（Time Domain Circuit），频域电路（Frequency Domain Circuit）。

【内容提要】

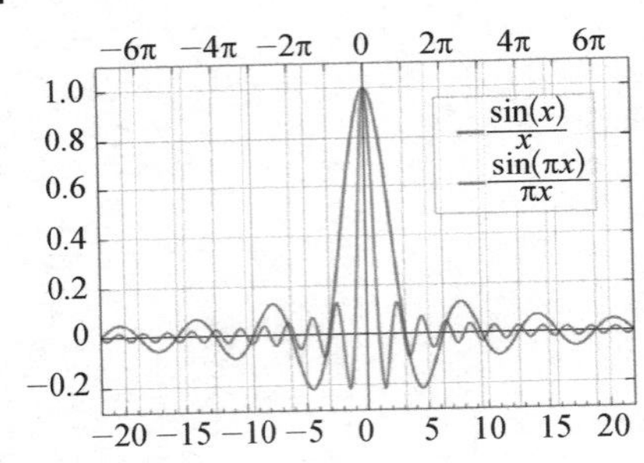

12.1　复数及其表示

12.2　Fourier 变换

12.3　非周期信号频谱分析

12.4　Laplace 变换

12.5　Laplace 逆变换及其应用

*12.6　Laplace 变换在电路分析中的应用

积分变换无论在数学理论或其应用中都是一种非常有用的工具。最常见的积分变换有傅里叶变换和拉普拉斯变换。

傅里叶级数以求和的方式将周期时域信号转换为不同频率的正(余)弦信号的叠加，但对于无限时域的非周期信号，如单边指数信号，其频谱分析就会受到局限。傅里叶变换除能克服这一不足之外，也能以积分的形式在时域和频域之间进行有效转换，而不受周期或非周期的约束。

和傅里叶变换一样，拉普拉斯变换也是一种以积分形式将时域信号映射到复频域上进行处理的积分变换，通常不用它做频谱分析，而是用于解常微分方程或做电路分析。

本章将先介绍复数及其三角和指数表示，然后介绍傅里叶变换以及非周期信号应用傅里叶变换的频谱分析，最后再介绍拉普拉斯变换及其逆变换，并应用拉普拉斯变换和逆变换求解常微分方程和做基本的电路分析。

12.1 复数及其表示

复数最早出现在公元 1 世纪希腊数学家海伦研究的平顶金字塔不可能问题之中。

1545 年，意大利米兰学者卡丹(Jerome Cardan，1501—1576)在他的著作《重要的艺术》中，公布了三次方程的一般解法，第一个把负数的平方根写到了公式之中。

1637 年，法国数学家笛卡儿(Rene Descartes，1596—1650)在他的《几何学》中首提到虚数。1707 年，法国数学家棣莫弗(Abraham De Moivre，1667—1754)创建了棣莫弗公式。1748 年，瑞士数学大师欧拉(Euler，1707—1783)发现了著名的欧拉复数关系式；1777 年，欧拉在他的《微分公式》一文中首创用 i 表示虚单位，并随后建立了系统的复数理论。

18 世纪末及 19 世纪、20 世纪，由复数扩展建立的复变函数理论得到了长足的发展，并广泛应用于理论物理、弹性物理、天体力学、流体力学、电学等众多领域。

12.1.1 复数及其四则运算

在中学数学里，曾学习过解代数方程，如用求根公式解代数方程

$$x^2+2x+2=0$$

可以得到它的根 $x=\dfrac{-2\pm\sqrt{-4}}{2}$，但在实数范围内，$\sqrt{-4}$ 是没有意义的。

为了使 $\sqrt{-4}$ 有意义，引入 $i=\sqrt{-1}$，于是就有

$$\sqrt{-4}=\sqrt{4\cdot(-1)}=2\mathrm{i}$$

从而方程 $x^2+2x+2=0$ 的根为 $x=-1\pm\mathrm{i}$。

更进一步，引入下面的定义。

定义 12.1.1 *设 a、b 为实数，称*

(1) $\mathrm{i}=\sqrt{-1}$ *为虚单位，$b\mathrm{i}$ ($b\neq0$) 为纯虚数；*

(2) $z=a+b\mathrm{i}$ *为复数，其中 a 叫作 z 的实部，b 叫作 z 的虚部，记为*

$$a=\mathrm{Re}\,z\,,\quad b=\mathrm{Im}\,z$$

(3) $z=a+b\mathrm{i}=0$ *当且仅当* $a=b=0$。

注意，$\mathrm{i}=\sqrt{-1}$ 是一个虚拟的数，因此复数也就不能像实数一样比较大小。

为了使复数能像实数一样进行四则运算，需用到下面等式：

$$\mathrm{i}^2=-1\,,\quad \mathrm{i}^3=\mathrm{i}^2\cdot\mathrm{i}=-\mathrm{i}\,,\quad \mathrm{i}^4=(\mathrm{i}^2)^2=(-1)^2=1$$

除此之外，还需用到合并同类项的知识，即将 i 看作一个字母，将 i 的倍数按合并同类项的方式进行计算。于是便有

(1) $(1+2\mathrm{i})+(3+4\mathrm{i})=(1+3)+(2\mathrm{i}+4\mathrm{i})=4+6\mathrm{i}$；

(2) $(1+2\mathrm{i})-(3+4\mathrm{i})=(1-3)+(2\mathrm{i}-4\mathrm{i})=-2-2\mathrm{i}$；

(3) $(1+2i)\cdot(3+4i)=1\cdot(3+4i)+2i\cdot(3+4i)=3+4i+6i-8=-5+10i$。

对于除式，如$\dfrac{1+2i}{3+4i}$，不能像前面一样直接用实部和虚部进行除法运算，但注意分母的$a+bi$如果再乘以一个$a-bi$，那么就可以将分母化为a^2+b^2，例如

$$\frac{1+2i}{3+4i}=\frac{(1+2i)(3-4i)}{(3+4i)(3-4i)}=\frac{11+2i}{3^2+4^2}=\frac{11}{25}+\frac{2}{25}i$$

课堂练习 12.1.1

(1) 若$z=3-2i$，则$\text{Re}\,z=$(　　　)，$\text{Im}\,z=$(　　　)。

(2) 若$z_1=1+2i$，$z_2=2-i$，求z_1+z_2、z_1-z_2、z_1z_2、$\dfrac{z_1}{z_2}$。

在上面的除法运算中，分母的$3+4i$乘了一个$3-4i$，为了运算方便，引入下面的定义。

定义 12.1.2　设$z=a+bi$，称

(1) $\overline{z}=a-bi$为z的共轭复数；　　(2) $|z|=\sqrt{a^2+b^2}$为z的模。

易见：$z\cdot\overline{z}=|z|^2$。

课堂练习 12.1.2

(1) 若$z=3-4i$，求$\overline{z}$和$\dfrac{1}{z}$；　　(7) 若$z_1=1+2i$，$z_2=2-i$，求$z_1\cdot\overline{z_2}$。

12.1.2　复数的三角和指数表示

由定义12.1.1不难看出，复数

$$z=x+yi$$

由实数对x和y唯一确定。如果分别以实部x和虚部y形成的数轴为横轴和竖轴，那么这两条坐标轴便构成一个平面，这样的平面称为复平面。

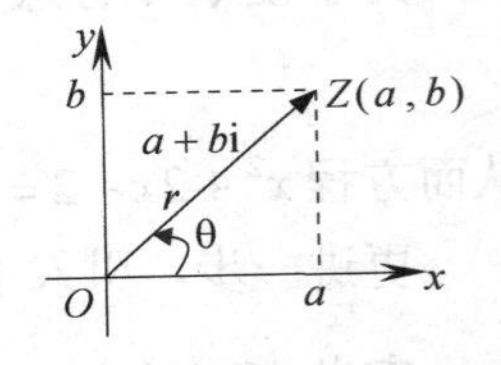

图12.1.1　复数的几何表示

易可见，复数$z=a+bi$与复平面上的点$Z(a,b)$构成一一对应。如图12.1.1所示，当点$Z(a,b)$确定后，向量$\overrightarrow{OZ}$也就唯一确定，从而复数$z=a+bi$与复平面上的向量$\overrightarrow{OZ}$也构成一一对应，因此，复数$z=a+bi$可以用复平面上的点$Z(a,b)$或向量$\overrightarrow{OZ}$进行几何表示。

假设复数$z=a+bi$的模

$$r=\sqrt{a^2+b^2}$$

以正实轴为始边、OZ为终边的角称为z的幅角，记为$\text{Arg}\,z$。

若$z\neq0$，且幅角θ满足：$0\leqslant\theta<2\pi$，则称θ为z的幅角主值，记为$\arg z$。

由图12.1.1所示可见

$$a=r\cos\theta，\quad b=r\sin\theta$$

$$\tan\theta=\frac{b}{a}，\quad \text{Arg}\,z=\arg z+2k\pi\ (k\text{为整数})$$

于是复数 $z=a+b\mathrm{i}$ 可以表示为

$$z=r(\cos\theta+\mathrm{i}\sin\theta)\text{——称为} z \text{ 的三角表示。}$$

由复数 $z=a+b\mathrm{i}$ 的三角表示及欧拉公式 $\mathrm{e}^{\mathrm{i}\theta}=\cos\theta+\mathrm{i}\cdot\sin\theta$，即得

$$z=r\mathrm{e}^{\mathrm{i}\theta}\text{——称为} z \text{ 的指数表示。}$$

例 12.1.1 将复数 $z=-\sqrt{12}-2\mathrm{i}$ 化为三角和指数形式。

解 z 的模：$r=\sqrt{(-\sqrt{12})^2+(-2)^2}=4$。设其幅角主值为 θ，则

$$\tan\theta=\frac{-2}{-\sqrt{12}}=\frac{\sqrt{3}}{3}$$

注意，z 对应的点 $(-\sqrt{12},-2)$ 在第三象限，故 $\theta=\frac{7\pi}{6}$，从而

$$z=4\left(\cos\frac{7\pi}{6}+\mathrm{i}\sin\frac{7\pi}{6}\right)=4\mathrm{e}^{\frac{7}{6}\pi\mathrm{i}}$$

课堂练习 12.1.3

(1) $z=2\left(\sin\frac{\pi}{5}+\mathrm{i}\cos\frac{\pi}{5}\right)$ 的指数形式为(　　　　)。

(2) 求 $z=-\sqrt{2}-\mathrm{i}$ 的三角形式和指数形式。

12.2 Fourier 变换

在第 11 章的学习中，我们已经了解到，周期函数在一定的条件下可以展开成为傅里叶级数，当周期无限增大时，周期函数也就转化成了非周期函数。

本节重点探讨非周期信号的频谱分析。

12.2.1 Fourier 级数的指数形式

设 $f_T(t)$ 的周期为 T，在 $[-\frac{T}{2},\frac{T}{2}]$ 上具有傅里叶展开：

$$f_T(t)=\sum_{n=-\infty}^{+\infty}c_n\mathrm{e}^{\mathrm{i}n\omega t}$$

由指数函数序列

$$1,\ \mathrm{e}^{\mathrm{i}\omega t},\ \cdots,\ \mathrm{e}^{\mathrm{i}n\omega t},\ \cdots$$

在 $[-\frac{T}{2},\frac{T}{2}]$ 上的正交性，对任意整数 m，等式

$$\int_{-T/2}^{T/2}f_T(t)\mathrm{e}^{-\mathrm{i}m\omega t}\mathrm{d}t=\sum_{n=-\infty}^{+\infty}c_n\int_{-T/2}^{T/2}\mathrm{e}^{\mathrm{i}(n-m)\omega t}\mathrm{d}t$$

右边的和式中，仅 $n=m$ 的那一项非 0，于是有

$$\int_{-T/2}^{T/2} f_T(t)\mathrm{e}^{-\mathrm{i}m\omega t}\mathrm{d}t = c_m T$$

即得

$f_T(t)$ 在 $\left[-\dfrac{T}{2},\dfrac{T}{2}\right]$ 上的复指数形式的傅里叶展开：

$$f_T(t)=\sum_{n=-\infty}^{+\infty} c_n \mathrm{e}^{\mathrm{i}n\omega t},\quad c_n=\frac{1}{T}\int_{-T/2}^{T/2} f_T(t)\mathrm{e}^{-\mathrm{i}n\omega t}\mathrm{d}t$$

12.2.2　Fourier 变换的定义

设 $f(t)$ 是定义在 $(-\infty,+\infty)$ 内的非周期函数，构造一个周期为 T 的函数 $f_T(t)$，使得

$$f_T(t)=f(t)\quad\left(t\in\left[-\frac{T}{2},\frac{T}{2}\right]\right)$$

不难看出，T 值越大，$f_T(t)$ 与 $f(t)$ 相等的范围也就越大，即

$$\lim_{T\to+\infty} f_T(t)=f(t)$$

将 $f_T(t)$ 在 $\left[-\dfrac{T}{2},\dfrac{T}{2}\right]$ 上作复指数形式的傅里叶展开：

$$f_T(t)=\sum_{n=-\infty}^{+\infty} c_n \mathrm{e}^{\mathrm{i}n\omega t},\quad c_n=\frac{1}{T}\int_{-T/2}^{T/2} f_T(t)\mathrm{e}^{-\mathrm{i}n\omega t}\mathrm{d}t$$

让 $\omega_n=n\omega$，$F_T(\omega_n)=\int_{-T/2}^{T/2} f_T(t)\mathrm{e}^{-\mathrm{i}\omega_n t}\mathrm{d}t$，若

$$\int_{-\infty}^{+\infty}|f(t)|\,\mathrm{d}t<+\infty$$

则当 $T\to+\infty$ 时，有

$$F_T(\omega_n)\to F(\omega_n)=\int_{-\infty}^{+\infty} f(t)\mathrm{e}^{-\mathrm{i}\omega_n t}\mathrm{d}t$$

于是引出下面的定义：

定义 12.2.1　称 $F(\omega)=\int_{-\infty}^{+\infty} f(t)\mathrm{e}^{-\mathrm{i}\omega t}\mathrm{d}t$ 为 $f(t)$ 的傅里叶变换。

注意，当 $T\to+\infty$ 时，有

$$\Delta\omega_n=\omega_n-\omega_{n-1}=\omega=\frac{2\pi}{T}\to 0$$

从而由 $f_T(t)=\sum\limits_{n=-\infty}^{+\infty} c_n\mathrm{e}^{\mathrm{i}n\omega t}$，$c_n=\dfrac{1}{T}F_T(\omega_n)$，得

$$f_T(t)=\sum_{n=-\infty}^{+\infty}\frac{1}{T}F_T(\omega_n)\mathrm{e}^{\mathrm{i}\omega_n t}=\frac{1}{2\pi}\sum_{n=-\infty}^{+\infty}F_T(\omega_n)\mathrm{e}^{\mathrm{i}\omega_n t}\Delta\omega_n$$

根据定积分的定义 $\int_a^b f(x)\mathrm{d}x=\lim\limits_{\lambda\to0}\sum\limits_{k=1}^{n} f(c_k)\Delta x_k$，取 $c_k=\omega_k$ 即得

$$f_T(t) \to \frac{1}{2\pi}\int_{-\infty}^{+\infty} F_T(\omega)\mathrm{e}^{\mathrm{i}\,\omega t}\mathrm{d}\omega \to \frac{1}{2\pi}\int_{-\infty}^{+\infty} F(\omega)\mathrm{e}^{\mathrm{i}\,\omega t}\mathrm{d}\omega = f(t)$$

于是引出下面的定义：

定义 12.2.2　称 $f(t) = \frac{1}{2\pi}\int_{-\infty}^{+\infty} F(\omega)\mathrm{e}^{\mathrm{i}\,\omega t}\mathrm{d}\omega$ 为 $F(\omega)$ 的逆变换。

$f(t)$ 的傅里叶变换及其逆变换存在的条件是 $f(t)$ 满足狄利克雷条件。狄利克雷条件只是变换存在的充分条件，如正弦信号 $f(t)$ 不满足绝对可积条件 $\int_{-\infty}^{+\infty}|f(t)|\,\mathrm{d}t < +\infty$，但其傅里叶变换却存在。

12.3　非周期信号频谱分析

周期信号的频谱是离散频谱。但当周期 $T \to +\infty$ 时，周期信号也就转化成了非周期信号，由于谱线间隔

$$\omega = \frac{2\pi}{T} \to 0$$

离散谱也就变成了连续谱。此时继续采用傅里叶级数展开的方式对非周期信号进行频谱分析就显得不合时宜，而傅里叶变换不仅能精确描述非周期信号的连续谱线，而且将其连续频谱等间隔取样也能得到周期信号的离散频谱。

在利用傅里叶变换进行的频谱分析中，有下面的概念：

(1) $F(\omega)$ 称为 $f(t)$ 的频谱函数。

(2) $|F(\omega)|$ 称为 $f(t)$ 的振幅频谱。

(3) $\arg F(\omega)$ 称为 $f(t)$ 的相位频谱。

例 12.3.1　求非周期矩形脉冲信号 $f(t) = \begin{cases} 2, & |t| \leqslant 1 \\ 0, & |t| > 1 \end{cases}$ 的频谱函数。

解　由傅里叶变换的定义，得

$$F(\omega) = \int_{-\infty}^{+\infty} f(t)\mathrm{e}^{-\mathrm{i}\omega t}\mathrm{d}t = \int_{-1}^{1} 2\,\mathrm{e}^{-\mathrm{i}\omega t}\mathrm{d}t$$

再根据 $\int \mathrm{e}^{kx}\mathrm{d}x = \frac{\mathrm{e}^{kx}}{k} + C$ 及 $\mathrm{e}^{\mathrm{i}\theta} - \mathrm{e}^{-\mathrm{i}\theta} = 2\mathrm{i}\sin\theta$，有

$$F(\omega) = 2\cdot\frac{\mathrm{e}^{-\mathrm{i}\omega t}}{-\mathrm{i}\omega}\bigg|_{-1}^{1} = \frac{2}{-\mathrm{i}\omega}(\mathrm{e}^{-\mathrm{i}\omega} - \mathrm{e}^{\mathrm{i}\omega}) = \frac{2}{-\mathrm{i}\omega}\cdot(-2\mathrm{i}\sin\omega) = \frac{4\sin\omega}{\omega}$$

即 $f(t)$ 的频谱函数 $F(\omega) = \frac{4\sin\omega}{\omega}$。

频谱图和幅谱图分别见图 12.3.1 和图 12.3.2，相位谱因涉及反三角函数，在此不进行讨论。

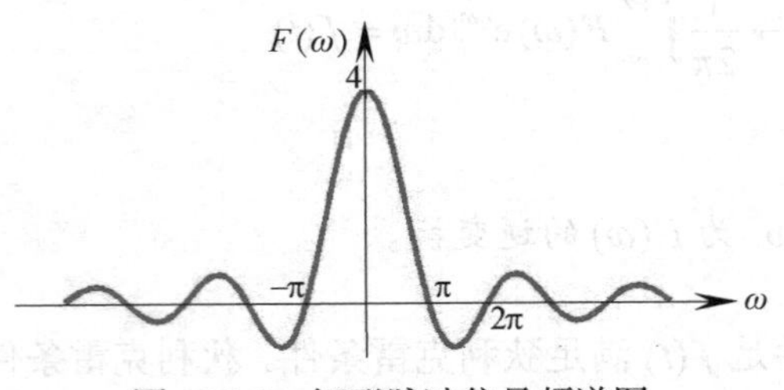

图 12.3.1 矩形脉冲信号频谱图

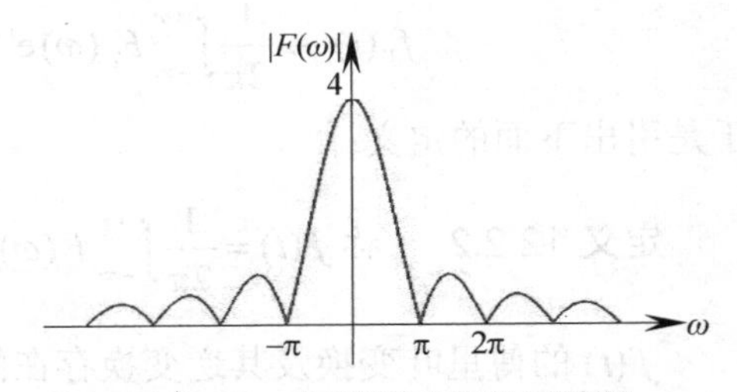

图 12.3.2 矩形脉冲信号幅谱图

课堂练习 12.3.1 求非周期矩形脉冲信号 $f(t)=\begin{cases}2, & 0\leqslant t\leqslant 1\\ 0, & 其他\end{cases}$ 的频谱函数。

例 12.3.2 求单边指数信号 $f(t)=\begin{cases}\mathrm{e}^{-2t}, & t\geqslant 0\\ 0, & t<0\end{cases}$ 的频谱函数。

解 由傅里叶变换的定义，得

$$F(\omega)=\int_{-\infty}^{+\infty} f(t)\mathrm{e}^{-\mathrm{i}\omega t}\mathrm{d}t=\int_{0}^{+\infty}\mathrm{e}^{-2t}\cdot\mathrm{e}^{-\mathrm{i}\omega t}\mathrm{d}t=\int_{0}^{+\infty}\mathrm{e}^{-(2+\mathrm{i}\omega)t}\mathrm{d}t$$

再根据 $\int \mathrm{e}^{kx}\mathrm{d}x=\dfrac{\mathrm{e}^{kx}}{k}+C$，得

$$F(\omega)=\left.\frac{\mathrm{e}^{-(2+\mathrm{i}\omega)t}}{-(2+\mathrm{i}\omega)}\right|_{0}^{+\infty}=\frac{1}{2+\mathrm{i}\omega}=\frac{2-\mathrm{i}\omega}{(2+\mathrm{i}\omega)(2-\mathrm{i}\omega)}=\frac{2-\mathrm{i}\omega}{\omega^2+4}$$

于是有

幅谱：$|F(\omega)|=\left|\dfrac{1}{2+\mathrm{i}\omega}\right|=\dfrac{1}{|2+\mathrm{i}\omega|}=\dfrac{1}{\sqrt{\omega^2+4}}$，幅谱图见图 12.3.3。

相位谱：$\tan(\varphi(\omega))=\dfrac{-\dfrac{\omega}{\omega^2+4}}{\dfrac{2}{\omega^2+4}}=-\dfrac{\omega}{2}$，$\varphi(\omega)=-\arctan\dfrac{\omega}{2}$，相位谱图见图 12.3.4。

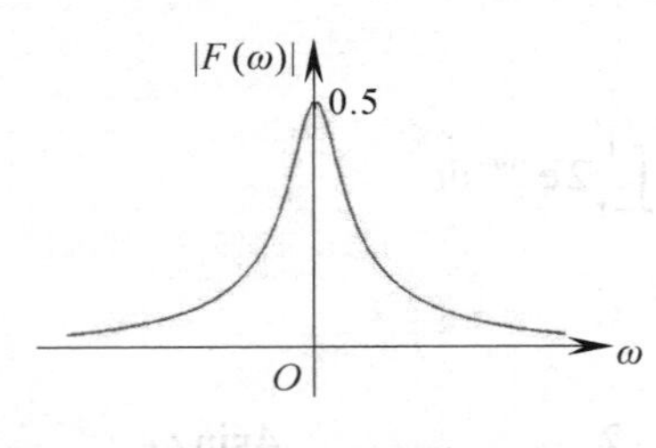

图 12.3.3 幅谱图

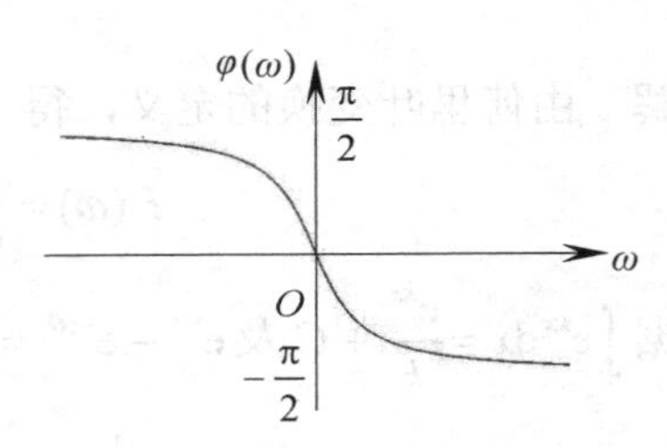

图 12.3.4 相位谱图

课堂练习 12.3.2 求单边指数信号 $f(t)=\begin{cases}\mathrm{e}^{-t}, & t\geqslant 0\\ 0, & t<0\end{cases}$ 的频谱函数。

12.4 Laplace 变换

拉普拉斯(Pierre-Simon Laplace，1749—1827)是法国著名的数学家和天文学家，是天体力学的主要奠基人，是天体演化学的创立者之一，是分析概率论的创始人，也是应用数学的先驱。他在研究天体力学和物理学的过程中，创造和发展了许多新的数学方法。1812年，拉普拉斯在《概率的分析理论》中总结了当时整个概率论的研究，论述了概率在选举、审判、调查、气象等方面的应用，引入了“拉普拉斯(Laplace)变换”，并导致了后来英国物理学家海维塞德(Oliver Heaviside，1850—1925)发现运算微积分在电工理论中的应用。

拉普拉斯变换最早用于解决电力工程计算中遇到的一些基本问题，后来逐渐地在电学、力学、控制工程等系统分析中得到了广泛的应用，是研究输入—输出描述的连续线性时不变系统的强有力工具。

12.4.1 Laplace 变换的定义

在第 11 章的学习中，我们知道，等比级数

$$\sum_{n=0}^{+\infty} r^n = \frac{1}{1-r} \quad (|r|<1)$$

用 x 替换 r，得

$$\sum_{n=0}^{+\infty} x^n = \frac{1}{1-x} \quad (|x|<1)$$

其中 x^n 是乘幂形式，因此 $\sum\limits_{n=0}^{+\infty} x^n$ 是幂级数。设一般幂级数 $\sum\limits_{n=0}^{+\infty} a(n)x^n$ 的和为 $A(x)$，即

$$\sum_{n=0}^{+\infty} a(n)x^n = A(x)$$

将其连续化，即 $n=0$，1，$\cdots$变成 t：$0 \leqslant t < +\infty$，上述 Σ 和变为积分形式，有

$$\int_0^{+\infty} a(t)x^t \mathrm{d}t = A(x)$$

注意，$x = \mathrm{e}^{\ln x}$，让 $s=-\ln x$，得

$$A(\mathrm{e}^{-s}) = \int_0^{+\infty} a(t)\mathrm{e}^{-st}\mathrm{d}t$$

从而引出拉普拉斯变换的定义。

定义 12.4.1　称 $F(s)=\int_0^{+\infty} f(t)\mathrm{e}^{-st}\mathrm{d}t$ 为 $f(t)$ 的拉普拉斯变换，记为 $F(s)=L[f(t)]$。

不难看出，拉普拉斯变换实际上是一个算子：$f(t) \longmapsto F(s)$。

例 12.4.1　求下面函数的拉普拉斯变换：

(1) $f(t)=1$；　　　　(2) $g(t)=\mathrm{e}^{-at}$（a 为常数）。

解　根据拉普拉斯变换的定义，得

(1) $L[f(t)]=\int_0^{+\infty}1\cdot\mathrm{e}^{-st}\mathrm{d}t=-\frac{1}{s}\mathrm{e}^{-st}\Big|_0^{+\infty}=-\frac{1}{s}(\lim\limits_{t\to+\infty}\mathrm{e}^{-st}-1)$；

(2) $L[g(t)]=\int_0^{+\infty}\mathrm{e}^{-(s+a)t}\mathrm{d}t=-\frac{1}{s+a}\mathrm{e}^{-(s+a)t}\Big|_0^{+\infty}=-\frac{1}{s+a}(\lim\limits_{t\to+\infty}\mathrm{e}^{-(s+a)t}-1)$。

注意 $\mathrm{Re}(s)>0$ 时 $\lim\limits_{t\to+\infty}\mathrm{e}^{-st}=0$，$\mathrm{Re}(s+a)>0$ 时 $\lim\limits_{t\to+\infty}\mathrm{e}^{-(s+a)t}=0$。因此

$$L[f(t)]=\frac{1}{s}\ (\mathrm{Re}(s)>0),\quad L[g(t)]=\frac{1}{s+a}\ (\mathrm{Re}(s+a)>0)$$

由例 12.4.1 即得到下面的结论。

$$L[1]=\frac{1}{s}\ (\mathrm{Re}(s)>0);\quad L[\mathrm{e}^{-at}]=\frac{1}{s+a}\ (a\text{为常数},\ \mathrm{Re}(s+a)>0)。$$

不难看出，并不是对所有复数 s，拉普拉斯变换都存在。一般有下面的定理。

拉普拉斯变换存在定理 若 $f(t)$ 在 $[0,+\infty)$ 内满足下面条件：

(1) 除可能有有限个第一类间断点外处处连续；

(2) 存在常数 $M>0$ 和 $k\geqslant 0$，使得

$$|f(t)|\leqslant M\mathrm{e}^{kt}$$

则 $f(t)$ 的拉普拉斯变换 $F(s)$ 在半平面 $\mathrm{Re}s>k$ 上存在且解析。

12.4.2 典型时间函数的 Laplace 变换

时间函数指的是以时间 t 为自变量的函数。典型的时间函数有很多，如单位阶跃函数：

$$u(t)=\begin{cases}0, & t<0\\ 1, & t\geqslant 0\end{cases}$$

例 12.4.2 设 $u(t)$ 为单位阶跃函数，a 为常数，求 $u(t)$ 和 $\mathrm{e}^{-at}u(t)$ 的拉普拉斯变换。

解 根据拉普拉斯变换的定义，得

$$L[u(t)]=\int_0^{+\infty}u(t)\mathrm{e}^{-st}\mathrm{d}t=\int_0^{+\infty}\mathrm{e}^{-st}\mathrm{d}t=-\frac{1}{s}\mathrm{e}^{-st}\Big|_0^{+\infty}=\frac{1}{s}(\mathrm{Re}(s)>0)$$

$$L[\mathrm{e}^{-at}u(t)]=\int_0^{+\infty}\mathrm{e}^{-at}u(t)\mathrm{e}^{-st}\mathrm{d}t=\int_0^{+\infty}\mathrm{e}^{-(s+a)t}\mathrm{d}t$$

$$=-\frac{1}{s+a}\mathrm{e}^{-(s+a)t}\Big|_0^{+\infty}=\frac{1}{s+a}\ (\mathrm{Re}(s+a)>0)$$

12.4.3 Laplace 变换的性质

总结例 12.4.2 的结论，有下面的结果：

$$L[u(t)]=\frac{1}{s},\quad L[\mathrm{e}^{-at}u(t)]=\frac{1}{s+a}$$

即若 $L[u(t)]=\frac{1}{s}=F(s)$，则

$$L[\mathrm{e}^{-at}u(t)]=\frac{1}{s+a}=F(s+a)$$

一般下面的结论成立。

性质 1（频移性质） 若 $L[f(t)]=F(s)$，则

$$L[\mathrm{e}^{-at}f(t)]=F(s+a)$$

【证明】 根据拉普拉斯变换的定义，有

$$L[f(t)]=\int_0^{+\infty}f(t)\mathrm{e}^{-st}\mathrm{d}t=F(s)$$

从而

$$L[\mathrm{e}^{-at}f(t)]=\int_0^{+\infty}\mathrm{e}^{-at}f(t)\mathrm{e}^{-st}\mathrm{d}t=\int_0^{+\infty}f(t)\mathrm{e}^{-(s+a)t}\mathrm{d}t=F(s+a)$$

根据积分的线性性质，在广义积分收敛的公共域内不难得到拉普拉斯变换的线性性质。

性质 2（线性性质） 若 $L[f(t)]=F(s)$，$L[g(t)]=G(s)$，则

$$L[\alpha f(t)+\beta g(t)]=\alpha F(s)+\beta G(s)\ （\alpha、\beta 为常数）$$

【证明】 根据拉普拉斯变换的定义，有

$$L[f(t)]=\int_0^{+\infty}f(t)\mathrm{e}^{-st}\mathrm{d}t=F(s),\quad L[g(t)]=\int_0^{+\infty}g(t)\mathrm{e}^{-st}\mathrm{d}t=G(s)$$

于是

$$\begin{aligned}L[\alpha f(t)+\beta g(t)]&=\int_0^{+\infty}(\alpha f(t)+\beta g(t))\mathrm{e}^{-st}\mathrm{d}t\\&=\alpha\int_0^{+\infty}f(t)\mathrm{e}^{-st}\mathrm{d}t+\beta\int_0^{+\infty}g(t)\mathrm{e}^{-st}\mathrm{d}t\ （s\in R_1\cap R_2）\\&=\alpha F(s)+\beta G(s)\end{aligned}$$

由性质 2 可得到下面的结论。

> 若 ω 为实常数，则当 $\mathrm{Re}(s)>0$ 时有
>
> (1) $L[\sin\omega t]=\dfrac{\omega}{s^2+\omega^2}$；　　(2) $L[\cos\omega t]=\dfrac{s}{s^2+\omega^2}$

【证明】 根据

$$\sin\omega t=\frac{\mathrm{e}^{\mathrm{i}\omega t}-\mathrm{e}^{-\mathrm{i}\omega t}}{2\mathrm{i}}\quad 和\quad \cos\omega t=\frac{\mathrm{e}^{\mathrm{i}\omega t}+\mathrm{e}^{-\mathrm{i}\omega t}}{2}$$

及性质 2，得

(1) $L[\sin\omega t]=\dfrac{1}{2\mathrm{i}}(L[\mathrm{e}^{\mathrm{i}\omega t}]-L[\mathrm{e}^{-\mathrm{i}\omega t}])$；　　(2) $L[\cos\omega t]=\dfrac{1}{2}(L[\mathrm{e}^{\mathrm{i}\omega t}]+L[\mathrm{e}^{-\mathrm{i}\omega t}])$。

再根据 $L[\mathrm{e}^{-at}u(t)]=\dfrac{1}{s+a}$，得

$$L[\mathrm{e}^{\mathrm{i}\omega t}]=\frac{1}{s-\mathrm{i}\omega},\quad L[\mathrm{e}^{-\mathrm{i}\omega t}]=\frac{1}{s+\mathrm{i}\omega}$$

从而

(1) $L[\sin\omega t]=\dfrac{1}{2\mathrm{i}}(\dfrac{1}{s-\mathrm{i}\omega}-\dfrac{1}{s+\mathrm{i}\omega})=\dfrac{1}{2\mathrm{i}}\cdot\dfrac{2\mathrm{i}\omega}{(s-\mathrm{i}\omega)(s+\mathrm{i}\omega)}=\dfrac{\omega}{s^2+\omega^2}$；

(2) $L[\cos\omega t]=\dfrac{1}{2}(\dfrac{1}{s-\mathrm{i}\omega}+\dfrac{1}{s+\mathrm{i}\omega})=\dfrac{1}{2}\cdot\dfrac{2s}{(s-\mathrm{i}\omega)(s+\mathrm{i}\omega)}=\dfrac{s}{s^2+\omega^2}$。

课堂练习 12.4.1 设 a、b 为实常数，写出 $f(t)=\mathrm{e}^{-at}-\mathrm{e}^{-bt}$ 的拉普拉斯变换。

下面考察时域微分性质。根据牛顿—莱布尼兹公式，得

$$\int_a^b(u\cdot v)'\mathrm{d}t=(u\cdot v)\Big|_a^b,\ \text{即}\int_a^b(u'\cdot v+u\cdot v')\mathrm{d}t=(u\cdot v)\Big|_a^b$$

于是有分部积分规则：

$$\int_a^b u'\cdot v\,\mathrm{d}t=(u\cdot v)\Big|_a^b-\int_a^b u\cdot v'\,\mathrm{d}t$$

将定积分的这一分部积分规则推广至广义积分，可得到下面的性质。

性质 3（时域微分性质） 若 $L[f(t)]=F(s)$，则 $L[f'(t)]=sF(s)-f(0)$。

【证明】 根据拉普拉斯变换的定义，有

$$L[f'(t)]=\int_0^{+\infty}f'(t)\mathrm{e}^{-st}\mathrm{d}t,$$

再根据分部积分规则，得

$$L[f'(t)]=f(t)\mathrm{e}^{-st}\Big|_0^{+\infty}-\int_0^{+\infty}f(t)(-s\mathrm{e}^{-st})\mathrm{d}t=sF(s)-f(0)$$

性质 3 的证明用到了保证广义积分收敛的条件

$$f(t)\mathrm{e}^{-st}\Big|_{t=+\infty}=0$$

一般工程计算时这样的条件总能满足，在此不再进行更深入的探讨。

让 $g(t)=f^{(n-1)}(t)$，则由性质 3，有

$$L[g'(t)]=sL[g(t)]-g(0)$$

即 $L[f^{(n)}(t)]=sL[f^{(n-1)}(t)]-f^{(n-1)}(0)$。

由此递推即可建立拉普拉斯变换一般的时域微分性质结论。

> 若 $L[f(t)]=F(s)$，n 为正整数，则
> (1) $L[f'(t)]=sF(s)-f(0)$，$L[f''(t)]=s^2F(s)-sf(0)-f'(0)$；
> (2) $L[f^{(n)}(t)]=s^nF(s)-s^{n-1}f(0)-s^{n-2}f'(0)-\cdots-f^{(n-1)}(0)$。

根据上述结果，可得到下面结论：

> 若 n 为正整数，则 $L[t^n]=\dfrac{n!}{s^{n+1}}$。

【证明】 注意 $f(t)=t^n$ 时，有

$$f'(t)=nt^{n-1}，\quad f''(t)=n(n-1)t^{n-2}，\quad \dots，\quad f^{(n)}(t)=n!$$

从而 $f(0)=f'(0)=\cdots=f^{(n-1)}(0)=0$，$f^{(n)}(t)=n!$。

再根据时域微分性质：$L[f^{(n)}(t)]=s^nF(s)-s^{n-1}f(0)-s^{n-2}f'(0)-\cdots-f^{(n-1)}(0)$，得

$$L[n!]=s^nL[t^n]$$

故 $L[t^n]=\dfrac{1}{s^n}L[n!]=\dfrac{n!}{s^n}L[1]=\dfrac{n!}{s^{n+1}}$。

课堂练习 12.4.2　若 a 为实常数，求 $f(t)=t\mathrm{e}^{-at}$ 数的拉普拉斯变换。

利用时域微分性质，不难推得下面的性质。

***性质 4**(时域积分性质)　若 $L[f(t)]=F(s)$，则 $L[\int_0^t f(t)\mathrm{d}t]=\dfrac{F(s)}{s}$。

【证明】　根据积分与导数的关系定义，有

$$(\int_0^t f(t)\mathrm{d}t)'=f(t)$$

再根据时域微分性质及 $\int_0^0 f(t)\mathrm{d}t=0$，得

$$F(s)=L[f(t)]=L[(\int_0^t f(t)\mathrm{d}t)']=s\cdot L[\int_0^t f(t)\mathrm{d}t]$$

故 $L[\int_0^t f(t)\mathrm{d}t]=\dfrac{F(s)}{s}$。

利用含参变量积分的求导规则，可推得下面的性质。

***性质 5**(频域微分性质)　若 n 为正整数，$L[f(t)]=F(s)$，则

$$L[tf(t)]=-F'(s)，\quad L[t^nf(t)]=(-1)^nF^{(n)}(s)$$

【证明】　根据拉普拉斯变换的定义，有

$$F(s)=\int_0^{+\infty} f(t)\mathrm{e}^{-st}\mathrm{d}t$$

两边对 s 求导，得

$$F'(s)=\int_0^{+\infty} f(t)(-t\mathrm{e}^{-st})\mathrm{d}t=-\int_0^{+\infty} tf(t)\,\mathrm{e}^{-st}\,\mathrm{d}t=-L[tf(t)]$$

$$F^{(n)}(s)=\int_0^{+\infty} f(t)(-t)^n\mathrm{e}^{-st}\mathrm{d}t=(-1)^n\int_0^{+\infty} t^nf(t)\,\mathrm{e}^{-st}\,\mathrm{d}t=(-1)^nL[t^nf(t)]$$

例 12.4.3　设 a 为实常数，求 $f(t)=t^2\mathrm{e}^{-at}$ 数的拉普拉斯变换。

解　由 $L[\mathrm{e}^{-at}]=\dfrac{1}{s+a}=F(s)$ 及频域微分性质，得

$$L[t^2\mathrm{e}^{-at}]=(-1)^2F''(s)$$

注意，$F'(s)=-\dfrac{1}{(s+a)^2}$，$F''(s)=\dfrac{2}{(s+a)^3}$，故 $L[t^2\mathrm{e}^{-at}]=\dfrac{2}{(s+a)^3}$。

课堂练习 12.4.3　若 ω 为实常数，求 $f(t)=t\sin\omega t$ 数的拉普拉斯变换。

12.5 Laplace 逆变换及其应用

12.5.1 Laplace 逆变换及其线性性质

若 $f(t)$ 的拉普拉斯变换为 $F(s)$，即

$$L[f(t)]=F(s)$$

则称 $f(t)$ 为 $F(s)$ 的拉普拉斯逆变换，记为 $f(t)=L^{-1}[F(s)]$。

若 $L[f(t)]=F(s)$，$L[g(t)]=G(s)$，α 和 β 为常数，则由拉普拉斯变换的线性性质，有

$$L[\alpha f(t)+\beta g(t)]=\alpha F(s)+\beta G(s)$$

于是有

$$L^{-1}[\alpha F(s)+\beta G(s)]=\alpha f(t)+\beta g(t)=\alpha L^{-1}[F(s)]+\beta L^{-1}[\beta G(s)]$$

此即说明拉普拉斯逆变换也具有线性性质。

例 12.5.1 设 a、b 为不相等的常数，求下面拉普拉斯变换的逆变换：

(1) $F(s)=\dfrac{1}{(s+a)(s+b)}$； (2) $G(s)=\dfrac{1}{(s+a)(s+b)^2}$。

解 由等式 $\dfrac{1}{mn}=\dfrac{1}{m-n}(\dfrac{1}{n}-\dfrac{1}{m})$（$mn\neq 0$、$m\neq n$），得

(1) $F(s)=\dfrac{1}{b-a}(\dfrac{1}{s+a}-\dfrac{1}{s+b})$；

(2) $$G(s)=\frac{1}{(s+a)(s+b)}\cdot\frac{1}{s+b}=\frac{1}{b-a}(\frac{1}{s+a}-\frac{1}{s+b})\cdot\frac{1}{s+b}$$

$$=\frac{1}{b-a}\cdot\frac{1}{(s+a)(s+b)}-\frac{1}{b-a}\cdot\frac{1}{(s+b)^2}$$

$$=\frac{1}{(b-a)^2}(\frac{1}{s+a}-\frac{1}{s+b})-\frac{1}{b-a}\cdot\frac{1}{(s+b)^2}。$$

将上述等式两边取拉普拉斯逆变换，并由其线性性质，得

(1) $L^{-1}[F(s)]=\dfrac{1}{b-a}(L^{-1}[\dfrac{1}{s+a}]-L^{-1}[\dfrac{1}{s+b}])$；

(2) $L^{-1}[G(s)]=\dfrac{1}{(b-a)^2}(L^{-1}[\dfrac{1}{s+a}]-L^{-1}[\dfrac{1}{s+b}])-\dfrac{1}{b-a}L^{-1}[\dfrac{1}{(s+b)^2}]$。

再根据 $L[\mathrm{e}^{-at}]=\dfrac{1}{s+a}$ 和 $L[t\mathrm{e}^{-at}]=\dfrac{1}{(s+a)^2}$，得

(1) $L^{-1}[F(s)]=\dfrac{1}{b-a}(\mathrm{e}^{-at}-\mathrm{e}^{-bt})$；

(2) $L^{-1}[G(s)]=\dfrac{1}{(b-a)^2}(\mathrm{e}^{-at}-\mathrm{e}^{-bt})-\dfrac{1}{b-a}t\mathrm{e}^{-bt}$。

为了应用方便，根据前面的讨论结果建立常用的拉普拉斯逆变换见表12.5.1。

表 12.5.1　常用的拉普拉斯逆变换

拉普拉斯变换	原函数	拉普拉斯变换	原函数
$\frac{1}{s}$	1	$\frac{1}{s}$	$u(t)$
$\frac{1}{s+a}$	e^{-at}	$\frac{1}{(s+a)^2}$	te^{-at}
$\frac{\omega}{s^2+\omega^2}$	$\sin\omega t$	$\frac{s}{s^2+\omega^2}$	$\cos\omega t$
$\frac{n!}{s^{n+1}}$	t^n	$\frac{1}{(s+a)(s+b)}$	$\frac{1}{b-a}(e^{-at}-e^{-bt})$
$\frac{1}{(s+a)(s+b)^2}$	$\frac{1}{(b-a)^2}(e^{-at}-e^{-bt})-\frac{1}{b-a}te^{-bt}$		

注意，$\frac{1}{s}$的逆有两种，应用时需根据具体的变量取值范围恰当选择其逆是1或$u(t)$。

12.5.2　在解微分方程中的应用

在第 8 章的学习中，我们已经了解了利用不定积分求解微分方程的困难性，即使是常系数的线性微分方程，利用特征方程求得通解后，由初始条件求出特解的计算一般也会比较烦琐。

根据拉普拉斯变换的线性性质和时域微分性质，在方程两边同时取拉普拉斯变换后，便可将常系数的线性微分方程转换为代数多项式方程，然后再利用拉普拉斯逆变换即可简便地求得微分方程的解。

例 12.5.2　求方程$y'-y=e^t$满足$y(0)=1$的特解。

解　方程两边取拉普拉斯变换并由其线性性质，得

$$L[y']-L[y]=L[e^t]$$

设$L[y(t)]=Y(s)$，根据时域微分性质$L[y'(t)]=sY(s)-y(0)$及$y(0)=1$可知：

$$L[y'(t)]=sY(s)-1$$

注意，$L[e^t]=\frac{1}{s-1}$，于是有

$$sY(s)-1-Y(s)=\frac{1}{s-1}，即\ Y(s)=\frac{1}{s-1}-\frac{1}{(s-1)^2}$$

将上式两边取拉普拉斯逆变换并由其线性性质，得

$$y(t)=L^{-1}[F(s)]=L^{-1}[\frac{1}{s-1}]-L^{-1}[\frac{1}{(s-1)^2}]$$

再依据表 12.5.1 第 4 行取$a=-1$即得

$$y(t)=e^t-te^t=(1-t)e^t$$

课堂练习 12.5.1　求方程$y'+y=e^{-t}$满足$y(0)=0$的特解。

例 12.5.3 求方程 $y'+2y=1$ 满足 $y(0)=0$ 的特解。

解 方程两边取拉普拉斯变换并由其线性性质，得

$$L[y']+2L[y]=L[1]$$

设 $L[y(t)]=Y(s)$，根据时域微分性质 $L[y'(t)]=sY(s)-y(0)$ 及 $y(0)=0$ 可知：

$$L[y'(t)]=sY(s)$$

注意，$L[1]=\dfrac{1}{s}$，于是有

$$sY(s)+2Y(s)=\frac{1}{s}\text{，即}\quad Y(s)=\frac{1}{s(s+2)}$$

将上式两边取拉普拉斯逆变换并由其线性性质，得

$$y(t)=L^{-1}[F(s)]=L^{-1}[\frac{1}{s(s+2)}]$$

再依据表 12.5.1 第 6 行取 $a=0$、$b=2$，得

$$y(t)=\frac{1}{2}(1-\mathrm{e}^{-2t})$$

课堂练习 12.5.2 求 $y'+y=2$ 满足 $y(0)=0$ 的特解。

例 12.5.4 求方程 $y''-3y'+2y=\mathrm{e}^t$ 满足 $y(0)=y'(0)=0$ 的特解。

解 方程两边取拉普拉斯变换并由其线性性质，得

$$L[y'']-3L[y']+2L[y]=L[\mathrm{e}^t]$$

设 $L[y(t)]=Y(s)$，根据时域微分性质及 $y(0)=y'(0)=0$ 可知：

$$L[y''(t)]=s^2Y(s)\text{，}\quad L[y'(t)]=sY(s)$$

注意，$L[\mathrm{e}^{-at}]=\dfrac{1}{s+a}$，于是有

$$(s^2-3s+2)\cdot Y(s)=\frac{1}{s-1}\text{，即}\quad Y(s)=\frac{1}{(s-2)(s-1)^2}$$

将上式两边取拉普拉斯逆变换并由其线性性质，得

$$y(t)=L^{-1}[F(s)]=L^{-1}[\frac{1}{(s-2)(s-1)^2}]$$

再依据表 12.5.1 第 6 行取 $a=-2$、$b=-1$，得

$$y(t)=\frac{1}{1^2}(\mathrm{e}^{2t}-\mathrm{e}^t)-\frac{1}{1}t\mathrm{e}^t=\mathrm{e}^{2t}-(1+t)\mathrm{e}^t$$

课堂练习 12.5.3 求 $y''-3y'+2y=\mathrm{e}^{2t}$ 满足 $y(0)=y'(0)=0$ 的特解。

12.5.3 在简单电路分析中的应用

在电路分析中，直接分析电流、电压随时间变化的变化规律：

$$i=i(t)\text{、}\ u=u(t)$$

这样的分析称为时域分析。在现实生活中，直接得出那样的函数关系通常会比较困难，根据拉普拉斯变换的时域微分性质

$$L[f^{(n)}(t)]=s^nF(s)-s^{n-1}f(0)-s^{n-2}f'(0)-\cdots-f^{(n-1)}(0)$$

可将描述电路动态过程的常系数线性微分方程——电流、电压等所满足的微分方程，转换为复频域内的代数多项式方程，通过代数方程的求解得到复频域函数，再利用拉普拉斯逆变换得出时域原函数，最后求得时域响应。因此，应用拉普拉斯变换进行的动态电路分析，其本质就是把复杂的时域问题转化到复频域并通过简单的计算、分析来求解。

案例 12.5.1（RC 电路）　如图 12.5.1 所示是一个 RC 串联电路，假设电源电压 E 为常数，当开关 K 断开时，电容两端的电压为 0，当开关 K 合上后电容器开始充电。试给出在任意一时刻 t，电容的电压 $u_C(t)$ 随时间 t 变化的规律。

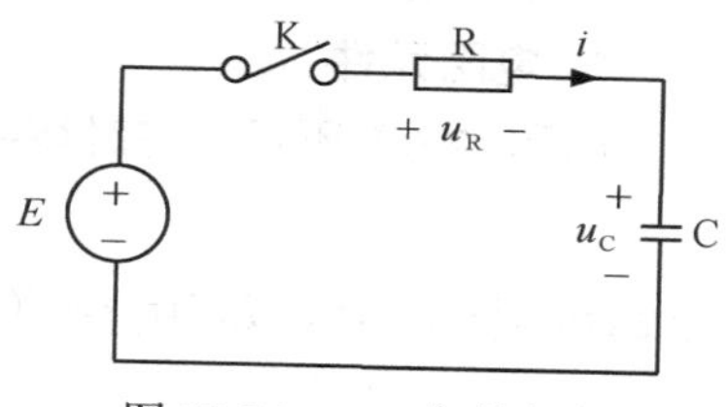

图 12.5.1　RC 串联电路

解　根据基尔霍夫定律，得

$$u_R+u_C=E$$

再根据串联电路各元件的电流相等，即 $i_R=i_C$，得

$$u_R=R\cdot i_R=R\cdot i_C=RC\frac{\mathrm{d}u_C}{\mathrm{d}t}$$

从而得到电容的电压 $u_C(t)$ 所满足的微分方程和初始条件：

$$RC\cdot u_C'+u_C=E\text{，}\quad u_C(0)=0$$

两边取拉普拉斯变换并由其线性性质，得

$$RC\cdot L[u_C']+L[u_C]=E\cdot L[1]$$

设 $L[u_C]=F(s)$，则由其时域微分性质和 $u_C(0)=0$、$L[1]=\dfrac{1}{s}$，得

$$RC\cdot sF(s)+F(s)=\frac{E}{s}$$

即 $$F(s)=\frac{E}{s\cdot(RC\cdot s+1)}=\frac{E}{RC}\cdot\frac{1}{s\cdot(\cdot s+1/RC)}$$

将上式两边取拉普拉斯逆变换，并依据表 12.5.1 第 6 行取 $a=0$、$b=1/RC$，得

$$u_C(t)=L^{-1}[F(s)]=\frac{E}{RC}\cdot\frac{1}{1/RC}(\mathrm{e}^{-0\cdot t}-\mathrm{e}^{-\frac{t}{RC}})=E(1-\mathrm{e}^{-\frac{t}{RC}})$$

*12.6　Laplace 变换在电路分析中的应用

在 12.5 节的应用中，由实际问题建立微分方程的做法一般不是电子工程师所擅长的工作。将时域电路转变为复频域电路模型，根据复频域电路直接写出运算形式的电路方程，由电路代数方程求出拉普拉斯变换，然后再用拉普拉斯逆变换解得时域函数，其计算过程

更为简化。

此外，在得到拉普拉斯变换 $F(s)$ 之后，求 $L^{-1}[F(s)]$ 时也不会总能用公式直接得出时域函数，通常都需要先对 $F(s)$ 做有理分解，因此，下面的讨论将先给出复频域电路模型，然后再围绕拉普拉斯变换的有理分解进行展开。

12.6.1 复频域电路模型

先考虑电路元件电压、电流的时域关系在经过拉普拉斯变换之后的复频域电路模型。

1. 电阻元件

如图12.6.1所示，在时域中，电流、电压满足：

$$u(t)=R\cdot i(t)$$

令 $L[u(t)]=U(s)$、$L[i(t)]=I(s)$，上述等式两边取拉普拉斯变换，得

$$U(s)=R\cdot I(s)$$

从而得到电阻在复频域中的电路模型(见图12.6.2)。

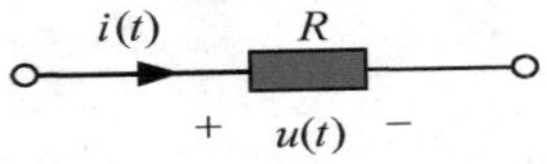

图12.6.1 电阻的时域形式

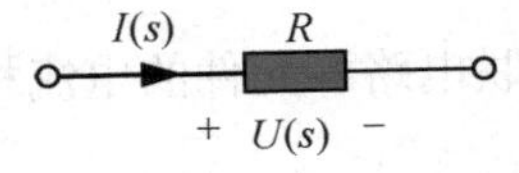

图12.6.2 电阻的频域形式

2. 电容元件

在时域中(见图12.6.3)，由 $i_C=C\dfrac{du_C}{dt}$，得

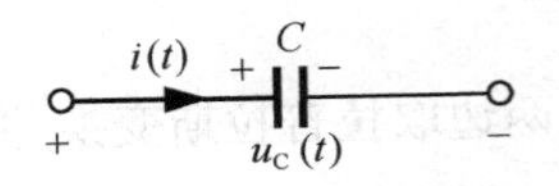

图12.6.3 电容的时域形式

$$\begin{aligned}u_C(t)&=\frac{1}{C}\int_{-\infty}^{t}i(t)\,dt=\frac{1}{C}\int_{-\infty}^{0-}i(t)\,dt+\frac{1}{C}\int_{0-}^{t}i(t)\,dt\\&=\frac{1}{C}\int_{0-}^{t}i(t)\,dt+u_C(0-)\end{aligned}$$

令 $L[u_C(t)]=U_C(s)$、$L[i(t)]=I(s)$，对上式取拉普拉斯变换并应用其积分性质，得

$$U_C(s)=\frac{1}{sC}I(s)+\frac{u_C(0-)}{s}$$

从而得到电容在复频域中串联形式的电路模型(见图12.6.4)。

更进一步求解，由上述等式解得

$$I(s)=sCU_C(s)-Cu_C(0-)$$

即得电容在复频域中并联形式的电路模型(见图12.6.5)。

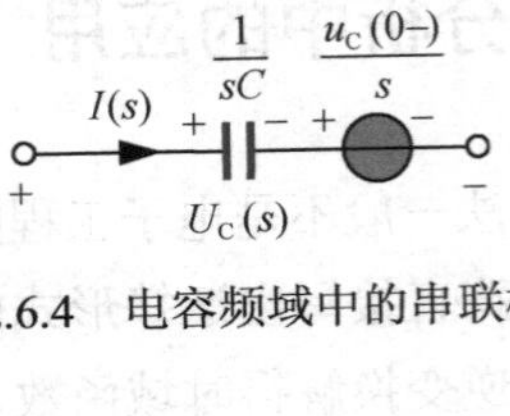

图12.6.4 电容频域中的串联模型

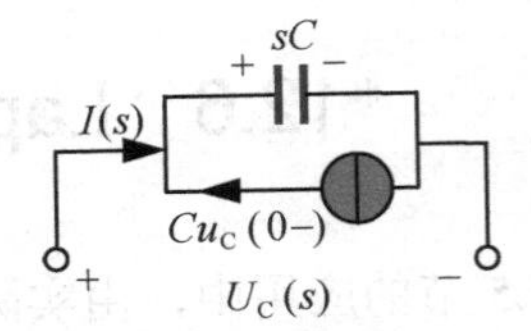

图12.6.5 电容频域中的并联模型

3. **电感元件**

在时域中(见图 12.6.6)，由

$$u_{\mathrm{L}}(t)=L\frac{\mathrm{d}i}{\mathrm{d}t}$$

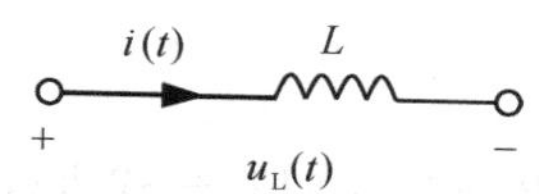

图 12.6.6 电感的时域形式

令 $L[u_{\mathrm{L}}(t)]=U_{\mathrm{L}}(s)$、$L[i(t)]=I(s)$，对上式取拉普拉斯变换，得

$$U_{\mathrm{L}}(s)=sLI(s)-L\cdot i(0-)$$

从而得到电感在复频域中串联形式的电路模型(见图 12.6.7)。

更进一步求解，由上述等式解得

$$I(s)=\frac{1}{sL}U_{\mathrm{L}}(s)+\frac{i(0-)}{s}$$

即得到电感在复频域中并联形式的电路模型(见图 12.6.8)。

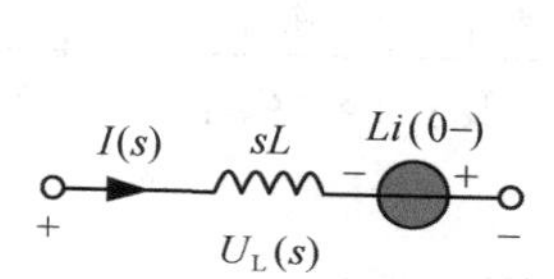

图 12.6.7 电感频域中的串联模型

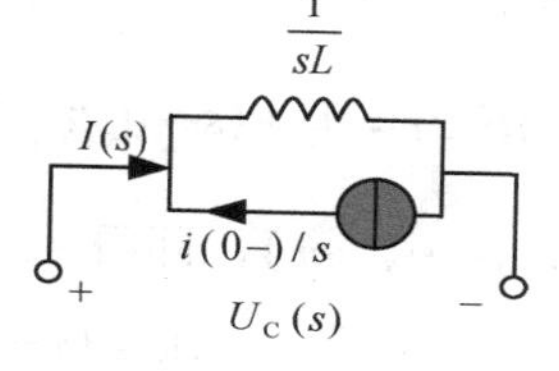

图 12.6.8 电感频域中的并联模型

在建立了复频域电路模型之后，应用基尔霍夫定律的运算形式：

KCL(对任意一个节点)：$\sum I(s)=0$；(2) KVL(对任意一个回路)：$\sum U(s)=0$

即可对线性电路进行分析。具体操作步骤如下。

(1) 求出换路前电路中所有电容元件上的初始电压 $u_{\mathrm{C}}(0-)$ 和所有电感元件上的初始电流 $i_{\mathrm{L}}(0-)$。

(2) 画出换路后的复频域运算电路模型。

(3) 应用电路分析方法求出响应电压、电流的象函数，即拉普拉斯变换。

(4) 通过拉普拉斯逆变换得出时域中的响应电压和电流。

12.6.2 有理分式函数的分解

形如

$$\frac{a_n x^n+\cdots+a_1 x+a_0}{b_m x^m+\cdots+b_1 x+b_0}\ (m、n\text{为非负整数})$$

的分式称有理分式。其中 $n\geqslant m$ 叫假分式，$n<m$ 叫真分式。

假分式的分解方式如下。

(1) 先将分子中不低于分母次数的项变为“$x^k\times$分母”的形式对分式作恒等变形，如

$$\frac{x^4-2x^3+x+1}{x^2+1}=\frac{x^2(x^2+1)-2x(x^2+1)-(x^2+1)+3x+2}{x^2+1}$$

(2) 再用拆项的方式将假分式分解为“商多项式＋真分式”的形式，如

$$\frac{x^4-2x^3+x+1}{x^2+1}=x^2-2x-1+\frac{3x+2}{x^2+1}$$

接下来是对真分式进行有理分解，下面分类展开讨论。

1. 真分式的分母只有单零点的情形

假设 $F(s)$ 是真分式，其分母在复数范围内分解因式后为

$$\prod_{k=1}^{m}(s-a_k)\ (a_k\ \text{两两不同})$$

对 $F(s)$ 做待定常数分解

$$F(s)=\frac{A_1}{s-a_1}+\frac{A_2}{s-a_2}+\cdots+\frac{A_m}{s-a_m}$$

再两边同乘以 $(s-a_k)$，得

$$(s-a_k)F(s)=A_k+(s-a_k)\left(\frac{A_1}{s-a_1}+\frac{A_2}{s-a_2}+\cdots+\frac{A_{k-1}}{s-a_{k-1}}+\frac{A_{k+1}}{s-a_{k+1}}+\cdots+\frac{A_m}{s-a_m}\right)$$

令 $s=a_k$（$k=1$，…，m），即得

$$A_k=(s-a_k)F(s)\big|_{s=a_k}\ (k=1,\ \cdots,\ m)$$

例 12.6.1 求 $F(s)=\dfrac{3s-2}{s(s-1)(s-2)}$ 的分解式。

解 注意，$F(s)$ 是真分式，其分母只有单零点 $s=0$、1、2，设

$$F(s)=\frac{A}{s}+\frac{B}{s-1}+\frac{C}{s-2}$$

则有

$$A=sF(s)\big|_{s=0}=\frac{3s-2}{(s-1)(s-2)}\bigg|_{s=0}=-1$$

$$B=(s-1)F(s)\big|_{s=1}=\frac{3s-2}{s(s-2)}\bigg|_{s=1}=-1$$

$$C=(s-2)F(s)\big|_{s=2}=\frac{3s-2}{s(s-1)}\bigg|_{s=2}=2$$

故 $F(s)=\dfrac{-1}{s}+\dfrac{-1}{s-1}+\dfrac{2}{s-2}$。

课堂练习 12.6.1 求 $F(s)=\dfrac{s}{(s-1)(s-2)}$ 的分解式。

案例 12.6.1 在如图 12.6.9 所示的电路中，开关在 $t=0$ 时闭合。假设开关闭合前系统处于稳定状态，求开关闭合后电路中的电流 $i(t)$。

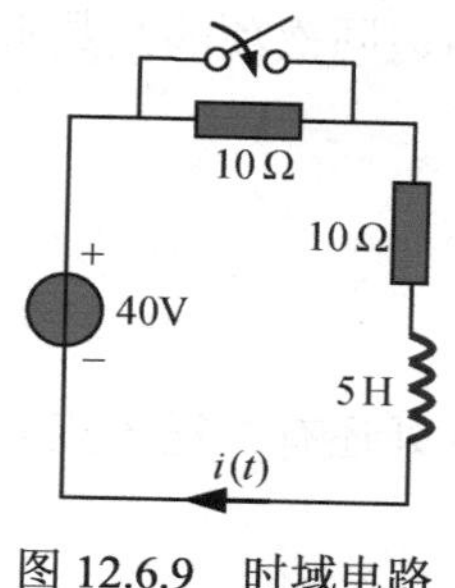

图 12.6.9　时域电路

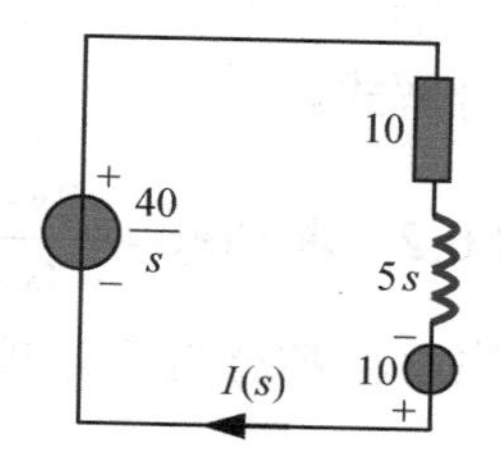

图 12.6.10　频域电路

解　40 V 直流激励的拉普拉斯变换

$$L[40]=\frac{40}{s}$$

由于开关闭合前系统处于稳定状态，此时的直流电路中的电感相当于一根导线，因此，开关闭合前电路中的电流

$$i_L(0-)=\frac{40}{10+10}=2\text{（A）}$$

从而 $L\cdot i_L(0-)=5\times2=10$ 。

由图 12.6.9 所示建立频域电路(见图 12.6.10)，在频域电路中应用 KVL，得

$$5sI(s)-10+10I(s)=\frac{40}{s}\text{，即 }I(s)=\frac{2(s+4)}{s(s+2)}$$

设 $I(s)=\frac{2(s+4)}{s(s+2)}=\frac{A}{s}+\frac{B}{s+2}$，则

$$A=sI(s)\big|_{s=0}=\frac{2(s+4)}{s+2}\bigg|_{s=0}=4\text{，}\quad B=(s+2)I(s)\big|_{s=-2}=\frac{2(s+4)}{s}\bigg|_{s=-2}=-2$$

$$\text{即}\quad I(s)=\frac{4}{s}+\frac{-2}{s+2}$$

将上式两边取拉普拉斯逆变换，即得

$$i(t)=(4-2\mathrm{e}^{-2t})\cdot u(t)$$

其中因为时间 $t\geqslant0$，所以需乘单位阶跃函数 $u(t)$ 。

2. 真分式的分母有重零点的情形

假设 $F(s)$ 是真分式，其分母在复数范围内分解因式后为

$$\prod_{j=1}^{m}(s-a_j)^{k_j}\text{（}a_j\text{ 两两不同）}$$

则 $F(s)$ 的待定常数分解式为

$$F(s)=\sum_j\left(\frac{A_1}{s-a_j}+\frac{A_2}{(s-a_j)^2}+\cdots+\frac{A_{k_j}}{(s-a_j)^{k_j}}\right)$$

两边同乘以 $\prod_{j=1}^{m}(s-a_j)^{k_j}$ 后，再让 x 取特殊值或比较等式两边同次项的系数求出待定常数即得 $F(s)$ 的分解式。

例 12.6.2 求 $F(s)=\dfrac{2s-1}{s^2(s+1)}$ 的分解式。

解 注意，$F(s)$ 是真分式，其分母除有单零点 $s=-1$ 外还有二重零点 $s=0$。设

$$F(s)=\frac{A}{s}+\frac{B}{s^2}+\frac{C}{s+1}$$

两边同乘以 $s^2(s+1)$，得

$$2s-1=As(s+1)+B(s+1)+Cs^2$$

令 $s=0$ 得 $B=-1$；令 $s=-1$ 得 $C=-3$；令 $s=1$，得

$$2A+2B+C=1\text{，即 }A=3$$

或比较等式两边 s^2 项的系数，得

$$A+C=0\text{，即 }A=-C=3$$

故

$$F(s)=\frac{3}{s}+\frac{-1}{s^2}+\frac{-3}{s+1}$$

课堂练习 12.6.2 求 $F(s)=\dfrac{2s^2-s+1}{s(s-1)^2}$ 的分解式。

案例 12.6.2 在如图 12.6.11 所示的电路中，开关在 $t=0$ 时闭合。假设开关闭合前电路处于稳定状态，$u_C(0-)=100\text{V}$，求开关闭合后电路中的电感电流 i_L。

解 200 V 直流激励的拉普拉斯变换

$$L[200]=\frac{200}{s}$$

已知 $u_C(0-)=100\text{V}$，由于开关闭合前电路处于稳定状态，因此，开关闭合前电路中的电流

$$i_L(0-)=\frac{200}{30+10}=5\text{（A）}$$

从而 $Li_L(0-)=0.1\times5=0.5$。

由时域电路建立频域电路模型（见图 12.6.12）。

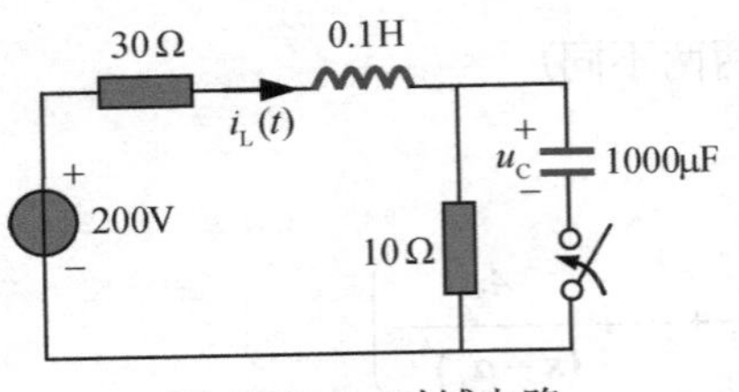

图 12.6.11 时域电路

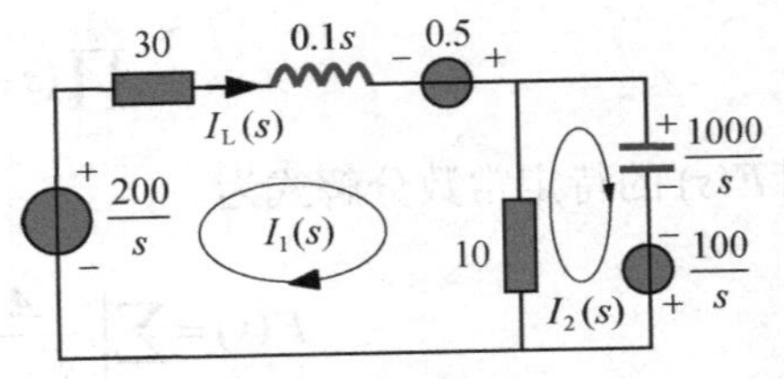

图 12.6.12 频域电路

设频域电路中两个回路中的电流分别为 $I_1(s)$ 和 $I_2(s)$，并在回路中应用 KVL，得

$$\begin{cases} 30I_1(s)+0.1sI_1(s)-0.5+10I_1(s)-10I_2(s)=\dfrac{200}{s} \\ \dfrac{1}{1000\times10^{-6}s}I_2(s)+10I_2(s)-10I_1(s)=\dfrac{100}{s} \end{cases}$$

解得 $I_1(s)=\dfrac{5(s^2+700s+40000)}{s(s+200)^2}$。设

$$I_1(s)=\frac{A}{s}+\frac{B}{s+200}+\frac{C}{(s+200)^2}$$

上式两边同乘以 $s(s+200)^2$，得

$$5(s^2+700s+40000)=A(s+200)^2+Bs(s+200)+Cs$$

令 $s=0$ 得 $A=5$；令 $s=-200$ 得 $C=1500$；比较 s^2 项系数知 $A+B=5$，即 $B=0$。从而

$$I_1(s)=\frac{5}{s}+\frac{1500}{(s+200)^2}$$

上式两边取拉普拉斯逆变换可知 $i_L(t)=(5+1500\cdot te^{-200t})u(t)$。

由案例 12.6.2 不难看出，有理分式的分解虽然都是简单的代数运算，但其计算却可能非常烦琐。利用 MATLAB 软件是较为简便的一种途径，分解程序为

```
>> A =分子的系数向量，B =分母的系数向量
>> [R, P, K] = residue(A, B)
```

其中 R 为分解式中有分母的项的系数向量，P 为使分母为 0 的点构成的向量且相同者的次数递增，K 为相除后的商多项式中次数从高至低的项的系数。

例如，$F(s)=\dfrac{s^8-2s^7+s^6-2}{s^6+s^5-s^4-s^3}$ 做有理分解的 MATLAB 程序和计算结果如下。

```
>> A = [1, -2, 1, 0, 0, 0, 0, 0, -2]
>> B = [1, 1, -1, -1, 0, 0, 0]
>> [R, P, K] = residue(A, B)
R =-10.5  1  -0.5  4  -2  2
P =-1  -1  1  0  0  0
K = 1  -3  5
```

即 $F(s)=\dfrac{-10.5}{s+1}+\dfrac{1}{(s+1)^2}+\dfrac{-0.5}{s-1}+\dfrac{4}{s}+\dfrac{-2}{s^2}+\dfrac{2}{s^3}+s^2-3s+5$。

此外，用 MATLAB 也能直接求拉普拉斯变换及其逆变换。

```
>> syms a t
>> y = exp(-a*t)
>> F = laplace(y)
F = 1/(a+s)
>> f = ilaplace(F)
f =
exp(-a*t)
```

习 题 12

1. 求非周期矩形脉冲信号 $f(t)=\begin{cases}1, & 0\leqslant t\leqslant 2\\ 0, & \text{其他}\end{cases}$ 的频谱函数。

2. 求单边指数信号 $f(t)=\begin{cases}e^{-at}, & t\geqslant 0\\ 0, & t<0\end{cases}$ $(a>0)$的频谱函数。

3. 设 n 正整数，a 为实常数，求下列函数的拉普拉斯变换：

(1) e^{-2t}；(2) $e^{t}-e^{-t}$；(3) t^5；(4) $t^n e^{-at}$。

4. 求下面函数的拉普拉斯逆变换：

(1) $F(s)=\dfrac{1}{(s+1)(s-2)}$；(2) $G(s)=\dfrac{1}{(s-1)(s+2)^2}$。

5. 求下列方程满足初始条件的特解：

(1) $y'+y=e^{2t}$，$y(0)=0$；(2) $y''+y'-2y=4$，$y(0)=y'(0)=0$；

(3) $y''-5y'+6y=e^{t}$，$y(0)=y'(0)=0$。

6. 求下列有理分式的分解式：

(1) $\dfrac{s+3}{(s+1)(s+2)}$；(2) $\dfrac{s^2-1}{s^2(s+1)}$。

7. 在如图 12.6.13 所示的电路中，开关在 $t=0$ 时闭合。假设开关闭合前电容的初始电压为0，求开关闭合后电容的电压 u_C。

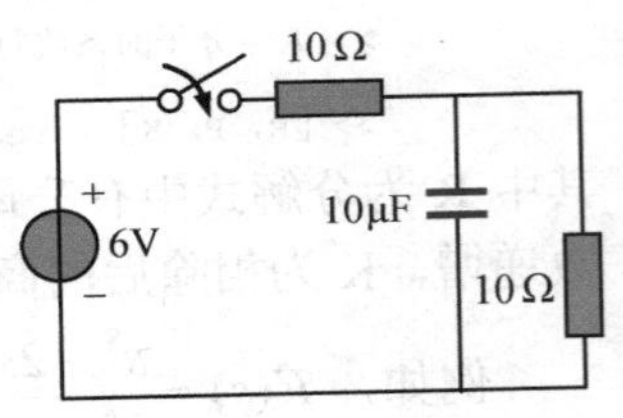

图 12.6.13 时域电路

【数学名人】——拉普拉斯

参考文献

［1］S.T.Tan. Applied Calculus［M］. 北京:机械工业出版社，2004.

［2］Morris Kline. Mathematical Thought from Ancient to Modern Time［M］. 上海：上海科学技术出版社，1979.

［3］李心灿.微积分的创立者及其先驱［M］. 北京：高等教育出版社，2002.

［4］王新华. 应用数学基础［M］. 北京：清华大学出版社，2010.

［5］薛定宇.高等应用数学问题的 MATLAB 求解［M］. 北京：清华大学出版社，2013.

［6］同济大学数学教研室. 高等数学［M］. 北京：高等教育出版社，2007.

［7］姜启源. 数学模型［M］. 北京：高等教育出版社，1993.

［8］石博强. MATLAB 数学计算范例教程［M］. 北京：中国铁道出版社，2004.

［9］张尧庭. 工程数学［M］. 北京：中国广播电视大学出版社，1993.

［10］Hass,J. University Calculus［M］. 北京：机械工业出版社，2009.